龙芯 1+X 认证
嵌入式边缘计算软硬件开发 1+X 认证教材
龙芯企业工程师认定参考用书

嵌入式边缘计算软硬件开发教程（中级）

——龙芯 1B 处理器与 RT-Thread 开发实战

杨　黎　叶骐宁　主编

電子工業出版社
Publishing House of Electronics Industry
北京·BEIJING

图书在版编目（CIP）数据

嵌入式边缘计算软硬件开发教程：中级：龙芯 1B 处理器与 RT-Thread 开发实战 / 杨黎，叶骐宁主编. —北京：电子工业出版社，2023.7

ISBN 978-7-121-45788-3

Ⅰ. ①嵌… Ⅱ. ①杨… ②叶… Ⅲ. ①微处理器—系统开发—高等学校—教材 Ⅳ. ①TP332.2

中国国家版本馆 CIP 数据核字（2023）第 108297 号

责任编辑：魏建波
印　　刷：天津千鹤文化传播有限公司
装　　订：天津千鹤文化传播有限公司
出版发行：电子工业出版社
　　　　　北京市海淀区万寿路 173 信箱　邮编 100036
开　　本：787×1092　1/16　印张：21.5　字数：550.4 千字
版　　次：2023 年 7 月第 1 版
印　　次：2024 年 7 月第 3 次印刷
定　　价：59.00 元

凡所购买电子工业出版社图书有缺损问题，请向购买书店调换。若书店售缺，请与本社发行部联系，联系及邮购电话：（010）88254888，88258888。

质量投诉请发邮件至 zlts@phei.com.cn，盗版侵权举报请发邮件至 dbqq@phei.com.cn。

本书咨询联系方式：（010）88254609，hzh@phei.com.cn。

序　言

国产软硬件技术的发展离不开场景应用。

纵观信息产业的发展过程，可以很明显地看到，技术研发和技术应用是一个相辅相成的过程，Intel+Windows 体系、ARM+Android 体系等国外软硬件生态系统，在设计之初比当前国内的软硬件生态体系缺点更多、性能更差。但是在体系的配合下，能够针对用户的实际问题需求和应用场景有的放矢，用户在解决问题的过程中将成果反馈到生态体系中，使得已有的体系能够不断迭代成长，软硬件生态系统内的厂商和最终用户形成了围绕解决问题需求的信任，实现了生态系统的良性循环。

因此，发展正向设计的国产自主信息技术，离不开与应用场景相互促进、迭代的过程。国产软硬件技术的发展已经来到了下半场阶段，以龙芯为例，我们在 2001 年研发出了中国第一款自主设计的通用处理，历经二十余年的艰苦奋斗，龙芯处理器已经达到国际主流性能水平。但是，龙芯处理器为代表的国产软硬件技术在广泛场景的应用推广，取决于持续的技术场景用例、开发资料、辅导教程，这就是“功夫在诗外”。

为了让龙芯处理器从“能用”向“好用”迈进，龙芯成功申报了教育部 1+X 证书，成为嵌入式边缘计算软硬件开发职业技能等级认证的培训评价组织，并完成了学分银行互认，依托认证体系，开发了《嵌入式边缘计算软硬件开发考试教程》，为广大工程师、学生群体学习龙芯处理器的应用开发提供参考和指导。

目前，已经有 40 多所高职、职业本科和应用型本科高校引入了龙芯的 1+X 证书，这个数量每年还在不断增长。我们已经将龙芯的 1+X 证书列入了龙芯企业工程师开发认证计划，在未来的芯片销售过程中，招聘持有龙芯企业工程师认证的工程师的企业还可以获得龙芯提供的芯片折扣优惠政策，这样将会有越来越多的企业认可龙芯的 1+X 证书，愿意招聘持证学生和工程师。同时，我们的生态企业的工程师也要到建设了龙芯 1+X 证书的院校考试、培训，龙芯就成为了国产技术产教融合的桥梁。

作为一本面向 1+X 证书考试的教程，本书不仅涵盖了嵌入式边缘计算的软件和硬件方面的基础知识，更为重要的是，它为学习者提供了一条从理论到实践的完整学习路径。初级和中级认证面向龙芯的微处理器开发，高级认证面向龙芯的高性能嵌入式处理器开发，覆盖了裸机开发、RTOS 开发、Linux 开发的学习过程。

通过学习本书，学习者可以系统地了解和掌握嵌入式相关知识，同时还可以通过实际操作和实验，深入掌握开发技术，提升自己的实际操作能力。同时，本书的技术实现都是在龙芯处理器上实现的，充分体现了龙芯作为国产处理器的优势和特点。国产芯片设计与应用互相促进，我们相信本书的推出将会对龙芯的发展和国家信息安全的保障起到积极作用。

胡伟武

编委会名单

职务	姓名	单位
主　编	杨　黎	深圳职业技术大学
	叶骐宁	龙芯中科技术股份有限公司
副主编	余　菲	深圳职业技术学院
	孙　光	深圳职业技术学院
	李光明	南宁师范大学
参　编 （排名不分先后）	田悦妍	承德应用技术职业学院
	孙成正	安徽财贸职业学院
	石　浪	百科荣创（北京）科技发展有限公司
	李光明	南宁师范大学
	贾连芹	山东商业职业技术学院
	马子龙	广西机电职业技术学院
	王　开	茂名职业技术学院
	陈明芳	广东科学技术职业学院
	李雪梅	北京电子科技学院
	陈　勇	深圳技术大学
	魏景新	华北科技学院
	叶俊明	桂林电子科技大学
	刘颖异	北京航空航天大学
	陈　亮	泰山学院

目　录

第一篇　龙芯 1X 系列处理器裸机应用开发

第1章 1+X考证设备及龙芯处理器应用开发快速入门

本章主要介绍嵌入式边缘计算软硬件开发 1+X 证书中级考证设备的组成模块及其功能，以及龙芯 1X 系列处理器开发工具下载、安装、使用等。通过理实一体化的学习，读者能快速地熟悉嵌入式边缘计算软硬件开发 1+X 证书中级设备的使用方法，以及掌握 LoongIDE 使用、程序调试、程序烧写等操作方法。

教学目标

知识目标	1. 了解嵌入式边缘计算软硬件开发 1+X 证书中级考证设备模块构成及其功能
	2. 了解嵌入式边缘计算软硬件开发 1+X 证书中级考证设备配套程序资源
	3. 理解龙芯 1X 嵌入式集成开发环境所需要的运行环境、GNU 工具链等关键要素
	4. 掌握龙芯 1B 开发板功能、接口等
技能目标	1. 熟悉嵌入式边缘计算软硬件开发 1+X 证书中级考证设备模块连接方法
	2. 能熟练测试嵌入式边缘计算软硬件开发 1+X 证书中级考证设备
	3. 能熟练下载龙芯 1X 嵌入式集成开发环境所需要的软件资源
	4. 能熟练搭建和使用龙芯 1X 嵌入式集成开发环境
	5. 能编写简单的 C 语言程序，并从串口打印相关信息
素质目标	1. 熟悉社会主义核心价值观，培养学生树立正确价值观
	2. 学会并遵守实训室 7S 管理，培养学生养成良好职业素养
	3. 学会制订课程学习计划、管理好自己的时间、养成良好的学习和工作习惯

1.1 中级考证设备

嵌入式边缘计算软硬件开发 1+X 证书中级考证设备由龙芯 1B 开发板、功能扩展模块、场景模块和实训架组成，如图 1-1 所示。

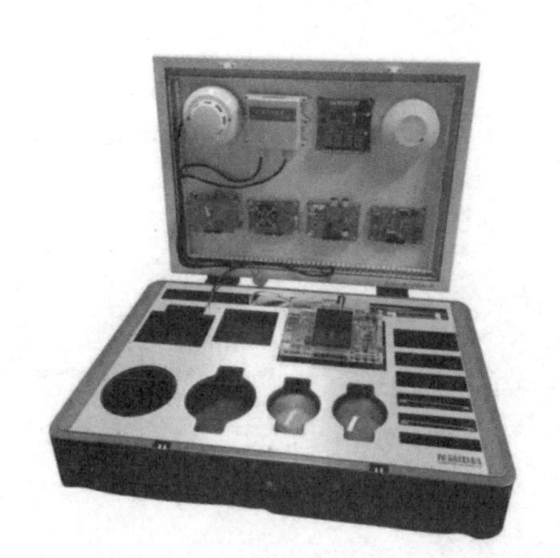

图 1-1　嵌入式边缘计算软硬件开发 1+X 证书中级考证设备

1.1.1　龙芯 1B 开发板

龙芯 1B 开发板由龙芯 1B 核心板、4.3 寸 TFT LCD、底板等部分组成，其中龙芯 1B 核心板在 LCD 底部，可以完成龙芯 1B 处理器应用开发，如 GPIO、PWM、CAN、UART、SPI、AC97、I2C、USB、ADC、DAC、RGB LCD 等接口实训。龙芯 1B 开发板如图 1-2 所示。

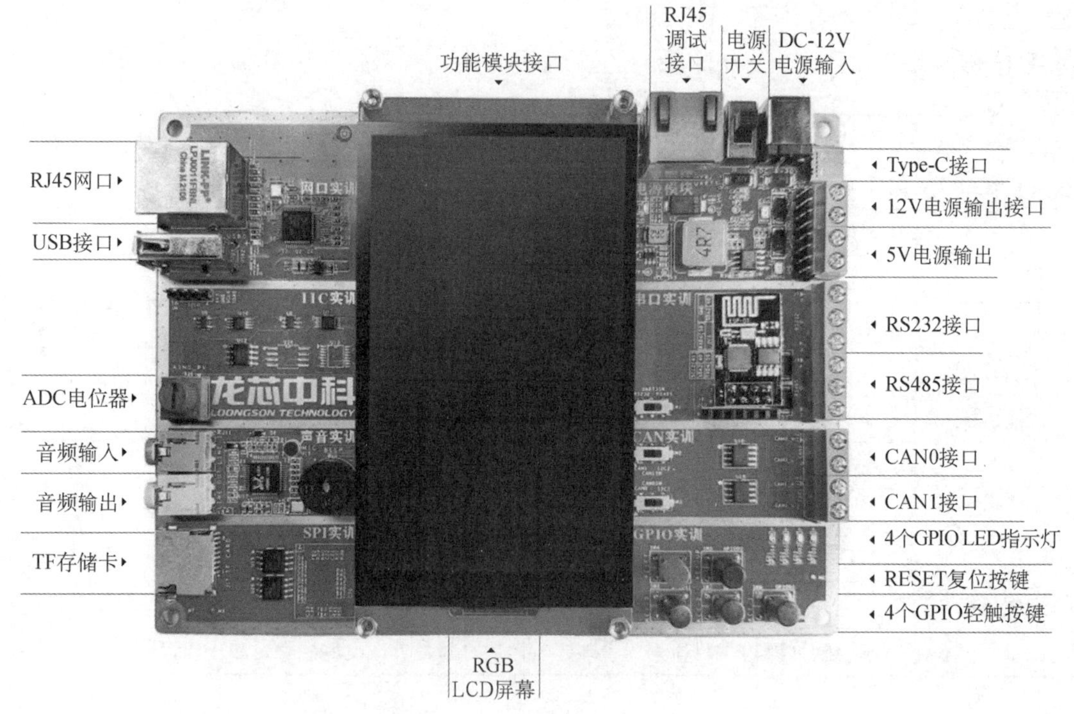

图 1-2　龙芯 1B 开发板

1.1.2　龙芯 1B 扩展模块

龙芯 1B 扩展模块由模拟交通灯、LED 点阵屏、舵机转盘、PID 温控、超声波、传感器等 6 个功能模块组成。

1. 模拟交通灯模块

采用 4 个双位共阳极的数码管，使用两片 74HC595 分别控制数码管的位和段，使用两片 74HC595 控制人行道信号和 4 个方向箭头信号，如图 1-3 所示。

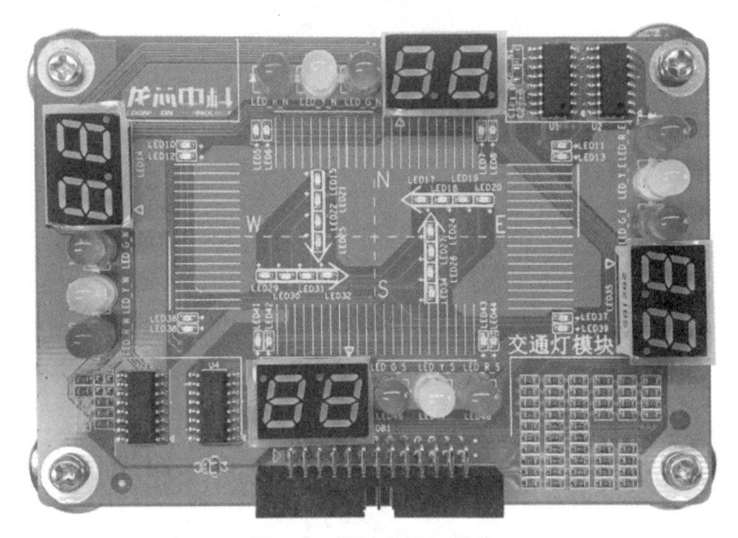

图 1-3　模拟交通灯模块

2. LED 点阵屏模块

LED 点阵屏由发光二极管排列组成的显示器件，采用 6 片 8×8 点阵组成 24×16 点阵，总共使用了 5 片 74HC595 驱动芯片，其中 2 片作为行驱动，3 片作为列驱动，如图 1-4 所示。

图 1-4　LED 点阵屏模块

3. 超声波模块

超声波模块由超声波传感器、电机模块和蜂鸣器三部分组成。使用 CS100A 超声波芯片，测量障碍物距离。同时，通过龙芯 1B 处理器 I/O 接口控制步进电机移动障碍物，从而做到动态实时测距，当距离过近时，可以通过蜂鸣器报警提示，如图 1-5 所示。

图 1-5　超声波模块

4. 舵机转盘模块

舵机转盘模块采用 1 片 GP7101 芯片输出 PWM 驱动 FS90 舵机，根据输出的 PWM 占空比，控制舵机的偏转角度；另外采用 1 片 ADXL345 三轴陀螺仪，用于检测 PCB 的倾斜角度，控制舵机随着 PCB 的倾斜偏转相应角度，如图 1-6 所示。

图 1-6　舵机转盘模块

5. PID 温控模块

龙芯 IB 扩展模块采用 1 片 CT75 温度传感器芯片，通过龙芯 1B 处理器 I/O 接口控制水泥电阻加热，当温度升高到某一度数时，电风扇（使用 GP7101 驱动芯片，可根据温度的高低控制电风扇的转速）开始转动对其进行降温操作，从而达到散热作用。同时可以采用 PID 算法，控制水泥电阻加热和风扇转动，达到恒定温度效果，如图 1-7 所示。

6. 传感器模块

传感器模块采用红外传感器、烟雾传感器、气压传感器（SPL06-007）、霍尔传感器、光照传感器（TSL2561）和温湿度传感器（HDC2080）等 6 种传感器，如图 1-8 所示。

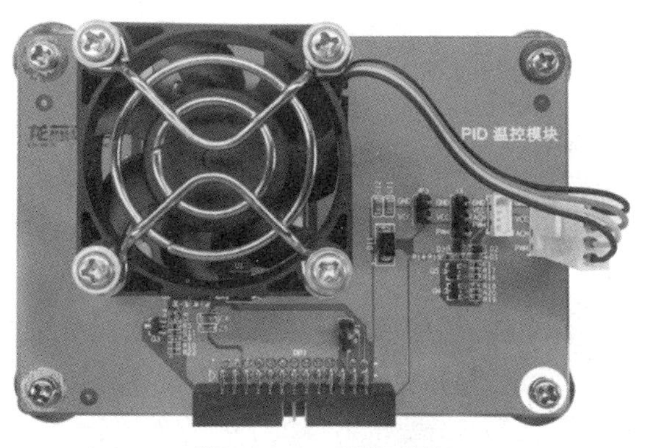

图 1-7　PID 温控模块

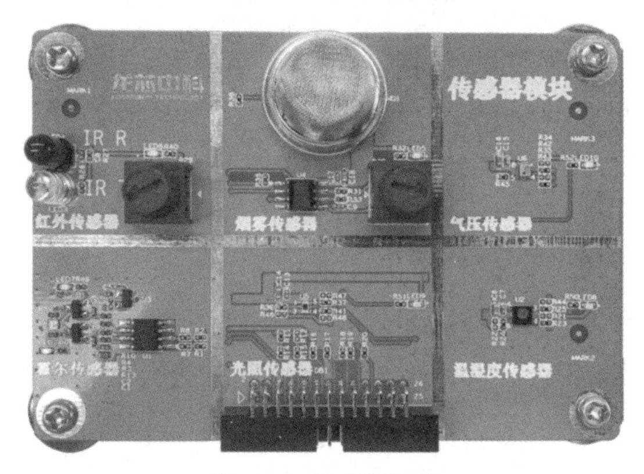

图 1-8　传感器模块

1.1.3　应用场景模块

1. 四路继电器模块

四路继电器模块搭载了 8 位 MCU 和 RS485 电平通信芯片，采用标准 MODBUS-RTU 格式的 RS485 通信协议，可以实现 4 路输入信号检测、4 路继电器输出，如图 1-9 所示。

图 1-9　传感器模块

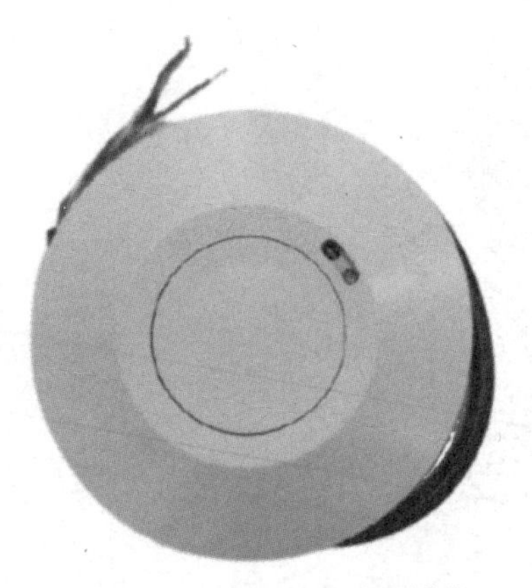

图 1-10　人体红外传感器模块

2. 人体红外传感器模块

该设备采用 RS485 通信方式，可安装在 2.5m 高度，检测身高为 1.0～1.7m，体形中等，行走速度为 1.0～1.5m/s 的人体移动情况，如图 1-10 所示。

3. 水浸传感器模块

水浸传感器广泛适用于通信基站、宾馆、饭店、机房、图书馆、档案库、仓库、设备、机柜以及其他需积水报警的场所。该设备可选 485 输出、开关量接点输出，485 输出采用标准 MODBUS-RTU，最远通信距离 2000m，电源输入 10～30V 均可，如图 1-11 所示。

4. 烟雾温湿度传感器

烟雾温湿度传感器采用工业通用标准 RS485 总线 MODBUS-RTU 协议接口，方便接入 PLC、DCS 等各种仪表或系统，用于监测烟雾、温度、湿度状态量。内部使用了较高精度的传感内核及相关器件，确保产品具有较高的可靠性与卓越的长期稳定性，如图 1-12 所示。

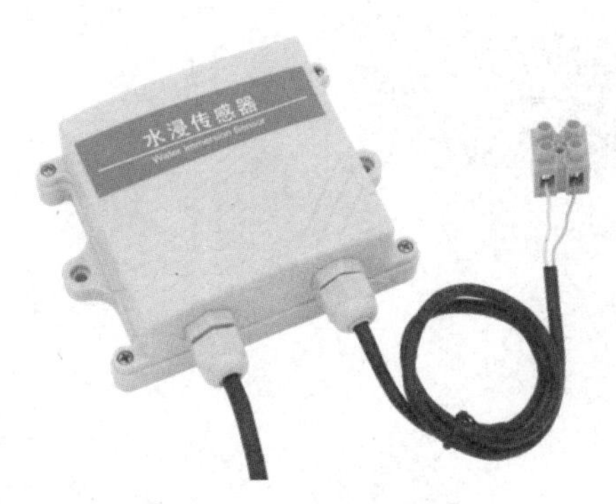

图 1-11　水浸传感器模块

图 1-12　烟雾温湿度传感器模块

1.2　龙芯 1X 嵌入式开发工具

1.2.1　开发环境搭建

1. 安装运行环境

LoongIDE 在使用 GCC、GDB 等 GNU 工具时，需要 MinGW 运行环境的支持，所以用户在安装 IDE 之前，需要安装 MSYS1.0 或者 MSYS2.0 运行环境。建议大家安装 MSYS2.0 运行环境。

在此仅介绍 MSYS2.0 运行环境安装与环境变量配置过程，MSYS1.0 与之类似。

第 1 步：从 https://www.msys2.org/下载 msys2-i686-xxx.exe 安装程序并安装；或者从 http://www.loongide.com 下载 msys2_full_install.exe 离线安装包进行安装，安装在 C 盘根目录下。

第 2 步：MSYS2.0 安装完成后，设置 Windows 系统环境变量 Path，将搜索路径“c:\msys32\

usr\bin;c:\msys32\mingw32\bin;”置于 Path 首部。

配置方法如图 1-13、图 1-14 所示。右击“此电脑”图标，选择“属性”，再单击“高级系统设置”，在打开的对话框中选择“高级”选项卡，再单击下方的“环境变量”按钮。在打开的对话框的“系统变量”栏中双击 Path 并设置其属性为“c:\msys32\usr\bin”“c:\msys32\mingw32\bin;”，并且将其移动到最上方。

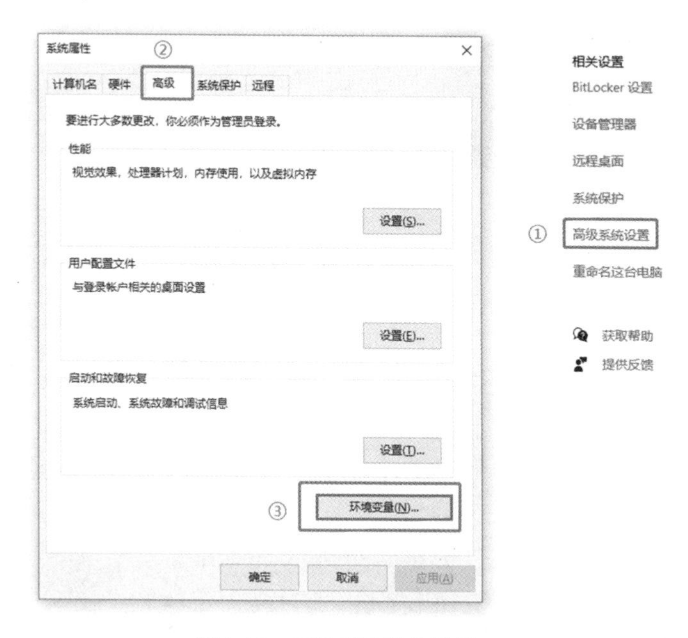

图 1-13　运行环境变量配置 1

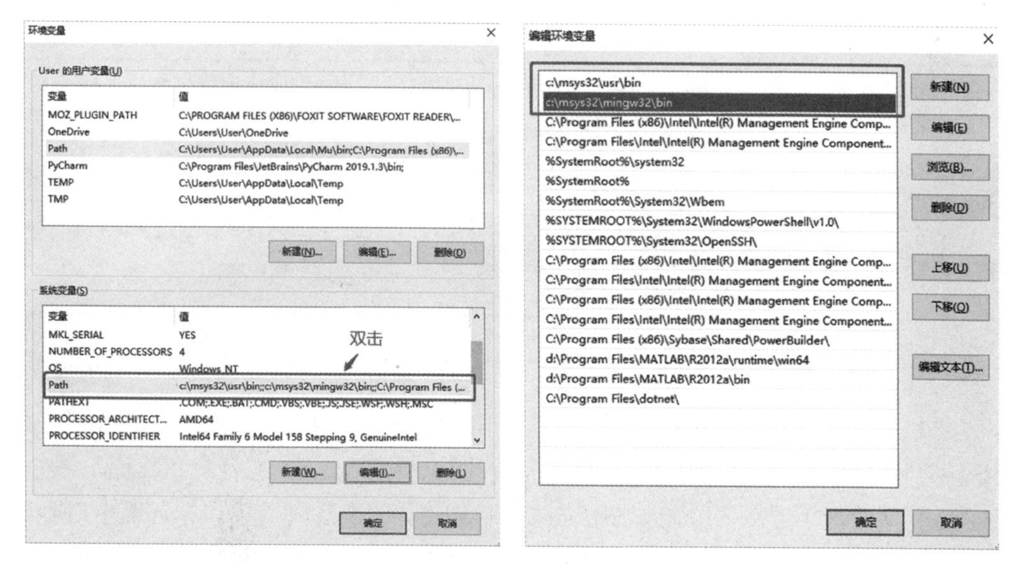

图 1-14　运行环境变量配置 2

第 3 步：重新启动 Windows。

2. 安装 LoongIDE

从龙芯官网上下载“龙芯 1X 嵌入式集成开发环境”安装程序 loongide_ 1.0_setup.exe，用户根据安装向导完成安装，如图 1-15 所示。

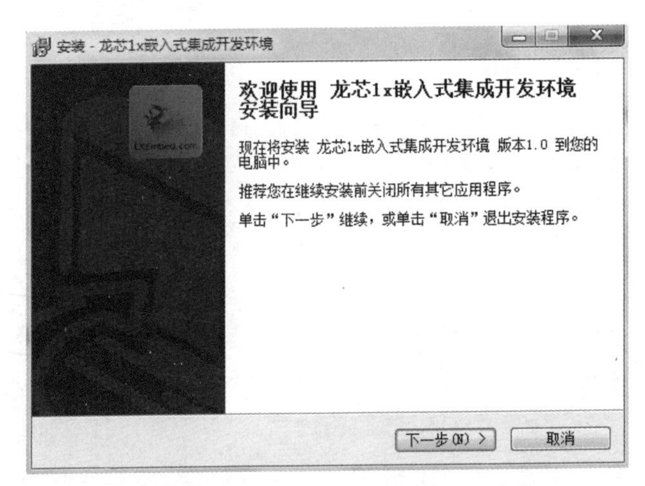

图 1-15　安装龙芯 1X 嵌入式集成开发环境 1

3. 安装 GNU 工具链

若使用的是新版 IDE，则不需要单独安装 GNU 工具链。LoongIDE 使用 SDE Lite for MIPS 工具链或者 RTEMS GCC for MIPS 工具链来实现项目的编译和调试。用户可以在 LoongIDE 中安装一个或者多个工具链，使用时根据项目的实际情况来选择适用的工具链，如表 1-1 所示。

注意事项：

①建议安装 SDE Lite for MIPS 工具链中的 SDE Lite 4.9.2。

②工具链安装目录路径中要避免使用空格、汉字等字符。

③安装完成后，重启 Windows 系统。

表 1-1　GNU 工具链

工具链		支持项目类型
SDE Lite for MIPS	SDE Lite 4.5.2	裸机编程项目 RT-Thread 项目 FreeRTOS 项目 uCOSII 项目
	SDE Lite 4.9.2	
RTEMS GCC for MIPS	RTEMS 4.10 for LS1x	
	RTEMS 4.11 for LS1x	

4. 安装串口驱动

若计算机系统没有自带串口驱动程序，需要用户安装“CH340 驱动”，安装完成之后，用 USB 线连接龙芯 1B 开发板与计算机，并给开发板接上电源。然后，在计算机桌面上，右击“此电脑”，选择“管理”选项，弹出如图 1-16 所示的“计算机管理”窗口，说明串口驱动安装完成，注意 COM 号有可能不相同，其中 COM3 和 COM4 是 Type-C 接口用于调试程序；COM6 用于串口通信。

注意：连接 Type-C 和 RJ45USB 转串口线之后，在图 1-16 上一定要有②所示的 3 个串口信息，否则无法使用。

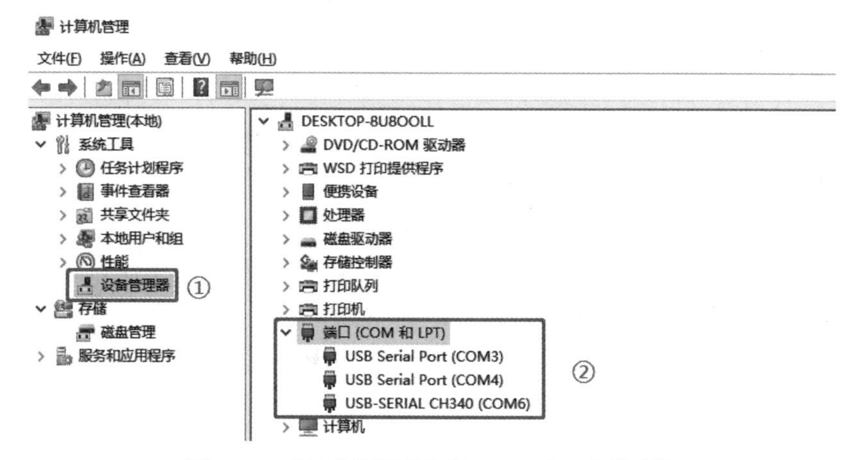

图 1-16 “计算机管理”窗口——串口信息查询

1.2.2 LoongIDE 使用

请查看《龙芯 1X 嵌入式集成开发环境 1.0 使用说明书》和《龙芯 1B/1C 驱动程序用户手册》，文档下载地址为：http://www.loongide.com/content/article.asp?style=nodate&typeid=10&id=165。

任务 1 编写第一行代码

一、任务描述

采用嵌入式边缘计算软硬件开发 1+X 证书（中级）开发板，在 LoongIDE 中新建项目，编写简单程序，实现串口打印输出社会主义核心价值观内容。

二、任务分析

首先，采用龙芯 1+X 开发板，连接好电源、程序调试线、程序烧写线。

其次，使用 LoongIDE 编写程序，新建项目向导、项目编译、项目调试、程序烧写等。

最后，采用 printk()或 printf()函数打印社会主义核心价值观内容。

三、任务实施

第 1 步：硬件连接。

（1）给龙芯 1B 开发板供电：可以采用 Type-C 接口线由计算机 USB 供电（但 Type-C 线一定要接，否则在线运行不了），也可以采用 6～30V 适配器电源供电。

（2）龙芯 1B 开发板串口调试接口：为了节约开发板空间，采用 USB 转网口串口作为 USB 转串口，对应开发板串口 5。

（3）为龙芯 1B 开发板程序烧写接线：计算机通过网线连接龙芯 1B 开发板，通过局域网对 NAND Flash 进行编程，烧写用户程序。

第 2 步：新建项目。

依次单击“文件”→“新建”→“新建项目向导…”，弹出“新建项目向导”对话框，如图 1-17 所示。输入项目名称“Task1”，则会自动创建 Task1\src 和 Task1\include 两个文件夹，分别用于保存源文件和头文件。切记：路径一定要用英文，文件名和文件夹不要用中文！

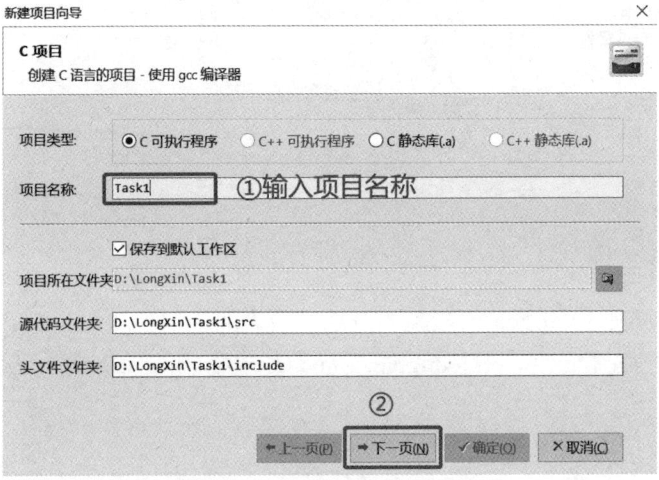

图 1-17　新建项目向导 1

第 3 步：选择 MCU、工具链和操作系统。

在图 1-18 中，“MCU 型号”栏选择 LS1B200(LS232)，“工具链”栏选择 SDE Lite 4.9.2 for MIPS，“使用 RTOS”栏选择 None(bare programming)。

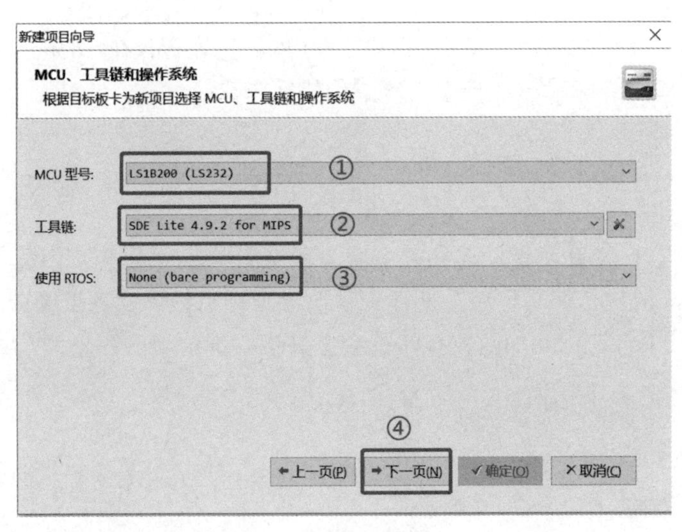

图 1-18　新建项目向导 2

第 4 步：项目其他配置。

按照图 1-19、图 1-20 所示进行操作。

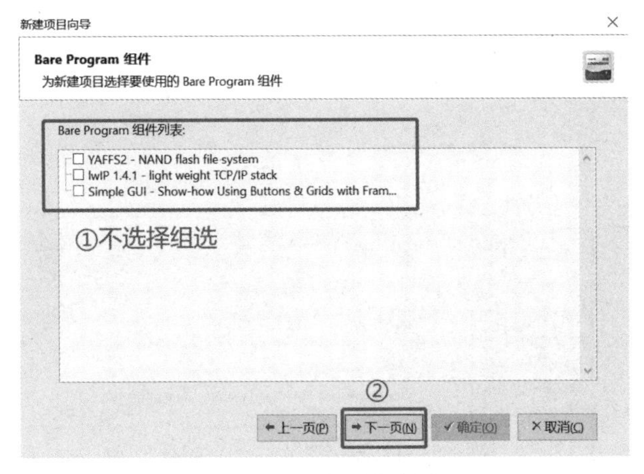

图 1-19　新建项目向导 3

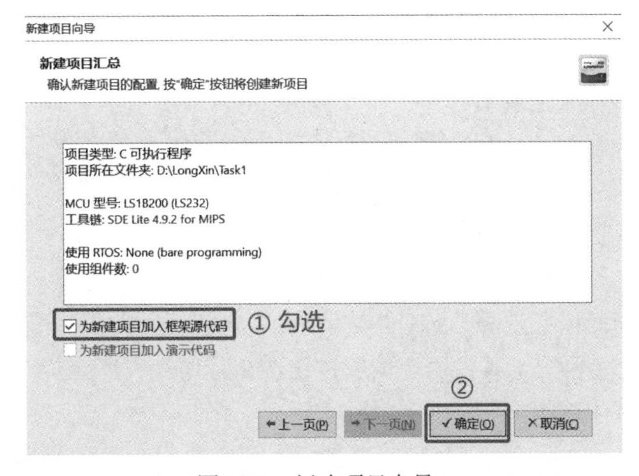

图 1-20　新建项目向导 4

第 5 步：编写程序。

在图 1-20 中单击“确定”按钮之后，就会自动生成程序框架，如图 1-21 所示。可以看到芯片的 can、gpio 等外设驱动已加载到工程项目中，极大地方便了用户编程。在 main.c 文件中输入 printk 代码。

第 6 步：项目编译。

可以采用以下任意一种方法进行编译。注意：第一次编译耗时较长，要耐心等待！

（1）使用快捷键 Ctrl+F9。

（2）使用主菜单“项目”→“编译”。

（3）使用工具栏中的 按钮（常采用这种方法）。

（4）使用项目视图面板中的菜单“编译”。

第 7 步：调试程序。

可以采用以下任意一种方法进行调试程序。

（1）使用快捷键 F9。

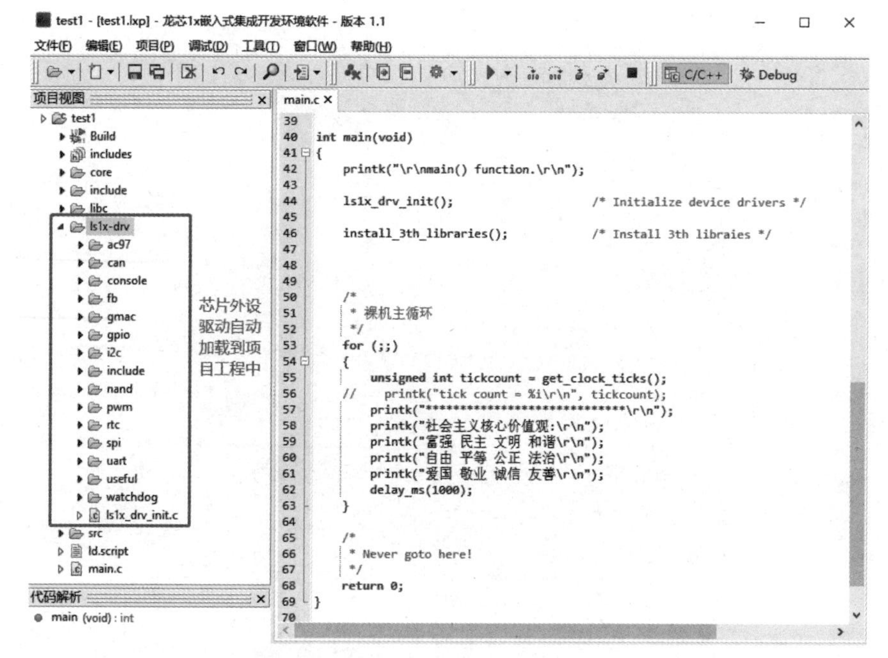

图 1-21　自动生成程序框架

（2）使用主菜单“调试”→“运行”。

（3）单击工具栏中的▶按钮（常采用这种方法）。

（4）右击项目视图面板，选择“运行”。

可以单击图 1-22 所示的工具栏“调试”按钮调试程序，程序全速运行时，则在串口调试软件上看到信息循环打印输出，如图 1-23 所示。

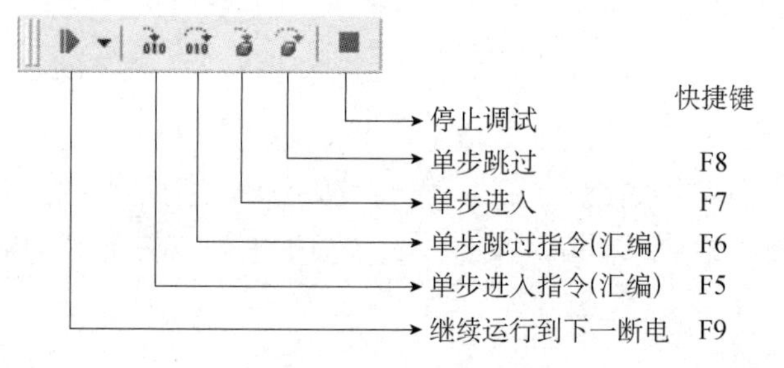

图 1-22　工具栏“调试”按钮

```
Clock_mask: 8000, step=100000

main() function.
*****************************
社会主义核心价值观:
富强 民主 文明 和谐
自由 平等 公正 法治
爱国 敬业 诚信 友善
*****************************
社会主义核心价值观:
富强 民主 文明 和谐
自由 平等 公正 法治
爱国 敬业 诚信 友善
*****************************
社会主义核心价值观:
富强 民主 文明 和谐
自由 平等 公正 法治
爱国 敬业 诚信 友善
*****************************
社会主义核心价值观:
富强 民主 文明 和谐
自由 平等 公正 法治
爱国 敬业 诚信 友善
*****************************
```

串口选择：COM6:USB-SERIAL
波特率：115200
停止位：1
数据位：8
校验位：None
串口操作：关闭串口
保存窗口　清除接收
16进制显示　DTR
RTS　延时 0

图 1-23　串口输出结果

第 8 步：烧写（下载）程序。

（1）连线。因为 LoongIDE 是使用网络下载程序的，所以采用网线连接计算机网口与开发板网口。另外给开发板供电，可以采用 Type-C 供电（Type-C 除供电外，还可以用于调试程序），也可以采用电源适配器供电。各类线连接方式，如图 1-24 所示。

图 1-24　烧写程序时连接方式

（2）配置网络。若服务器是计算机则需要将计算机本地 IP 设置为固定 IP 地址，设置如下：使用快捷键 Win+I，在打开的窗口中先选择“网络和 Internet”，再选择“以太网”，然后选择“更改适配器选项”，最后选择“以太网”，如图 1-25 所示。

图 1-25　配置网络过程 1

双击“以太网”，在打开的对话框中选择“Internet 协议版本 4（TCP/IPv4）”，再单击“属性”按钮，按照图 1-26 所示配置计算机 IP。

注意：将计算机作为服务器，龙芯 1B 开发板作为客户端，两者必须在同一网段。龙芯 1B 开发板 IP，如图 1-27 所示，龙芯 1B 开发板开机后，可以在 LCD 屏中看到 IP 地址。

（3）打开 LoongIDE，单击工具栏中的“工具”菜单，再选择“NAND Flash 编程”选项，如图 1-28 所示。

进入如图 1-29 所示界面，选择需要烧写的.exe 文件。注意：一定要在非中文路径下，且烧写的文件路径必须为非中文路径。程序烧写成功，如图 1-30 所示。

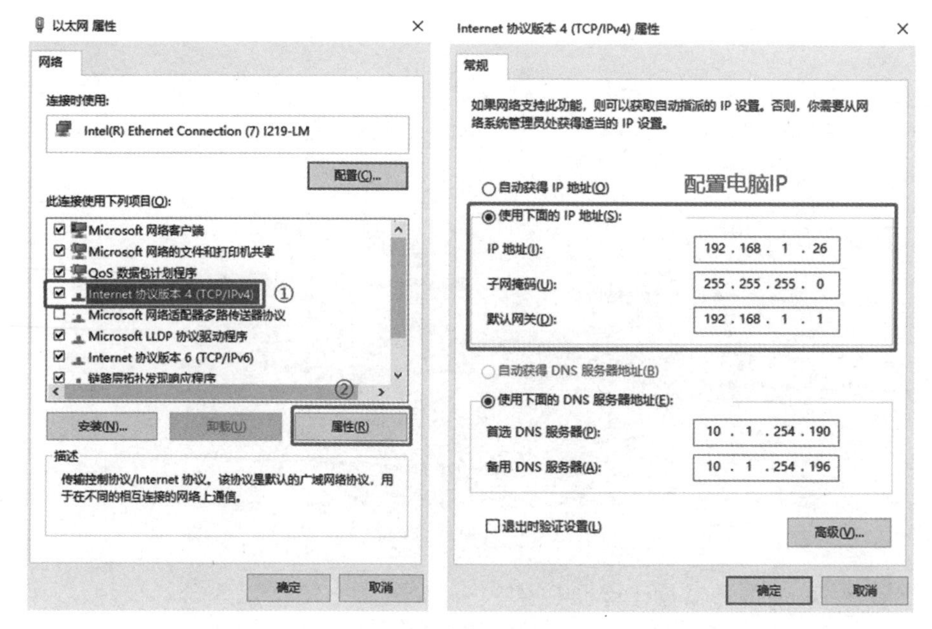

图 1-26　配置网络过程 2

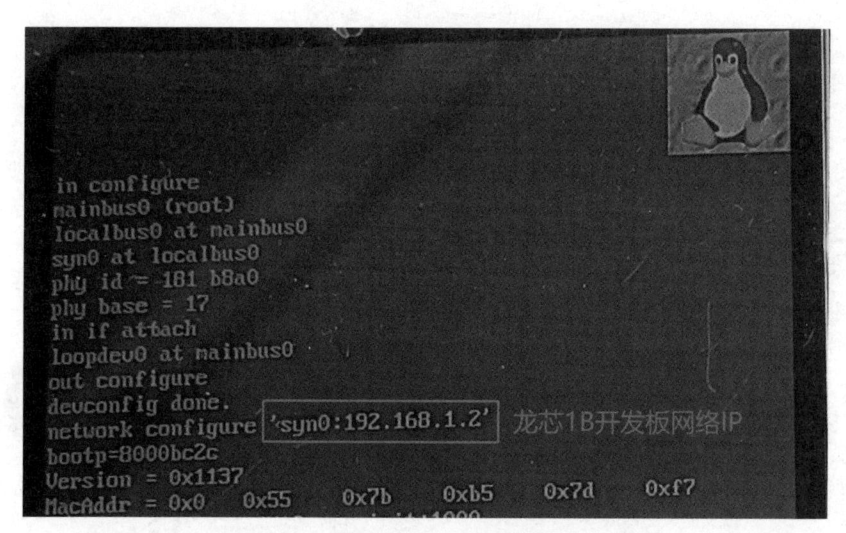

图 1-27　龙芯 1B 开发板的 IP

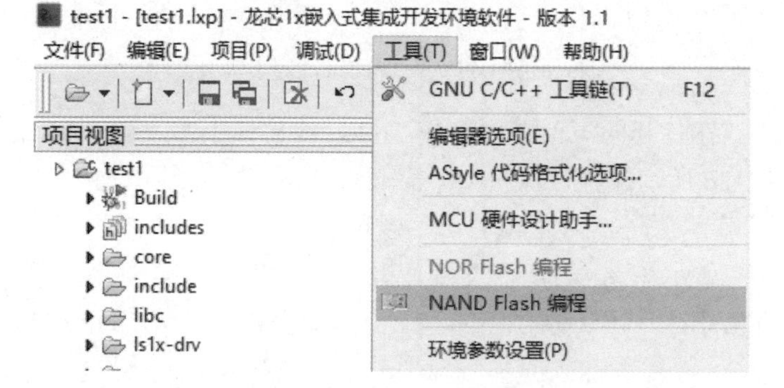

图 1-28　LoongIDE 烧写程序 1

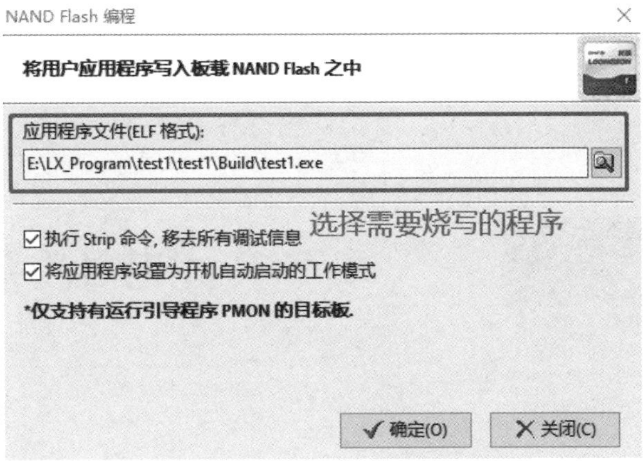

图 1-29　LoongIDE 烧写程序 2

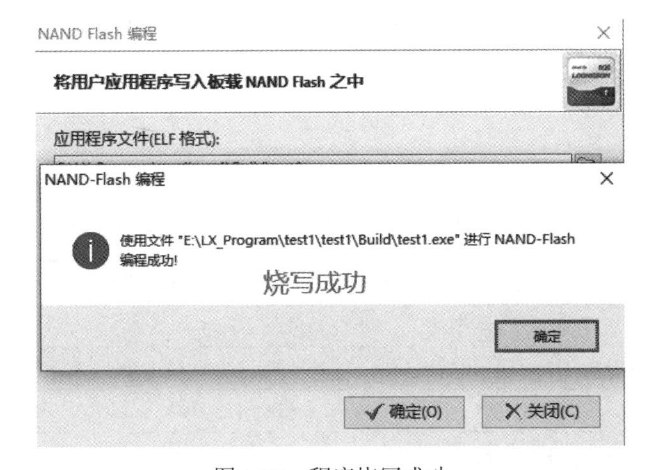

图 1-30　程序烧写成功

四、任务拓展

拓展任务 1-1：利用串口打印输出《沁园春・雪》。

拓展任务 1-2：考证设备功能测试。通过下载厂家提供的设备功能测试程序，对龙芯 1B 开发板的各个接口、扩展模块和场景模块进行功能测试。

第 2 章 龙芯 1X 系列处理器

本章主要介绍龙芯 1X 系列处理器结构、时钟管理等内容，通过理实一体化的学习，读者可以了解龙芯处理器的种类、功能、应用领域等，以及掌握龙芯 1B 处理器启动过程、系统时钟测试方法。

教学目标

知识目标	1. 了解龙芯 1X 系列处理器种类、指标参数、应用领域等
	2. 了解龙芯 1B 处理器架构、地址空间分配等
	3. 理解龙芯 1B 处理器时钟结构，以及 CPU_CLK、DDR_CLK 和 DC_CLK
	4. 掌握龙芯 1B 处理器 PLL 配置寄存器和 PLL 分频寄存器
	5. 理解龙芯 1B 处理器启动过程
技能目标	1. 能熟练使用龙芯 1B 开发板和龙芯 1X 嵌入式集成开发环境
	2. 能熟练新建裸机工程、编译调试程序、烧写程序等
	3. 能编写龙芯 1B 处理器时钟系统测试程序
素质目标	1. 了解龙芯处理器发展历程，增强学生的民族自豪感和紧迫感
	2. 初步掌握软件编程规范、项目文件管理方法
	3. 逐步养成项目组员之间的沟通、讨论习惯

2.1 龙芯 1X 处理器

2.1.1 龙芯 1X 处理器概述

龙芯 1X 处理器片内集成了 GS232 处理器核，是一款轻量级的 32 位 SoC 芯片，属于“龙芯 1 号”小 CPU，主要包括龙芯 1A、1B、1C、1D 等系列。龙芯 1X 处理器外观，如图 2-1 所示，芯片指标参数，如表 2-1 所示。

(a)龙芯1A处理器

(b)龙芯1B处理器

(c)龙芯1C处理器

(d)龙芯1D处理器

图 2-1　龙芯 1X 处理器外观

表 2-1　龙芯 1X 处理器指标参数

指标	芯片			
	龙芯 1A 处理器	龙芯 1B 处理器	龙芯 1C 处理器	龙芯 1D 处理器
内核	单核 32 位	单核 32 位	单核 32 位	单核 32 位
主频	266MHz	200MHz	240MHz	8MHz
功耗	1.0W	0.5W	0.5W	待机电流 10μA
浮点单元	32 位	32 位	64 位	32 位
I/O 接口	详见①	详见②	详见③	详见④
流水线	5	5	5	3
微体系结构	双发射乱序执行 GS232	双发射乱序执行 GS232	双发射乱序执行 GS232	单发射按序执行 GS232
制造工艺	130nm	130nm	130nm	130nm
一级指令缓存	16KB	8KB	16KB	无
一级数据缓存	16KB	8KB	16KB	无
内存控制器	32/16 位 DDR2	32/16 位 DDR2-333	8/16 位 SDRAM	片上 Flash 64KB 片上 SRAM 5KB
引脚数	448	256	176	80
封装方式	23mm×23mm BGA	17mm×17mm BGA	QFP	QFP

说明：

①龙芯 1A 处理器 I/O 接口有 USB2.0/1.1×4；SATA2×2；GMAC×2；PCI；LPC；I2C×3；CAN×2；SPI×2；NAND；UART×4；PS2×2；RTC；PWM×4；GPIO×88。

②龙芯 1B 处理器 I/O 接口有 USB2.0/1.1×1；GMAC×2；I2C×3；CAN×2；SPI×2；NAND；UART×12；RTC；PWM×4；GPIO×61。

③龙芯 1C 处理器 I/O 接口有 8/16 位 SRAM；NAND；I2S/AC97；LCD；MAC；USB；OTG；SPI；I2C；UART；PWM；CAN；SDIO；ADC。

④龙芯 1D 处理器 I/O 接口有 SPI；UART；I2C；LCD；ADC。

2.1.2 龙芯 1B 处理器架构

龙芯 1B 芯片是基于 GS232 处理器核的片上系统（SoC），性价比高，可广泛应用于工业控制、家庭网关、信息家电、医疗器械和安全应用等领域。

龙芯 1B 处理器架构，如图 2-2 所示，内部顶层结构由 AXI XBAR 交叉开关互连，其中 CPU、DC、AXI_MUX 作为主设备通过 3X3 交叉开关连接到系统； DC、AXI_MUX 和 DDR2 作为从设备，通过 3X3 交叉开关连接到系统。在 AXI_MUX 内部实现了多个 AHB 和 APB 模块到顶层 AXI 交叉开关的连接，其中 DMA_MUX、GMAC0、GMAC1、USB 被 AXI_MUX 选择作为主设备访问交叉开关；AXI_MUX（包括 CONF、SPI0、SPI1）、APB、GMAC0、GMAC1、USB 等作为从设备，被来自 AXI_MUX 的主设备访问。在 APB 内部实现了系统对内部 APB 接口设备的访问，这些设备包括 AC97、RTC、PWM、I2C、CAN、NAND、UART 等。龙芯 1B 处理器地址空间分配、CPU 指令等内容查看《龙芯 1B 处理器用户手册》。

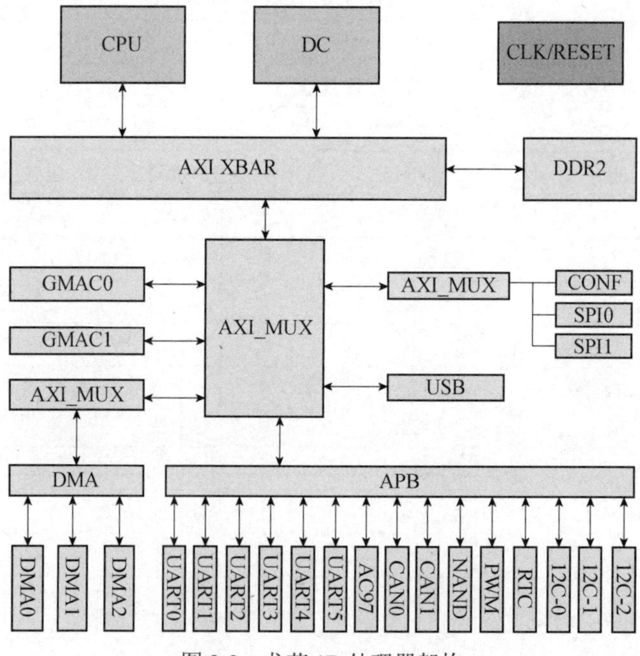

图 2-2 龙芯 1B 处理器架构

2.2　时钟管理

2.2.1　时钟结构

如图 2-3 所示，系统中集成了一个 PLL，系统复位时，PLL 从外部 PAD 的状态获取初始配置；进入系统后，PLL 可以再次配置。PLL 产生一个高频输出 PLL_CLK，再经过 DIV0、DIV1 和 DIV2 分频器，分别产生系统的 3 个时钟：CPU_CLK、DC_CLK 和 DDR_CLK。其中 CPU_CLK 时钟是提供给内核的，DDR_CLK 时钟是提供给 NAND Flash 的。在龙芯 1B 处理器中，SPI、I2C、PWM、CAN、WATCHDOG、UART 等外设都需要时钟才能工作，它们的时钟是 DDR_CLK 时钟的一半。

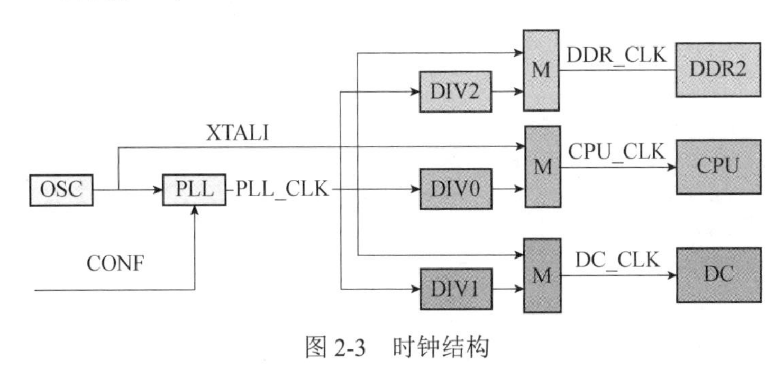

图 2-3　时钟结构

2.2.2　时钟配置

假设外部晶振频率为 33MHz，在系统复位状态下，时钟模块利用外部 PAD 状态选择 PLL 的配置，如表 2-2 所示。

表 2-2　在系统复位时 PLL 从外部 PAD 的状态获取初始配置

外部 PAD	描述	PLL 配置作用
NAND_D[5:0]	PLL 输出频率控制	PLL 输出频率： (NAND_D[5:0]+12)×33/2MHz （33MHz 是外部晶振频率）
NAND_D6	CPU 和 DDR 频率通路选择， 在系统复位启动过程中，CPU 和 DDR 频率相同	CPU_CLK 和 DDR2_CLK 1：33MHz（外部晶振频率） 0：(NAND_D[5:0]+12)×33/4MHz

注意：在系统复位时，CPU_CLK 和 DDR2_CLK 要么等于外部晶振的频率，要么等于 PLL 输出频率的一半。

系统启动后，软件可以精确配置 PLL 的频率，由 PLL 配置寄存器 PLL_FREQ（地址为 0XBFE7_8030）和 PLL 分频寄存器 PLL_DIV_PARAM（地址为 0xBFE78034）。寄存器功能描述，如表 2-3 所示。

表 2-3　PLL 配置寄存器和 PLL 分频寄存器功能描述

PLL 配置寄存器 PLL_FREQ（地址为 0XBFE7_8030）	
位	寄存器功能描述
[17:0]	把外部晶振按照以下公式，配置成 PLL 输出频率（PLL_CLK 时钟频率）： (12+PLL_FREQ[5:0]+ (PLL_FREQ[17:8]/1024))*33/2MHz
PLL 分频寄存器 PLL_DIV_PARAM（地址为 0XBFE7_8034）	
位	寄存器功能描述
31	DC_DIV 使能
30	DC_DIV 分频器复位
29:26	DC_DIV (PLL_OUT/4/DC_DIV) DC_CLK 频率：PLL_CLK 频率 / PLL_DC_DIV_MASK 位的值 / 4 PLL_DC_DIV_MASK 位的值 = PLL_DIV_PARAM[29:26]
25	CPU_DIV 使能
24	CPU_DIV 分频器复位
23:20	CPU_DIV CPU_CLK 频率：PLL 频率 / PLL_CPU_DIV_MASK 位的值 PLL_CPU_DIV_MASK = PLL_DIV_PARAM[23:20]
19	DDR_DIV 使能
18	DDR_DIV 分频器复位
17:14	DDR_DIV DDR_CLK 频率：PLL 频率 / PLL_DDR_DIV_MASK 位的值 PLL_DDR_DIV_MASK = PLL_DIV_PARAM[17:14]
13	DC_BYPASS 使能
12	DC_BYPASS
11	DDR_BYPASS 使能
10	DDR_BYPASS
9	CPU_BYPASS 使能
8	CPU_BYPASS
7:6	保留
5	DC_RST 使能
4	DC_RST
3	DDR_RST 使能
2	DDR_RST
1	CPU_RST 使能
0	CPU_RST

软件可以对内部的 CPU_CLK、DDR_CLK 和 DC_CLK 时钟频率单独配置。配置过程如下。

首先，将时钟 BYPASS 位置 1，让其切换到 33MHz 的外部输入。然后，配置对应逻辑 RST。最后，配置需要分频的倍数，以产生目标时钟。

恢复过程：先把 BYPASS 位清零，让对应时钟恢复到分频的目标时钟。时钟频率的配置过程中使用了 GLITCH FREE 的电路，确保系统能够正常稳定工作。

2.3　龙芯 1B 处理器启动过程

了解程序在处理器中的启动过程是非常重要的，龙芯 1B 处理器启动过程，如图 2-4 和图 2-5 所示。切记：一般情况下，嵌入式处理器进入 main()之前，需要运行时钟、中断等方面的配置。

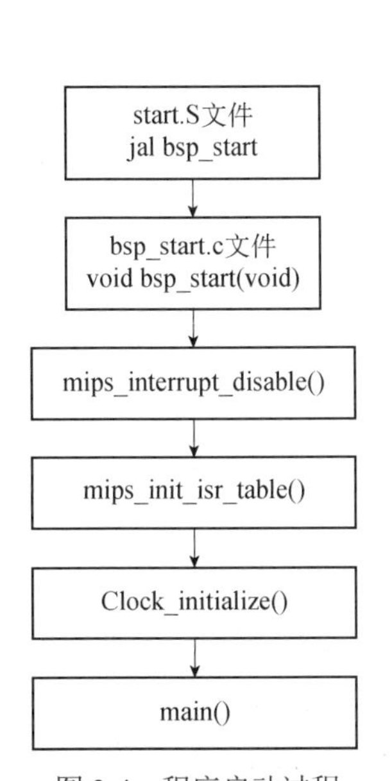

图 2-4　程序启动过程

```
main.c× start.S× bsp_start.c×
28    */
29  void bsp_start(void)
30  {
31      mips_interrupt_disable();
32
33      /*
34       * install exec vec. Data <==> Instruction must use K1 address
35       */
36      memcpy((void *)K0_TO_K1(T_VEC), except_common_entry, 40);
37      memcpy((void *)K0_TO_K1(C_VEC), except_common_entry, 40);
38      memcpy((void *)K0_TO_K1(E_VEC), except_common_entry, 40);
39
40      mips_init_isr_table();          /* initialize isr table */
41
42      console_init(115200);           /* initialize console */
43
44      Clock_initialize();             /* initialize ticker */
45
46      /*
47       * Enable all interrupts, FPU
48       */
49  #if __mips_hard_float
50      mips_unmask_interrupt(SR_CU1 | SR_IMASK | SR_IE);
51  #else
52      mips_unmask_interrupt(SR_IMASK | SR_IE);
53  #endif
54
55      /* goto main function */
56      main();
57  }
```

图 2-5　bsp_start.c 文件中的 bsp_start()函数

任务 2　龙芯 1B 处理器时钟系统测试

一、任务描述

采用龙芯 1+X 证书开发板，在 LoongIDE 中新建项目，编写简单程序，在串口调试助手上输出 PLL_CLK、CPU_CLK、DDR_CLK、DC_CLK、BUS_CLK 等各类时钟频率。

二、任务分析

首先，采用龙芯 1+X 开发板，连接好电源、程序调试线、程序烧写线；其次，使用 LoongIDE 编写程序，新建项目向导、项目编译、项目调试、程序烧写等。再次，查看 ls1b.h 头文件，了解 PLL_CLK、CPU_CLK、DDR_CLK、DC_CLK、BUS_CLK 等时钟的定义，如图 2-6 所示。

最后，采用 printk()或 printf()函数打印各类时钟频率。

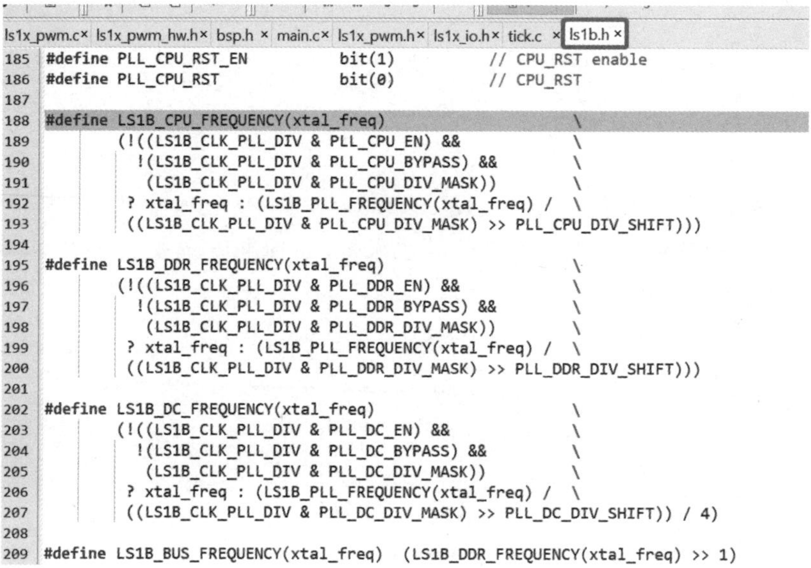

```
ls1x_pwm.c× ls1x_pwm_hw.h× bsp.h × main.c× ls1x_pwm.h× ls1x_io.h× tick.c × ls1b.h ×
185 #define PLL_CPU_RST_EN          bit(1)          // CPU_RST enable
186 #define PLL_CPU_RST             bit(0)          // CPU_RST
187
188 #define LS1B_CPU_FREQUENCY(xtal_freq)                          \
189         (!((LS1B_CLK_PLL_DIV & PLL_CPU_EN) &&                  \
190           !(LS1B_CLK_PLL_DIV & PLL_CPU_BYPASS) &&              \
191            (LS1B_CLK_PLL_DIV & PLL_CPU_DIV_MASK))              \
192          ? xtal_freq : (LS1B_PLL_FREQUENCY(xtal_freq) /        \
193          ((LS1B_CLK_PLL_DIV & PLL_CPU_DIV_MASK) >> PLL_CPU_DIV_SHIFT)))
194
195 #define LS1B_DDR_FREQUENCY(xtal_freq)                          \
196         (!((LS1B_CLK_PLL_DIV & PLL_DDR_EN) &&                  \
197           !(LS1B_CLK_PLL_DIV & PLL_DDR_BYPASS) &&              \
198            (LS1B_CLK_PLL_DIV & PLL_DDR_DIV_MASK))              \
199          ? xtal_freq : (LS1B_PLL_FREQUENCY(xtal_freq) /        \
200          ((LS1B_CLK_PLL_DIV & PLL_DDR_DIV_MASK) >> PLL_DDR_DIV_SHIFT)))
201
202 #define LS1B_DC_FREQUENCY(xtal_freq)                           \
203         (!((LS1B_CLK_PLL_DIV & PLL_DC_EN) &&                   \
204           !(LS1B_CLK_PLL_DIV & PLL_DC_BYPASS) &&               \
205            (LS1B_CLK_PLL_DIV & PLL_DC_DIV_MASK))               \
206          ? xtal_freq : (LS1B_PLL_FREQUENCY(xtal_freq) /        \
207          ((LS1B_CLK_PLL_DIV & PLL_DC_DIV_MASK) >> PLL_DC_DIV_SHIFT)) / 4)
208
209 #define LS1B_BUS_FREQUENCY(xtal_freq)  (LS1B_DDR_FREQUENCY(xtal_freq) >> 1)
```

图 2-6　各类时钟定义

三、任务实施

第 1 步：硬件连接。

先用 USB 转串口线连接计算机 USB 和龙芯 1B 开发板的串口（UART5），再给开发板上电。

第 2 步：新建项目。

依次单击“文件”→“新建”→“新建项目向导…”，弹出“新建项目向导”对话框如图 1-17 所示。输入项目名称“Task2”，则会自动创建 Task2\src 和 Task2\inclucde 两个文件夹，分别用于保存源文件和头文件（该步骤与任务 1 一致）。

第 3 步：编写时钟输出代码。

时钟初始化函数在 tick.c 文件中定义，在 Clock_initialize(void)函数中增加各类时钟频率输出的测试代码，如代码清单 2-1 所示。

代码清单 2-1　时钟初始化代码

```
-----------------------------------------------------------------------------------
1.void Clock_initialize(void)
2.{ Clock_driver_ticks = 0;
3.  mips_mask_interrupt(CLOCK_INT_MASK);    //禁止 mips 计数中断
4.  /** divided by 2: LS1x-counter plus 1 by two instructions. */
5.    mips_timer_step = LS1x_CPU_FREQUENCY(CPU_XTAL_FREQUENCY) / 2 / TICKS_PER_SECOND;
6.//*********************** 添加各类时钟频率输出的测试代码 ******************************
7.    printf("\r\nPLL_clk: %d Hz\n",LS1B_PLL_FREQUENCY(CPU_XTAL_FREQUENCY)); //PLL_clk
8.    printf("\r\nCPU_clk: %d Hz\n",LS1x_CPU_FREQUENCY(CPU_XTAL_FREQUENCY)); //CPU_clk
9.    printf("\r\nDDR_clk: %d Hz\n",LS1B_DDR_FREQUENCY(CPU_XTAL_FREQUENCY)); //DDR_clk
10.    printf("\r\nDC_clk: %d Hz\n",LS1B_DC_FREQUENCY(CPU_XTAL_FREQUENCY));  //DC_clk
11.    printf("\r\nBUS_clk: %d Hz\n",LS1x_BUS_FREQUENCY(CPU_XTAL_FREQUENCY)); //BUS_clk
```

```
12.//**************************************************************************************
13.  /** Enough time to startuo */
14.    mips_set_timer(mips_timer_step);
15.    printf("\r\nClock_mask: %x, step=%i\n", CLOCK_INT_MASK, mips_timer_step);
16.    /* install then Clock isr */
17.    ls1x_install_irq_handler(CLOCK_VECTOR, Clock_isr, 0); //配置计数中断
18.    mips_unmask_interrupt(CLOCK_INT_MASK);   //使能 mips 计数中断
19.    mips_enable_dc();                   //打开 mips 计数寄存器 Count
20.}
----------------------------------------------------------------------------------------
```

第 4 步：程序编译及调试。

（1）单击图标进行编译，编译无误后，单击图标，将程序下载到内存之中。注意：此时代码没有下载到 NAND Flash 之中，按下复位键后，程序会消失。

（2）利用串口调试软件打印出各时钟频率，单位为 Hz，如图 2-7 所示。

```
PLL_clk: 600000000 Hz
CPU_clk: 200000000 Hz
DDR_clk: 100000000 Hz
DC_clk: 12500000 Hz
BUS_clk: 50000000 Hz
Clock_mask: 8000, step=100000
```

图 2-7　各类时钟频率

注意：PLL 配置寄存器和 PLL 分频寄存器是在 PMON 中配置的，工程中没有代码。

第3章 龙芯1B的GPIO

本章介绍LS1B0200的GPIO工作模式、GPIO的API函数和GPIO的开发步骤。通过理实一体化的学习，读者可以熟悉LS1B0200的GPIO结构、寄存器、复用方式，以及编写GPIO相关程序，实现LED灯控制、数码管控制、按键输入等任务。

教学目标

知识目标	1. 掌握LS1B0200基本概念、内部结构、外部引脚及其功能
	2. 掌握LS1B0200外设、GIPO输入及输出等功能配置
	3. 掌握GPIO配置、输入/输出使能、数据输入/输出等寄存器
	4. 理解LED灯、蜂鸣器报警、数码管显示、独立按键输入等电路原理
	5. 掌握GPIO的API函数、开发步骤等
	6. 掌握LS1B0200基本组件的寄存器英文表述方式
技能目标	1. 能熟练使用龙芯1B开发板和龙芯1X嵌入式集成开发环境
	2. 能熟练使用I/O端口，配置外设、GPIO功能，设置输入或输出模式
	3. 能熟练使用GPIO的API函数
	4. 能熟悉GPIO开发步骤
	5. 熟练编写LED灯控制、数码管控制、按键输入等与GPIO相关的程序
素质目标	1. 通过GPIO引脚复用功能引出“艺多不压身”典故，激励学生好好练习多种技艺
	2. 培养学生团队协作、表达沟通能力
	3. 培养学生的职业精神、工匠精神

3.1 GPIO的结构

LS1B0200具有61位GPIO，支持位操作。当GPIO作为输入时，高电平电压范围是3.3～5V，低电平是0V；当GPIO作为输出时，高电平是3.3V，低电平是0V；GPIO对应的所有PAD采用的都是推拉方式。

3.1.1　GPIO 引脚及复用

GPIO 引脚编号为 GPIO00～GPIO61，其中没有 GPIO31，共计 61 个引脚，如表 3-1 所示。每个引脚可以复用多种功能，初始功能不是数字量输入/输出功能，而是外设功能。

表 3-1　GPIO 引脚及复用情况

PAD 外设（初始功能）	PAD 外设描述	GPIO 功能	第一复用	第二复用	第三复用	12 组两线 UART	复位状态
PWM0	PWM0 波形输出	GPIO00	NAND_RDY*	SPI1_CSN[1]	UART0_RX		内部上拉，复位输入
PWM1	PWM1 波形输出	GPIO01	NAND_CS*	SPI1_CSN[2]	UART0_TX		
PWM2	PWM2 波形输出	GPIO02	NAND_RDY*		UART0_CTS		
PWM3	PWM3 波形输出	GPIO03	NAND_CS*		UART0_RTS		
LCD_CLK	LCD 时钟	GPIO04					
LCD_VSYNC	LCD 列同步	GPIO05					
LCD_HSYNC	LCD 行同步	GPIO06					
LCD_EN	LCD 使能信号	GPIO07					
LCD_DAT_B0	LCD_BLUE0	GPIO08			UART1_RX		
LCD_DAT_B1	LCD_BLUE1	GPIO09					
LCD_DAT_B2	LCD_BLUE2	GPIO10					
LCD_DAT_B3	LCD_BLUE3	GPIO11					
LCD_DAT_B4	LCD_BLUE4	GPIO12					
LCD_DAT_G0	LCD_GREEN0	GPIO13			UART1_CTS		
LCD_DAT_G1	LCD_GREEN1	GPIO14			UART1_RTS		
LCD_DAT_G2	LCD_GREEN2	GPIO15					
LCD_DAT_G3	LCD_GREEN3	GPIO16					
LCD_DAT_G4	LCD_GREEN4	GPIO17					
LCD_DAT_G5	LCD_GREEN5	GPIO18					
LCD_DAT_R0	LCD_RED0	GPIO19			UART1_TX	UART1_TX	
LCD_DAT_R1	LCD_RED1	GPIO20					
LCD_DAT_R2	LCD_RED2	GPIO21					
LCD_DAT_R3	LCD_RED3	GPIO22					
LCD_DAT_R4	LCD_RED4	GPIO23					
SPI0_CLK	SPI0 时钟	GPIO24					启动配置
SPI0_MISO	SPI0 主入从出	GPIO25					
SPI0_MOSI	SPI0 主出从入	GPIO26					
SPI0_CS0	SPI0 选通信号 0	GPIO27					
SPI0_CS1	SPI0 选通信号 1	GPIO28					内部上拉，复位输入
SPI0_CS2	SPI0 选通信号 2	GPIO29					
SPI0_CS3	SPI0 选通信号 3	GPIO30					
SCL	第一路 I2C 时钟	GPIO32					
SDA	第一路 I2C 数据	GPIO33					
AC97_SYNC	AC97 同步信号	GPIO34					
AC97_RST	AC97 复位信号	GPIO35					
AC97_DI	AC97 数据输入	GPIO36					
AC97_DO	AC97 数据输出	GPIO37					
CAN0_RX	CAN0 数据输入	GPIO38	SDA1	SPI1_CSN0	UART1_DSR	UART1_2RX	
CAN0_TX	CAN0 数据输出	GPIO39	SCL1	SPI1_CLK	UART1_DTR	UART1_2TX	

续表

PAD 外设（初始功能）	PAD 外设描述	GPIO 功能	第一复用	第二复用	第三复用	12 组两线 UART	复位状态
CAN1_RX	CAN1 数据输入	GPIO40	SDA2	SPI1_MOSI	UART1_DCD	UART1_3RX	
CAN1_TX	CAN1 数据输出	GPIO41	SCL2	SPI1_MISO	UART1_RI	UART1_3TX	
UART0_RX	UART0 发送数据	GPIO42	LCD_DAT22	GMAC1_RCTL		UART0_0RX	
UART0_TX	UART0 接收数据	GPIO43	LCD_DAT23	GMAC1_RX0		UART0_0TX	
UART0_RTS	UART0 请求发送	GPIO44	LCD_DAT16	GMAC1_RX1		UART0_1TX	
UART0_CTS	UART0 允许发送	GPIO45	LCD_DAT17	GMAC1_RX2		UART0_1RX	
UART0_DSR	UART0 设备准备好	GPIO46	LCD_DAT18	GMAC1_RX3		UART0_2RX	
UART0_DTR	UART0 终端准备好	GPIO47	LCD_DAT19	UART0_2TX			
UART0_DCD	UART0 载波检测	GPIO48	LCD_DAT20	GMAC1_MDCK		UART0_3RX	
UART0_RI	UART0 振铃提示	GPIO49	LCD_DAT21	GMAC1_MDIO		UART0_3TX	
UART1_RX	UART1 接收数据	GPIO50		GMAC1_TX0	NAND_RDY*	UART1_0RX	
UART1_TX	UART1 发送数据	GPIO51		GMAC1_TX1	NAND_CS*	UART1_0TX	
UART1_RTS	UART1 请求发送	GPIO52		GMAC1_TX2	NAND_CS*	UART1_1TX	
UART1_CTS	UART1 允许发送	GPIO53		GMAC1_TX3	NAND_RDY*	UART1_1RX	
UART2_RX	UART2 接收数据	GPIO54				UART2_RX	
UART2_TX	UART2 发送数据	GPIO55				UART2_TX	
UART3_RX	UART3 接收数据	GPIO56				UART3_RX	
UART3_TX	UART3 发送数据	GPIO57				UART3_TX	
UART4_RX	UART4 接收数据	GPIO58				UART4_RX	
UART4_TX	UART4 发送数据	GPIO59				UART4_TX	
UART5_RX	UART5 接收数据	GPIO60				UART5_RX	
UART5_TX	UART5 发送数据	GPIO61				UART5_TX	

3.1.2 GPIO 寄存器

LS1B0200 的 GPIO 寄存器有 4 种类型，每种类型有两个。GPIO 寄存器功能描述，如表 3-2 所示。8 个 32 位寄存器负责 GPIO 的复用配置、输入/输出方向设置、数据输入和数据输出，寄存器的每位对应一个引脚。

- 配置寄存器：配置寄存器 0 和配置寄存器 1。
- 输入/输出使能寄存器：输入/输出使能寄存器 0 和输入/输出使能寄存器 1。
- 数据输入寄存器：数据输入寄存器 0 和数据输入寄存器 1。
- 数据输出寄存器：数据输出寄存器 0 和数据输出寄存器 1。

表 3-2 GPIO 寄存器功能描述

基地址	位	寄存器名称		读/写	寄存器功能描述
0xbfd010C0	32	GPIOCFG0	配置寄存器 0	R/W	GPIOCFG0[30:0]分别对应 GPIO30:GPIO0 1:对应 PAD 为 GPIO 功能（数字 I/O 功能） 0:对应 PAD 为普通功能（复用功能） 复位值：32’hf0ffffff
0xbfd010C4	32	GPIOCFG1	配置寄存器 1	R/W	GPIOCFG1[29:0]分别对应 GPIO61:GPIO32 1:对应 PAD 为 GPIO 功能（数字 I/O 功能） 0:对应 PAD 为普通功能（复用功能） 复位值：32’hffffffff

续表

基地址	位	寄存器名称		读/写	寄存器功能描述
0xbfd010D0	32	GPIOOE0	输入/输出 使能寄存器 0	R/W	GPIOOE0[30:0]分别对应 GPIO30:GPIO0 1:对应 GPIO 被控制为输入 0:对应 GPIO 被控制为输出 复位值：32'hf0ffffff
0xbfd010D4	32	GPIOOE1	输入/输出 使能寄存器 1	R/W	GPIOOE1[29:0] 分 别 对 应 GPIO61:GPIO32 1:对应 GPIO 被控制为输入 0:对应 GPIO 被控制为输出 复位值：32'hffffffff
0xbfd010E0	32	GPIOIN0	数据输入寄存器 0	R	GPIOIN0[30:0]分别对应 GPIO30:GPIO0 1: GPIO 输入值 1；PAD 驱动输入为 3.3V 0: GPIO 输入值 0；PAD 驱动输入为 0V 复位值：32'hffffffff
0xbfd010E4	32	GPIOIN1	数据输入寄存器 1	R	GPIOIN1[29:0]分别对应 GPIO61:GPIO32 1: GPIO 输入值 1；PAD 驱动输入为 3.3V 0: GPIO 输入值 0；PAD 驱动输入为 0V 复位值：32'hffffffff
0xbfd010F0	32	GPIOOUT0	数据输出寄存器 0	R/W	GPIOOUT0[30:0]分别对应 GPIO30:GPIO0 1:GPIO 输出值 1，PAD 驱动输出 3.3V 0:GPIO 输出值 0，PAD 驱动输出 0V 复位值：32'hffffffff
0xbfd010F4	32	GPIOOUT1	数据输出寄存器 1	R/W	GPIOOUT1[29:0]分别对应 GPIO61:GPIO32 1:GPIO 输出为 1，PAD 驱动输出 3.3V 0:GPIO 输出为 0，PAD 驱动输出 0V 复位值：32'hffffffff

GPIO 寄存器定义代码如代码清单 3-1 所示。

代码清单 3-1　GPIO 寄存器定义代码

```
------------------------------------------------------------------------------
1./*配置寄存器。1:对应 PAD 为 GPIO 功能； 0:对应 PAD 为普通功能 */
2.#define LS1B_GPIO_CFG_BASE      0xBFD010C0
3./*输入使能寄存器。1:对应 GPIO 被控制为输入； 0:对应 GPIO 被控制为输出 */
4.#define LS1B_GPIO_EN_BASE       0xBFD010D0
5./*输入寄存器。1: GPIO 输入值 1,PAD 驱动输入为 3.3V； 0: GPIO 输入值 0,PAD 驱动输入为 0V */
6.#define LS1B_GPIO_IN_BASE       0xBFD010E0
7./*配置输出寄存器。1: GPIO 输出值 1,PAD 驱动输出 3.3V； 0: GPIO 输出值 0,PAD 驱动输出 0V */
8.#define LS1B_GPIO_OUT_BASE      0xBFD010F0
9./* i=0:对应 GPIO30:GPIO0； i=1:对应 GPIO61:GPIO32 */
10.#define LS1B_GPIO_CFG(i)       (*(volatile unsigned int*)(LS1B_GPIO_CFG_BASE+i*4))
11.#define LS1B_GPIO_EN(i)        (*(volatile unsigned int*)(LS1B_GPIO_EN_BASE+i*4))
12.#define LS1B_GPIO_IN(i)        (*(volatile unsigned int*)(LS1B_GPIO_IN_BASE+i*4))
13.#define LS1B_GPIO_OUT(i)       (*(volatile unsigned int*)(LS1B_GPIO_OUT_BASE+i*4))
------------------------------------------------------------------------------
```

3.1.3 MUX 寄存器

LS1B0200 的 MUX 寄存器作用是设置 GPIO 的复用功能，注意：在设置 GPIO 的复用功能之前，一定要先通过“配置寄存器 0”或“配置寄存器 1”配置 GPIO 引脚为普通功能（复用功能），然后再设置 MUX 寄存器。因为当引脚配置为 GPIO 功能时，MUX 寄存器的配置不起作用。

MUX 寄存器由 GPIO_MUX_CTRL0 和 GPIO_MUX_CTRL1 构成，其中 GPIO_MUX_CTRL0 的基地址为 0XBFD0_0420，GPIO_MUX_CTRL1 的基地址为 0XBFD0_0424，后面章节结合外设功能介绍 MUX 寄存器，寄存器功能描述见《龙芯 1B 处理器用户手册》。

3.2 GPIO 的 API 函数及开发步骤

3.2.1 GPIO 的 API 函数

GPIO 的配置和读写操作 API 函数，如表 3-3 所示。

表 3-3 GPIO 的相关 API 函数

函数原型	功能描述	函数参数及返回值
static inline void gpio_enable(int ioNum, int dir)	GPIO 使能	①ioNum：GPIO 引脚，可选择 0～61 之间某个数字，31 除外（其他函数涉及该参数，选择方法相同） ②dir：输入或输出模式，可选择 DIR_OUT、DIR_IN。 ③返回值：无。 ④函数位置：ls1b_gpio.h
static inline int gpio_read(int ioNum)	读 GPIO	①ioNum：GPIO 引脚。 ②返回值：GPIO 电平值。 ③函数位置：ls1b_gpio.h
static inline void gpio_write(int ioNum, bool val)	写 GPIO	①ioNum：GPIO 引脚。 ②val: 将要写入 GPIO 引脚的电平状态，可选择 1 或 0，1 表示写入高电平，0 表示写入低电平。 ③函数位置：ls1b_gpio.h
static inline void gpio_disable(int ioNum)	GPIO 失能	①ioNum：GPIO 引脚。 ②返回值：无。 ③函数位置：ls1b_gpio.h

GPIO 使能、读、写操作 API 函数如代码清单 3-2 所示。

代码清单 3-2 GPIO 使能、读、写操作 API 函数

```
------------------------------------------------------------------------
1./**函数功能：GPIO 使能函数，设置 GPIO 复用功能，以及输入和输出方向。
2. **函数参数：ioNum 为端口号 0~61 之间某个数字，31 除外。
```

```
3.             dir 为输入或输出模式，可选择 DIR_OUT、DIR_IN。
4. **返回值：无 */
5.static inline void gpio_enable(int ioNum, int dir)
6.{   if ((ioNum >= 0) && (ioNum < GPIO_COUNT))//GPIO_COUNT=62
7.    {   int register regIndex = ioNum / 32;    //ioNum 只有 0 或 1 两种值
8.        int register bitVal   = 1 << (ioNum % 32);
9.        LS1B_GPIO_CFG(regIndex) |= bitVal;
10.        if (dir)             //dir=0 表示输出，dir=1 表示输入
11.            LS1B_GPIO_EN(regIndex) |= bitVal;
12.        else
13.            LS1B_GPIO_EN(regIndex) &= ~bitVal;
14.    }
15.}
16./**函数功能：GPIO 读操作函数。
17. **函数参数：ioNum 为端口号 0~61 之间某个数字，31 除外。
18. **返回值：ioNum 对应引脚的值（0x0000 或 0x0001），或者-1 */
19.static inline int gpio_read(int ioNum)
20.{   if ((ioNum >= 0) && (ioNum < GPIO_COUNT))
21.        return ((LS1B_GPIO_IN(ioNum / 32) >> (ioNum % 32)) & 0x1);//先读 32 位，再移位
22.    else
23.        return -1;
24.}
25./**函数功能：GPIO 写操作函数。
26. **函数参数：ioNum 为端口号 0~61 之间某个数字，31 除外。
27.             val 为将要使引脚输出的值，布尔值 0 或 1。
28. **返回值：无 */
29.static inline void gpio_write(int ioNum, bool val)
30.{   if ((ioNum >= 0) && (ioNum < GPIO_COUNT))
31.    {  int register regIndex = ioNum / 32;
32.       int register bitVal   = 1 << (ioNum % 32);
33.        if (val)
34.            LS1B_GPIO_OUT(regIndex) |= bitVal;
35.        else
36.            LS1B_GPIO_OUT(regIndex) &= ~bitVal;
37.    }
38.}
39.//*************************************************************
40.gpio_enable(2,DIR_OUT);          //GPIO2 引脚输出初始化
41.gpio_write(2,0);                // GPIO2 引脚输出低电平
--------------------------------------------------------------------------
```

3.2.2　GPIO 的开发步骤

第 1 步，调用 gpio_enable ()函数使能 GPIO，配置 GPIO 为输入或输出状态。

第 2 步，调用 gpio_read()函数读取 GPIO 电平。

第 3 步，调用 gpio_write()函数使 GPIO 输出低电平或者高电平。

任务3　实现LED闪烁

一、任务描述

在龙芯1B开发板上，实现LED闪烁，控制LED的闪烁速度。

二、任务分析

1. 硬件电路分析

LED灯硬件电路，如图3-1所示，龙芯1B200引脚输出低电平时，LED亮；引脚输出高电平时，LED灭。UART2_RX对应GPIO54、UART2_TX对应GPIO55、PWM2对应GPIO02、PWM3对应GPIO03。

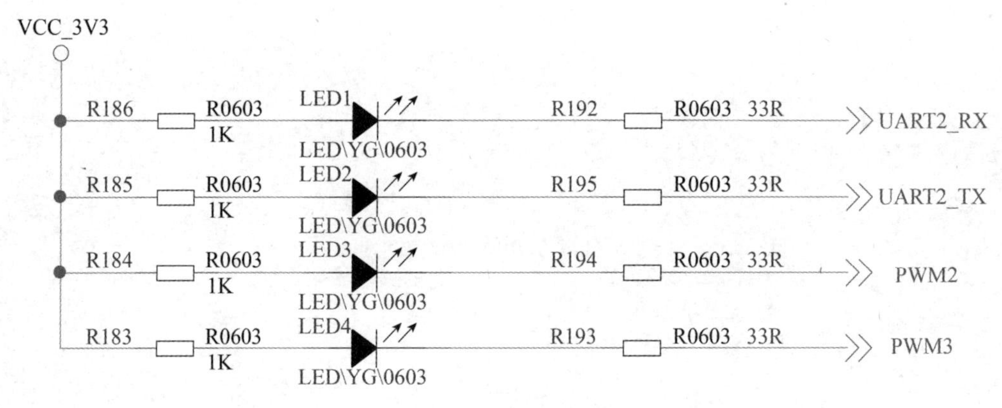

图3-1　LED灯硬件电路

2. 软件设计

首先，按照新建项目导向，建立工程。其次，调用gpio_enable()函数，初始化单片机引脚为输出状态。最后，调用gpio_write()函数控制单片机引脚输出高电平或低电平，调用delay_ms()函数延时一段时间，形成LED灯闪烁效果，如此循环。

三、任务实施

第1步：硬件连接。

先用USB转串口线连接计算机USB和龙芯1B开发板的串口（UART5），再给开发板上电。

第2步：新建工程。

打开龙芯1X嵌入式集成开发环境，依次单击“文件”→“新建”→“新建项目向导…”，新建工程。

第 3 步：增加代码。

在自动生成代码的基础上，增加 5 行代码，如图 3-2 所示。注意：查看函数定义的快捷操作方法为：Ctrl+–表示返回，Ctrl++表示前进。

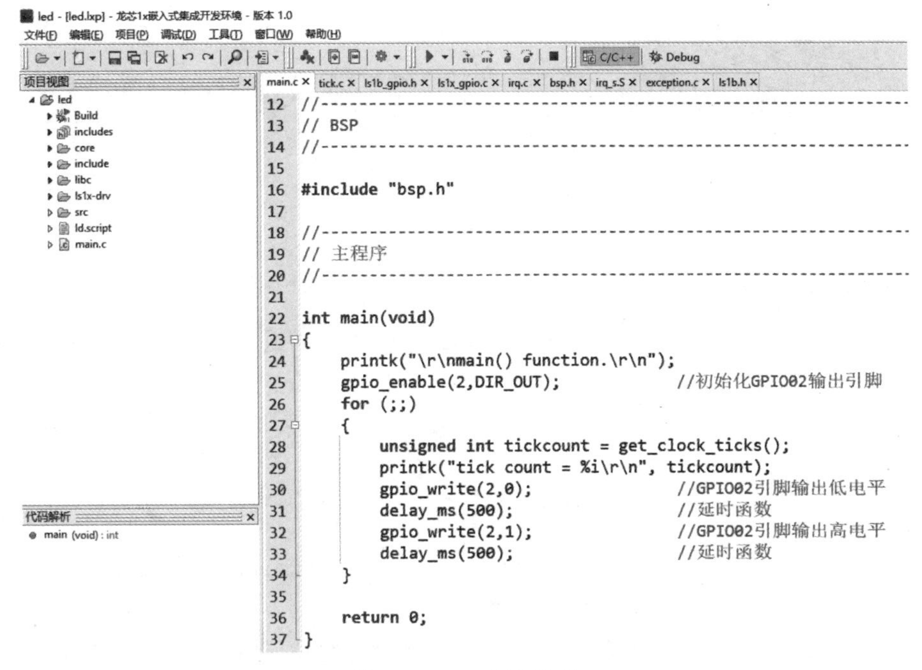

图 3-2　LED 闪烁代码

第 4 步：程序编译及调试。

（1）单击⚙图标进行编译，编译无误后，单击▶图标，将程序下载到内存之中。注意：此时代码还没有下载到 NAND Flash 之中，按下复位键后，程序会消失。

（2）修改延时时间，调整 LED 闪烁速度。

（3）修改程序，控制其他 3 个 LED 闪烁。

四、任务拓展

请查看本书配套资源，了解拓展任务要求，编写程序，实现相应功能。

拓展任务 3-1：跑马灯制作。

拓展任务 3-2：蜂鸣器报警。

拓展任务 3-2：数码管显示。

拓展任务 3-3：独立按键输入。

第4章 龙芯1B的中断控制器

本章介绍LS1B0200的中断控制器结构、GPIO中断API函数、GPIO中断开发步骤等内容。通过理实一体化学习，读者可以熟练掌握LS1B0200的中断控制、CPU状态等寄存器，理解GPIO中断配置函数和中断响应函数，以及中断响应分发机制；熟练编写与中断功能相关的应用程序。

教学目标

知识目标	1. 理解LS1B0200处理器中断控制器结构
	2. 了解LS1B0200处理器中断控制器、Cause、Status等寄存器
	3. 掌握LS1B0200处理器中断响应分发机制、中断实现过程
	4. 掌握LS1B0200处理器中断总开关、中断屏蔽、中断使能、中断标志位关系
技能目标	1. 能熟练使用龙芯1B开发板和龙芯1X嵌入式集成开发环境
	2. 能熟练使用GPIO的中断API函数
	3. 能熟悉GPIO中断开发步骤
	4. 能采用C语言编写GPIO中断程序
素质目标	1. 由中断系统的底层逻辑引出"为人需要构建'底层逻辑'"，即爱国、敬业、诚信、友善，才能行稳致远
	2. 培养学生团队协作、表达沟通能力
	3. 培养学生的职业精神、工匠精神

4.1 中断控制器结构

LS1B0200处理器的中断可以分为软中断（软中断0和软中断1）、外设中断（INT0，INT1，INT2和INT3四个中断控制总线）、Mips性能中断和Mips计数中断四类。INT0、INT1、INT2和INT3四个中断控制总线连接CPU，其中INT0和INT1负责内部64个中断源，INT2和INT3负责外部61个GPIO中断源。没有中断优先级，中断控制器结构，如图4-1所示。

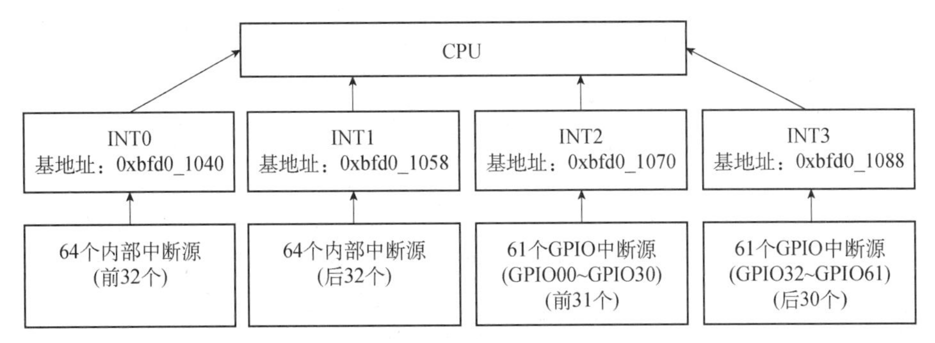

图 4-1　LS1B0200 处理器的中断控制器结构

4.1.1　中断控制器寄存器位域排列

所有中断寄存器的位域排列顺序相同，一个中断源对应其中一位，LS1B0200 处理器的中断控制器内外中断源位域排列顺序，如表 4-1 所示。注意：没有 GPIO31 引脚，所以没有 GPIO31 中断源。

表 4-1　LS1B0200 处理器的中断控制器内外中断源位域排列顺序

位域	INT0	INT1	INT2	INT3
31	保留	保留	保留	保留
30	UART5	保留	GPIO30	保留
29	UART4	保留	GPIO29	GPIO61
28	TOY_TICK	保留	GPIO28	GPIO60
27	RTC_TICK	保留	GPIO27	GPIO59
26	TOY_INT2	保留	GPIO26	GPIO58
25	TOY_INT1	保留	GPIO25	GPIO57
24	TOY_INT0	保留	GPIO24	GPIO56
23	RTC_INT2	保留	GPIO23	GPIO55
22	RTC_INT1	保留	GPIO22	GPIO54
21	RTC_INT0	保留	GPIO21	GPIO53
20	PWM3	保留	GPIO20	GPIO52
19	PWM2	保留	GPIO19	GPIO51
18	PWM1	保留	GPIO18	GPIO50
17	PWM0	保留	GPIO17	GPIO49
16	保留	保留	GPIO16	GPIO48
15	DMA2	保留	GPIO15	GPIO47
14	DMA1	保留	GPIO14	GPIO46
13	DMA0	保留	GPIO13	GPIO45
12	保留	保留	GPIO12	GPIO44
11	保留	保留	GPIO11	GPIO43
10	AC97	保留	GPIO10	GPIO42
9	SPI1	保留	GPIO09	GPIO41

续表

位域	INT0	INT1	INT2	INT3
8	SPI0	保留	GPIO08	GPIO40
7	CAN1	保留	GPIO07	GPIO39
6	CAN0	保留	GPIO06	GPIO38
5	UART3	保留	GPIO05	GPIO37
4	UART2	保留	GPIO04	GPIO36
3	UART1	GMAC1	GPIO03	GPIO35
2	URAT0	GMAC0	GPIO02	GPIO34
1	保留	OHCI	GPIO01	GPIO33
0	保留	EHCI	GPIO00	GPIO32

4.1.2 中断控制器寄存器

INT0、INT1、INT2 和 INT3 都有 6 个中断控制器寄存器，分别是中断控制状态寄存器、中断控制使能寄存器、中断置位寄存器、中断清空寄存器、电平触发中断使能寄存器和边沿触发中断使能寄存器，每个寄存器为 32 位，占 4 字节。以 INT0 为例，INT0 的中断控制器寄存器结构如图 4-2 所示，INT1、INT2 和 INT3 的中断控制器寄存器与 INT0 类似，如表 4-2 所示。

图 4-2 INT0 的中断控制器寄存器结构

表 4-2 中断控制器寄存器描述

中断总线	寄存器地址	位	寄存器名称		寄存器功能描述
INT0	0xbfd01040	32	INTISR0	中断控制状态寄存器 0	只读，INTISR0[31:0]分别对应 INT0 的 32 个中断源中断状态（中断标志位），当发生中断时，对应位自动置 1。 作用：中断源中断标志位
	0xbfd01044	32	INTIEN0	中断控制使能寄存器 0	读/写，INTIEN0[31:0]分别对应 INT0 的 32 个中断源中断使能位。 1 表示:使能中断；0 表示:禁止中断 作用：中断源使能，切记要中断总开关
	0xbfd01048	32	INTSET0	中断置位寄存器 0	读/写，INTSET0[31:0]分别对应中断控制状态寄存器 0 的 INTISR0[31:0]位。置 1 是对中断控制状态寄存器的中断源中断标志位置位；置 0 无效。 作用：人为产生中断，很少使用

续表

中断总线	寄存器地址	位	寄存器名称		寄存器功能描述
INT0	0xbfd0104c	32	INTCLR0	中断清空寄存器 0	读/写，INTCLR0 [31:0]分别对应中断控制状态寄存器 0 的 INTISR0[31:0]位。置 1 是对中断控制状态寄存器的中断源中断标志位清零；置 0 无效。 作用：对中断标志位清零
	0xbfd01050	32	INTPOL0	电平触发中断使能寄存器 0	该两个寄存器组合确定触发方式有 低电平触发：边沿位为 0 且电平为 0 高电平触发：边沿位为 0 且电平为 1 下降沿触发：边沿位为 1 且电平为 0 上升沿触发：边沿位为 1 且电平为 1
	0xbfd01054	32	INTEDGE0	边沿触发中断使能寄存器 0	
INT1	0xbfd01058	32	INTISR1	中断控制状态寄存器 1	与中断控制状态寄存器 0 类似（只读）
	0xbfd0105c	32	INTIEN1	中断控制使能寄存器 1	与中断控制使能寄存器 0 类似（高电平有效）
	0xbfd01060	32	INTSET1	中断置位寄存器 1	与中断置位寄存器 0 类似（高电平有效）
	0xbfd01064	32	INTCLR1	中断清空寄存器 1	与中断清空寄存器 0 类似（高电平有效）
	0xbfd01068	32	INTPOL1	电平触发中断使能寄存器 1	与电平触发中断使能寄存器 0 和边沿触发中断使能寄存器 0 类似
	0xbfd0106c	32	INTEDGE1	边沿触发中断使能寄存器 1	
INT2	0xbfd01070	32	INTISR2	中断控制状态寄存器 2	与中断控制状态寄存器 0 类似（只读）
	0xbfd01074	32	INTIEN2	中断控制使能寄存器 2	与中断控制使能寄存器 0 类似（高电平有效）
	0xbfd01078	32	INTSET2	中断置位寄存器 2	与中断置位寄存器 0 类似（高电平有效）
	0xbfd0107c	32	INTCLR2	中断清空寄存器 2	与中断清空寄存器 0 类似（高电平有效）
	0xbfd01080	32	INTPOL2	电平触发中断使能寄存器 2	与电平触发中断使能寄存器 0 和边沿触发中断使能寄存器 0 类似
	0xbfd01084	32	INTEDGE2	边沿触发中断使能寄存器 2	
INT3	0xbfd01088	32	INTISR3	中断控制状态寄存器 2	与中断控制状态寄存器 0 类似（只读）
	0xbfd0108c	32	INTIEN3	中断控制使能寄存器 2	与中断控制使能寄存器 0 类似（高电平有效）
	0xbfd01090	32	INTSET3	中断置位寄存器 2	与中断置位寄存器 0 类似（高电平有效）

续表

中断总线	寄存器地址	位	寄存器名称		寄存器功能描述
INT3	0xbfd01094	32	INTCLR3	中断清空寄存器 2	与中断清空寄存器 0 类似（高电平有效）
	0xbfd01098	32	INTPOL3	电平触发中断使能寄存器 2	与电平触发中断使能寄存器 0 和边沿触发中断使能寄存器 0 类似
	0xbfd0109c	32	INTEDGE3	边沿触发中断使能寄存器 2	

中断控制寄存器定义如代码清单 4-1 所示。

代码清单 4-1　中断控制寄存器定义

```
-------------------------------------------------------------------------------
1. #define LS1B_INTC0_BASE          0xBFD01040    //INT0 基地址
2. #define LS1B_INTC1_BASE          0xBFD01058    //INT1 基地址
3. #define LS1B_INTC2_BASE          0xBFD01070    //INT2 基地址
4. #define LS1B_INTC3_BASE          0xBFD01088    //INT3 基地址
5. /*以下 base 取 LS1B_INTC0_BASE、LS1B_INTC1_BASE、LS1B_INTC2_BASE 或 LS1B_INTC3_BASE*/
6. /*中断控制状态寄存器*/
7. #define LS1B_INTC_ISR(base)     (*(volatile unsigned int*)(base + 0x00))
8. /*中断控制使能寄存器*/
9. #define LS1B_INTC_IEN(base)     (*(volatile unsigned int*)(base + 0x04))
10. /*中断置位寄存器*/
11. #define LS1B_INTC_SET(base)     (*(volatile unsigned int*)(base + 0x08))
12. /*中断清空寄存器*/
13. #define LS1B_INTC_CLR(base)     (*(volatile unsigned int*)(base + 0x0C))
/*以下两个宏组合设置边沿或高低电平触发方式*/
14. #define LS1B_INTC_POL(base)     (*(volatile unsigned int*)(base + 0x10))
15. #define LS1B_INTC_EDGE(base)    (*(volatile unsigned int*)(base + 0x14))
-------------------------------------------------------------------------------
```

4.1.3　CPU 状态寄存器 Status

Status 寄存器（12, select 0）是一个读写寄存器，它包括操作模式、中断允许和处理器状态诊断，其描述如表 4-3 所示。其中重要的位域有：

- 15:8 位的中断屏蔽(IM)域控制 8 个中断条件的使能。中断在被触发之前必须被使能，在 Status 寄存器的中断屏蔽域和 Cause 寄存器的中断待定域相应的位都应该被置位。更多的信息，请参考 Cause 寄存器的中断待定（IP）域。
- 31:28 位的协处理器可用性（CU）域控制 4 个协处理器的可用性。不管 CU0 位如何设置，在内核模式下 CP0 总是可用的。

表 4-3　Status 寄存器描述

位	名称	功能描述
31:28	CU(CU3:CU0)	控制 4 个协处理器单元的可用性。不管 CU0 位如何设置，在内核模式下 CP0 总是可用的。 1 表示可用；0 表示不可用 CU 域的初值是 0011

续表

<table>
<tr><th>位</th><th>名称</th><th>功能描述</th></tr>
<tr><td>27:26</td><td>保留</td><td>保留。必须按 0 写入，读时返回 0</td></tr>
<tr><td>25</td><td>RE</td><td></td></tr>
<tr><td>24:23</td><td>保留</td><td>保留。必须按 0 写入，读时返回 0</td></tr>
<tr><td>22</td><td>BEV</td><td>控制中断向量的入口地址。MIPS 规定：
BEV 位为 0 表示：中断入口 0x80000180　（内存）
1 表示：中断入口 0xBFC00480　（ROM）</td></tr>
<tr><td>21</td><td>保留</td><td>保留。必须按 0 写入，读时返回 0</td></tr>
<tr><td>20</td><td>SR</td><td>1 表示有软复位例外发生</td></tr>
<tr><td>19:16</td><td>保留</td><td>保留。必须按 0 写入，读时返回 0</td></tr>
<tr><td>15:8</td><td>IM7～IM0</td><td>中断屏蔽位（又称中断使能位）IM0～IM7（IP0～IP7）
0 表示：禁止；1 表示：允许
控制每一个外部、内部和软件中断的使能（中断总线开关）。如果中断被使能，就允许它触发。当中断触发时，Cause 寄存器的中断 Pending 字段相应的位被置位（中断标志位），也是 bit15:8 位。
<table>
<tr><th>中断屏蔽位</th><th>中断</th><th>备注</th></tr>
<tr><td>IM0</td><td>软中断 0</td><td></td></tr>
<tr><td>IM1</td><td>软中断 1</td><td></td></tr>
<tr><td>IM2</td><td>连接中断控制总线 0：0xBFD01040</td><td rowspan="4">请参考：
ls1b.h 和
ls1b_irq.h</td></tr>
<tr><td>IM3</td><td>连接中断控制总线 1：0xBFD01058</td></tr>
<tr><td>IM4</td><td>连接中断控制总线 2：0xBFD01070</td></tr>
<tr><td>IM5</td><td>连接中断控制总线 3：0xBFD01088</td></tr>
<tr><td>IM6</td><td>Performance</td><td>Mips 性能中断</td></tr>
<tr><td>IM7</td><td>Count/Compare 中断</td><td>Mips 计数中断</td></tr>
</table></td></tr>
<tr><td>7:5</td><td>保留</td><td>保留。必须按 0 写入，读时返回 0</td></tr>
<tr><td>4:3</td><td>KSU</td><td>模式位。
11 表示：未定义；10 表示：普通用户
01 表示：超级用户；00 表示：内核</td></tr>
<tr><td>2</td><td>ERL</td><td>错误级。当发生复位、软件复位、NMI 或 Cache 错误时处理器将重置此位。
0 表示：正常；1 表示：错误</td></tr>
<tr><td>1</td><td>EXL</td><td>例外级。当一个不是由复位、软件复位或 Cache 错误引发的例外产生时，处理器将设置该位。
0 表示：正常；1 表示：错误</td></tr>
<tr><td>0</td><td>IE</td><td>总中断使能/禁止开关
0 表示：禁用所有中断；1 表示：使能所有中断（总开关）</td></tr>
</table>

Status 寄存器中用于设置模式和访问状态的域有以下几个。

● 中断使能。当符合以下条件时，中断被使能：IE = 1 且 EXL = 0、ERL = 0。如果遇到这些条件，IM 位的设置允许中断。

- 操作模式。当处理器处于普通用户、内核和超级用户模式时需要设置以下位域。

当 KSU = 10, EXL = 0 和 ERL = 0 时处理器处于普通用户态模式下。

当 KSU = 01, EXL = 0 和 ERL = 0 时处理器处于超级用户态模式下。

当 KSU = 00, 或 EXL = 1 或 ERL = 1 时处理器处于内核态模式下。

- 内核地址空间访问。当处理器处在内核模式时，可以访问内核地址空间。
- 超级用户地址空间访问。当处理器处在内核模式或超级用户模式时，可以访问超级用户地址空间。
- 用户地址空间访问。处理器在以上三种操作模式下都可以访问用户地址空间。

Status 寄存器复位时，Status 寄存器的值是 0x00400004。

在程序中，采用读写 mips_get_sr()和 mips_set_sr() 两个函数来读和写 Status 寄存器，如代码清单 4-2 所示。

代码清单 4-2　读写 Status 寄存器操作

```
1. unsigned int _sr;    //定义一个中间变量，用于存储 Status 寄存器的值
2. mips_get_sr(_sr);    //读出 Status 寄存器的值，将其值存在_sr 变量中
3. _sr |= (_mask); //先通过与、或操作，将某位置 1 或置 0，再存入_sr 变量中，_mask 是函数的参量
4. mips_set_sr(_sr);    //将修改后的值写入 Status 寄存器
```

4.1.4　Cause 寄存器

Cause 寄存器（13,select 0）是 32 位的可读写寄存器，描述了最近一个异常发生的原因，其描述如表 4-4 所示。

表 4-4　Cause 寄存器描述

位	名称	功能描述
31	BD	指出最后采用的例外是否在分支延时槽中。 1 表示：延时槽；0 表示：正常
30	BT	分支
29:28	CE	处理器错误单元编号
27	DC	关掉 Count 寄存器。 DC=1 时关掉 Count 寄存器
26	PCI	Performance Counter 中断，用来指示是否有待处理的 PC 中断
25:24	保留	保留。必须按 0 写入，读时返回 0
23	IV	指示中断向量是否用普通的异常向量 1 表示：用特殊向量；0 表示：是
15:8	IP	指出等待的中断。对应状态寄存器 Status 的 bit15～bit8 的中断屏蔽位（IM7～IM0），当中断屏蔽位的中断触发时，IP0～IP7 相应位自动置 1（中断标志位），该位将保持不变直到中断撤除（硬件自动清零）。IP0～IP1 是软中断位，可由软件设置与清除。 1 表示：中断等待；0 表示：没有中断
7	保留	保留。必须按 0 写入，读时返回 0
6:2	ExcCode	例外码域，请查看芯片手册
1:0	保留	保留。必须按 0 写入，读时返回 0

在程序中，采用 mips_get_cause()和 mips_set_cause()两个函数来读和写 Cause 寄存器，如代码清单 4-3 所示。

代码清单 4-3　读写 Cause 寄存器操作

```
-----------------------------------------------------------------------------
1. unsigned int _cause;          //定义一个中间变量，用于存储 Cause 寄存器的值
2. mips_get_cause(_cause);       //读出 Cause 寄存器的值，将其值存入_cause 变量中
3. _cause &= ~(1<<27);           //先通过与、或操作，将某位置 1 或置 0，然后存入_cause 变量中
4. mips_set_cause(_cause);       //将修改后的值写入 Cause 寄存器
-----------------------------------------------------------------------------
```

中断总开关、中断屏蔽、中断源使能、中断标志位关系如图 4-3 所示。

“3 级中断开关”：IE 为总开关，IM0～IM7 为屏蔽开关，中断控制使能寄存器为中断源使能开关。

“2 级中断标志位”：第一级是 Cause 寄存器中的 IP0～IP7 标志位，它们与 Status 寄存器的中断屏蔽位 IM0～IM7 一一对应；第二级是 INT0～INT3 的中断控制状态寄存器的中断标志位。

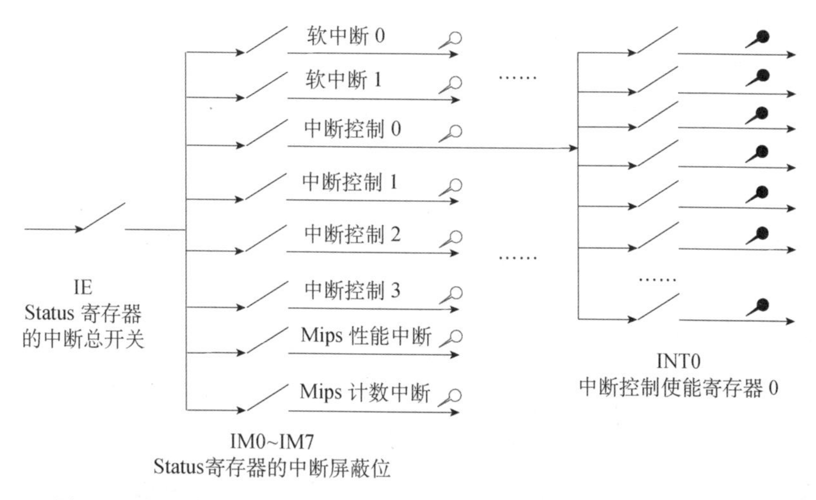

图 4-3　中断总开关、中断屏蔽、中断源使能、中断标志位关系示意图

> 说明：
>
> 表示第一级中断标志位，Cause 寄存器中 IP0~IP7 位的值，有中断申请时对应位为 1，没有中断申请时为 0，硬件自动清零。
>
> 表示第二级中断标志位，只有 INT0~INT3 才有二级中断标志位，有中断申请时中断控制状态寄存器对应位为 1，没有中断申请时为 0，需要采用软件清零。

4.2　GPIO 中断函数分析及开发步骤

在 ls1b_gpio.c 文件中，定义了 GPIO 的中断 API 函数，如表 4-5 所示。

表 4-5　GPIO 的中断 API 函数

函数原型	功能描述	函数参数及返回值
static unsigned int ls1x_gpio_intcbase(int　gpio)	获取中断源基地址	①gpio：GPIO 引脚。 ②返回值：GPIO 中断源基地址，即： LS1B_INTC2_BASE　或者 LS1B_INTC3_BASE
static unsigned int ls1x_gpio_intcbit(int　gpio)	获取中断源偏移位地址	①gpio：GPIO 引脚。 ②返回值：GPIO 偏移地址，即： (1 << gpio)　或者(1 << (gpio−32))
static unsigned int ls1x_gpio_irqnum(int　gpio)	获取中断向量	①gpio：GPIO 引脚。 ②返回值： LS1B_IRQ2_BASE ＋ gpio，LS1B_IRQ3_BASE ＋ gpio − 32
Int ls1x_enable_gpio_interrupt(int gpio)	中断使能	①gpio：GPIO 引脚。 ②返回值：正确返回 0，不正确返回−1
int ls1x_disable_gpio_interrupt(int gpio)	禁止中断	①gpio：GPIO 引脚。 ②返回值：正确返回 0，不正确返回−1
int ls1x_install_gpio_isr(int gpio, int trigger_mode, void (*isr)(int, void *), void *arg)	中断配置	①gpio：GPIO 引脚。 ②trigger_mode：中断触发方式。 ③(*isr)(int, void *)：中断服务函数。 ④void *arg：附带参量。 ⑤返回值：正确返回 0，不正确返回−1
int ls1x_remove_gpio_isr(int gpio)	删除中断	①gpio：GPIO 引脚。 ②返回值：正确返回 0，不正确返回−1

4.2.1　GPIO 中断配置函数分析

通过分析 GPIO 中断配置函数，深入理解 GPIO 中断配置过程，详见代码清单 4-4。

代码清单 4-4　GPIO 中断配置函数

```
------------------------------------------------------------------------
1. #include <stdio.h>
2. int ls1x_install_gpio_isr(int gpio, int trigger_mode, void (*isr)(int, void *),
void *arg)
3. {   unsigned int intc_base, intc_bit, irq_num;
4. /*获取中断源基地址：返回值为：LS1B_INTC2_BASE 或 LS1B_INTC3_BASE */
5.     intc_base = ls1x_gpio_intcbase(gpio);
6. /*获取中断源偏移位地址：返回值为：(1 << gpio)或(1 << (gpio - 32)) */
7.     intc_bit  = ls1x_gpio_intcbit(gpio);
8. /***********************************************************************
9. ** 获取中断向量：返回值为：LS1B_IRQ2_BASE + gpio 或 LS1B_IRQ3_BASE + gpio - 32
10. ** #define LS1B_IRQ2_BASE          (MIPS_INTERRUPT_BASE + 72)
11. ** #define LS1B_IRQ3_BASE          (MIPS_INTERRUPT_BASE + 104)
12. ** #define MIPS_INTERRUPT_BASE      MIPS_EXCEPTION_BASE+32
13. ** #define MIPS_EXCEPTION_BASE           0
14. ** 结论：
```

```
15. ** LS1B_IRQ2_BASE = MIPS_EXCEPTION_BASE+32 + 72 = 104
16. ** INT2 基地址上挂载的中断源的中断向量范围：104 ~ 134，共计 31 个中断向量（可挂载 32 个）
17. ** LS1B_IRQ3_BASE = MIPS_EXCEPTION_BASE+32 + 104 = 136
18. ** INT3 基地址上挂载的中断源的中断向量范围：136 ~ 165，共计 30 个中断向量（可挂载 32 个）
19. ********************************************************************************/
20.     irq_num   = ls1x_gpio_irqnum(gpio);
21.     if ((intc_base > 0) && (intc_bit > 0) && (irq_num > 0))
22.     {   /* set as gpio in */
23.         gpio_enable(gpio, DIR_IN);     //使能 GPIO 为输入状态
24.         /* disable interrupt first */
25.         LS1x_INTC_IEN(intc_base) &= ~intc_bit;  //禁止中断
26.         LS1x_INTC_CLR(intc_base)  =  intc_bit;  //清零中断标志位
27.         /* set interrupt trigger mode */
28.         switch (trigger_mode)      //选择中断触发方式
29.         {   case INT_TRIG_LEVEL_LOW:       //低电平触发
30.                 LS1x_INTC_EDGE(intc_base) &= ~intc_bit;     //边沿触发位：0
31.                 LS1x_INTC_POL(intc_base)  &= ~intc_bit;     //电平触发位：0
32.                 break;
33.             case INT_TRIG_LEVEL_HIGH:      //高电平触发
34.     LS1x_INTC_EDGE(intc_base) &= ~intc_bit;      //边沿触发位：0
35.     LS1x_INTC_POL(intc_base)  |=  intc_bit;      //电平触发位：1
36.                 break;
37.             case INT_TRIG_EDGE_DOWN:                                //下降沿触发
38.                 LS1x_INTC_EDGE(intc_base) |=  intc_bit;      //边沿触发位：1
39.                 LS1x_INTC_POL(intc_base)  &= ~intc_bit;      //电平触发位：0
40.                 break;
41.             case INT_TRIG_EDGE_UP:                                  //上升沿触发
42.                 default:
43.                 LS1x_INTC_EDGE(intc_base) |= intc_bit;       //边沿触发位：1
44.                 LS1x_INTC_POL(intc_base)  |= intc_bit;       //电平触发位：1
45.                 break;
46.         }
47.         ls1x_install_irq_handler(irq_num, isr, arg);    //中断登记
48.         /* enable interrupt finally */
49.         LS1x_INTC_CLR(intc_base)  = intc_bit;              //清空中断标志位
50.         LS1x_INTC_IEN(intc_base) |= intc_bit;              //使能中断
51.         return 0;
52.     }
53.     return -1;
54. }
```

GPIO 中断配置函数实现过程如图 4-4 所示，假设配置 GPIO00 引脚外部中断，上升沿触发方式，中断服务函数为 gpio_interrupt_isr()。

在 ls1x_install_irq_handler()函数中进行中断配置，采用结构体数组登记中断源，每个数组成员登记一个中断源配置。中断向量表数据结构如代码清单 4-5 所示。

代码清单 4-5　中断向量表数据结构

```
1. /*中断向量表结构，代码在 irq.c 文件中*/
2. typedef struct isr_tbl
3. {   void (*handler)(int, void *);        //中断句柄（中断服务函数名）
```

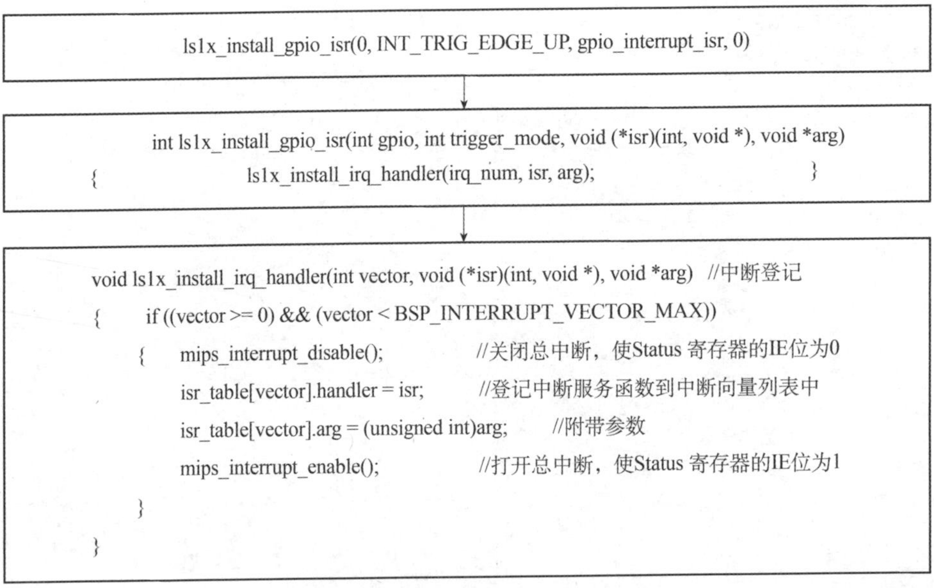

```
ls1x_install_gpio_isr(0, INT_TRIG_EDGE_UP, gpio_interrupt_isr, 0)
                          ↓
int ls1x_install_gpio_isr(int gpio, int trigger_mode, void (*isr)(int, void *), void *arg)
{            ls1x_install_irq_handler(irq_num, isr, arg);            }
                          ↓
void ls1x_install_irq_handler(int vector, void (*isr)(int, void *), void *arg)  //中断登记
{     if ((vector >= 0) && (vector < BSP_INTERRUPT_VECTOR_MAX))
      {     mips_interrupt_disable();            //关闭总中断，使Status 寄存器的IE位为0
            isr_table[vector].handler = isr;     //登记中断服务函数到中断向量列表中
            isr_table[vector].arg = (unsigned int)arg;     //附带参数
            mips_interrupt_enable();             //打开总中断，使Status 寄存器的IE位为1
      }
}
```

图 4-4　GPIO 中断配置函数实现过程

```
4.     unsigned int arg;                    //参数
5. } isr_tbl_t;
6. static isr_tbl_t isr_table[BSP_INTERRUPT_VECTOR_MAX]; //BSP_INTERRUPT_VECTOR_MAX 为 168
---------------------------------------------------------------------------------
```

注意：中断向量不是中断触发时跳转的地址（或中断源中断入口地址），而是中断源的编号，作为中断向量表数组的下标。中断向量宏定义见代码清单 4-6 所示。

代码清单 4-6　中断向量宏定义

```
---------------------------------------------------------------------------------
1. /*以下代码在 mips.h 文件中*/
2. #define MIPS_INTERRUPT_BASE   MIPS_EXCEPTION_BASE+32
3. #define MIPS_EXCEPTION_BASE          0
4. /*中断向量表，以下代码在 ls1b_irq.h 文件中*/
5. /* CP0 Cause ($12)  IP bit(15:8)=IP[7:0], IP[1:0] is soft-interrupt
6.  * Status($13)  IM bit(15:8) if mask interrupts */
7. #define LS1B_IRQ_SW0       (MIPS_INTERRUPT_BASE + 0) //软中断 0 的中断向量
8. #define LS1B_IRQ_SW1       (MIPS_INTERRUPT_BASE + 1) //软中断 0 的中断向量
9. #define LS1B_IRQ0_REQ      (MIPS_INTERRUPT_BASE + 2) //INT0 的中断申请
10. #define LS1B_IRQ1_REQ      (MIPS_INTERRUPT_BASE + 3) //INT1 的中断申请
11. #define LS1B_IRQ2_REQ      (MIPS_INTERRUPT_BASE + 4) //INT2 的中断申请
12. #define LS1B_IRQ3_REQ      (MIPS_INTERRUPT_BASE + 5) //INT3 的中断申请
13. #define LS1B_IRQ_PERF      (MIPS_INTERRUPT_BASE + 6) //Mips 性能中断的中断向量
14. #define LS1B_IRQ_CNT       (MIPS_INTERRUPT_BASE + 7) //Mips 计数中断的中断向量
15. #define CLOCK_VECTOR       (MIPS_INTERRUPT_BASE+0x07)  /*在 tick.c 中定义，等同上
行宏定义*/
16. //*********************** 连接外部中断控制器 0（INT0）的中断向量
   ***************************
17. #define LS1B_IRQ0_BASE     (MIPS_INTERRUPT_BASE + 8) //外部中断控制寄存器 0 的中断
向量基
18. #define LS1B_UART0_IRQ     (LS1B_IRQ0_BASE + 2) //UART0 中断的中断向量
19. #define LS1B_UART1_IRQ     (LS1B_IRQ0_BASE + 3)  //UART1 中断的中断向量
20. #define LS1B_UART2_IRQ     (LS1B_IRQ0_BASE + 4)  //UART2 中断的中断向量
```

```
21. #define LS1B_UART3_IRQ    (LS1B_IRQ0_BASE + 5)  //UART3 中断的中断向量
22. #define LS1B_CAN0_IRQ     (LS1B_IRQ0_BASE + 6)  //CAN0 中断的中断向量
23. ……
24. //********************** 连接外部中断控制器 1（INT1）的中断向量*******
25. #define LS1B_IRQ1_BASE    (MIPS_INTERRUPT_BASE + 40) //外部中断控制寄存器 1 的中断向量基
26. #define LS1B_EHCI_IRQ      (LS1B_IRQ1_BASE + 0)
27. #define LS1B_OHCI_IRQ      (LS1B_IRQ1_BASE + 1)
28. #define LS1B_GMAC0_IRQ     (LS1B_IRQ1_BASE + 2)
29. #define LS1B_GMAC1_IRQ     (LS1B_IRQ1_BASE + 3)
30. //********************** 连接外部中断控制器 2（INT2）的中断向量********
31. #define LS1B_IRQ2_BASE    (MIPS_INTERRUPT_BASE + 72) //外部中断控制寄存器 2 的中断向量基
32. #define LS1B_GPIO0_IRQ     (LS1B_IRQ2_BASE + 0)
33. #define LS1B_GPIO1_IRQ     (LS1B_IRQ2_BASE + 1)
34. #define LS1B_GPIO2_IRQ     (LS1B_IRQ2_BASE + 2)
35. #define LS1B_GPIO3_IRQ     (LS1B_IRQ2_BASE + 3)
36. ……
37. //********************** 连接外部中断控制器 3（INT3）的中断向量*********
38. #define LS1B_IRQ3_BASE    (MIPS_INTERRUPT_BASE + 104) //外部中断控制寄存器 3 的中断向量基
39. #define LS1B_GPIO32_IRQ    (LS1B_IRQ3_BASE + 0)
40. #define LS1B_GPIO33_IRQ    (LS1B_IRQ3_BASE + 1)
41. #define LS1B_GPIO34_IRQ    (LS1B_IRQ3_BASE + 2)
42. #define LS1B_GPIO35_IRQ    (LS1B_IRQ3_BASE + 3)
43. ……
44. #define LS1B_GPIO61_IRQ    (LS1B_IRQ3_BASE + 29)
45. #define LS1B_MAXIMUM_VECTORS        (LS1B_GPIO61_IRQ+1)   // 最 大 中 断 向 量 值 32+104+29+1
46. #define BSP_INTERRUPT_VECTOR_MIN    0            //最小中断向量值是 0
47. #define BSP_INTERRUPT_VECTOR_MAX    LS1B_MAXIMUM_VECTORS
--------------------------------------------------------------------------------
```

4.2.2　中断响应函数分析

在 irq_s.S 中有 except_common_entry 和 real_exception_entry 两个汇编函数，用于响应中断。在 bsp_start.c 中将 except_common_entry 安装到内存位置。因为受到存放中断响应函数的内存空间的间隔限制，所以 except_common_entry 只执行了一个跳转到 real_exception_entry。一般 mips 都是这样操作的，在实际的响应函数 real_exception_entry 中命令条数就不受存储空间限制了。

中断入口分为外设中断入口和异常中断入口，其中外设中断是指正常情况的中断源响应，异常中断是指 CPU 本身错误或故障的中断响应。外设中断入口函数为 c_interrupt_handler()，异常中断入口函数为 c_exception_handler ()。中断响应工作过程，如图 4-5 所示，分成中断入口、中断分类和中断分发三层结构。

中断入口函数 c_interrupt_handler()用于实现外部、内部计数和软件中断标志判断，对于龙芯 1B 处理器中断可以分成 Mips 计数中断、外设中断 0～3、Mips 性能中断和软中断 0～1 八类中断，详见代码清单 4-7。

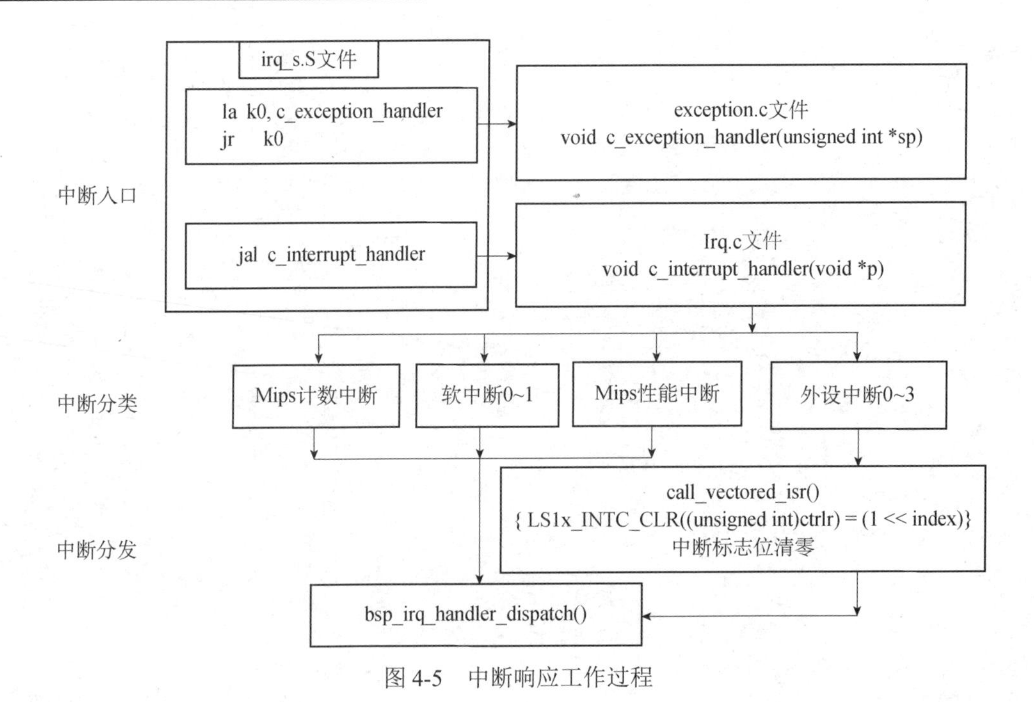

图 4-5　中断响应工作过程

代码清单 4-7　中断入口函数 c_interrupt_handler()

```
------------------------------------------------------------------------------
1. void c_interrupt_handler(void *p)
2. {   unsigned int sr;
3.     unsigned int cause;
4.     mips_get_sr(sr);      //获取 Status 寄存器配置状态，即中断屏蔽位 bit 15..8
5.     mips_get_cause(cause); //获取 Cause 寄存器状态，即中断标志位 bit 15..8
6. /******************************************************************************
7.  **说明：#define SR_IMASK    0x0000ff00      //bit 15..8: Interrupt mask
8.  **      #define CAUSE_IPSHIFT       8
9. ******************************************************************************/
10.     cause &= (sr & SR_IMASK);   //中断屏蔽位与中断标志位按位相与，为 1 的位即有中断申请
11.     cause >>= CAUSE_IPSHIFT;     //右移 8 位，使中断屏蔽位落到 bit 7..0
12.  /* XXX use as bsp system tick generator. */
13.  if (cause & 0x80)          //count/compare，Mips 计数中断
14.  {   bsp_irq_handler_dispatch(LS1x_IRQ_CNT);
15.  }
16.  if (cause & 0x04)          //连接中断控制 0
17.  {   call_vectored_isr(p, cause, (void *)LS1x_INTC0_BASE);
18.  }
19.  if (cause & 0x08)          //连接中断控制 1
20.  {   call_vectored_isr(p, cause, (void *)LS1x_INTC1_BASE);
21.  }
22.  if (cause & 0x10)          //连接中断控制 2
23.  {   call_vectored_isr(p, cause, (void *)LS1x_INTC2_BASE);
24.  }
25.  if (cause & 0x20)          //连接中断控制 3
26.  {   call_vectored_isr(p, cause, (void *)LS1x_INTC3_BASE);
27.  }
28.  #if defined(LS1B)
29.  if (cause & 0x40)  //Performance counter Mips 性能中断
```

```
30.  {   bsp_irq_handler_dispatch(LS1x_IRQ_PERF);
31.  }
32.  #elif defined(LS1C)
33.  if (cause & 0x40)  //Interrupt controller 4 连接外部中断控制寄存器 4
34.  {   call_vectored_isr(p, cause, (void *)LS1x_INTC4_BASE);
35.  }
36.  #endif
37.  if (cause & 0x02)  //Soft Interrupt SW[1] 软中断 1
38.  {   bsp_irq_handler_dispatch(LS1x_IRQ_SW1);
39.  }
40.  if (cause & 0x01)  //Soft Interrupt SW[0] 软中断 0
41.  {   bsp_irq_handler_dispatch(LS1x_IRQ_SW0);
42.  }
43.  // mips_set_cause(0);
44. }
```

说明：当不同类型的中断同时申请时，响应顺序为 Mips 计数中断、中断控制 0、中断控制 1、中断控制 2、中断控制 3、Mips 性能中断、软中断 1、软中断 0。

bsp_irq_handler_dispatch()和 call_vectored_isr()两个函数用于实现“中断分发”，详见代码清单 4-8 和代码清单 4-9。

代码清单 4-8　中断分发函数 bsp_irq_handler_dispatch()

```
1. static void bsp_irq_handler_dispatch(int vector)
2. {  if ((vector >= 0) && (vector < BSP_INTERRUPT_VECTOR_MAX))
3.   {    if (isr_table[vector].handler)
4.        {
5.            /* 关中断由中断程序自己处理，根据中断向量调用中断服务函数 */
6.            isr_table[vector].handler(vector, (void *)isr_table[vector].arg);
7.            /* 开中断由中断程序自己处理              */
8.        }
9.        else
10.       {    mips_default_isr(vector, NULL);
11.       }
12. }
13. else
14. {     mips_default_isr(vector, NULL);
15. }
16.}
```

代码清单 4-9　中断分发函数 call_vectored_isr ()

```
1. static void call_vectored_isr(void *p, unsigned int cause, void *ctrlr)
2. {   unsigned int src;
3.    int index;
4.    /* 检查中断申请，当有中断发生时，中断状态寄存器对应位会自动置位*/
5.    src = LS1x_INTC_ISR((unsigned int)ctrlr); //读取中断状态寄存器，获取中断源中断标志
6.    index = 0;
7.    while (src)        //轮询中断源中断标志位
8.    {   /* check LSB */
```

```
9.        if (src & 1)
10.        {   /* 将中断状态寄存器的中断源中断标志位清零 */
11.            LS1x_INTC_CLR((unsigned int)ctrlr) = (1 << index);
12.            asm volatile ("sync");
13.            if ((unsigned int)ctrlr == LS1x_INTC0_BASE)  //中断控制 0 中断分发函数
14.            {  bsp_irq_handler_dispatch(LS1x_IRQ0_BASE + index);
15.            }
16.            else if ((unsigned int)ctrlr == LS1x_INTC1_BASE) //中断控制 1 中断分发函数
17.            {  bsp_irq_handler_dispatch(LS1x_IRQ1_BASE + index);
18.            }
19.            else if ((unsigned int)ctrlr == LS1x_INTC2_BASE) //中断控制 2 中断分发函数
20.            {  bsp_irq_handler_dispatch(LS1x_IRQ2_BASE + index);
21.            }
22.            else if ((unsigned int)ctrlr == LS1x_INTC3_BASE) //中断控制 3 中断分发函数
23.            {  bsp_irq_handler_dispatch(LS1x_IRQ3_BASE + index);
24.            }
25.    #if defined(LS1C)
26.            else if ((unsigned int)ctrlr == LS1x_INTC4_BASE)
27.            {  bsp_irq_handler_dispatch(LS1x_IRQ4_BASE + index);
28.            }
29.    #endif
30.        }
31.        index++;
32.        /* shift, and make sure MSB is clear */
33.        src = (src >> 1) & 0x7fffffff; //由于 INT0~INT3 的 31 位是保留位,所以最高位是 0
34.    }
35. }
```

4.2.3 GPIO 中断的开发步骤

第 1 步：调用 ls1x_install_gpio_isr()函数配置中断，如 GPIO 引脚选择、中断触发方式选择等。注意：该函数实现了 GPIO 输入方向设置。

第 2 步：编写中断服务函数，实现中断功能。

任务 4　利用 GPIO 输入中断

一、任务描述

在龙芯 1B 开发板上，采用按键中断输入方式，翻转 LED 亮灭，串口打印 GPIO 输入中断信息。

二、任务分析

1. 硬件电路分析

4 个独立按键电路，如图 4-6 所示，LED 灯硬件电路如图 3-1 所示。

（1）SW5 接 GPIO00，当 SW5 被按下时 PWM0/SPL1_CSN1 为高电平；没有按下时 GPIO00 为低电平。

（2）SW6 接 GPIO41、SW7 接 GPIO40、SW8 接 PWM0/SPL1_CSN2；当按键被按下时，引脚为低电平，没有按下时引脚为高电平。

（3）UART2_RX 对应 GPIO54（LED1）、UART2_TX 对应 GPIO55（LED2）、PWM2 对应 GPIO2（LED3）、PWM3 对应 GPIO3（LED4）。

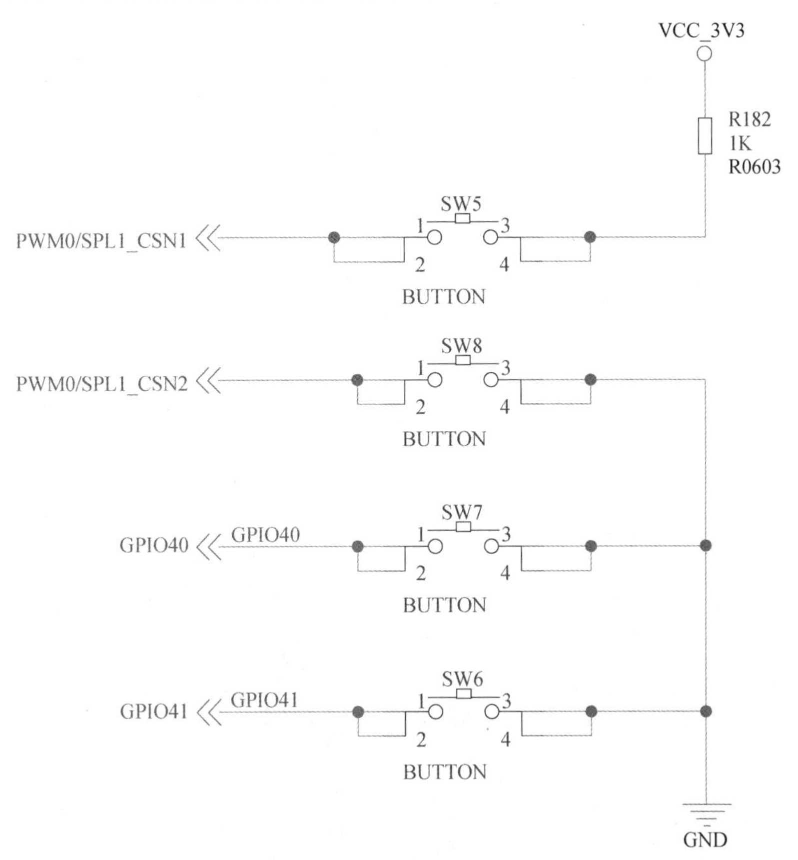

图 4-6　4 个独立按键电路

2. 软件设计

按照 GPIO 中断的开发步骤进行软件设计。

三、任务实施

第 1 步：硬件连接。

采用 Type-C 线和 USB 转串口连接龙芯 1B 开发板与计算机。

第 2 步：新建工程。

打开龙芯 1X 嵌入式集成开发环境，依次单击“文件”→“新建”→“新建项目向导…”，新建工程。

第 3 步：编写程序。

在自动生成代码的基础上，编写代码，如代码清单 4-10 所示。

代码清单 4-10　GPIO 输入中断程序

```
1. #include <stdio.h>
2. #include "ls1b.h"
3. #include "mips.h"
4. #include "ls1b_gpio.h"      //GPIO 头文件
5. #include "ls1b_irq.h"       //中断头文件
6. #include "bsp.h"
7. /* 中断回调函数gpio_interrupt_isr(int vector, void * param)中第一个参数为中断号，第二个
8. * 参数是ls1x_install_gpio_isr()该函数第四个传递的参数。*/
9. static void gpio_interrupt_isr(int vector, void * param)  //GPIO 中断服务函数
10.{   static unsigned char a=0;
11.    printk("gpio1_irq\r\n");    //在串口调试窗口打印 gpio1_irq
12.    a++;
13.    if(a>1)
14.    {   gpio_write(2,1);
15.        a = 0;
16.    }
17.    else
18.        gpio_write(45,0);
19.}
20.int main(void)
21.{   printk("\r\nmain() function.\r\n");
22.    gpio_enable(2, DIR_OUT);          //使能 GPIO2 为输出状态
23.    ls1x_install_gpio_isr(1,INT_TRIG_EDGE_UP,gpio_interrupt_isr,0); //上升沿触发
24.//   ls1x_install_gpio_isr(1,INT_TRIG_EDGE_DOWN,gpio_interrupt_isr,0);  //下降沿触发
25.//   ls1x_install_gpio_isr(1,INT_TRIG_LEVEL_HIGH,gpio_interrupt_isr,0); //高电平触发
26.//   ls1x_install_gpio_isr(1,INT_TRIG_LEVEL_LOW,gpio_interrupt_isr,0);  //低电平触发
27.    for (;;)
28.    {   unsigned int tickcount = get_clock_ticks();
29.        printk("tick count = %i\r\n", tickcount);
30.        delay_ms(500);
31.    }
32.    return 0;
33.}
```

第 4 步：程序编译及调试。

（1）单击图标进行编译，编译无误后，单击图标，将程序下载到内存之中。注意：此时代码还没有下载到 NAND Flash 之中，按下复位键后，程序会消失。

（2）打开串口调试软件，按如图 4-7 所示配置串口参数后，则在串口调试软件中打印相关信息。

（3）按一下按键，LED 灯状态会翻转，同时串口会显示“gpio1_irq”字符，表示程序进入了中断服务函数，如图 4-7 所示。

（4）采用其他按键，选择下降沿、低电平或高电平中断触发方式，重做本任务。

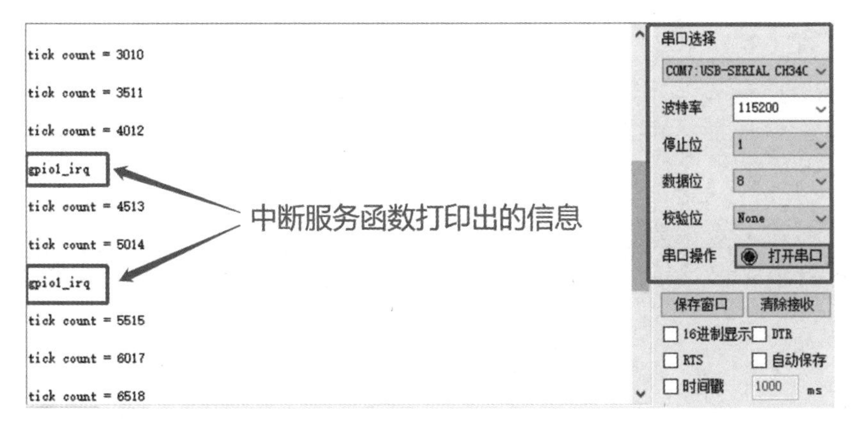

图 4-7　串口调试软件上打印相关信息

四、任务拓展

请查看本书配套资源，了解拓展任务要求和程序代码。

拓展任务 4-1：4 个按键输入中断。

第 5 章 龙芯 1B 的串口

本章介绍 LS1B0200 的 UART 接口、UART API 函数、UART 开发步骤等内容。通过理实一体化的学习，读者可以熟悉 LS1B0200 的 UART 控制器结构、寄存器及其配置方法、UART 驱动函数使用方法，掌握串口驱动函数到应用函数编写逻辑，实现不同串口的配置和数据发送、接收。

教学目标

知识目标	1. 掌握 LS1B0200 处理器串口控制器结构、12 个串口引脚复用及分布、寄存器功能等
	2. 掌握 LS1B0200 处理器串口寄存器基地址及其宏定义方式
	3. 理解波特率、FIFO、数据校验、串口通信协议（数据帧）等概念
	4. 掌握串口设备参数定义、驱动函数与数据结构、UART 用户接口函数等
	5. 掌握 LS1B0200 处理器串口中断响应工作过程
技能目标	1. 能熟练使用 typedef，配置串口设备的结构体
	2. 能熟练使用串口用户接口、驱动、中断等 API 函数
	3. 能熟悉串口开发步骤
	4. 能熟练使用 C 语言编写串口程序
素质目标	1. 了解共和国勋章获得者的先进事迹
	2. 培养学生精益求精的工匠精神、求真务实的科学精神
	3. 培养学生团队协作、表达沟通能力

5.1 UART 接口

LS1B0200 芯片集成了 12 个 UART 核，通过 APB 总线与总线桥通信。UART 控制器与 MODEM 或其他外部设备进行串行通信，例如，以 RS232 方式，与计算机进行串行线路通信。该控制器在设计上能很好地兼容国际工业标准半导体设备 16550A。

5.1.1 UART 控制器结构

UART 控制器有发送和接收模块（Transmitter and Receiver）、MODEM 模块、中断仲裁模块（Interrupt Arbitrator）、访问寄存器模块（Register Access Control），如图 5-1 所示。

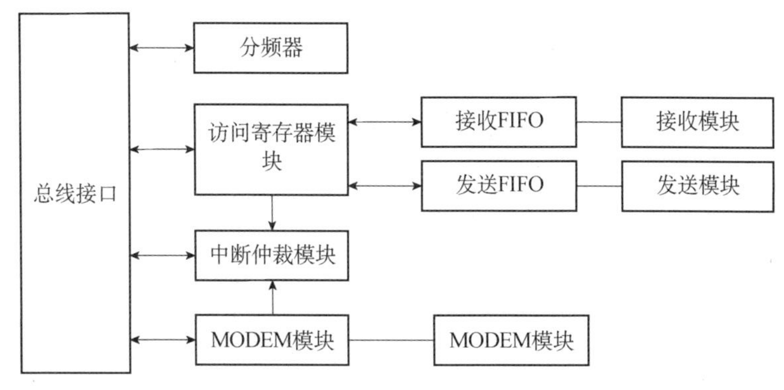

图 5-1 UART 控制器结构

1. 发送和接收模块

发送和接收模块负责处理数据帧的发送和接收。

发送模块先把 FIFO 发送队列中的数据转成串行数据格式，即并行数据转换为串行数据帧，再从发送端口送出去。

接收模块监视接收端信号，一旦出现有效开始位，就进行接收，并实现将接收到的异步串行数据帧转换为并行数据，存入 FIFO 接收队列中，同时检查数据帧格式是否有错。UART 的帧结构是通过行控制寄存器（LCR）设置的，发送和接收器的状态被保存在行状态寄存器（LSR）中。

2. MODEM 模块

MODEM 控制寄存器（MCR）用于控制输出信号 DTR 和 RTS 的状态。MODEM 模块监视输入信号 DCD、CTS、DSR 和 RI 的线路状态，并将这些信号的状态记录在 MODEM 状态寄存器（MSR）的相应位中。

3. 中断仲裁模块

当任何一种中断条件满足时，并且中断使能寄存器（IER）中的相应位被置 1，那么 UART 的中断请求信号 UAT_INT 被置为有效状态。为了减少和外部软件的交互，UART 把中断分为 4 个级别，并且在中断标识寄存器（IIR）中标识这些中断。4 个级别的中断按优先级级别由高到低的排列顺序为：接收线路状态中断、接收数据准备好中断、传送拥有寄存器为空中断和 MODEM 状态中断。

4. 访问寄存器模块

当 UART 模块被选中时，CPU 可通过读或写操作访问被地址线选中的寄存器。

5.1.2 UART 引脚分布

UART0 有 8 个 PAD，UART0 可以分成 4 组串口功能，即 UART0_0、UART0_1、UART0_2 和 UART0_3。

UART1 只有 4 个 PAD，当 CAN0 和 CAN1 不用时，可以设置 GPIO_MUX_CTRL1 寄存器的 bit5 和 bit4 位，将 CAN0 和 CAN1 的 4 个 PAD 设置为 UART1_2 和 UART1_3 的 PAD。UART1 也可以分成 4 组串口功能。UART1 可以分为 UART1_0、UART1_1、UART1_2 和 UART1_3。

UART 还有 4 组串口：UART2、UART3、UART4 和 UART5，所以 LS1B0200 最多可以有 12 个两线 UART，其引脚分布如表 5-1 所示。注意：芯片复位后，所有 PAD 为“内部上拉复位输入”状态。

表 5-1 UART 引脚分布

PAD（初始功能）	PAD 描述	GPIO 功能	第一复用	第二复用	第三复用	12 组两线 UART
CAN0_RX	CAN0 数据输入	GPIO38	SDA1	SPI1_CSN0	UART1_DSR	UART1_2RX
CAN0_TX	CAN0 数据输出	GPIO39	SCL1	SPI1_CLK	UART1_DTR	UART1_2TX
CAN1_RX	CAN1 数据输入	GPIO40	SDA2	SPI1_MOSI	UART1_DCD	UART1_3RX
CAN1_TX	CAN1 数据输出	GPIO41	SCL2	SPI1_MISO	UART1_RI	UART1_3TX
UART0_RX	UART0 发送数据	GPIO42	LCD_DAT22	GMAC1_RCTL		UART0_0RX
UART0_TX	UART0 接收数据	GPIO43	LCD_DAT23	GMAC1_RX0		UART0_0TX
UART0_RTS	UART0 请求发送	GPIO44	LCD_DAT16	GMAC1_RX1		UART0_1TX
UART0_CTS	UART0 允许发送	GPIO45	LCD_DAT17	GMAC1_RX2		UART0_1RX
UART0_DSR	UART0 设备准备好	GPIO46	LCD_DAT18	GMAC1_RX3		UART0_2RX
UART0_DTR	UART0 终端准备好	GPIO47	LCD_DAT19			UART0_2TX
UART0_DCD	UART0 载波检测	GPIO48	LCD_DAT20	GMAC1_MDCK		UART0_3RX
UART0_RI	UART0 振铃提示	GPIO49	LCD_DAT21	GMAC1_MDIO		UART0_3TX
UART1_RX	UART1 接收数据	GPIO50		GMAC1_TX0	NAND_RDY*	UART1_0RX
UART1_TX	UART1 发送数据	GPIO51		GMAC1_TX1	NAND_CS*	UART1_0TX
UART1_RTS	UART1 请求发送	GPIO52		GMAC1_TX2	NAND_CS*	UART1_1TX
UART1_CTS	UART1 允许发送	GPIO53		GMAC1_TX3	NAND_RDY*	UART1_1RX
UART2_RX	UART2 接收数据	GPIO54				UART2_RX
UART2_TX	UART2 发送数据	GPIO55				UART2_TX
UART3_RX	UART3 接收数据	GPIO56				UART3_RX
UART3_TX	UART3 发送数据	GPIO57				UART3_TX
UART4_RX	UART4 接收数据	GPIO58				UART4_RX
UART4_TX	UART4 发送数据	GPIO59				UART4_TX
UART5_RX	UART5 接收数据	GPIO60				UART5_RX
UART5_TX	UART5 发送数据	GPIO61				UART5_TX

5.1.3 UART 控制器寄存器

LS1B0200 内共有 12 个并行工作的 UART 接口，其功能寄存器完全一样，只是访问基地址（有时简称为基址）不一样，UART 控制器寄存器基地址，如表 5-2 所示。

表 5-2 UART 控制器寄存器基地址

名称	基地址（Base）	中断向量编号	备注
UART0	0xbfE40000	LS1B_IRQ0_BASE + 2	中断向量编号相同
UART01	0xbfE41000	LS1B_IRQ0_BASE + 2	
UART02	0xbfE42000	LS1B_IRQ0_BASE + 2	
UART03	0xbfE43000	LS1B_IRQ0_BASE + 2	
UART1	0xbfE44000	LS1B_IRQ0_BASE + 3	中断向量编号相同
UART11	0xbfE45000	LS1B_IRQ0_BASE + 3	
UART12	0xbfE46000	LS1B_IRQ0_BASE + 3	
UART13	0xbfE47000	LS1B_IRQ0_BASE + 3	
UART2	0xbfE48000	LS1B_IRQ0_BASE + 4	独立中断向量编号
UART3	0xbfE4c000	LS1B_IRQ0_BASE + 5	独立中断向量编号
UART4	0xbfE6c000	LS1B_IRQ0_BASE + 29	独立中断向量编号
UART5	0xbfE7c000	LS1B_IRQ0_BASE + 30	独立中断向量编号

说明：表中，UART0～UART03 采用同一个中断向量编号，UART1～UART13 也采用同一个中断向量编号。基地址和部分中断向量宏定义如代码清单 5-1 所示。

代码清单 5-1 基地址和部分中断向量宏定义

```
-------------------------------------------------------------------------------
#define LS1B_IRQ0_BASE    (MIPS_INTERRUPT_BASE + 8) //外部中断控制 0 的中断向量基
#define MIPS_INTERRUPT_BASE   MIPS_EXCEPTION_BASE+32
#define MIPS_EXCEPTION_BASE       0
#define LS1B_UART0_IRQ          (LS1B_IRQ0_BASE + 2)   //UART0 中断中断向量编号
#define LS1B_UART1_IRQ          (LS1B_IRQ0_BASE + 3)   //UART1 中断中断向量编号
#define LS1B_UART2_IRQ          (LS1B_IRQ0_BASE + 4)   //UART2 中断中断向量编号
#define LS1B_UART3_IRQ          (LS1B_IRQ0_BASE + 5)   //UART3 中断中断向量编号
#define LS1B_UART4_IRQ          (LS1B_IRQ0_BASE + 29)  //UART4 中断中断向量编号
#define LS1B_UART5_IRQ          (LS1B_IRQ0_BASE + 30)  //UART5 中断中断向量编号
//*****************************************************************************
***
#define LS1B_UART0_BASE         0xBFE40000      /*寄存器基地址-0xBFE43FFF = 16KB */
#define LS1B_UART1_BASE         0xBFE44000      /*寄存器基地址-0xBFE47FFF = 16KB */
#define LS1B_UART2_BASE         0xBFE48000      /*寄存器基地址-0xBFE4BFFF = 16KB */
#define LS1B_UART3_BASE         0xBFE4C000      /*寄存器基地址-0xBFE4FFFF = 16KB */
#define LS1B_UART4_BASE         0xBFE6C000      /*寄存器基地址-0xBFE6FFFF = 16KB */
#define LS1B_UART5_BASE         0xBFE7C000      /*寄存器基地址-0xBFE7FFFF = 16KB */
-------------------------------------------------------------------------------
```

UART 控制器寄存器描述如表 5-3 所示，除了 UART 拆分寄存器和 GPIO_MUX_CTRL1 寄存器外，12 个 UART 控制器寄存器基本上都相同，每个 UART 有一个基地址（Base）。

表 5-3 UART 控制器寄存器描述

UART 拆分寄存器(地址：0xBFE78038)			
位域	位域名称	访问	说明
1	UART1_split	R/W	置 1，UART1 被分成四个独立两线 UART
0	UART0_split	R/W	置 1，UART0 被分成四个独立两线 UART

续表

GPIO_MUX_CTRL1 寄存器(地址：0XBFD0_0424)			
位域	位域名称	访问	说明
5	UART1_3_USE_CAN1	R/W	置 1，UART1_3 利用 CAN1 实现
4	UART1_2_USE_CAN0	R/W	置 1，UART1_2 利用 CAN0 实现
数据寄存器（DAT）（偏移地址：0x00；寄存器位宽：8 位；复位值：0x00）			
位域	位域名称	访问	说明
7:0	Rx/Tx FIFO	W	数据传输寄存器，用于发送和接收数据
中断使能寄存器（IER）（偏移地址：0x01；寄存器位宽：8 位；复位值：0x00）			
位域	位域名称	访问	说明
7:4	保留	R/W	预留
3	IME	R/W	MODEM 状态中断使能 0 表示关闭；1 表示打开
2	ILE	R/W	接收器线路状态中断使能 0 表示关闭；1 表示打开
1	ITxE	R/W	传输保存寄存器为空中断使能 0 表示关闭；1 表示打开
0	IRxE	R/W	接收有效数据中断使能 0 表示关闭；1 表示打开
中断标识寄存器（IIR）（偏移地址：0x02；寄存器位宽：8 位；复位值：0xc1） 注意：对偏移地址 0x02 读操作就是读中断标识寄存器；对偏移地址 0x02 写操作就是写 FIFO 控制寄存器。			
位域	位域名称	访问	说明
7:4	保留	R	保留
3:1	II	R	中断源表示位（见下表）
0	INTP	R	中断表示位
FIFO 控制寄存器（FCR）（偏移地址：0x02；寄存器位宽：8 位；复位值：0xc0） 注意：对偏移地址 0x02 读操作就是读中断标识寄存器；对偏移地址 0x02 写操作就是写 FIFO 控制寄存器。			

中断源表示位

3:1	优先级	中断类型	中断源	中断复位控制
011	1	接收线路状态	奇偶、溢出或帧错误，或打断中断	读 LSR
010	2	接收到有效数据	FIFO 的字符个数达到 trigger 的水平	FIFO 的字符个数低于 trigger 的值
110	2	接收超时	在 FIFO 至少有一个字符，但在 4 个字符时间内没有任何操作，包括读和写操作	读接收 FIFO
001	3	传输保存寄存器为空	传输保存寄存器为空	写数据到 THR 或者多
000	4	MODEM 状态	CTS, DSR, RI 或 DCD.	读 MSR

续表

位域	位域名称	访问	说明
7:6	TL	W	接收 FIFO 提出中断申请的 trigger 值。 00 表示 1 字节；01 表示 4 字节 10 表示 8 字节；11 表示 16 字节
5:4	保留	W	保留
3	DMA	W	1 表示使能 DMA；0 表示禁止 DMA
2	TXSET	W	1 表示清除发送 FIFO 的内容，相当于复位
1	RXSET	W	1 表示清除接收 FIFO 的内容，相当于复位
0	ENABLE	W	1 表示使能 FIFO；0 表示禁止 FIFO
线路控制寄存器（LCR）（偏移地址：0x03；寄存器位宽：8 位；复位值：0x03）			
位域	位域名称	访问	说明
7	dlab	R/W	分频锁存器访问位（地址复用）。 1 表示访问操作分频锁存器；0 表示访问操作正常寄存器
6	bcb	R/W	打断控制位 1 表示此时串口的输出被置为 0（打断状态）；0 表示正常操作
5	spb	R/W	指定奇偶校验位。 0 表示不用指定奇偶校验位； 1 表示如果 LCR[4]位是“1”则传输和检查奇偶校验位为“0”； 如果 LCR[4]位是“0”则传输和检查奇偶校验位为“1”
4	eps	R/W	奇偶校验位选择。 0 表示在每个字符中有奇数个 1（包括数据和奇偶校验位）； 1 表示在每个字符中有偶数个 1
3	pe	R/W	奇偶校验位使能； 0 表示没有奇偶校验位； 1 表示在输出时生成奇偶校验位，输入时判断奇偶校验位
2	sb	R/W	定义生成停止位的位数。 0 表示 1 个停止位； 1 表示在 5 位字符长度时为 1.5 个停止位，其他长度为 2 个停止位
1:0	bec	R/W	设定每个字符的位数 00 表示 5 位；01 表示 6 位；10 表示 7 位；11 表示 8 位
MODEM 控制寄存器（MCR）（偏移地址：0x04；寄存器位宽：8 位；复位值：0x00）			
位域	位域名称	访问	说明
7:5	保留	W	保留
4	Loop	W	回环模式控制位。 0 表示正常操作； 1 表示回环模式。在回环模式中，TXD 输出一直为 1，输出移位寄存器直接连到输入移位寄存器中。其他连接如下： DTR → DSR；RTS → CTS；Out1 → RI；Out2 → DCD
3	OUT2	W	在回环模式中连到 DCD 输入
2	OUT1	W	在回环模式中连到 RI 输入
1	RTSC	W	RTS 信号控制位
0	DTRC	W	DTR 信号控制位

续表

线路状态寄存器（LSR）（偏移地址：0x05；寄存器位宽：8 位；复位值：0x00）			
位域	位域名称	访问	说明
7	ERROR	R	错误位。 1 表示至少有奇偶校验位错误，帧错误或打断中断； 0 表示没有错误
6	TE	R	传输为空位 1 表示传输 FIFO 和传输移位寄存器都为空，给传输 FIFO 写数据时清零； 0 表示有数据
5	TFE	R	传输 FIFO 位 1 表示当前传输 FIFO 为空，给传输 FIFO 写数据时清零； 0 表示有数据
4	BI	R	打断中断位。 1 表示接收到起始位＋数据＋奇偶位＋停止位都是 0，即有打断中断； 0 表示没有打断
3	FE	R	帧错误位。 1 表示接收的数据没有停止位；0 表示没有错误
2	PE	R	奇偶校验位错误位。 1 表示当前接收数据有奇偶错误；0 表示没有奇偶错误
1	OE	R	数据溢出位。 1 表示有数据溢出；0 表示无溢出
0	DR	R	接收数据有效位。 0 表示在 FIFO 中无数据；1 表示在 FIFO 中有数据
MODEM 状态寄存器（MSR）（偏移地址：0x06；寄存器位宽：8 位；复位值：0x00）			
位域	位域名称	访问	说明
7	CDCD	R	DCD 输入值的反，或者在回环模式中连到 OUT2
6	CRI	R	RI 输入值的反，或者在回环模式中连到 OUT1
5	CDSR	R	DSR 输入值的反，或者在回环模式中连到 DTR
4	CCTS	R	CTS 输入值的反，或者在回环模式中连到 RTS
3	DDCD	R	DDCD 指示位
2	TERI	R	RI 边沿检测。 RI 状态从低到高变化
1	DDSR	R	DDSR 指示位
0	DCTS	R	DCTS 指示位
分频锁存器 1（偏移地址：0x00；寄存器位宽：8 位；复位值：0x00）			
位域	位域名称	访问	说明
7:0	LSB	R/W	存放分频锁存器的低 8 位，用于设置波特率 （地址复用，访问之前需要把线路控制寄存器的第 7 位置 1）
分频锁存器 2（偏移地址：0x01；寄存器位宽：8 位；复位值：0x00）			
位域	位域名称	访问	说明
7:0	MSB	R/W	存放分频锁存器的高 8 位，用于设置波特率（地址复用） （地址复用，访问之前需要把线路控制寄存器的第 7 位置 1）

5.1.4　UART 控制器寄存器配置

使用 LS1B 的串口功能，只需设置相应 I/O 口功能，再配置串口波特率、数据位长度、奇偶校验位等即可使用。

1. 串口波特率设置

配置分频锁存器的值就可设置不同波特率，模块中被分频时钟 clock_a 的频率是 DDR_CLK 频率的一半（50MHz），假设分频锁存器的值为 Prescale，波特率为 clock_baud（波特率根据用户需要和外部 UART 连接特性确定），则应满足如下关系：

Prcescale = clock_a/(16*clock_baud)

或者　Prcescale = DDR_CLK/(32*clock_baud)

2. 串口线路控制寄存器（LCR）

[bit1:bit0]用于设定每个字符的位数；[bit2]用于定义生成停止位的位数；[bit3]用于设定是否使能奇偶校验位，一般设置为 8 个数据位、1 个停止位和无奇偶校验。

3. 串口数据寄存器（DAT）

LS1B 串口发送与接收数据都是通过数据寄存器（DAT）来实现的。当向 DAT 寄存器写入数据时，串口就会自动发送数据；当接收到数据时，也从 DAT 寄存器获取数据。

4. 线路状态寄存器（LSR）

串口的状态通过此寄存器获取，它是只读寄存器。这里只需关注两位，即 bit0 接收数据有效表示位和 bit5 传输 FIFO 为空表示位。

（1）当 bit0 接收数据有效，表示该位被置 1 时，即提示已经有数据被接收到了，并且可以读取出来。此时应该尽快将 DAT 寄存器中接收到的数据读取出来；读取数据的同时，该位也会被直接清除。

（2）当 bit5 传输 FIFO 为空，表示该位被置 1 时，即表示数据发送完成，传输状态就绪，可以往 DAT 寄存器写入数据进行传输，同时此位清零。

UART 控制器寄存器配置的相关代码，如代码清单 5-2 所示。

代码清单 5-2　UART 控制器寄存器配置的相关代码

```
-------------------------------------------------------------------------------
1. /***** 以下代码在 ns16550_p.h 文件中 ****/
2. #define NS16550_BAUD_DIV(_clock, _baud_rate) \
3.     ((_clock) / ((_baud_rate == 0) ? 115200 : (_baud_rate)) / 16)
4.
5. /*****以下代码在 ns16550.c 文件中 ****/
6. divisor = NS16550_BAUD_DIV(pUART->BusClock, pUART->BaudRate);
7. /* Clear the divisor latch, clear all interrupt enables, and reset and disable the
FIFO's. */
8. NS16550_set_r(pUART->CtrlPort, NS16550_LINE_CONTROL, 0);
9. NS16550_set_interrupt(pUART, NS16550_DISABLE_ALL_INTR);
10./* 设置分频锁存器访问位和波特率 */
11.NS16550_set_r(pUART->CtrlPort, NS16550_LINE_CONTROL, SP_LINE_DLAB);
12.NS16550_set_r(pUART->CtrlPort, NS16550_DIVISIORLATCH_LSB, (unsigned char)(divisor
```

```
& 0xFFU));
13.NS16550_set_r(pUART->CtrlPort, NS16550_DIVISIORLATCH_MSB, (unsigned char)((divisor >>
8) & 0xFFU));
14./*配置线路寄存器为：字长 8bit、停止位 1bit、不使能奇偶校验位 */
15.NS16550_set_r(pUART->CtrlPort, NS16550_LINE_CONTROL, CFCR_8_BITS);
16./*配置 FIFO 控制寄存器：使能 FIFO、复位接收 FIFO、复位发送 FIFO*/
17.// NS16550_set_r(pUART->CtrlPort, NS16550_FIFO_CONTROL, SP_FIFO_ENABLE);
18.NS16550_set_r(pUART->CtrlPort, NS16550_FIFO_CONTROL, \
19.               SP_FIFO_ENABLE | SP_FIFO_RXRST | SP_FIFO_TXRST | SP_FIFO_TRIGGER_1);
20./* 禁止全部中断 */
21.NS16550_set_interrupt(pUART, NS16550_DISABLE_ALL_INTR);
22./* Set data terminal ready. */
23./* And open interrupt tristate line  使能异步中断*/
24.pUART->ModemCtrl = SP_MODEM_IRQ;
25.NS16550_set_r(pUART->CtrlPort, NS16550_MODEM_CONTROL, SP_MODEM_IRQ);
26.trash = NS16550_get_r(pUART->CtrlPort, NS16550_LINE_STATUS);
27.trash = NS16550_get_r(pUART->CtrlPort, NS16550_RECEIVE_BUFFER);
28.trash = NS16550_get_r(pUART->CtrlPort, NS16550_MODEM_STATUS);
```

5.2 UART API 函数分析及开发步骤

5.2.1 UART 驱动函数

UART 驱动源代码在 ls1x-drv/uart/ns16550.c 中，头文件在 ls1x-drv/uart/ ns16550_p.h 中，配置代码在 include/bsp.h 中。

1. 启用串口设备

需要用到哪个串口设备，只需要在 bsp.h 中反注释宏定义，如代码清单 5-3 所示。

代码清单 5-3 启用串口宏义

```
---------------------------------------------------------------------------------
1. //#define BSP_USE_UART2
2. #define BSP_USE_UART3        //启用 UART3
3. //#define BSP_USE_UART4
#define BSP_USE_UART5        //启用 UART5，用于 Console_Port 控制台串口
//#define BSP_USE_UART0
//#define BSP_USE_UART01
//#define BSP_USE_UART02
//#define BSP_USE_UART03
//#define BSP_USE_UART1
//#define BSP_USE_UART11
//#define BSP_USE_UART12
//#define BSP_USE_UART13
---------------------------------------------------------------------------------
```

2. 串口设备参数定义

在 ns16550.c 文件中，对串口设备配置参数进行结构体封装，如代码清单 5-4 所示。

代码清单 5-4　串口设备配置参数结构体

```
--------------------------------------------------------------------------------
1. typedef  struct  NS16550
2. {  unsigned int   BusClock; //总线频率
3.    unsigned int   BaudRate; //波特率
4.    unsigned int   CtrlPort; //串口寄存器基地址
5.    unsigned int   DataPort; //串口寄存器基地址
6.    bool         bFlowCtrl;  //串口流控
7.    unsigned char  ModemCtrl;   //MODEM 控制
8.    /* 中断配置 */
9.    bool          bIntrrupt; //使用中断方式
10.   unsigned int   IntrNum; //中断向量编号
11.   unsigned int   IntrCtrl;//中断寄存器基地址（INT0 的地址）
12.   unsigned int   IntrMask;//中断屏蔽位
13.#if (NS16550_SUPPORT_INT)
14.   /* RX/TX Buffer */
15.   NS16550_buf_t  RxData;       //接收数据 buf,注意：数据类型带有_t 的表示结构体类型
16.   NS16550_buf_t  TxData;       //发送数据 buf
17.#endif
18.   char          dev_name[16]; //设备名称
19.} NS16550_t;
20.//*****************************************************************************
21.#define UART_BUF_SIZE   1024   //BUF 长度为 1024 字节
22.typedef struct
23.{  char  buf[UART_BUF_SIZE];  //定义 buf 数组
24.   int   count;              //定义 buf 长度
25.   char *pHead;              //buf 头指针
26.   char *pTail;              //buf 尾指针
27.} NS16550_buf_t;
--------------------------------------------------------------------------------
```

下面以 UART5、UART0 和 UART01 为例，介绍如何填充串口设备配置参数结构体，代码在 ns16550.c 文件中，如代码清单 5-5 所示。定义结构体变量的同时初始化成员变量，各个串口填充变量的不同点是串口寄存器的基地址不同，其他基本相同。

注意：结构变量赋值一般有两种形式，一种是定义结构体变量之后，对结构体变量成员进行逐个赋值；另一种是定义结构体变量与成员赋值同时进行。

代码清单 5-5　UART5 串口设备配置参数结构体填充

```
--------------------------------------------------------------------------------
1. /* UART 5 */
2. #ifdef BSP_USE_UART5                    //判断是否启用该宏定义，在 bsp.h 中定义
3. static NS16550_t ls1b_UART5 =           //定义 UART5 设备
4. {  .BusClock  = 0,                     //总线频率，初始化时填充
5.    .BaudRate  = 115200,                //波特率为 115200
6.    .CtrlPort  = LS1B_UART5_BASE,       //UART5 寄存器基址（固定地址：0xBFE7C000）
7.    .DataPort  = LS1B_UART5_BASE,       //UART5 寄存器基址
8.    .bFlowCtrl  = false,                //不用硬件流控方式
9.    .ModemCtrl  = 0,                    //不采用 MODEM 控制
10.   .bIntrrupt  = true,                 //使用中断方式
11.   .IntrNum   = LS1B_UART5_IRQ,        //系统中断向量编号
12.   .IntrCtrl   = LS1B_INTC0_BASE,      //中断寄存器
```

```
13.    .IntrMask  = INTC0_UART5_BIT,       //中断屏蔽位
14.    .dev_name  = "uart5",               //设备名称
15. };
16. void *devUART5 = &ls1b_UART5;          //保存 UART5 设备地址到 devUART5 中
17. #endif
18. /* UART 0 */
19. #ifdef BSP_USE_UART0                   //判断是否启用该宏定义
20. static NS16550_t ls1b_UART0 =          //定义 UART0 设备
21. {   .BusClock  = 0,                    //总线频率，初始化时填充
22.     .BaudRate  = 115200,
23.     .CtrlPort  = LS1B_UART0_BASE,          //UART0 寄存器基址
24.     .DataPort  = LS1B_UART0_BASE,          //UART0 寄存器基址
25.     .bFlowCtrl = false,
26.     .ModemCtrl = 0,
27.     .bIntrrupt = false,
28.     .IntrNum   = LS1B_UART0_IRQ,
29.     .IntrCtrl  = LS1B_INTC0_BASE,
30.     .IntrMask  = INTC0_UART0_BIT,
31.     .dev_name  = "uart0",
32. };
33. void *devUART0 = &ls1b_UART0;
34. #endif
35. /* UART 01 */
36. #ifdef BSP_USE_UART01
37. static NS16550_t ls1b_UART01 =
38. {   .BusClock  = 0,
39.     .BaudRate  = 115200,
40.     .CtrlPort  = LS1B_UART0_BASE+0x1000,  //UART01 寄存器基址
41.     .DataPort  = LS1B_UART0_BASE+0x1000,  //UART01 寄存器基址
42.     .bFlowCtrl = false,
43.     .ModemCtrl = 0,
44.     .bIntrrupt = false,
45.     .IntrNum   = 0,
46.     .IntrCtrl  = 0,
47.     .IntrMask  = 0,
48.     .dev_name  = "uart01",
49. };
50. void *devUART01 = &ls1b_UART01;
51. #endif
------------------------------------------------------------------------------
```

3. 驱动函数与数据结构

在 ls1x_io.h、ns16550.c 和 ns16550.h 文件中，定义了设备驱动的函数原型、驱动函数的数据结构等，如代码清单 5-6 所示。

代码清单 5-6　驱动函数与数据结构代码

```
------------------------------------------------------------------------------
1. //用于设备驱动的函数原型（适用于所有外设），在 ls1x_io.h 文件中定义
2. typedef int (*driver_init_t) (void *dev, void *arg);
3. typedef int (*driver_open_t) (void *dev, void *arg);
4. typedef int (*driver_close_t) (void *dev, void *arg);
5. typedef int (*driver_read_t) (void *dev, void *buf, int size, void *arg);
```

```
6. typedef int (*driver_write_t) (void *dev, void *buf, int size, void *arg);
7. typedef int (*driver_ioctl_t) (void *dev, int cmd, void *arg);
8. #if (PACK_DRV_OPS)
9. typedef struct driver_ops          //定义 6 个函数原型接口，适用于所有外设
10.{   driver_init_t     init_entry;  //diver_init_t 为函数指针类型，定义 init_entry 函数
11.   driver_open_t      open_entry;
12.   driver_close_t     close_entry;
13.   driver_read_t      read_entry;
14.   driver_write_t     write_entry;
15.   driver_ioctl_t     ioctl_entry;
16.} driver_ops_t;
17.#endif
18.//*****************************************************************************
19.//填充 driver_ops_t 结构体成员，在 ns16550.c 文件中定义
20.static driver_ops_t LS1x_NS16550_drv_ops = //定义串口设备驱动函数，其他外设类似
21.{   .init_entry  = NS16550_init,          //用函数名填充结构体成员
22.    .open_entry  = NS16550_open,
23.    .close_entry = NS16550_close,
24.    .read_entry  = NS16550_read,
25.    .write_entry = NS16550_write,
26.    .ioctl_entry = NS16550_ioctl,
27.};
28.driver_ops_t *ls1x_uart_drv_ops = &LS1x_NS16550_drv_ops; //定义用户调用驱动函数的变量
-------------------------------------------------------------------------------
```

总结 typedef 的用法

用法一： 定义一种结构体等类型的别名。

例如：typedef char * PCHAR;

char * pa, *pb;　等价于　PCHAR pa, pb;

```
Typedef struct tagPOINT
{    int   x;
     Int   y;
}POINT;
```

struct tagPOINT p1 等价于　POINT　p1;

用法二： 函数指针类型的别名

例如：typedef　int (*init_fnc_t)(void)

函数的返回值类型为 int，参数为 void，函数指针取了一个类型名为 init_fnc_t，所以，可以直接用 init_fnc_t 定义这种函数指针类型。

```
static init_fnc_t init_sequence_f[ ] = {setup_ram_buf, setup_mon_len }; //定义了 2 个函数
static int setup_ram_buf ()
{
    ......
}
static int setup_mon_len ()
{
    ......
}
```

5.2.2　UART 用户接口函数

有 6 个用户操作的串口接口函数，与驱动函数一一对应，如表 5-4 所示。

表 5-4 用户串口接口函数与驱动函数一一对应

用户接口函数	对应的驱动函数	功能描述
ls1x_uart_init(uart, arg)	int NS16550_init(void *dev, void *arg);	初始化
ls1x_uart_open(uart, arg)	int NS16550_open(void *dev, void *arg);	打开串口
ls1x_uart_close(uart, arg)	int NS16550_close(void *dev, void *arg);	关闭串口
ls1x_uart_read(uart, buf, size, arg)	int NS16550_read(void *dev, void *buf, int size, void *arg);	读数据
ls1x_uart_write(uart, buf, size, arg)	int NS16550_write(void *dev, void *buf, int size, void *arg);	写数据
ls1x_uart_ioctl(uart, cmd, arg)	int NS16550_ioctl(void *dev, unsigned cmd, void *arg);	发送控制命令

用户接口函数最终是调用驱动函数，用户接口函数代码如代码清单 5-7 所示。

代码清单 5-7 用户接口函数代码

```
1. //用于设备驱动的函数类型。ls1x_io.h 文件中定义
2. #if (PACK_DRV_OPS)
3. extern driver_ops_t *ls1x_uart_drv_ops; //结构体指针变量声明
4. #define ls1x_uart_init(uart, arg)      ls1x_uart_drv_ops->init_entry(uart, arg)
5. #define ls1x_uart_open(uart, arg)      ls1x_uart_drv_ops->open_entry(uart, arg)
6. #define ls1x_uart_close(uart, arg)     ls1x_uart_drv_ops->close_entry(uart, arg)
7. #define ls1x_uart_read(uart, buf, size, arg) \
8.                           ls1x_uart_drv_ops->read_entry(uart, buf, size, arg)
9. #define ls1x_uart_write(uart, buf, size, arg) \
10.                          ls1x_uart_drv_ops->write_entry(uart, buf, size, arg)
11. #define ls1x_uart_ioctl(uart, cmd, arg) \
12.                          ls1x_uart_drv_ops->ioctl_entry(uart, cmd, arg)
13.#else
14. #define ls1x_uart_init(uart, arg)              NS16550_init(uart, arg)
15. #define ls1x_uart_open(uart, arg)              NS16550_open(uart, arg)
16. #define ls1x_uart_close(uart, arg)             NS16550_close(uart, arg)
17. #define ls1x_uart_read(uart, buf, size, arg) NS16550_read(uart, buf, size, arg)
18. #define ls1x_uart_write(uart, buf, size, arg) NS16550_write(uart, buf, size, arg)
19. #define ls1x_uart_ioctl(uart, cmd, arg)         NS16550_ioctl(uart, cmd, arg)
20.#endif
```

说明：以 ls1x_uart_init()为例介绍用户接口函数调用驱动函数，如图 5-2 所示。

PACK_DRV_OPS 有什么作用呢？好像与 PACK_DRV_OPS 是否有效没有什么关系，最终都是调用 NS16550_init(uart, arg)函数。但是为了统一接口原型，在 Linux/Vxworks/RTT/rtems 等操作系统中都采用 PACK_DRV_OPS 有效的模式，所谓的 C 函数封装模式，对外可见的函数比较少，当一个 C 工程比较大时，封装模式会很清晰。

1. ls1x_uart_init(uart, arg)函数分析

（1）参数与返回值。

①uart：串口设备，12 个串口结构体变量指针供选择：

devUART0、devUART01、devUART02、devUART03
devUART1、devUART11、devUART12、devUART13
devUART2、devUART3、devUART4、devUART5

因为"void *devUART5 = &LS1B_UART5;"，LS1B_UART5 在定义时已赋给固定地址，详见代码清单 5-4 的第 6 行。

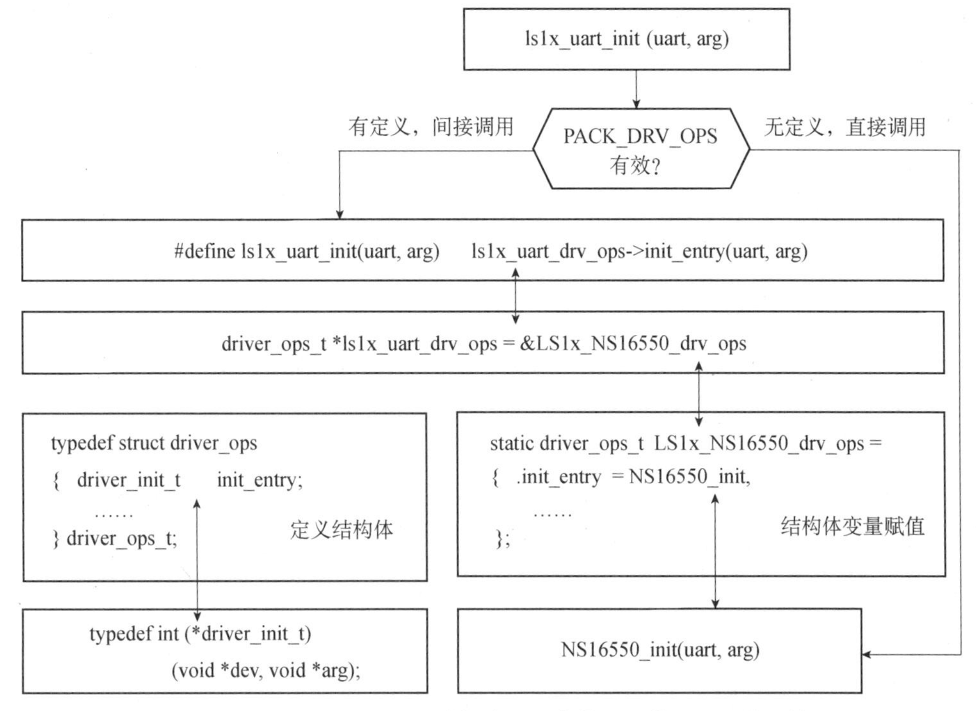

图 5-2　以 ls1x_uart_init()为例介绍用户接口函数调用驱动函数

②arg：波特率。

③返回值：错误：-1；正常：0。

（2）函数功能。初始化串口，根据波特率设置分频系数，设置串口默认模式（8bit 数据位、1 个停止位、无奇偶校验），使能 FIFO，启用异步端口中断。

2. ls1x_uart_open(uart, arg)函数分析

（1）参数与返回值。

①uart：串口设备，12 个串口结构体变量指针供选择。

②arg：struct termios 型结构体指针变量。

③返回值：错误：-1；正常：0。

（2）函数功能：打开串口。若允许中断，则在该函数中初始化"收发 buf"、注册中断、使能中断。若需要重新设置串口的模式（注意：在 ls1x_uart_init(uart, arg)函数中默认设置了基本模式），可以传入 arg 参数，参数 arg 为 struct termios 型结构体指针变量，用于设置波特率、奇偶校验、数据位宽、停止位宽等，以及 NS16550_set_attributes()函数设置。若参数 arg 为 NULL 则不再额外配置。

3. ls1x_uart_close(uart, arg)

（1）参数与返回值。

①uart：串口设备，12 个串口结构体变量指针供选择。

②arg：未使用。

③返回值：错误：-1；正常：0。

（2）函数功能：关闭串口。

4. ls1x_uart_read(uart, buf, size, arg)

（1）参数与返回值。

①uart：串口设备，12 个串口结构体变量指针供选择。

②buf：读取数据的存储地址。

③size：需要读取数据的长度。

④arg：超时参数。

⑤返回值：实际读取数据的长度。

（2）函数功能：读串口数据。

①若采用中断方式接收，则通过 dequeue_from_buffer()函数读取串口“收发 buf 存储器”的数据，这个“收发 buf 存储器”的结构体类型为 NS16550_buf_t，buf 长度为 1024 字节。每个 UART 都拥有一个收发 buf 存储器（接收和发送共同），在 ns16550.c 文件中定义。

②若采用非中断方式接收，通过 NS16550_inbyte_nonblocking_polled()→NS16550_get_r()函数或者通过 NS16550_inbyte_blocking_polled()→NS16550_get_r()函数轮询线路状态寄存器（LSR）的 TFE 位是否有效，当 TFE 位为 1 时，则读取数据寄存器（DAT）中的数据。

5. ls1x_uart_write(uart, buf, size, arg)

（1）参数与返回值。

①uart：串口设备，12 个串口结构体变量指针供选择。

②buf：写入数据的存储地址。

③size：需要写入数据的长度。

④arg：未使用。

⑤返回值：实际写入数据的长度。

（2）函数功能：写串口数据。

①若采用中断方式写数据，则通过 NS16550_write_string_int ()→enqueue_to_buffer()函数将需要写入的数据存放到“收发 buf 存储器”中，一旦“收发 buf 存储器”中有数据，自动会向串口发送数据。

②若采用非中断方式写数据，通过 NS16550_write_string_polled()→NS16550_output_char_polled()→NS16550_set_r()函数，轮询线路状态寄存器（LSR）的 TFE 位是否有效，当 TFE 位为 1 时，表示当前传输 FIFO 为空，即可以写入数据，写入之后，TFE 位自动清零。

6. ls1x_uart_ioctl(uart, cmd, arg)

（1）参数与返回值。

①uart：串口设备，12 个串口结构体变量指针供选择。

②cmd：命令数据。

③arg：struct termios 型结构体指针变量。

④返回值：错误：-1；正常：0。

（2）函数功能：发送控制命令。与 ls1x_uart_open(uart, arg)函数功能类似，可以重新设置串口功能模式，通过 NS16550_set_attributes()函数设置波特率、奇偶校验、数据位宽、停止位宽等。

5.2.3　UART 中断函数分析

（1）中断宏使能。在 ns16550.c 文件中，使能中断宏，允许使用串口中断。

```
#define NS16550_SUPPORT_INT   1    /* 1 表示使用中断；0 表示不使用中断*/
```

（2）在 ls1x_uart_init ()函数中初始化中断源。

①调用 NS16550_init()函数，配置 FIFO 控制寄存器（FCR）的 ENABLE、RXSET、TXSET、TL 等位，使能 FIFO、清除发送和接收 FIFO 的内容、配置接收几字节触发中断，默认接收到 1 字节数据就触发中断。

②在 NS16550_init()中，调用 NS16550_set_interrupt(pUART, NS16550_DISABLE_ALL_INTR)函数使中断使能寄存器（IER）的各位全部为零，禁止中断源。

（3）在 ls1x_uart_open ()函数中配置中断。

①调用 initialize_buffer()初始化“收发 buf 存储器”。

②调用 NS16550_install_irq(pUART) → ls1x_install_irq_handler(pUART->IntrNum, NS16550_interrupt_handler, pUART)注册中断，参数 pUART->IntrNum 为中断编号、NS16550_interrupt_handler 为中断服务函数名称。注册中断函数如代码清单 5-8 所示。

代码清单 5-8　注册中断函数

```
--------------------------------------------------------------------------------
1. void ls1x_install_irq_handler(int vector, void (*isr)(int, void *), void *arg)
2. {    if ((vector >= 0) && (vector < BSP_INTERRUPT_VECTOR_MAX))
3.      {  mips_interrupt_disable();
4.         isr_table[vector].handler = isr;   //vector 为中断编号，isr 为中断服务函数
5.         isr_table[vector].arg = (unsigned int)arg; //arg 为 UART 串口设备
6.         mips_interrupt_enable();
7.      }
8. }
--------------------------------------------------------------------------------
```

（4）串口中断响应。

①串口产生中断后，通过中断分类机制，会调用 NS16550_interrupt_handle()中断服务函数，在中断服务函数中，调用 NS16550_interrupt_process(pUART)函数。

②串口发送中断，轮询判断线路状态寄存器（LSR）的第 5 位（TFE）是否为 1，若为 1，则表示当前传输 FIFO 为空（给传输 FIFO 写数据时该位清零），从“收发 buf 存储器”取出数据到 buf 中，然后通过 NS16550_set_r(pUART->CtrlPort, NS16550_TRANSMIT_BUFFER, buf[i])函数，写入到数据寄存器 DAT 中，并打开发送中断。

③串口接收中断，连续读取 16 级深度 FIFO 的数据，再通过 enqueue_to_buffer(pUART, &pUART->RxData, buf, i, true)函数，将数据写入到“收发 buf 存储器”中。

5.2.4　UART 开发步骤

第 1 步：在 bsp.h 中打开所需 UART 设备的宏定义，并在 main.c 中添加 ns16550_p.h 头

文件。

第 2 步：调用 ls1x_uart_init()函数初始化串口。此函数的第 1 个参数为串口设备 devUART0～devUART13；第 2 个参数用于设置波特率，如：

```
------------------------------------------------------------------------
unsigned int BaudRate = 9600;
ls1x_uart_init(devUART3,(void *)BaudRate);  //初始化串口
------------------------------------------------------------------------
```

第 3 步：调用 ls1x_uart_open()函数用于打开串口，初始化“收发 buf 存储器”、注册中断、使能中断。此函数的第一个参数为串口设备 devUART0～devUART13；第 2 个参数为 struct termios 型结构体指针变量，用于设置波特率、奇偶校验、数据位宽、停止位宽等；若第 2 个参数为 NULL 则使用默认设置。

第 4 步：配置中断，若要使用中断需要将 bIntrrupt 变量配置为 true，并且要注意在 NS16550_init()函数末尾处将 bIntrrupt = false 改为 true。中断服务函数可以参考 NS16550_interrupt_process()函数来写。

第 5 步：读取串口数据。调用 ls1x_uart_read()函数读取数据，第 1 个参数为串口设备 devUART0～devUART13；第 2 个参数为存放读取到的数据；第 3 个参数为读取的字节长度；若第 4 个参数为空 NULL，为阻塞读取；不为空则非阻塞读取。

第 6 步：向串口写数据。调用 ls1x_uart_write()函数写入数据，第 1 个参数为串口设备 devUART0～devUART13；第 2 个参数为写入的数据；第 3 个参数为写入的字节长度；第 4 个参数为空 NULL。

任务 5　利用串口通信实现输出

一、任务描述

采用龙芯 1B 开发板 UART3 串口连接计算机串口（或者采用 USB 转串口方式连接），设计共和国勋章获得者巨大贡献查询系统。当在串口调试助手中正确输入共和国勋章获得者的名字时，在输出窗口打印出其在中国特色社会主义建设和保卫国家中做出巨大贡献、建立卓越功勋的先进事迹；如果输入名字错误，则在输出窗口打印重新输入提示信息。

二、任务分析

1. 硬件电路分析

串口通信硬件电路如图 5-3 所示，UART3 有 3 种输入输出方式。

第一种：TTL 串口信号输入/输出方式。由于龙芯 1B 开发板没有引出 UART3 的 TTL 串口信号（UART4 接口：J10/J9 端子），因此，这种方式用不了。

第二种：RS232 串口信号输入/输出方式。通过电平转换芯片 UM3232EEUE，把龙芯 1B 处理器 Tx 引脚的 TTL 电平转换为 RS232 电平输出；反之，该电平转换芯片也将 RS232 电平

转换为 TTL 电平输出至龙芯 1B 处理器 Rx 引脚。

第三种：RS485 串口信号输入/输出方式。通过 RS232 和 RS458 信号切换电路，UART3 可以选择 RS232 工作方式或者 RS485 工作方式，如图 5-4 所示。

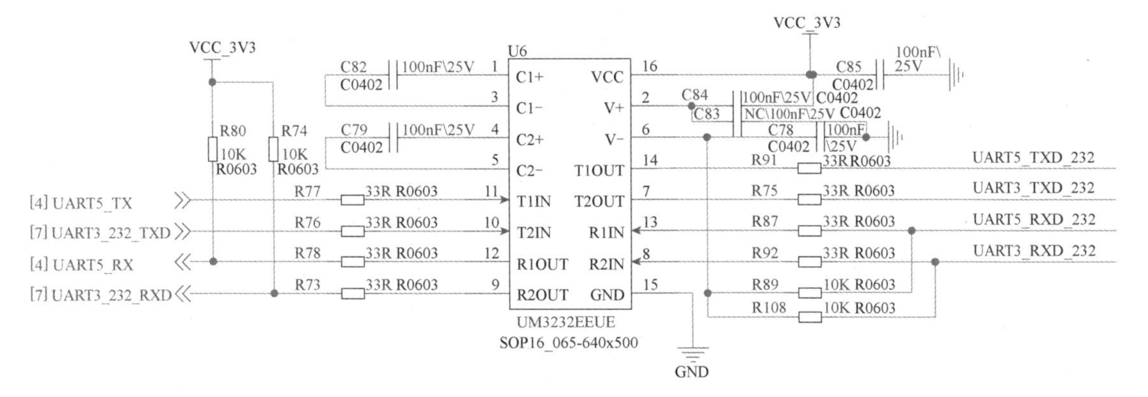

图 5-3　UART3 和 UART5 的串口信号转换电路（TTL 和 RS232 信号转换）

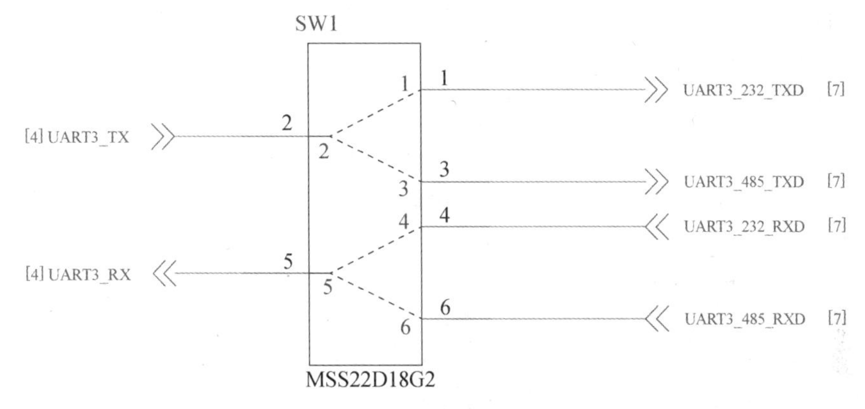

图 5-4　UART3 的 RS232 和 RS458 信号切换电路

2. 软件设计

首先，按照新建项目向导，建立工程。其次，调用 ls1x_uart_init()和 ls1x_uart_open()函数，初始化串口和打开串口。最后，调用 ls1x_uart_read()函数读取数据，ls1x_uart_write()函数写入数据。

三、任务实施

第 1 步：UART3 串口线连接。

J7 是开发板（下位机）和计算机（上位机）连接的接口，如图 5-5 所示。采用交叉型串口线连接开发板和计算机。注：在进行串口通信时，需要将开发板标识“串口实训”字样处的双联开关 UART3SW 拨到 RS232 端。在 J7 接口处接好 USB 转 RS232 转接线。

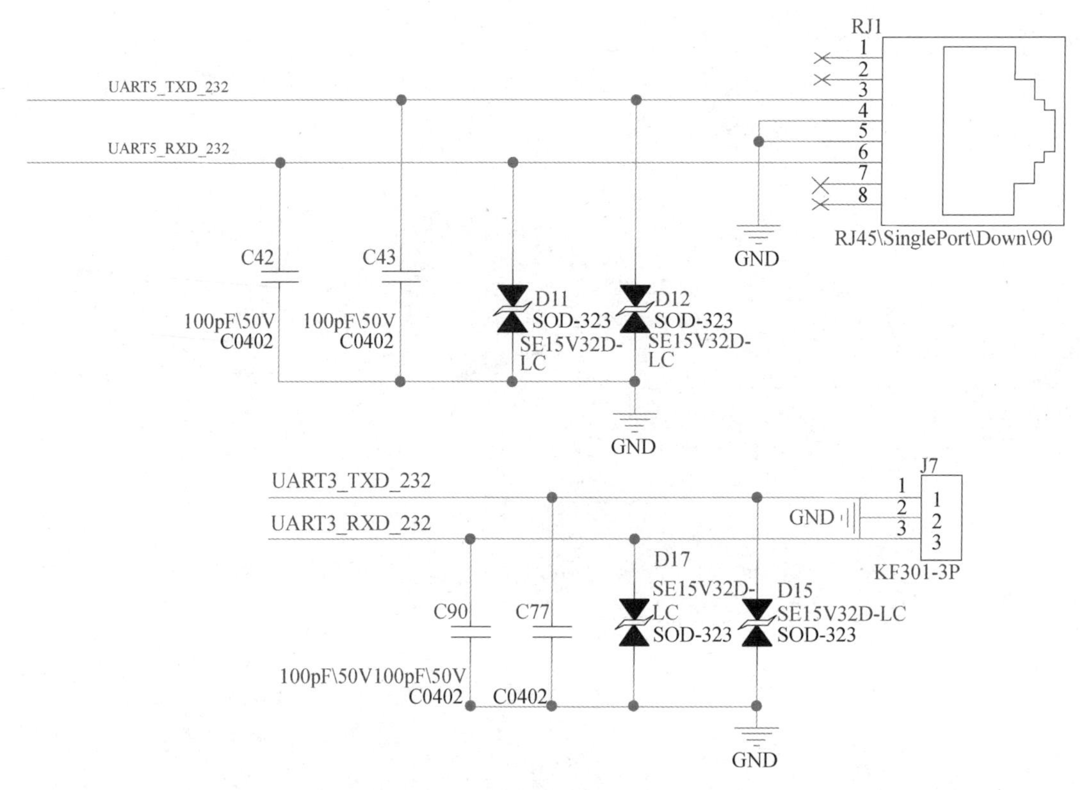

图 5-5　UART3 和 UART5 的 RS232 接口电路

第 2 步：新建工程。

首先，打开龙芯 1X 嵌入式集成开发环境，依次单击“文件”→“新建”→“新建项目向导…”，新建工程。

第 3 步：编写程序。

在自动生成代码的基础上，编写代码，并在 bsp.h 文件中打开 UART3 宏，如代码清单 5-9 所示。

代码清单 5-9　GPIO 输入中断程序

```
1. #define devUART devUART3
2. int main(void)
3. {   unsigned int BaudRate = 115200;   //波特率设置
4.     unsigned char flag = 1;
5.     unsigned char name_buf[9][8] = {"于敏", "申纪兰", "孙家栋", "李延年", "张富清",
6.                                     "袁隆平", "黄旭华", "屠呦呦", "钟南山"};
7.     unsigned char rbuf[8] = {0};
8.     char ret;
9.     printk("\r\nmain() function.\r\n");
10.    ls1x_drv_init();                  /* 初始化设备驱动*/
11.    ls1x_uart_init(devUART,(void *)BaudRate); //初始化串口
12.    ls1x_uart_open(devUART,NULL); //打开串口
13.    for ( ; ; )
14.    {   ret = ls1x_uart_read(devUART, rbuf, sizeof(rbuf), NULL); //读串口数据
15.        delay_ms(100);
```

```
16.         if(flag == 1)
17.         {   printf("\r\n");
18.             printf("请正确输入共和国勋章获得者的名字：\r\n");
19.             flag = 0;
20.         }
21.         if(ret > 1)
22.         {   if(strncmp(name_buf[0],rbuf,4) == 0)
23.             {   printf("于敏:\r\n");
24.                 printf("“共和国勋章”获得者于敏，中国“氢弹之父”！\r\n");
25.             }
26.             else if(strncmp(name_buf[1],rbuf,6) == 0)
27.             {   printf("申纪兰:\r\n");
28.                 printf("“共和国勋章”获得者申纪兰，为发展农业和农村集体经济，\r\n");
29.                 printf("推动老区经济建设和老区人民脱贫攻坚做出巨大贡献！\r\n");
30.             }
31.             else if(strncmp(name_buf[2],rbuf,6) == 0)
32.             {   printf("孙家栋:\r\n");
33.              printf("“共和国勋章”获得者孙家栋，我国“人造卫星技术和深空探测技术的开创
34.                         者”！\r\n");
35.             }
36.             else if(strncmp(name_buf[3],rbuf,6) == 0)
37.             {   printf("李延年:\r\n");
38.              printf("“共和国勋章”获得者李延年，为建立新中国、保卫新中国做出重大贡献的
39.                         战斗英雄！\r\n");
40.             }
41.             else if(strncmp(name_buf[4],rbuf,6) == 0)
42.             {   printf("张富清:\r\n");
43.              printf("“共和国勋章”获得者张富清，西北野战军“特等功”获得者、战斗英雄！
44.                          \r\n");
45.             }
46.             else if(strncmp(name_buf[5],rbuf,6) == 0)
47.             {   printf("袁隆平:\r\n");
48.                 printf("“共和国勋章”获得者袁隆平，世界“杂交水稻之父”！\r\n");
49.             }
50.             else if(strncmp(name_buf[6],rbuf,6) == 0)
51.             {   printf("黄旭华:\r\n");
52.                 printf("“共和国勋章”获得者黄旭华，“中国核潜艇之父”！\r\n");
53.             }
54.             else if(strncmp(name_buf[7],rbuf,6) == 0)
55.             {   printf("屠呦呦:\r\n");
56.                 printf("“共和国勋章”获得者屠呦呦，中国首位诺贝尔医学奖获得者！\r\n");
57.             }
58.             else if(strncmp(name_buf[8],rbuf,6) == 0)
59.             {   printf("钟南山:\r\n");
60.              printf("“共和国勋章”获得者钟南山，致力于重大呼吸道传染病及慢性呼吸系统疾
61.                          病的");
62.                 printf("研究、预防与治疗，成果丰硕，实绩突出！\r\n");
63.             }
64.             else
65.             {  printf("请重新输入……\r\n");
66.             }
67.             flag = 1;
68.             memset(rbuf, 0 , 8);
```

```
69.         }
70.     }
71.}
```

第 4 步：程序编译及调试。

（1）单击 图标进行编译，编译无误后，单击 图标，将程序下载到内存之中。注意：此时代码还没有下载到 NAND Flash 之中，按下复位键后，程序会消失。

（2）打开串口调试软件，按如图 5-6 所示配置串口参数后，则在串口调试软件上输入共和国勋章获得者的信息，输出结果如图 5-6 所示。

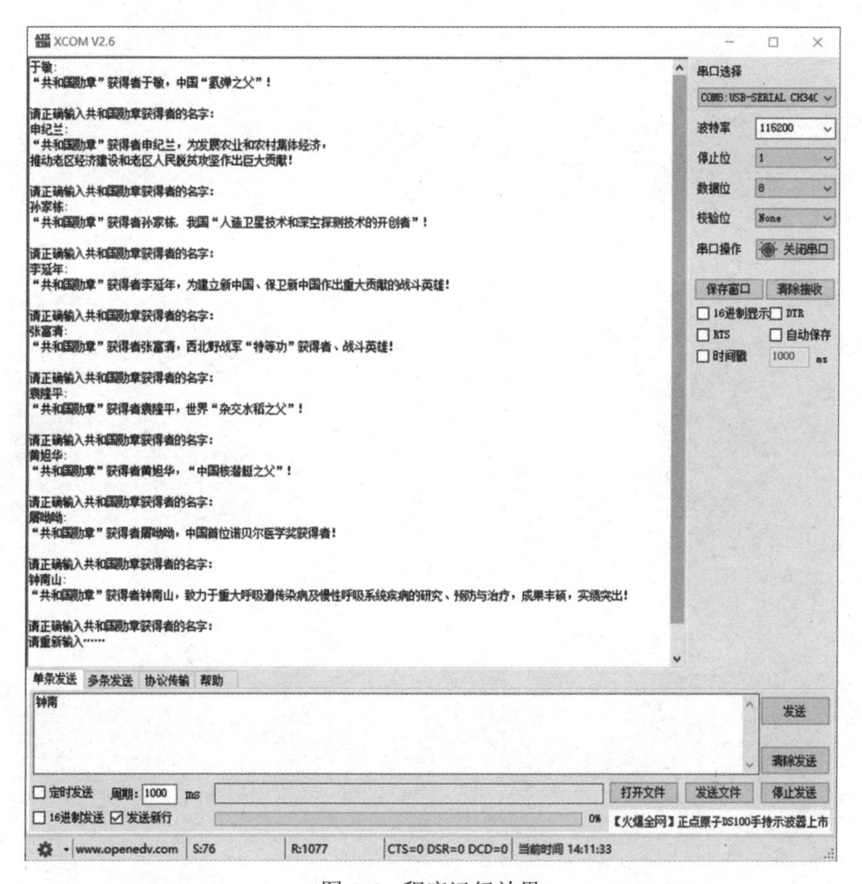

图 5-6　程序运行效果

①正确输入共和国勋章获得者的名字，则输出其先进事迹，例如：

输入：于敏 + 回车；输出：“共和国勋章”获得者于敏，中国“氢弹之父”！

②输入“共和国勋章”获得者的名字不正确，则提示重新输入，例如：

输入：第三 + 回车；输出：请重新输入……

四、任务拓展

请查看本书配套资源，了解拓展任务要求和程序代码。

拓展任务 5-1：RS485 通信。

第6章　龙芯 1B 的 PWM 与定时器

本章介绍 LS1B0200 的 PWM 与定时器的工作模式、API 函数和开发步骤。通过理实一体化学习，读者可以熟悉 LS1B0200 的 PWM 结构、寄存器、中断，以及编写 PWM 与定时器相关程序，掌握 PWM 驱动函数到应用函数的编写逻辑，实现 LED 呼吸灯、定时器功能等任务。

教学目标

知识目标	1. 掌握 LS1B0200 处理器 4 路脉冲宽度调节/计数控制器结构
	2. 掌握 LS1B0200 处理器 PWM 与定时器工作模式
	3. 了解 PWM 寄存器
	4. 掌握 PWM 设备的结构体
	5. 掌握 PWM 驱动函数、用户接口函数的参量、功能及返回值
技能目标	1. 能熟练使用 PWM 驱动、用户接口等 API 函数
	2. 能熟练配置 PWM 设备的结构体
	3. 能熟悉 PWM 开发步骤
	4. 熟练使用 C 语言编程编写 PWM 相关程序
素质目标	1. 将 PWM 脉宽调节比作三峡大坝的船闸开关过程，让学生了解三峡大坝伟大工程，增强学生的民族自尊心和民族自豪感
	2. 培养学生精益求精的工匠精神、求真务实的科学精神
	3. 培养学生团队协作、表达沟通能力

6.1　PWM 与定时器工作原理

6.1.1　PWM 的结构

LS1B0200 芯片中的 4 路脉冲宽度调节/计数控制器（PWM），每路 PWM 工作原理和控制方式完全相同，每路 PWM 有一路脉冲宽度输出信号（PWM_o），计数脉冲频率为 DDR_CLK/2（50MHz），计数寄存器和参考寄存器均为 24 位数据宽度，因此，龙芯 1B 处理器非常适合高档电机的控制。一路 PWM 结构，如图 6-1 所示，4 组 PWM 引脚分布，如表 6-1 所示。

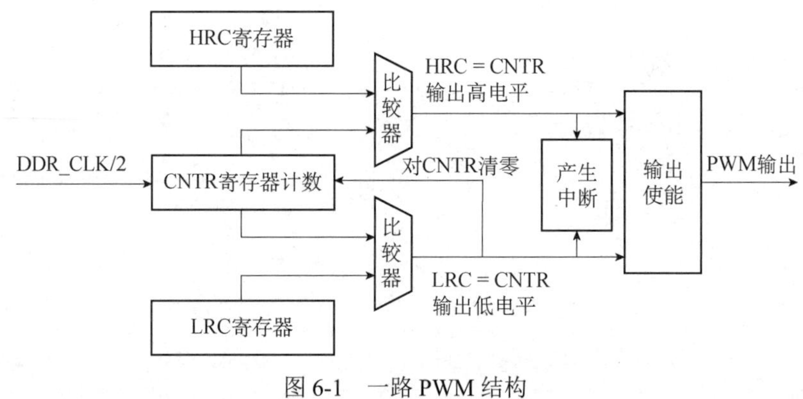

图 6-1　一路 PWM 结构

表 6-1　PWM 引脚分布

PAD（初始功能）	PAD 描述	GPIO 功能	第一复用	第二复用	第三复用
PWM0	PWM0 波形输出	GPIO00	NAND_RDY*	SPI1_CSN[1]	UART0_RX
PWM1	PWM1 波形输出	GPIO01	NAND_CS*	SPI1_CSN[2]	UART0_TX
PWM2	PWM2 波形输出	GPIO02	NAND_RDY*		UART0_CTS
PWM3	PWM3 波形输出	GPIO03	NAND_CS*		UART0_RTS

6.1.2　PWM 与定时器工作模式

CNTR 计数寄存器、HRC 寄存器和 LRC 寄存器均为 24 位数据宽度，三者都可以设置初始值，CNTR 寄存器在系统时钟（DDR_CLK/2）驱动下不断自加。

1. PWM 工作模式

● 当 CNTR 计数寄存器的值等于 HRC 寄存器的值时，控制器产生高脉冲电平，并产生中断申请。

● 当 CNTR 计数寄存器的值等于 LRC 寄存器的值时，控制器产生低脉冲电平，对 CNTR 计数寄存器清零，并产生中断申请；然后 CNTR 计数寄存器重新开始不断自加，控制器可以产生连续不断的脉冲宽度输出。

【例 6–1】若需要产生宽度为系统时钟周期 50 倍的高脉宽和 90 倍的低脉宽，该如何设置 HRC 和 LRC 两个寄存器的值，绘制 PWM 输出波形？

解：CNTR 计数器从零开始计数，在 HRC 寄存器中，设置初始值为：$90 - 1 = 89$。

在 LRC 寄存器中，设置初始值为 $50 + 90 - 1 = 139$。PWM 输出，如图 6-3 所示。

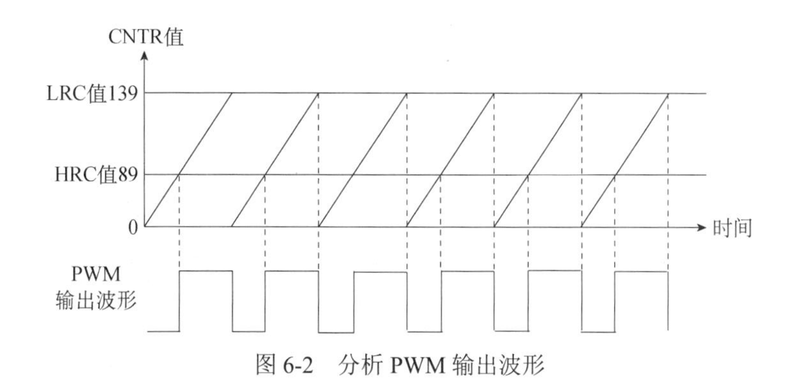

图 6-2　分析 PWM 输出波形

PWM 脉宽调制原理就像三峡大坝的船闸，开闸和关闸过程对比如表 6-2 所示。

表 6-2　PWM 脉宽调制与三峡大坝的船闸控制对比

PWM 脉宽调制（脉宽为高电平有效）	三峡大坝的船闸控制
PWM 脉宽为 0，没有高电平输出	类似船闸关闭，没有水流出
PWM 脉宽增加，高电平输出时间长，占空比增大	类似船闸缓慢打开，水流量逐渐增大
PWM 脉宽最大，高电平输出时间等于周期，占空比为 100%	类似船闸完全打开，水流量最大
PWM 脉宽减小，高电平输出时间减小，占空比减小	类似船闸缓慢关闭，水流量逐渐减小
PWM 脉宽为 0，没有高电平输出	类似船闸关闭，没有水流出
PWM 的周期	类似船闸最大打开宽度
PWM 的占空比 =（周期内高电平输出时间/周期）×100%	船闸打开程度 = 船闸打开的长度/船闸总长

2. 定时器工作模式

当工作在定时器模式下，CNTR 记录内部系统时钟（DDR_CLK/2）。设置了 HRC 和 LRC 寄存器的初始值后，当 CNTR 寄存器的值等于 HRC 或者 LRC 的时候，芯片会产生一个中断，这样就实现了定时器功能。

【例 6–2】若需要产生 5ms 的定时，如何设置 HRC 和 LRC 两个寄存器的值？

解：CNTR 计数器从零开始计数，计数频率为（DDR_CLK/2），即 50MHz。只采用 HRC 寄存器，不需要 LRC，当 CNTR 计数器的值达到 HRC 时，会产生中断，并通过软件对 CNTR 计数器清零，如此循环计数。

HRC 寄存器的值设置为 x，列方程：$x \times / 50\,000\,000 = 5 \times 10^{-3}$，则 $x = 250\,000$。

由于没有使用 LRC 寄存器，所以 LRC 寄存器的值设置为 0。

6.1.3　PWM 寄存器

4 路 PWM 控制器系统的基地址，如表 6-3 所示，CNTR 寄存器、HRC 寄存器、LRC 寄存器和 CTPL 寄存器描述，如表 6-4 所示。

表 6-3　4 路 PWM 控制器系统的基地址

名称	基地址（Base）	中断号
PWM0	0XBFE5:C000	17
PWM1	0XBFE5:C010	18

续表

名称	基地址（Base）	中断号
PWM2	0XBFE5:C020	19
PWM3	0XBFE5:C030	20

表 6-4　PWM 各寄存器描述

CNTR 寄存器（地址：Base + 0x0）			
位	访问	复位值	说明
23:0	R/W	0x0	主计数器
HRC 寄存器（地址：Base + 0x4）			
位	访问	复位值	说明
23:0	R/W	0x0	高脉冲定时参考寄存器
LRC 寄存器（地址：Base + 0x8）			
位	访问	复位值	说明
23:0	R/W	0x0	低脉冲定时参考寄存器
CTRL 寄存器（地址：Base + 0xc）			
位	访问	复位值	说明
0	R/W	0	EN，主计数器使能位 置 1 时： CNTR 用来计数 置 0 时： CNTR 停止计数
2:1	Reserved	2’b0	预留
3	R/W	0	OE，脉冲输出使能控制位,低有效 置 0 时：脉冲输出使能 置 1 时：脉冲输出屏蔽
4	R/W	0	SINGLE，单脉冲控制位 置 1 时：脉冲仅产生一次 置 0 时：脉冲持续产生
5	R/W	0	INTE，中断使能位 置 1 时：当 CNTR 计数到 LRC 或 HRC 时产生中断 置 0 时：不产生中断
6	R/W	0	INT，中断位 读操作： 1 表示：有中断产生；0 表示：没有中断 写入 1：清中断
7	R/W	0	CNTR_RST，使得 CNTR 计数器清零 置 1 时： CNTR 计数器清零 置 0 时： CNTR 计数器正常工作

6.2　PWM API 函数分析及开发步骤

6.2.1　PWM 驱动函数

PWM 驱动源代码在 ls1x - drv/pwm/ls1x_pwm.c 中，头文件在 ls1x - drv/include/ls1x_pwm.h

中，配置代码在 include/bsp.h 中。

1. 启用 PWM 设备

需要用到哪个 PWM 设备，只需要在 bsp.h 中反注释宏定义，如代码清单 6-1 所示。

代码清单 6-1　PWM 通道 API 函数代码

```
1. //#define BSP_USE_PWM0
2. #define BSP_USE_PWM1
3. //#define BSP_USE_PWM2
4. //#define BSP_USE_PWM3
```

2. PWM 设备参数定义

在 ls1x_pwm.c 文件中，对 PWM 设备配置参数进行结构体封装，如代码清单 6-2 所示。

代码清单 6-2　PWM 设备的参数结构体

```
1. typedef struct
2. {   LS1x_PWM_regs_t *hwPWM;                    /* PWM 硬件寄存器 */
3.      unsigned int    bus_freq;                 /* 总线频率 */
4.      /* 中断配置 */
5.      unsigned int    irq_num;                  /* 中断向量编号 */
6.      unsigned int    int_ctrlr;                /* 中断寄存器基地址 */
7.      unsigned int    int_mask;                 /* 中断屏蔽位 */
8.      unsigned int    hi_level_ns;              /* 高电平时间 ns */
9.      unsigned int    lo_level_ns;              /* 低电平时间 ns */
10.     int            work_mode;                /* PWM 工作模式：定时器或脉冲 */
11.     int            single;                   /* 单次或者连续 */
12.     /* 当工作在定时器模式时*/
13.     irq_handler_t       isr;                  /* 用户定义的中断处理程序 */
14.     pwmtimer_callback_t callback;             /* 中断回调函数 */
15. #if defined(OS_RTTHREAD)
16.     rt_event_t        event;              /* Send the RTOS event when irq ocurred */
17. #elif defined(OS_UCOS)
18.     OS_FLAG_GRP       *event;
19. #elif defined(OS_FREERTOS)
20.     EventGroupHandle_t event;
21. #endif
22.     char dev_name[16];                    /* 设备名称 */
23.     int  initialized;                     /* 是否初始化 */
24.     int  busy;                        /* 设备忙标志位 */
25. } PWM_t;
26. /************* PWM open 函数的 arg 参数 ****************/
27. typedef struct pwm_cfg
28. {   unsigned int hi_ns;     /* 高电平脉冲宽度(纳秒), 定时器模式仅用 hi_ns */
29.     unsigned int lo_ns;     /* 低电平脉冲宽度(纳秒),定时器模式没用 lo_ns */
30.     int mode;           /* 工作模式 */
31.     irq_handler_t isr;      /* 用户自定义中断函数 */
32.     pwmtimer_callback_t cb; /* 定时器中断回调函数 */
33.     #if BSP_USE_OS
34.         void *event;        /* 用户定义的 RTOS 事件变量 */
```

```
35.     #endif
36. } pwm_cfg_t;
```

3. PWM 与定时器设备工作模式选择

PWM 与定时器设备工作模式选择，如代码清单 6-3 所示。

代码清单 6-3　PWM 设备工作模式

```
1. #define    PWM_SINGLE_PULSE        0x01 // 单次脉冲
2. #define    PWM_SINGLE_TIMER        0x02 // 单次定时器
3. #define    PWM_CONTINUE_PULSE      0x04 // 连续脉冲
4. #define    PWM_CONTINUE_TIMER      0x08 // 连续定时器
```

下面以 PWM2 为例，介绍如何填充 PWM 设备配置参数结构体，代码在 ls1x_pwm.c 文件中，如代码清单 6-4 所示。定义结构体变量的同时初始化成员变量，各个 PWM 填充变量的不同点在于 PWM 寄存器的基地址不同，其他基本相同。

代码清单 6-4　PWM2 设备配置参数结构体填充

```
1. /* PWM 2 */
2. static PWM_t ls1x_PWM2 =
3. { .hwPWM         = (LS1x_PWM_regs_t*)LS1x_PWM2_BASE,  /*  PWM2 设备基地址 */
4.    .irq_num      = LS1x_PWM2_IRQ,                    /* 中断号
5.    .int_ctrlr    = LS1x_INTC0_BASE,                  /* 中断控制寄存器 */
6.    .int_mask     = INTC0_PWM2_BIT,                   /* 中断屏蔽位 */
7.    .dev_name     = "pwm2",                           /* 设备名称 */
8.    .initialized  = 0,                                /* 是否初始化 */
9. };
10. void *devPWM2 = (void *)&ls1x_PWM2;
11. #endif
```

6.2.2　PWM 用户接口函数

有 3 个用户操作的 PWM 接口函数，与驱动函数一一对应，如表 6-5 所示。

表 6-5　用户 PWM 接口函数与驱动函数一一对应

用户接口函数	对应的驱动函数	功能描述
ls1x_pwm_init(pwm, arg)	LS1x_PWM_initialize(void *dev, void *arg);	初始化
ls1x_pwm_open(pwm, arg)	LS1x_PWM_open(void *dev, void *arg);	打开 PWM
ls1x_pwm_close(pwm, arg)	LS1x_PWM_close(void *dev, void *arg);	关闭 PWM

1. ls1x_pwm_init(pwm, arg)函数分析

（1）参数与返回值。

①pwm：PWM 设备，4 路脉冲宽度调节/计数控制器为 devPWM0、devPWM1、devPWM2、

devPWM3。

②arg：NULL。

③返回值：错误：-1；正常：0。

（2）函数功能：初始化PWM，初始化PWM参数。

2. ls1x_pwm_open(pwm, arg)函数分析

（1）参数与返回值。

①pwm：PWM设备，同ls1x_pwm_init(pwm, arg)函数。

②arg：PWM的参数，配置结构体pwm2_cfg。

③返回值：错误：-1；正常：0。

（2）函数功能：打开PWM，配置CTRL控制寄存器为开始计数和计数器正常工作，开中断。

3. ls1x_pwm_close(pwm, arg)函数分析

（1）参数与返回值。

①pwm：PWM设备，同ls1x_pwm_init(pwm, arg)函数。

②arg：NULL。

③返回值：错误：-1；正常：0。

（2）函数功能：关闭PWM，配置CTRL寄存器为停止计数和计数器清零，关闭中断。

4. PWM实用接口函数分析

有4个PWM接口函数，其中ls1x_pwm_pulse_start()和ls1x_pwm_timer_start()代码非常相似，ls1x_pwm_pulse_stop ()和ls1x_pwm_timer_stop ()代码非常相似，具体功能如表6-6所示。

表6-6　PWM实用接口函数函数功能

用户接口函数	功能描述
ls1x_pwm_pulse_start(void *pwm, pwm_cfg_t *cfg)	①PWM初始化；②调用PWM的open，实现PWM或者定时器配置，计算HRC和LRC寄存器的值，定时器中断配置；③开启PWM脉冲
ls1x_pwm_pulse_stop(void *pwm);	①停止PWM计数；②关中断（双中断）
ls1x_pwm_timer_start(void *pwm, pwm_cfg_t *cfg)	①PWM定时器初始化；②调用PWM的open，实现PWM或者定时器配置，计算HRC和LRC寄存器的值，定时器中断配置；③开启PWM脉冲
ls1x_pwm_timer_stop(void *pwm)	①停止PWM计数；②关中断（双中断）；③卸载中断。

5. PWM中断函数分析

PWM中断采用中断方式，即LS1x_INTC_IEN()和LS1x_INTC_CLR()表示PWMx的中断源的中断使能和中断标志位；pwm_ctrl_ien和pwm_ctrl_iflag也表示PWMx的中断源的中断使能和中断标志位。

（1）PWM中断初始化。在ls1x_pwm.c文件LS1x_PWM_initialize函数中，实现PWM的中断控制器中断初始化，但是没有使能PWM中断，如代码清单6-5所示。该函数在ls1x_pwm_pulse_start(void *pwm, pwm_cfg_t *cfg)中被调用。

代码清单 6-5　LS1x_PWM_initialize 函数代码

```
------------------------------------------------------------------------
1. STATIC_DRV int LS1x_PWM_initialize(void *dev, void *arg)
2. {   PWM_t *pwm = (PWM_t *)dev;
3.     if (NULL == pwm)
4.         return -1;
5.     if (pwm->initialized)
6.         return 0;
7.     pwm->bus_freq = LS1x_BUS_FREQUENCY(CPU_XTAL_FREQUENCY); //50000000Hz
8.     pwm->hi_level_ns = 0;
9.     pwm->lo_level_ns = 0;
10.    pwm->work_mode   = 0;
11.    pwm->single      = 0;
12.    pwm->isr        = NULL;
13.    pwm->callback    = NULL;
14.#if BSP_USE_OS
15.    pwm->event       = NULL;
16.#endif
17.    /*****************************************************************
18.     * PWM中断配置: PWM2中断编号为19，没有配置中断。
19.     * pwm->int_mask = INTC0_PWM2_BIT
20.     * #define INTC0_PWM2_BIT          bit(19)
21.     */
22.    LS1x_INTC_CLR(pwm->int_ctrlr)   =  pwm->int_mask; //中断清空，写1清零
23.    LS1x_INTC_IEN(pwm->int_ctrlr)  &= ~pwm->int_mask; //PWM2中断禁止,写1使能,
写0禁止
24.    LS1x_INTC_EDGE(pwm->int_ctrlr) &= ~pwm->int_mask; //下降沿触发
25.    LS1x_INTC_POL(pwm->int_ctrlr)  |=  pwm->int_mask;
26.    pwm->initialized = 1;
27.    return 0;
28.}
------------------------------------------------------------------------
```

（2）注册 PWM 中断。在 ls1x_pwm.c 文件 LS1x_PWM_open 函数中，调用 ls1x_install_irq_handler(pwm->irq_num, LS1x_PWM_timer_common_isr, (void *)pwm)注册 PWM 中断，参数 pwm->irq_num 为中断编号、LS1x_PWM_timer_common_isr 为中断服务函数名称、(void *)pwm 为 PWM 设备，如代码清单 6-6 所示。

代码清单 6-6　注册 PWM 中断相关代码

```
------------------------------------------------------------------------
1. STATIC_DRV int LS1x_PWM_open(void *dev, void *arg)
2. {   PWM_t *pwm = (PWM_t *)dev;
3.     pwm_cfg_t *cfg = (pwm_cfg_t *)arg;
4.     unsigned int hrc_clocks, lrc_clocks;
5.     if ((NULL == pwm) || (!pwm->initialized))
6.         return -1;
7.     if (pwm->busy)
8.         return -2;
9.     pwm->hi_level_ns = cfg->hi_ns;
10.    pwm->lo_level_ns = cfg->lo_ns;
11.    pwm->work_mode   = cfg->mode;
```

```
12.   pwm->single = (cfg->mode == PWM_SINGLE_PULSE) || (cfg->mode == PWM_SINGLE_
TIMER);
13.   //*****************************配置 PWM ******************************
14.   hrc_clocks = NS_2_BUS_CLOCKS(pwm->bus_freq, pwm->hi_level_ns); //计算 HRC 值
15.   lrc_clocks = NS_2_BUS_CLOCKS(pwm->bus_freq, pwm->lo_level_ns); //计算 LRC 值
16.   switch (pwm->work_mode)
17.   {   case PWM_SINGLE_PULSE:      //单次脉冲输出
18.       case PWM_CONTINUE_PULSE:    //连续脉冲输出
19.       ……
20.           pwm->hwPWM->counter = 0;
21.           pwm->hwPWM->hrc = lrc_clocks - 1; // hrc_clocks - 1; //给 HRC 寄存器赋值
22.           pwm->hwPWM->lrc = hrc_clocks + lrc_clocks - 1; //给 LRC 寄存器赋值
23.           break;
24.       case PWM_SINGLE_TIMER:      //单次定时
25.       case PWM_CONTINUE_TIMER:    //连续定时
26.        ……
27.           pwm->hwPWM->counter = 0;
28.           pwm->hwPWM->hrc = hrc_clocks;
29.           pwm->hwPWM->lrc = hrc_clocks;
30.           break;
31.   }
32.   //**********************注册 PWM 定时器中断********************************
33.   if ((pwm->work_mode == PWM_SINGLE_TIMER) || (pwm->work_mode == PWM_CONTINUE_
TIMER))
34.   {   pwm->isr      = cfg->isr;
35.       pwm->callback = cfg->cb;
36.       if (pwm->isr == NULL)  //没有定义 isr 函数
37.         ls1x_install_irq_handler(pwm->irq_num, LS1x_PWM_timer_common_isr, (void
*)pwm);
38.       else
39.         ls1x_install_irq_handler(pwm->irq_num, pwm->isr, (void *)pwm);
40.   }
41.   //*********************开始 PWM/定时器***********************************
42.   return LS1x_PWM_start(pwm);
43. }
44. //****************** ls1x_install_irq_handler ()函数***********************
45. void ls1x_install_irq_handler(int vector, void (*isr)(int, void *), void *arg)
46. {   if ((vector >= 0) && (vector < BSP_INTERRUPT_VECTOR_MAX))
47.     {   mips_interrupt_disable();
48.         isr_table[vector].handler = isr;
49.         isr_table[vector].arg = (unsigned int)arg;
50.         mips_interrupt_enable();
51.     }
52. }
53. //*********PWM 定时器中断，仅用于定时器模式**********************************
54. static void LS1x_PWM_timer_common_isr(int vector, void *arg)
55. {   PWM_t *pwm = (PWM_t *)arg;
56.     int stopme = 0;
57.     if (NULL == pwm)     return;
58.    //定时器连续模式，复位 PWM 定时器
59.     if (!pwm->single)
60.     {   PWM_RESET(pwm);              /* PWM 复位 */
61.         PWM_TIMER_START(pwm);
```

```
62.     }
63.     if (NULL != pwm->callback)       /* 调用定时器中断回调函数（中断服务函数） */
64.     {   pwm->callback((void *)pwm, &stopme);
65.     }
66.     if (pwm->single || stopme)
67.     {   LS1x_PWM_stop(pwm);
68.     }
--------------------------------------------------------------------------------
```

（3）中断响应。当 CNTR 寄存器的值等于 HRC 或者 LRC 的时候，芯片就会产生一个中断。一般 PWM 输出不采用中断回调函数，定时器采用中断回调函数。

6.2.3 PWM 开发步骤

第 1 步：在 bsp.h 文件中打开所需 PWM 设备的宏定义，并在 main.c 文件中添加 ls1b_gpio.h、ls1x_pwm.h 等头文件。

第 2 步：配置 PWM 的 GPIO 端口为输出状态。

第 3 步：定义 pwm_cfg_t 结构体变量，配置 PWM open 的 arg 参数，如代码清单 6-7 所示。

代码清单 6-7　配置 PWM open 的 arg 参数

```
--------------------------------------------------------------------------------
1. /************* PWM open 函数的 arg 参数定义 ****************/
2. typedef struct pwm_cfg
3. {   unsigned int hi_ns;  /* 高电平脉冲宽度(纳秒),定时器模式仅用 hi_ns */
4.     unsigned int lo_ns;  /* 低电平脉冲宽度(纳秒),定时器模式仅用 lo_ns */
5.     int mode;            /* 工作模式 */
6.     irq_handler_t isr;      /* 用户自定义中断函数 */
7.     pwmtimer_callback_t cb; /* 定时器中断回调函数（中断服务函数） */
8.     #if BSP_USE_OS
9.         void *event;     /* 用户定义的 RTOS 事件变量 */
10.    #endif
11.} pwm_cfg_t;
12./************* PWM open 函数的 arg 参数填充 ****************/
13.    pwm_cfg_t cfg;                     //定 PWM 配置结构体变量
14.    cfg.isr = NULL;
15.    cfg.mode = PWM_CONTINUE_PULSE; //采用脉冲输出模式
16.    cfg.cb = NULL;                     //没有采用中断方式，所以不需要中断服务函数
--------------------------------------------------------------------------------
```

说明：

（1）如果 PWM 工作在脉冲模式，hi_ns 表示高电平纳秒数，lo_ns 表示低电平纳秒数。

成员变量：mode 为 PWM_SINGLE_PULSE，产生单次脉冲；

　　　　　mode 为 PWM_CONTINUE_PULSE，产生连续脉冲。

（2）如果 PWM 工作在定时器模式，定时器时间间隔使用 hi_ns 纳秒数（忽略 lo_ns）。当 PWM 计数达到时将触发 PWM 定时中断，这时中断响应：

①如果传入参数有用户自定义中断 isr(!=NULL)，则响应 isr。

②如果自定义中断 isr=NULL，则使用 PWM 默认中断，该中断调用 cb 回调函数让用户做

出定时响应。

③自定义中断 isr=NULL 且 cb=NULL 后，如果有 event 参数，则 PWM 默认中断将发出 PWM_TIMER_EVENT 事件。

第 4 步：调用 ls1x_pwm_pulse_start()函数启动 PWM 工作。

第 5 步：调用 ls1x_pwm_pulse_stop()函数停止 PWM 工作

任务 6　呼吸灯制作

一、任务描述

在龙芯 1B 开发板上，采用 PWM 控制方式，实现 LED3 呼吸灯效果。

二、任务分析

1. 硬件电路分析

PWM2 输出硬件电路，如图 6-3 所示，PWM2 对应 GPIO02 引脚，控制 LED3。UART2_RX 对应 GPIO54、UART2_TX 对应 GPIO55、PWM3 对应 GPIO03。

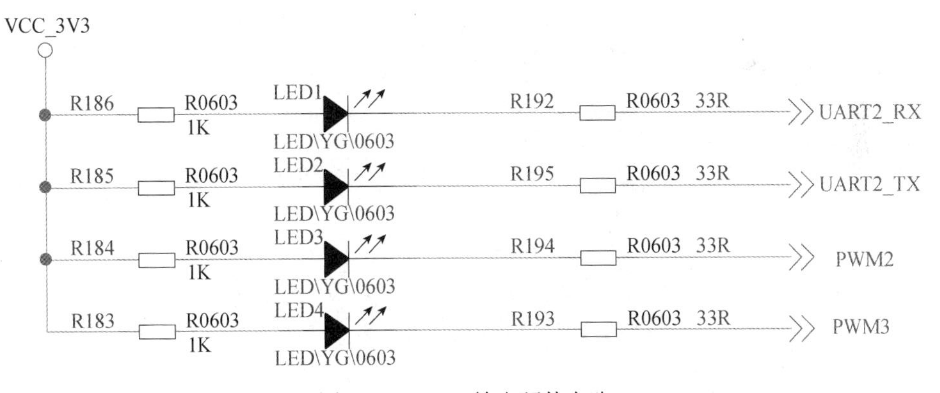

图 6-3　PWM2 输出硬件电路

2. 软件设计

首先，按照新建项目向导，建立工程。其次，定义 pwm_cfg_t 结构体变量，配置参数。最后，调用 ls1x_pwm_pulse_start()函数开启 PWM 脉冲输出，调用 delay_ms()函数延时一段时间，再调用 ls1x_pwm_pulse_stop()函数关闭 PWM 脉冲输出，如此循环。

三、任务实施

第 1 步：硬件连接。

先用 USB 转串口线连接计算机 USB 和龙芯 1B 开发板的串口（UART5），再给开发板上电。

第 2 步：新建工程。

首先，打开龙芯 1X 嵌入式集成开发环境，依次单击“文件”→“新建”→“新建项目向导…”，新建工程。

第 3 步：编写程序。

在自动生成代码的基础上，编写代码，并在 bsp.h 文件中打开 PWM2 宏，如代码清单 6-8 所示。

代码清单 6-8　呼吸灯程序

```
1. #include <stdio.h>
2. #include "ls1b.h"
3. #include "mips.h"
4. #include "bsp.h"        //该头文件一定要写在"ls1x_pwm.h"和"ls1b_gpio.h"之前
5. #include "ls1x_pwm.h"
6. #include "ls1b_gpio.h"
7. int main(void)
8. {   gpio_enable(54,DIR_OUT);
9.     gpio_enable(3,DIR_OUT);
10.    gpio_write(54,1);
11.    gpio_write(3,1);            //将 LED1 和 LED4 的状态熄灭
12.    unsigned int hrc = 1, dir = 1;
13.    pwm_cfg_t cfg;                  //定 PWM 配置结构体变量
14.    cfg.isr = NULL;
15.    cfg.mode = PWM_CONTINUE_PULSE;    //采用脉冲输出模式
16.    cfg.cb = NULL;                  //没有采用中断方式，所以不需要中断服务函数
17.    //当 DDR 频率为 100MHz 时，PWM 输入的高低脉冲宽度最低为 20ns
18.    //当 DDR 频率为 165MHz 时，PWM 输入的高低脉冲宽度最低为 13ns
19.    while(1){
20.        if(dir)
21.            hrc++;
22.        else
23.            hrc--;
24.        printk("hrc=%d\n",hrc);
25.        cfg.hi_ns = 5000-hrc*100;            //5000 为 PWM 的总周期
26.        cfg.lo_ns = hrc*100;
27.        ls1x_pwm_pulse_start(devPWM2, &cfg);//开始 PWM
28.        delay_ms(20);
29.        ls1x_pwm_pulse_stop(devPWM2);        //停止 PWM
30.        if(hrc == 49)
31.           dir = 0;
32.        if(hrc == 1)
33.           dir = 1;
34.   }
35.   return 0;
36. }
```

第 4 步：程序编译及调试。

（1）单击图标进行编译，编译无误后，单击图标，将程序下载到内存之中。注意：

此时代码还没有下载到 NAND Flash 之中，按下复位键后，程序会消失。

（2）程序加载完，可以看到 LED3 逐渐变亮，然后逐渐变暗。

四、任务拓展

请查看本书配套资源，了解拓展任务要求和程序代码。

拓展任务 6-1：PWM 中断。

任务 7　定时器控制

一、任务描述

在任务 6 的基础上，将 PWM2 的工作模式设置为定时器模式，定时时长为 5ms，每次定时时间到时进入中断，控制 LED2 的亮灭。

二、任务分析

硬件电路与任务 6 相同。软件设计思路如下：首先，按照新建项目向导，建立工程。其次，定义 pwm_cfg_t 结构体变量，配置参数。最后，调用 ls1x_pwm_timer_start()函数开启定时器。

三、任务实施

第 1 步：在自动生成代码的基础上，编写代码，并在 bsp.h 文件中打开 PWM2 宏，如代码清单 6-9 所示。

代码清单 6-9　定时器中断程序

```
--------------------------------------------------------------------------------
1.  #include <stdio.h>
2.  #include "ls1b.h"
3.  #include "mips.h"
4.  #include "bsp.h"
5.  #include "ls1x_pwm.h"
6.  #include "ls1b_gpio.h"
7.  volatile unsigned int Timer = 0;
8.  /*中断回调函数*/
9.  static void pwmtimer_callback(void *pwm, int *stopit)
10. {    Timer++;
11. }
12. int main(void)
13. {   printk("\r\nmain() function.\r\n");
14.     gpio_enable(54,DIR_OUT);
15.     gpio_enable(3,DIR_OUT);
16.     gpio_enable(55,DIR_OUT);
```

```
17.     gpio_write(54,1);
18.     gpio_write(3,1);
19.     pwm_cfg_t pwm2_cfg;
20.     pwm2_cfg.hi_ns = 5000000;  //5ms
21.     pwm2_cfg.lo_ns = 0;
22.     pwm2_cfg.mode = PWM_CONTINUE_TIMER; //脉冲持续产生
23.     pwm2_cfg.cb = pwmtimer_callback;
24.     pwm2_cfg.isr = NULL;                //工作在定时器模式
25.     ls1x_pwm_timer_start(devPWM2,&pwm2_cfg);
26.     for (;;)
27.     {   if(Timer <= 50)  gpio_write(55,0);
28.         else if(Timer <= 100)  gpio_write(55,1);
29.         else if(Timer > 100)   Timer = 0;
30.     }
31.     return 0;
32. }
-------------------------------------------------------------------------------
```

第 2 步：程序编译及调试。

（1）单击 图标进行编译，编译无误后，单击 图标，将程序下载到内存之中。注意：此时代码还没有下载到 NAND Flash 之中，按下复位键后，程序会消失。

（2）程序加载完，可以看到开发板上 LED2 在不停地闪烁。

四、任务拓展

请查看本书配套资源，了解拓展任务要求和程序代码。

拓展任务 6-2：定时器控制流水灯。

第7章 龙芯1B的LCD接口

本章介绍LS1B0200的LCD控制器结构、控制寄存器、API函数以及开发步骤等内容。通过理实一体化学习，读者可以熟悉LCD配置过程，绘制各种图形，以及LCD驱动函数到应用函数编写逻辑，并实现LCD显示字符、汉字和图片。

教学目标

知识目标	1. 掌握LS1B0200处理器LCD控制器及其相关参数
	2. 掌握LS1B0200处理器LCD四种不同工作模式，以及LCD引脚复用
	3. 掌握LCD接口的LS1x_DC_dev_t结构体
	4. 掌握LCD接口的控制函数的参量、功能及返回值
技能目标	1. 能熟练使用LCD控制函数、绘图函数，以及配置LCD
	2. 能熟练配置LCD接口的LS1x_DC_dev_t结构体
	3. 能熟悉LCD开发步骤
	4. 熟练使用C语言编写LCD相关程序
素质目标	1. LCD显示防疫宣传图片，引导学生提高防疫意识，积极关心、支持、投身疫情防控工作
	2. 培养学生精益求精的工匠精神、求真务实的科学精神
	3. 培养学生团队协作、表达沟通能力

7.1 LCD控制器

LS1B0200芯片集成了LCD接口，通过读取指针数据和图像数据，可以实现格式转换、颜色抖动、GAMMA调整等功能，同时为两个显示处理单元产生同步信号和数据使能信号，最终将处理后的图像数据和同步信号发送到显示接口，LCD控制器结构，如图7-1所示。

LCD控制器支持的数据格式（模式）有：

- R4G4B4，每个像素点占12位。
- R5G5B5，每个像素点占15位。

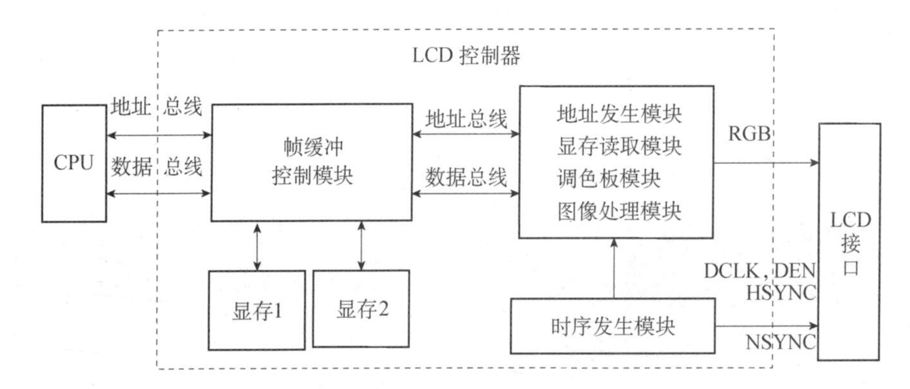

图 7-1　LCD 控制器结构示意图

- R5G6B5，每个像素点占 16 位；
- R8G8B8，每个像素点占 24 位。

7.1.1　LCD 时序控制

LCD 的同步时序控制如图 7-2 所示。

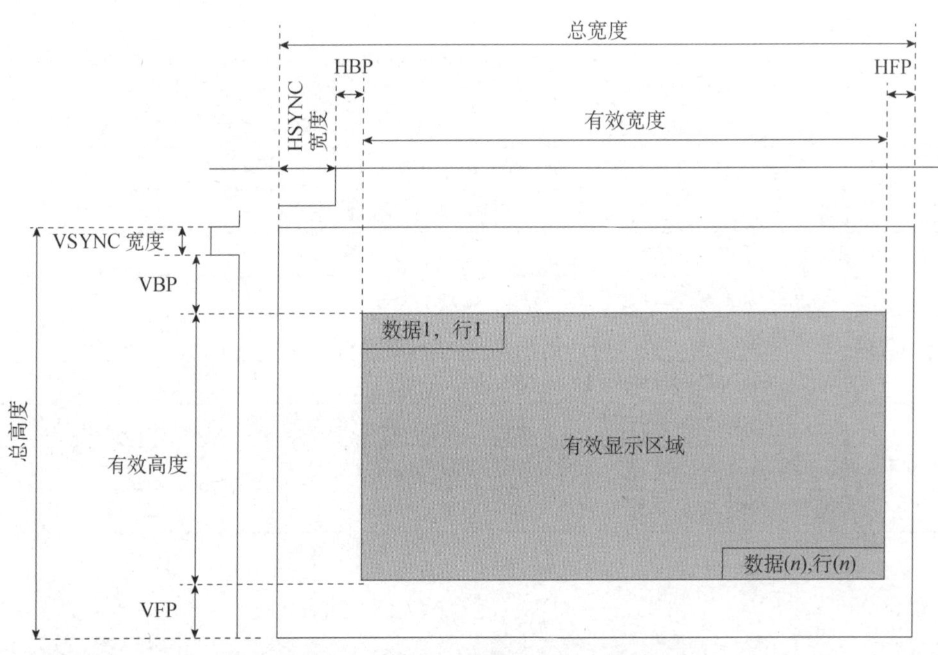

图 7-2　LCD 的同步时序控制示意图

图 7-2 中有效显示区域，就是 RGB LCD 面板的显示范围（即分辨率，有效宽度×有效长度），就是 LCD 分辨率。另外，LCD 还有以下重要的参数：HSYNC 的宽度（HSW）、VSYNC 的宽度（VSW）、HBP、HFP、VBP 和 VFP 等，如表 7-1 所示。

表 7-1　LCD 控制器相关参数

参数	说明
HSW（Horizontal Sync Width）	水平同步脉宽，单位为像素时钟（CLK）个数
VSW（Vertical Sync Width）	垂直同步脉宽，单位为行周期个数

续表

参数	说明
HBP（Horizontal Back Porch）	水平后廊，表示水平同步信号开始到行有效数据开始之间的像素时钟（CLK）个数
HFP（Horizontal Front Porch）	水平前廊，表示行有效数据结束到下一个水平有效信号开始之前的像素时钟（CLK）个数
VBP（Vertical Back Porch）	垂直后廊，表示垂直同步信号后，无效行的个数
VFP（Vertical Front Porch）	垂直前廊，表示一帧数据输出结束后，到下一个垂直同步信号开始之前的无效行数

7.1.2　LCD 引脚分布

LS1B0200 芯片 LCD 正常工作默认的是 16 位模式，同时也支持 R4G4B4/ R5G5B5/ R5G6B5/ R8G8B8 位模式。4 种不同工作模式的 LCD 引脚分布，如表 7-2 所示。

芯片外部只有 16 个 LCD 数据引脚（PAD），当 LCD 工作在 24 位模式时，需要复用连接外部 24 位数据线的 LCD，内部数据的传输会发生变化，LCD_BLUE0/LCD_RED0 可以不使用（显示效果区别不明显，可以节省一个两线 UART）。

表 7-2　4 种不同工作模式的 LCD 引脚分布

引脚（PAD）	R4G4B4 模式	R5G5B5 模式	R5G6B5 模式	R8G8B8 模式
LCD_DAT_B0	没使用，可用 GPIO	LCD_BLUE0	LCD_BLUE0	LCD_BLUE3
LCD_DAT_B1	LCD_BLUE0	LCD_BLUE1	LCD_BLUE1	LCD_BLUE4
LCD_DAT_B2	LCD_BLUE1	LCD_BLUE2	LCD_BLUE2	LCD_BLUE5
LCD_DAT_B3	LCD_BLUE2	LCD_BLUE3	LCD_BLUE3	LCD_BLUE6
LCD_DAT_B4	LCD_BLUE3	LCD_BLUE4	LCD_BLUE4	LCD_BLUE7
LCD_DAT_G0	没使用，可用于 GPIO		LCD_GREEN0	LCD_GREEN2
LCD_DAT_G1	没使用，可用 GPIO	LCD_GREEN0	LCD_GREEN1	LCD_GREEN3
LCD_DAT_G2	LCD_GREEN0	LCD_GREEN1	LCD_GREEN2	LCD_GREEN4
LCD_DAT_G3	LCD_GREEN1	LCD_GREEN2	LCD_GREEN3	LCD_GREEN5
LCD_DAT_G4	LCD_GREEN2	LCD_GREEN3	LCD_GREEN4	LCD_GREEN6
LCD_DAT_G5	LCD_GREEN3	LCD_GREEN4	LCD_GREEN5	LCD_GREEN7
LCD_DAT_R0	没使用，可用 GPIO	LCD_RED0	LCD_RED0	LCD_RED3
LCD_DAT_R1	LCD_RED0	LCD_RED1	LCD_RED1	LCD_RED4
LCD_DAT_R2	LCD_RED1	LCD_RED2	LCD_RED2	LCD_RED5
LCD_DAT_R3	LCD_RED2	LCD_RED3	LCD_RED3	LCD_RED6
LCD_DAT_R4	LCD_RED3	LCD_RED4	LCD_RED4	LCD_RED7
UART0_RX				LCD_BLUE0
UART0_TX				LCD_RED0
UART0_RTS				LCD_BLUE1
UART0_CTS				LCD_BLUE2

续表

引脚（PAD）	R4G4B4 模式	R5G5B5 模式	R5G6B5 模式	R8G8B8 模式
UART0_DSR				LCD_GREEN0
UART0_DTR				LCD_GREEN1
UART0_DCD				LCD_RED1
UART0_RI				LCD_RED2

7.2 LCD API 函数分析及开发步骤

7.2.1 LCD 控制器函数

LCD 控制器的 API 函数主要包括打开、关闭、清除等函数，如表 7-3 所示。

表格 7-3　LCD 控制器的 API 函数

函数原型	功能描述	函数形参及返回值
int fb_open(void)	打开 LCD 屏显示	①形参：无 ②返回值：int，表示打开显屏的状态 ③函数位置：ls1x_fb_utils.c
void fb_close(void)	关闭 LCD 屏显示	①形参：无 ②返回值：无 ③函数位置：ls1x_fb_utils.c
void fb_cons_clear(void)	清除屏幕	①形参：无 ②返回值：无 ③函数位置：ls1x_fb_utils.c
void fb_drawpixel(int x, int y, unsigned coloridx)	在某点处用指定颜色画像素	①形参：x，列坐标；y，行坐标；coloridx，颜色种类 ②返回值：无 ③函数位置：ls1x_fb_utils.c
void fb_drawpoint(int x, int y, int thickness, unsigned coloridx)	画点	①形参：x，列坐标；y，行坐标；thickness，颜色深浅；coloridx，颜色种类 ②返回值：无 ③函数位置：ls1x_fb_utils.c
void fb_drawline(int x1, int y1, int x2, int y2, unsigned coloridx)	用指定颜色画线	①形参：x1&y1，画线的一个点坐标；x2&y2，画线的另一个点坐标；coloridx，颜色种类 ②返回值：无 ③函数位置：ls1x_fb_utils.c
void fb_drawrect(int x1, int y1, int x2, int y2, unsigned coloridx)	用线画矩形	①形参：x1&y1，画线的一个点坐标；x2&y2，画线的另一个点坐标；coloridx，颜色种类 ②返回值：无 ③函数位置：ls1x_fb_utils.c

续表

函数原型	功能描述	函数形参及返回值
void fb_fillrect(int x1, int y1, int x2, int y2, unsigned coloridx)	画矩形并填充颜色	①形参：x1&y1，画线的一个点坐标；x2&y2，画线的另一个点坐标；coloridx，颜色种类 ②返回值：无 ③函数位置：ls1x_fb_utils.c
void fb_draw_ascii_char(int x, int y, unsigned char *chr)	显示一个字符	①形参：x&y，显示字符的像素点位置；*chr，要显示的字符 ②返回值：无 ③函数位置：ls1x_fb_utils.c
void fb_draw_gb2312_char(int x, int y, unsigned char *str)	显示一个汉字	①形参：x&y，显示汉字的像素点位置；*str，要显示的汉字 ②返回值：无 ③函数位置：ls1x_fb_utils.c
void fb_textout(int x, int y, char *str)	显示文本/字符	①形参：x&y，显示文本的首像素点位置；str，要显示的文本/字符 ②返回值：无 ③函数位置：ls1x_fb_utils.c
void display_pic(unsigned short xsta, unsigned short ysta, unsigned char *gImage_sflg)	显示图片	①形参：xsta，图片列数；ysta，图片行数；*gImage_sflg，图片数据数组 ②返回值：无 ③函数位置：ls1x_fb_utils.c（自建，参考代码见）

画图函数如代码清单 7-1 所示。

代码清单 7-1　display_pic 函数

```
---------------------------------------------------------------------
1. /****************************************************************
2. **函数名：display_pic
**函数功能：图片显示
**形参：unsigned short xsta -- 列数，
**      unsigned short ysta -- 行数，
**      unsigned char *gImage_sflg  -- 图片数据数组
**返回值：无
**说明：
****************************************************************/
void display_pic(unsigned short xsta, unsigned short ysta, unsigned char
*gImage_sflg)
{   unsigned char a, b;
    unsigned short x, y, color;
    int p = 0;
    union multiptr loc;
    for(y = 0; y < ysta; y++)
    {   for(x = 0; x < xsta; x++)
        {   a = (gImage_sflg[p]);
            b = (gImage_sflg[p+1]);
            color = ((a << 8) | b);
```

```
            loc.p8 = fb->lineAddr[y] + (x) * fb->bytes_per_pixel;
            fb_set_pixel_internal(loc, 0, color);
            p += 2;
        }
    }
}
--------------------------------------------------------------------------------
```

7.2.2 LCD 配置代码分析

1. DC 控制器结构体

实现 RGB LCD 显示，LCD 接口需要进行哪些配置？DC 控制器结构体 LS1x_DC_dev_t，如代码清单 7-2 所示。fb 驱动相关代码在 ls1x_fb.c、ls1x_fb_hw.h 和 ls1x_fb.h 中。

代码清单 7-2　LS1x_DC_dev_t 结构体

```
--------------------------------------------------------------------------------
1. typedef struct LS1x_DC_dev
2. {
3.     LS1x_DC_regs_t *hwDC;                  /* DC 控制器相关的寄存器 */
4.     struct fb_fix_screeninfo fb_fix;    /*帧缓冲内存地址相关参数结构体，包括：帧缓冲内
5. 存的起始地址（物理地址）、帧缓冲区内存的长度、帧缓冲类型、色彩类型和每行包含的字符数 */
6.     struct fb_var_screeninfo fb_var;    /* LCD 屏幕的相关的参数结构体，包括：分辨率
7. （宽度和高度）、每个像素占用的位宽、真彩色类型的色域、透明度*/
8.     int initialized;                          /* 是否初始化 */
9.     int started;                             /* 是否启动 */
10.
11.    /* mutex */
12.#if defined(OS_RTTHREAD)
13.     rt_mutex_t dc_mutex;
14.#elif defined(OS_FREERTOS)
15.     SemaphoreHandle_t dc_mutex;
16.#else // defined(OS_NONE)
17.     int dc_mutex;
18.#endif
19.} LS1x_DC_dev_t;
--------------------------------------------------------------------------------
```

2. LCD 显示模式配置

调用 DC 控制器驱动代码前，要先定义目前使用的 LCD 显示模式，本章节使用的 RGB LCD 屏相关参数为 480 像素×800 像素分辨率，16 位深和 60Hz 刷新率，如代码清单 7-3 所示。

代码清单 7-3　LCD 显示模式等参数的定义

```
--------------------------------------------------------------------------------
1. // LCD suported vgamode
2. #define LCD_480x800     "480x800-16@60"     /* Fit: 4.3 inch LCD */
3. // 打开前调用
4. extern char LCD_display_mode[];              /* likely LCD_480x272 */
--------------------------------------------------------------------------------
```

3. DC 控制器初始化

STATIC_DRV int LS1x_DC_initialize(void *dev, void *arg)

4. 打开 DC 控制器

STATIC_DRV int LS1x_DC_open(void *dev, void *arg)

5. DC 控制器设备控制接口函数

STATIC_DRV int LS1x_DC_ioctl(void *dev, int cmd, void *arg)

6. 关闭 DC 控制器

STATIC_DRV int LS1x_DC_close(void *dev, void *arg)

7.2.3　LCD 的开发步骤

第 1 步：调用 lwmem_initialize(0)函数初始化内存堆。

第 2 步：调用 fb_open()函数打开 LCD 屏显示。

第 3 步：调用 API 函数中的一些功能输出函数，例如，调用 fb_textout()函数输出文本字符，如 fb_textout(152, 392, "欢迎使用龙芯 LS1B 开发板"); 运行之后就会在 LCD 屏上看到——欢迎使用龙芯 LS1B 开发板。

任务 8　LCD 显示

一、任务描述

在龙芯 1B 开发板上，实现 LCD 屏幕背景色切换，显示字符、汉字和图片。

二、任务分析

1. 硬件电路

LCD 接口电路，如图 7-3 所示。

2. 软件设计

（1）按照新建项目向导，建立工程。

（2）打开 bsp.h 文件，删去注释“//#define BSP_USE_FB”“//#define BSP_USE_I2C0”和“//#define GT1151_DRV”前面的“//”，如代码清单 7-4 所示。

代码清单 7-4　写入 LCD 屏的分辨率等信息

```
----------------------------------------------------------------------------
1. #ifdef BSP_USE_FB                    //有效
2.   #include "ls1x_fb.h"               //有效
3.   #ifdef XPT2046_DRV             //有效
```

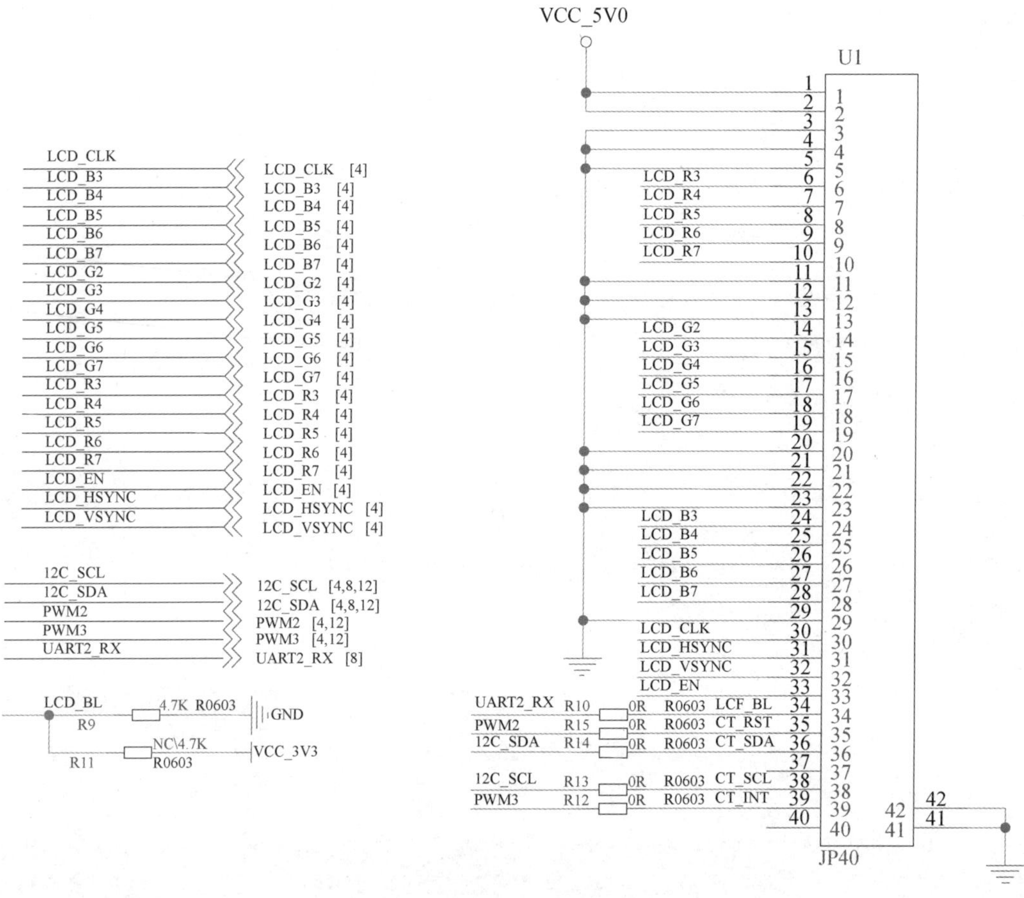

图 7-3　LCD 屏电路原理图

```
4.      char LCD_display_mode[] = LCD_800x480;    //使用 800 像素 x480 像素分辨率
5.    #elif defined(GT1151_DRV)          //无效
6.      char LCD_display_mode[] = LCD_480x800;
7.    #else
8.      #error "在 bsp.h 中选择配置 XPT2046_DRV 或者 GT1151_DRV"
9.              "XPT2046_DRV:  用于 800*480 横屏的触摸屏."
10.             "GT1151_DRV:   用于 480*800 竖屏的触摸屏."
11.           "如果都不选择，注释掉本 error 信息，然后自定义：LCD_display_mode[]"
12.   #endif
13.#endif
---------------------------------------------------------------------------------
```

（3）在 main 函数中调用 lwmem_initialize(0)初始化内存堆，调用 fb_open()打开显示。

（4）调用 ls1x_fb_utils.c 文件中的 API 函数控制单片机在 LCD 屏上打印出任务效果。

三、任务实施

第 1 步：硬件连接。

先用 USB 转串口线连接计算机 USB 和龙芯 1+X 开发板的串口（UART5），再给龙芯 1+X 开发板上电。

第 2 步：新建工程。

首先，打开龙芯 1X 嵌入式集成开发环境，依次单击“文件”→“新建”→“新建项目向导…”，新建工程。

第 3 步：编写程序。

在自动生成代码的基础上，编写代码，如代码清单 7-5 所示。

代码清单 7-5　LCD 屏幕背景色切换并打印信息

```
--------------------------------------------------------------------------------
1. #include <stdio.h>
2. #include "ls1b.h"
3. #include "mips.h"
4. #include "bsp.h"
5. #include "bmp.h" //存放图片取模文件
6. #ifdef BSP_USE_FB
7.   #include "ls1x_fb.h"
8.   #ifdef XPT2046_DRV
9.     char LCD_display_mode[] = LCD_800x480;
10.  #elif defined(GT1151_DRV)
11.     char LCD_display_mode[] = LCD_480x800;
12.  #else
13.    #error "在bsp.h中选择配置 XPT2046_DRV 或者 GT1151_DRV"
14.          "XPT2046_DRV:  用于 800*480 横屏的触摸屏."
15.          "GT1151_DRV:   用于 480*800 竖屏的触摸屏."
16.        "如果都不选择，注释掉本 error 信息，然后自定义：LCD_display_mode[]"
17.  #endif
18.#endif
19.
20.int main(void)
21.{   printk("\r\nmain() function.\r\n");
22.    ls1x_drv_init();                    /* 初始化外设设备 */
23.    install_3th_libraries();             /* 初始化组件设备 */
24.    //获取屏幕分辨率
25.    int xres, yres;
26.    xres = fb_get_pixelsx();
27.    yres = fb_get_pixelsy();
28.    printk("xres = %d\r\nyres = %d\r\n\n", xres, yres);
29.    for (;;)
30.    {   //屏幕背景色切换
31.        fb_cons_clear();    //清屏
32.        ls1x_dc_ioctl(devDC, IOCTRL_FB_CLEAR_BUFFER, (void *)GetColor(cidxRED));//红
33.        delay_ms(1000);
34.        ls1x_dc_ioctl(devDC, IOCTRL_FB_CLEAR_BUFFER, (void *)GetColor(cidxGREEN));//绿
35.        delay_ms(1000);
36.        ls1x_dc_ioctl(devDC, IOCTRL_FB_CLEAR_BUFFER, (void *)GetColor(cidxBLUE));//蓝
37.        delay_ms(1000);
38.        fb_cons_clear();
39.        /* 打印字符 */
40.        char str[] = "Hello, LS1B!";
41.        fb_textout(200, 376, (char *)str);
42.        fb_textout(200, 392, "国产嵌入式人才培养");        /* 打印汉字 */
```

```
43.        fb_textout(200, 408, "欢迎使用龙芯 LS1B 开发板");    /* 打印字符串 */
44.        delay_ms(1000);
45.        fb_cons_clear();
46.        /* 显示图片 */
47.        display_pic(xres, yres, gImage_pic);
48.        delay_ms(3000);
49.        fb_cons_clear();
50.    }
51.    return 0;
52.}
------------------------------------------------------------------------------
```

第 4 步：图片取模。

（1）导入图片。打开图片取模软件 Imague2Lcd，单击“打开”按钮加载图片。但是需要注意：图片需要先进行镜像处理，再逆时针旋转 90 度。

（2）配置选项。需要设置的选项，如图 7-4 所示。

- 扫描模式：选择“垂直扫描”。
- 输出灰度：选择“16 位真彩色”。
- 最大宽度和高度：选择“800×480”。
- 数据内容：选择“包含图像头数据”和“高位在前（MSB First）”。
- 颜色位数：选择 16 位彩色，R5G6B5 模式即 R：bits；G：6bits；B：5bits。

（3）保存数据。在 Imague2Lcd 的菜单栏中单击“保存”按钮，即可以生成包括图像头数据的图像数据文件。

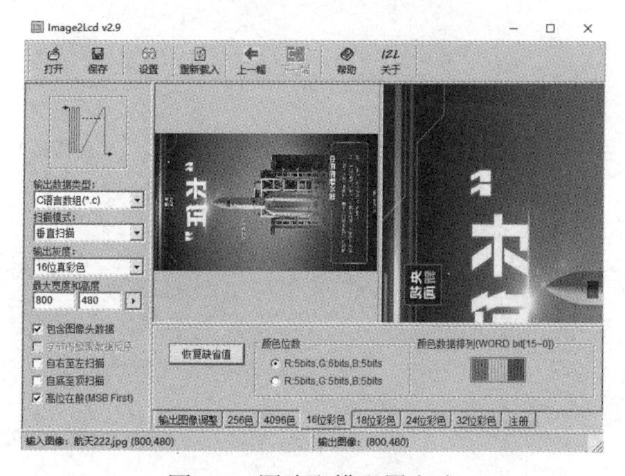

图 7-4　图片取模配置方式

（4）分析图像数据。在 Imague2Lcd 的菜单栏中单击“帮助”按钮，查看图像头数据结构，如图 7-5 所示。在生成的图像数据中，第 2～3 字节为图像的宽度数据，第 4～5 字节为图像的高度数据。

例如：生成的图片数据中前面 8 字节为图片头数据，如图 7-6 所示。其中 0x00 和 0xF0 为图像的宽度数据，0x00 和 0x86 为图像的高度数据。

即像素点为：240×134 = 32160，一个像素点为 16 位（2 字节）。

因此，图片数据大小为：32160 × 2 + 8 =64328 字节。

第 5 步：程序编译及调试。

单击“编译”图标，编译无误后，单击“运行”图标，将程序下载到内存之中。注意：此时代码还没有下载到 NAND Flash 之中，按下复位键后，程序会消失；观察到的现象如下：首先，显示三种屏幕背景色切换，依次显示红、绿、蓝三种背景颜色。其次，显示汉字和字符串。再次，显示图片，如图 7-7 所示。然后再循环显示。

隐藏
上一步
打印
选项(O)
目录(C)
索引(N)
搜索(S)
Welcome to Image2Lcd
用法说明
窗口界面介绍
设置对话框
设置输出图像格式
图像头数据结构
图像数据说明
输出图像调整
256色数据调整
4096色数据调整
16位彩色数据调整
18位彩色数据调整
24位彩色数据调整
32位彩色数据调整
安装与卸载
注册
联系作者
版权
“4096色/16位真彩色/18位真彩色/24位真彩色/32位真彩色”的图像数据头如下：
typedef struct _HEADCOLOR
{
unsigned char scan;
unsigned char gray;
unsigned short w;
unsigned short h;
unsigned char is565;
unsigned char rgb;
}HEADCOLOR;
scan、gray、w、h与HEADGRAY结构中的同名成员变量含义相同。
is565：在4096色模式下为0表示使用[16bits(WORD)]格式，此时图像数据中每个WORD表示一个象素；为1表示使用[12bits(连续字节流)]格式，此时连续排列的每12Bits代表一个象素。
在16位彩色模式下为0表示R G B颜色分量所占用的位数都为5Bits，为1表示R G B颜色分量所占用的位数分别为5Bits,6Bits,5Bits。
在18位彩色模式下为0表示"6Bits in Low Byte"，为1表示"6Bits in High Byte"。
在24位彩色和32位彩色模式下is565无效。
rgb：描述R G B颜色分量的排列顺序，rgb中每2Bits表示一种颜色分量，[00]表示空白，[01]表示Red，[10]表示Green，[11]表示Blue。

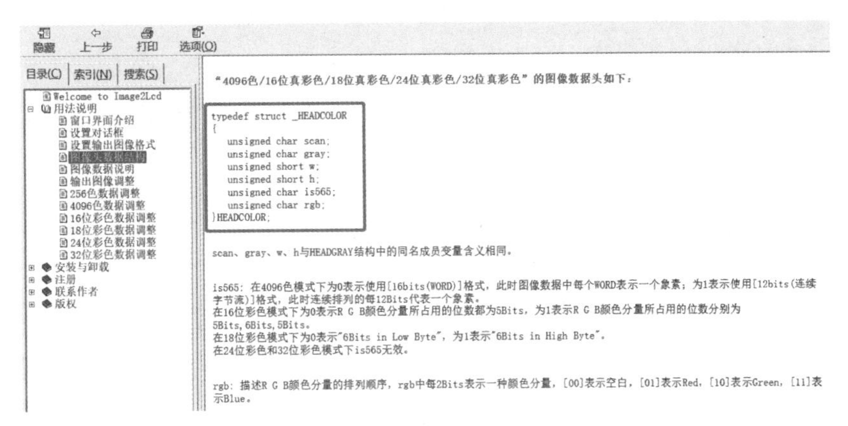

图 7-5　图像头数据结构

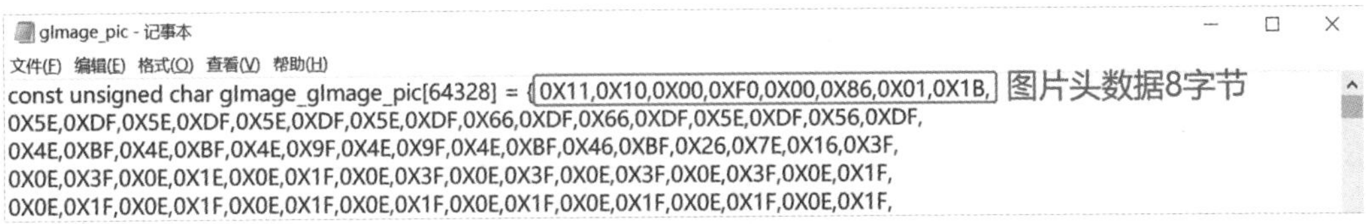

gImage_pic - 记事本
文件(F) 编辑(E) 格式(O) 查看(V) 帮助(H)
const unsigned char gImage_gImage_pic[64328] = {0X11,0X10,0X00,0XF0,0X00,0X86,0X01,0X1B,
图片头数据8字节
0X5E,0XDF,0X5E,0XDF,0X5E,0XDF,0X5E,0XDF,0X66,0XDF,0X66,0XDF,0X5E,0XDF,0X56,0XDF,
0X4E,0XBF,0X4E,0XBF,0X4E,0X9F,0X4E,0X9F,0X4E,0XBF,0X46,0XBF,0X26,0X7E,0X16,0X3F,
0X0E,0X3F,0X0E,0X1E,0X0E,0X1F,0X0E,0X3F,0X0E,0X3F,0X0E,0X3F,0X0E,0X3F,0X0E,0X1F,
0X0E,0X1F,0X0E,0X1F,0X0E,0X1F,0X0E,0X1F,0X0E,0X1F,0X0E,0X1F,0X0E,0X1F,0X0E,0X1F,

图 7-6　生成的图片数据

“长征”
中国运载火箭

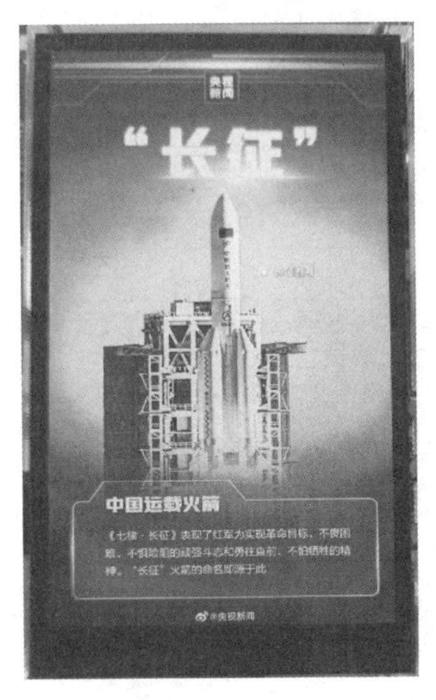

图 7-7　图片显示效果

四、任务拓展

请查看本书配套资源，了解拓展任务要求，编写程序，实现相应功能。

拓展任务 7-1：LCD 上显示五角星。通过画线函数在 LCD 屏上打印出一个五角星。

第8章 龙芯1B的I2C接口

本章介绍LS1B0200的I2C控制器结构、控制寄存器、API函数以及开发步骤等内容。通过理实一体化学习，读者掌握I2C驱动函数到应用函数的编写逻辑，并可以通过I2C接口访问带I2C接口的ADC芯片（ADS1015）和DAC芯片（MCP4725）。

教学目标

知识目标	1. 掌握LS1B0200处理器I2C控制器结构、I2C引脚复用及分布
	2. 了解I2C控制器寄存器、I2C时序
	3. 掌握I2C设备配置参数结构体
	4. 掌握I2C的驱动、用户接口等函数的参量、功能及返回值
技能目标	1. 能熟练使用I2C驱动、用户接口等API函数
	2. 能熟练配置I2C设备结构体
	3. 能熟悉I2C开发步骤
	4. 熟练使用C语言编写I2C相关程序
素质目标	1. 通过细心调试采集电压电路，培养学生精益求精的工匠精神、求真务实的科学精神
	2. 培养学生的标准意识、规范意识、安全意识、服务质量意识
	3. 培养学生团队协作、表达沟通能力

8.1 I2C控制器

LS1B0200芯片集成了I2C接口，由数据线SDA和时钟SCL构成的串行总线，可发送和接收数据，最高传送速率400kbps。

8.1.1 I2C控制器结构

I2C 主控制器的结构主要模块包括时钟发生器（Clock Generator）、字节命令控制器（Byte

Command Controller）、位命令控制器（Bit Command Controller）、数据移位寄存器（Data Shift Register），其余为 LPB 总线接口和一些寄存器。这些模块之间的关系，如图 8-1 所示。

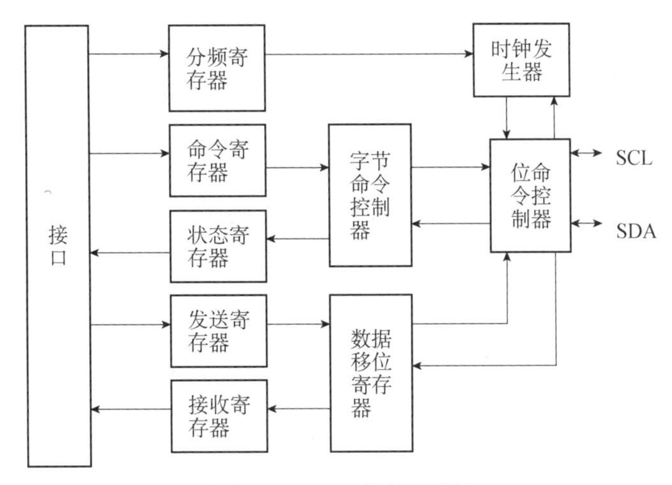

图 8-1　I2C 主控制器结构

- 时钟发生器模块：产生分频时钟，同步位命令的工作。
- 字节命令控制器模块：将一个命令解释为按字节操作的时序，即把字节操作分解为位操作。
- 位命令控制器模块：进行实际数据的传输，以及位命令信号产生。
- 数据移位寄存器模块：串行数据移位。

8.1.2　I2C 引脚分布

LS1B0200 芯片共集成 3 路 I2C 接口，其中第二路和第三路分别通过 CAN0 和 CAN1 复用实现，如表 8-1 所示；复用配置参考 MUX 寄存器介绍。

表 8-1　I2C 引脚分布

PAD 外设（初始功能）	PAD 外设描述	GPIO 功能	I2C 复用功能
SCL	第一路 I2C 时钟	GPIO32	
SDA	第一路 I2C 数据	GPIO33	
CAN0_RX	CAN0 数据输入（第二路 I2C 数据）	GPIO38	SDA1
CAN0_TX	CAN0 数据输出（第二路 I2C 时钟）	GPIO39	SCL1
CAN1_RX	CAN1 数据输入（第三路 I2C 数据）	GPIO40	SDA2
CAN1_TX	CAN1 数据输出（第三路 I2C 时钟）	GPIO41	SCL2

8.1.3　I2C 控制器寄存器

LS1B0200 的 3 路 I2C 接口功能寄存器完全一样，只是访问基地址不一样，I2C 控制器寄存器基地址，如表 8-2 所示。

每个 I2C 控制器寄存器都是独立设置的，描述如表 8-3 所示。

表 8-2　I2C 控制器寄存器基地址

名称	基地址（Base）	地址空间
I2C0	0xbfe58000	16KB
I2C1	0xbfe68000	16KB
I2C2	0xbfe70000	16KB

表 8-3　I2C 控制器寄存器描述

分频锁存器低字节寄存器（PRERlo）（偏移地址：0x00；寄存器位宽：8 位；复位值：0xff）			
位域	位域名称	访问	说明
7:0	PRERlo	R/W	存放分频锁存器的低 8 位
分频锁存器高字节寄存器（PRERhi）（偏移地址：0x01；寄存器位宽：8 位；复位值：0xff）			
位域	位域名称	访问	说明
7:0	PRERhi	R/W	存放分频锁存器的高 8 位
控制寄存器（CTR）（偏移地址：0x02；寄存器位宽：8 位；复位值：0x00）			
位域	位域名称	访问	说明
7	EN	R/W	模块工作使能位 1：正常工作模式；0：对分频寄存器进行操作
6	IEN	R/W	中断使能位，1：打开中断；0：禁止中断
5:0	Reserved	R/W	保留
发送数据寄存器（TXR）（偏移地址：0x03；寄存器位宽：8 位；复位值：0x00）			
位域	位域名称	访问	说明
7:1	DATA	W	存放下一个将要发送的字节
0	DRW	W	当数据传送时，该位保存的是数据的最低位； 当地址传送时，该位指示读写状态
接收数据寄存器（RXR）（偏移地址：0x03；寄存器位宽：8 位；复位值：0x00）			
位域	位域名称	访问	说明
7:0	RXR	R	存放最后一个接收到的字节
命令控制寄存器（CR）（偏移地址：0x04；寄存器位宽：8 位；复位值：0x00）			
位域	位域名称	访问	说明
7	STA	W	产生 START 信号
6	STO	W	产生 STOP 信号
5	RD	W	产生读信号
4	WR	W	产生写信号
3	ACK	W	产生应答信号
2:1	Reserved	W	保留
0	IACK	W	产生中断应答信号
状态寄存器（SR）（偏移地址：0x04；寄存器位宽：8 位；复位值：0x00）			
位域	位域名称	访问	说明
7	RxACK	R	收到应答位 1：没收到应答位；0：收到应答位

续表

位域	位域名称	访问	说明
6	Busy	R	I2C 总线忙标志位 1：总线忙；0：总线空闲
5	AL	R	当 I2C 核失去 I2C 总线控制权时，该位置 1
4:2	Reserved	R	保留
1	TIP	R	指示传输的过程 1：表示正在传输数据；0：表示数据传输完毕
0	IF	R	中断标志位 一个数据传输完，或另外一个器件发起数据传输，该位置 1

寄存器配置要点介绍如下。

（1）通信速率的配置：模块中被分频时钟的频率是 DDR_CLK 频率的一半（DDR_CLK 配置可参见《龙芯 1B 处理器用户手册》第 22 章）；假设分频锁存器的值为 Prescale，则 SCL 总线的输出频率（该时钟根据用户需要和外部 I2C 设备特性确定）应满足如下关系：

$$Prcescale = clock\_a/(5*clock\_s)-1$$

或者 $$Prcescale = DDR\_CLK/(10*clock\_s)-1$$

（2）控制寄存器：bit7 为模块工作使能位，为 1 时表示正常工作模式，为 0 时表示对分频寄存器进行操作。

（3）发送数据寄存器：[bit7:bit1]存放下一个将要发送的字节；当传送数据时，bit0 位为数据的最低位，当传送地址时，bit0 位用于指示读写状态。

（4）命令控制寄存器：在 I2C 发送数据后硬件自动清零，对这些位进行读操作时总是读回“0”。

（5）当使用 I2C 总线通信时需要配置通信速率。

I2C 控制器寄存器配置的相关代码，如代码清单 8-1 所示。

代码清单 8-1　I2C 控制器寄存器配置的相关代码

```
------------------------------------------------------------------------
1.  /***** 以下代码在 ls1x_i2c_bus.c 文件中 ****/
2.  /* 初始化与 BSP 总线频率 */
3.  pIIC->base_frq = LS1x_BUS_FREQUENCY(CPU_XTAL_FREQUENCY);
4.
5.  /* 设置分频器，默认为 100kHz */
6.  fdr_val = baudrate < pIIC->baudrate ? baudrate : pIIC->baudrate;
7.  fdr_val = fdr_val > 0 ? fdr_val : 100000;
8.  fdr_val = pIIC->base_frq / (5 * fdr_val) - 1;
9.
10. /* 设置控制寄存器 */
11. ctrl  = pIIC->hwI2C->ctrl;
12. ctrl &= ~(i2c_ctrl_en | i2c_ctrl_ien);      //对分频寄存器进行操作，关闭中断
13. pIIC->hwI2C->ctrl   = ctrl;
14. pIIC->hwI2C->prerlo = fdr_val & 0xFF;        //设置分频锁存器低字节
15. pIIC->hwI2C->prerhi = (fdr_val >> 8) & 0xFF;  //设置分频锁存器高字节
16.
17. /* 设置命令控制器，正常工作模式 */
```

```
18. pIIC->hwI2C->cmd_sr.cmd = 0x00;      //命令状态寄存器值写为 0，不产生任何信号
19. ctrl |= i2c_ctrl_en;                 //设置为正常工作模式
20. pIIC->hwI2C->ctrl = ctrl;
--------------------------------------------------------------------------------
```

8.2 I2C API 函数分析及开发步骤

8.2.1 I2C 驱动函数

I2C 驱动源代码在 ls1x-drv/i2c/ls1x_i2c_bus.c 中，头文件在 ls1x - drv/include/ls1x_i2c_bus.h 中，配置代码在 include/bsp.h 中。

1. 启用 I2C 设备

需要用到哪个 I2C 设备，只需要在 bsp.h 中反注释宏定义，如代码清单 8-2 所示。

代码清单 8-2 启用 I2C 宏义

```
--------------------------------------------------------------------------------
1. #define BSP_USE_I2C0
2. //#define BSP_USE_I2C1
3. //#define BSP_USE_I2C2
--------------------------------------------------------------------------------
```

2. I2C 设备参数定义

在 ls1x_i2c_bus.c 文件中，对 I2C 设备配置参数进行结构体封装，如代码清单 8-3 所示。

代码清单 8-3 I2C 设备配置参数结构体

```
--------------------------------------------------------------------------------
1.  typedef struct
2.  {
3.     struct LS1x_I2C_regs *hwI2C;   /* 指针指向 I2C 硬件寄存器 */
4.     unsigned int base_frq;         /* 总线频率变量 */
5.     unsigned int baudrate;         /* 通信速率 */
6.     unsigned int dummy_char;       /* 空字符 */
7.      /* interrupt support*/
8.     unsigned int irqNum;           /* 中断向量编号 */
9.     unsigned int int_ctrlr;        /* 中断寄存器基地址（INT0 的地址） */
10.    unsigned int int_mask;         /* 中断屏蔽位 */
11.    /* mutex */                    /* 带有系统 */
12. #if defined(OS_RTTHREAD)
13.    rt_mutex_t i2c_mutex;
14. #elif defined(OS_UCOS)
15.    OS_EVENT  *i2c_mutex;
16. #elif defined(OS_FREERTOS)
17.    SemaphoreHandle_t i2c_mutex;
18. #else // defined(OS_NONE)
19.     int  i2c_mutex;
20. #endif
```

```
21.     int  initialized;                 /*是否初始化*/
22.     char dev_name[16];                /*设备名称*/
23. #if (PACK_DRV_OPS)
24.     libi2c_ops_t *ops;               /* 指针指向总线操作函数 */
25. #endif
26. } LS1x_I2C_bus_t;
--------------------------------------------------------------------------------
```

下面以 I2C0 为例，介绍如何填充 I2C 设备配置参数结构体，代码在 ls1x_i2c_bus.c 文件中，如代码清单 8-4 所示。定义结构体变量的同时初始化成员变量，填充变量的不同点是 I2C 寄存器的基地址不同，其他基本相同。

代码清单 8-4　I2C0 设备配置参数结构体填充

```
--------------------------------------------------------------------------------
1/* I2C0 */
static LS1x_I2C_bus_t ls1x_I2C0 =
{
.hwI2C = (struct LS1x_I2C_regs *)LS1x_I2C0_BASE,/*设备地址*/
.base_frq = 0,                                /*总线频率*/
.baudrate = 100000,                           /*通信速率*/
.dummy_char = 0,                              /*空字符*/
.i2c_mutex = 0,                               /*设备锁*/
.initialized = 0,                             /*是否初始化*/
.dev_name = "i2c0",                           /*设备名称*/
};
LS1x_I2C_bus_t *busI2C0 = &ls1x_I2C0;
#endif
--------------------------------------------------------------------------------
```

3. 驱动函数与数据结构

在 ls1x_io.h、ls1x_i2c_bus.c 和 ls1x_i2c_bus.h 文件中，定义了设备驱动的函数原型、驱动函数的数据结构等，如代码清单 8-5 所示。

代码清单 8-5　驱动函数与数据结构代码

```
--------------------------------------------------------------------------------
1.  //用于设备驱动的函数原型（适用于所有外设),在 ls1x_io.h 文件中定义
2.  /* 用于 SPI/I2C 总线驱动的函数原型 */
3.  typedef int (*I2C_init_t)(void *bus);
4.  typedef int (*I2C_send_start_t)(void *bus, unsigned Addr);
5.  typedef int (*I2C_send_stop_t)(void *bus, unsigned Addr);
6.  typedef int (*I2C_send_addr_t)(void *bus, unsigned Addr, int rw);
7.  typedef int (*I2C_read_bytes_t)(void *bus, unsigned char *bytes, int nbytes);
8.  typedef int (*I2C_write_bytes_t)(void *bus, unsigned char *bytes, int nbytes);
9.  typedef int (*I2C_ioctl_t)(void *bus, int cmd, void *arg);
10. #if (PACK_DRV_OPS)
11. typedef struct libi2c_ops//定义 7 个函数原型接口，适用于所有外设
12. {   I2C_init_t          init;
13.     I2C_send_start_t    send_start;
14.     I2C_send_stop_t     send_stop;
15.     I2C_send_addr_t     send_addr;
16.     I2C_read_bytes_t    read_bytes;
```

```
17.     I2C_write_bytes_t   write_bytes;
18.     I2C_ioctl_t         ioctl;
19. } libi2c_ops_t;
20. typedef libi2c_ops_t   libspi_ops_t;
21. #endif
22. //*****************************************************************************
23. //填充 driver_ops_t 结构体成员，在 ls1x_i2c_bus.c 文件中定义
24. #if (PACK_DRV_OPS)
25. static libi2c_ops_t LS1x_I2C_ops =
26. {   .init        = LS1x_I2C_initialize,
27.     .send_start  = LS1x_I2C_send_start,
28.     .send_stop   = LS1x_I2C_send_stop,
29.     .send_addr   = LS1x_I2C_send_addr,
30.     .read_bytes  = LS1x_I2C_read_bytes,
31.     .write_bytes = LS1x_I2C_write_bytes,
32.     .ioctl       = LS1x_I2C_ioctl,
33. };
34. LS1x_I2C_bus_t *busI2C0 = &ls1x_I2C0;
35. #endif
-----------------------------------------------------------------------------
```

8.2.2 I2C 接口函数

有 7 个用户操作的 I2C 接口函数，与驱动函数一一对应，如表 8-4 所示。

表 8-4 用户 I2C 接口函数与驱动函数一一对应

用户接口函数	对应的驱动函数	功能描述
ls1x_i2c_initialize(i2c)	LS1x_I2C_initialize(void *bus);	初始化
ls1x_i2c_send_start(i2c, addr)	LS1x_I2C_send_start(void *bus, unsigned int Addr);	获取总线控制权
ls1x_i2c_send_stop(i2c, addr)	LS1x_I2C_send_stop(void *bus, unsigned int Addr);	释放总线控制权
ls1x_i2c_send_addr(i2c, addr,rw)	LS1x_I2C_send_addr(void *bus, unsigned int Addr, int rw);	发送从设备地址和读写方向位
ls1x_i2c_read_bytes(i2c,buf,len)	LS1x_I2C_read_bytes(void *bus, unsigned char *buf, int len);	读数据
ls1x_i2c_write_bytes(i2c,buf,len)	LS1x_I2C_write_bytes(void *bus, unsigned char *buf, int len);	写数据
ls1x_i2c_ioctl(i2c, cmd, arg)	LS1x_I2C_ioctl(void *bus, int cmd, void *arg);	发送控制命令

用户接口函数最终是调用驱动函数，用户接口函数代码如代码清单 8-6 所示。

代码清单 8-6 用户接口函数代码

```
-----------------------------------------------------------------------------
1.  //用于设备驱动的函数类型,在 ls1x_i2c_bus.h 文件中定义
2.  #if (PACK_DRV_OPS)
3.    #define ls1x_i2c_initialize(i2c)          i2c->ops->init(i2c)
4.    #define ls1x_i2c_send_start(i2c, addr)     i2c->ops->send_start(i2c, addr)
5.    #define ls1x_i2c_send_stop(i2c, addr)      i2c->ops->send_stop(i2c, addr)
6.    #define ls1x_i2c_send_addr(i2c, addr, rw)  i2c->ops->send_addr(i2c, addr, rw)
7.    #define ls1x_i2c_read_bytes(i2c, buf, len) i2c->ops->read_bytes(i2c, buf, len)
```

```
8.   #define ls1x_i2c_write_bytes(i2c, buf, len) i2c->ops->write_bytes(i2c, buf, len)
9.   #define ls1x_i2c_ioctl(i2c, cmd, arg)       i2c->ops->ioctl(i2c, cmd, arg)
10. #else
11.   #define ls1x_i2c_initialize(i2c)            LS1x_I2C_initialize(i2c)
12.   #define ls1x_i2c_send_start(i2c, addr)      LS1x_I2C_send_start(i2c, addr)
13.   #define ls1x_i2c_send_stop(i2c, addr)       LS1x_I2C_send_stop(i2c, addr)
14.   #define ls1x_i2c_send_addr(i2c, addr, rw)   LS1x_I2C_send_addr(i2c, addr, rw)
15.   #define ls1x_i2c_read_bytes(i2c, buf, len)  LS1x_I2C_read_bytes(i2c, buf, len)
16.   #define ls1x_i2c_write_bytes(i2c, buf, len) LS1x_I2C_write_bytes(i2c, buf, len)
17.   #define ls1x_i2c_ioctl(i2c, cmd, arg)       LS1x_I2C_ioctl(i2c, cmd, arg)
18. #endif
---------------------------------------------------------------------------------
```

1. ls1x_i2c_initialize(i2c)函数分析

（1）参数与返回值。

①i2c：I2C 设备，3 个 I2C 结构体变量指针供选择，即 busI2C0、busI2C1、busI2C2。

②返回值：错误：-1；正常：0。

（2）函数功能：初始化 I2C，根据总线频率设置分频系数，从而设置通信速率。

2. ls1x_i2c_send_start(i2c, addr) 函数分析

（1）参数与返回值。

①i2c：同 ls1x_i2c_initialize(i2c)函数。

②addr：未使用，写入 0 即可。

③返回值：错误：-1；正常：0。

（2）函数功能：产生开始信号，获取总线控制权。

3. ls1x_i2c_send_stop(i2c, addr)函数分析

（1）参数与返回值。

①i2c：同 ls1x_i2c_initialize(i2c)函数。

②addr：未使用，写入 0 即可。

③返回值：错误：-1；正常：0。

（2）函数功能：产生停止信号，释放总线控制权。

4. ls1x_i2c_send_addr(i2c, addr, rw)函数分析

（1）参数与返回值。

①i2c：同 ls1x_i2c_initialize(i2c)函数。

②addr：7 位从设备地址。

③rw：读写方向位，1:读，0:写。

③返回值：错误：-1；正常：0。

（2）函数功能：发送从设备地址和读写方向位。

5. ls1x_i2c_read_bytes(i2c, buf, len)函数分析

（1）参数与返回值。

①i2c：同 ls1x_i2c_initialize(i2c)函数。

②buf：存放读取到的数据。

③len：读取的数据的长度（单位：字节）。

④返回值：成功：返回读取到的字节数。失败：-1。

（2）函数功能：从接收数据寄存器中读取数据。

6. ls1x_i2c_write_bytes(i2c, buf, len)函数分析

（1）参数与返回值。

①i2c：同 ls1x_i2c_initialize(i2c)函数。

②buf：写入的数据。

③len：写入的数据的长度（单位：字节）。

④返回值：成功：返回写入成功的字节数。失败：-1。

（2）函数功能：将数据写入发送数据寄存器中。

7. ls1x_i2c_ioctl(i2c, cmd, arg)函数分析

（1）参数与返回值。

①i2c：同 ls1x_i2c_initialize(i2c)函数。

②cmd：命令数据。

③arg：需要传入的参数。

④返回值：成功：0。失败：-1。

⑤说明：此处只做了设置速率的命令，arg 参数则为要设置的 I2C 总线速率。

（2）函数功能：发送控制命令。

8.2.3 I2C 开发步骤

第 1 步：添加 ls1x_i2c_bus.h 头文件，并在 bsp.h 中打开使用到的 I2C 设备。

第 2 步：调用 ls1x_i2c_initialize()初始化函数。注：如果使用 I2C1 和 I2C2 则需要通过 CAN0 和 CAN1 复用实现。

第 3 步：编写读写数据程序，步骤如表 8-5 所示。

表 8-5 I2C 读写步骤

步骤	写数据	读数据
①发送起始信号	ls1x_i2c_send_start()	ls1x_i2c_send_start()
②发送从机地址和写命令	ls1x_i2c_send_addr(i2c, addr, w)	ls1x_i2c_send_addr(i2c, addr, w)
③发送从机寄存器的地址	ls1x_i2c_write_bytes(i2c, buf, len)	ls1x_i2c_write_bytes(i2c, buf, len)
④发送停止信号		ls1x_i2c_send_stop()
⑤发送数据（写数据） 发送起始信号（读数据）	ls1x_i2c_write_bytes(i2c, buf, len)	ls1x_i2c_send_start()
⑥发送停止信号（写数据） 发送从机地址和读写命令（读数据）	ls1x_i2c_send_stop();	ls1x_i2c_send_addr(i2c, addr, r)
⑦读取数据		ls1x_i2c_read_bytes((i2c, buf, len);
⑧发送停止信号		ls1x_i2c_send_stop()

任务 9　读写 I2C 设备

一、任务描述

在龙芯 1B 开发板上，使用 I2C0 接口，驱动 ADC 芯片 ADS1015 和 DAC 芯片 MCP4725，实现模数和数模转换。具体功能介绍如下：

（1）ADC 芯片 ADS1015 采集模拟电压值，要求在串口调试软件窗口中显示电压实时值。

（2）将 ADC 芯片 ADS1015 转换的数字量送到 DAC 芯片 MCP4725 进行数模转换，并把输出的模拟量送到 ADC 芯片 ADS1015 另一路采集，并将采集结果在串口调试软件窗口中实时显示。

二、任务分析

1. 硬件电路分析

ADC 芯片 ADS1015 和 DAC 芯片 MCP4725 挂载在 I2C0 总线上，如图 8-2 所示。ADC 芯片 ADS1015 的第一路（AIN0）采集电位器的直流电压值，第二路（AIN1）采集 DAC 芯片 MCP4725 输出（MCP4725 第 1 脚输出）的模拟信号。

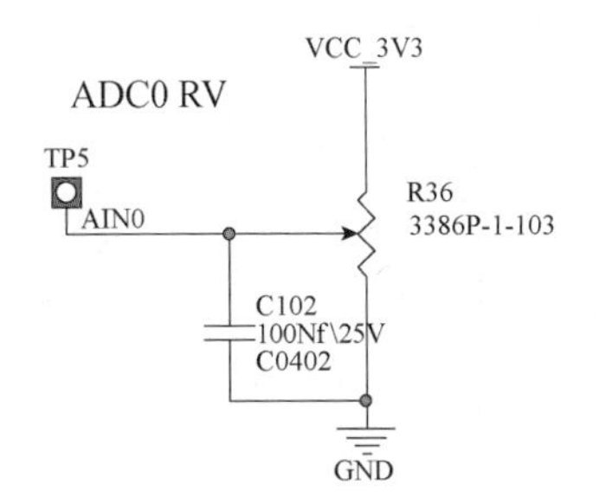

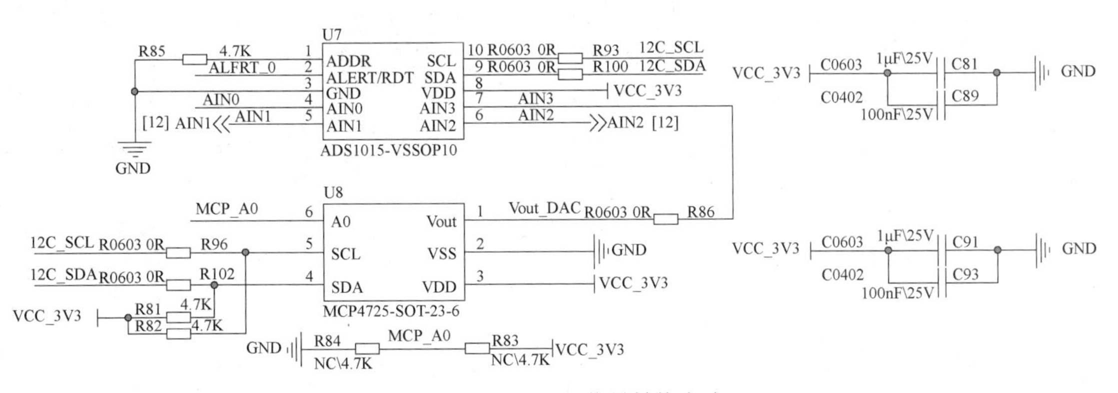

图 8-2　ADC/DAC 信号转换电路

2. 软件设计

首先，按照新建项目向导，建立工程，在 bsp.h 头文件中打开 I2C0 的宏定义。其次，添加 ls1x_i2c_bus.h 的头文件，调用 ls1x_i2c_initialize()函数初始化 I2C0。随后，编写设备读写函数，加载 ads1015.h 和 mcp4725.h 的头文件（注：这两个头文件在 ls1x - drv/include/i2c 中）。最后，调用编写好的读写函数，主机和从机进行数据传输。

注：由于 IDE 中已经写好了数模-模数转换芯片的用户读写接口函数，所以我们只需加载 ads1015.h 和 mcp4725.h 头文件，直接调用这里面的读写接口函数。

三、任务实施

第 1 步：硬件连接。

先用 USB 转串口线连接计算机 USB 和龙芯 1+X 开发板的串口（UART5），再给龙芯 1+X 开发板上电。

第 2 步：新建工程。

首先，打开龙芯 1X 嵌入式集成开发环境，依次单击“文件”→“新建”→“新建项目向导…”，新建工程。

第 3 步：编写程序。

在自动生成代码的基础上，编写代码，并在 bsp.h 文件中打开 I2C0 宏，如代码清单 8-7 所示。

代码清单 8-7　I2C0(数模-模数转换) 程序

```
1. #include <stdio.h>
2. #include "ls1b.h"
3. #include "mips.h"
4. #include "bsp.h"
5. #include "ls1x_i2c_bus.h"
6. #include "i2c/ads1015.h"
7. #include "i2c/mcp4725.h"
8. int main(void)
9. {   printk("\r\nmain() function.\r\n");
10.    ls1x_drv_init();                  /* Initialize device drivers */
11.    install_3th_libraries();            /* Install 3th libraies */
12.    char tbuf[50]={0},sbuf[50]={0},rt;
13.    unsigned short dac=0, adc=0;
14.    float out_v,in_v;
15.    for (;;)
16.    {   set_mcp4725_dac(busI2C0, dac);
17.        out_v = 3.3*dac/4096;             //输出电压公式
18.        printk("MCP4725 输出的电压值: dac = %fV\r\n",out_v);
19.        dac += 50;
20.        if(dac > 4096)
21.            dac = 0;
22.        adc = get_ads1015_adc(busI2C0, ADS1015_REG_CONFIG_MUX_SINGLE_3);
23.        in_v = 4.096*2*adc/4096;//采集电压的转换公式
24.        printk("ADS1015 采集到的电压值: adc = %fV\r\n",in_v);
25.        delay_ms(500);
26.        }
```

第 4 步：程序编译及调试。

（1）单击 图标进行编译，编译无误后，单击 图标，将程序下载到内存之中。注意：

此时代码还没有下载到 NAND Flash 之中，按下复位键后，程序会消失。

（2）打开串口调试软件，配置串口参数后，则在串口调试软件上打印相关信息，如图 8-3 所示。

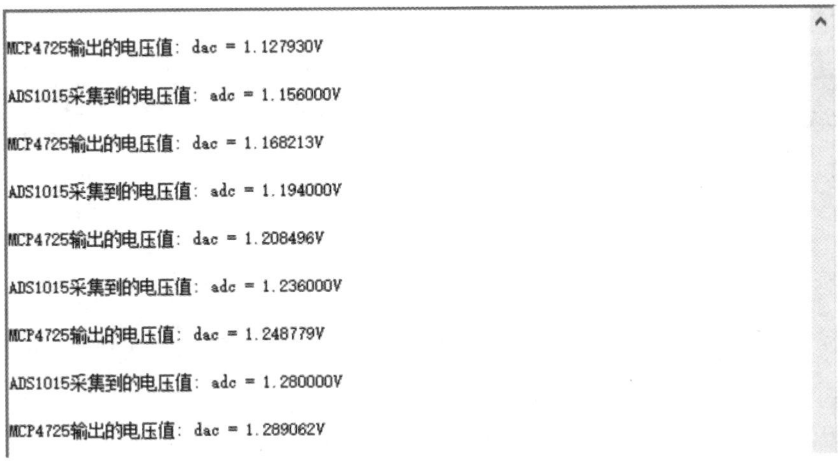

```
MCP4725输出的电压值: dac = 1.127930V
ADS1015采集到的电压值: adc = 1.156000V
MCP4725输出的电压值: dac = 1.168213V
ADS1015采集到的电压值: adc = 1.194000V
MCP4725输出的电压值: dac = 1.208496V
ADS1015采集到的电压值: adc = 1.236000V
MCP4725输出的电压值: dac = 1.248779V
ADS1015采集到的电压值: adc = 1.280000V
MCP4725输出的电压值: dac = 1.289062V
```

图 8-3　串口调试软件上打印相关信息

（3）可以看到通过 MCP4725 转换后输出的电压值和 ADS1015 采集到的电压值大致相等，说明成功实现模拟量转数字量，以及数字量转模拟量。

四、任务拓展

请查看本书配套资源，了解拓展任务要求和程序代码。

拓展任务 8-1：制作蜂鸣器报警器

拓展任务 8-2：采集蓝色电位器的电压值

第 9 章 龙芯 1B 的 SPI 接口

本章介绍 LS1B0200 的 SPI 控制器结构、寄存器、API 函数以及开发步骤等内容。通过理实一体化学习，读者掌握 SPI 驱动函数到应用函数的编写逻辑，并可以通过 SPI 接口访问带 SPI 接口的 Flash 存储器。

教学目标

知识目标	1. 掌握 LS1B0200 处理器 SPI 控制器结构、SPI 引脚复用及分布
	2. 了解 SPI 控制器寄存器、SPI 时序
	3. 掌握 SPI 设备配置参数结构体
	4. 掌握 SPI 的驱动、用户接口等函数的参量、功能及返回值
技能目标	1. 能熟练使用 SPI 驱动、用户接口等 API 函数
	2. 能熟练配置 SPI 设备结构体
	3. 能熟悉 SPI 开发步骤
	4. 熟练使用 C 语言编写 SPI 相关程序
素质目标	1. 将《沁园春・雪》中的诗句作为读写数据，弘扬中华民族传统文化
	2. 培养学生的标准意识、规范意识、安全意识、服务质量意识
	3. 培养学生团队协作、表达沟通能力

9.1 SPI 控制器

串行外围设备接口 SPI 总线技术是 Motorola 公司推出的多种微处理器、微控制器以及外围设备之间的一种全双工、同步、串行数据接口标准。SPI 传输速率由主从器件 SPI 控制器的性能决定，最大传输速率可以达到 50Mbps。SPI 是板载通信速度最快的协议，被广泛应用于芯片与芯片之间数据交换。

9.1.1　SPI 控制器结构

SPI 主控制器结构，如图 9-1 所示，系统寄存器包括控制寄存器、状态寄存器和外部寄存器，分频器生成 SPI 总线工作的时钟信号，数据读、写缓冲器（FIFO）允许 SPI 同时进行串行发送和接收数据。

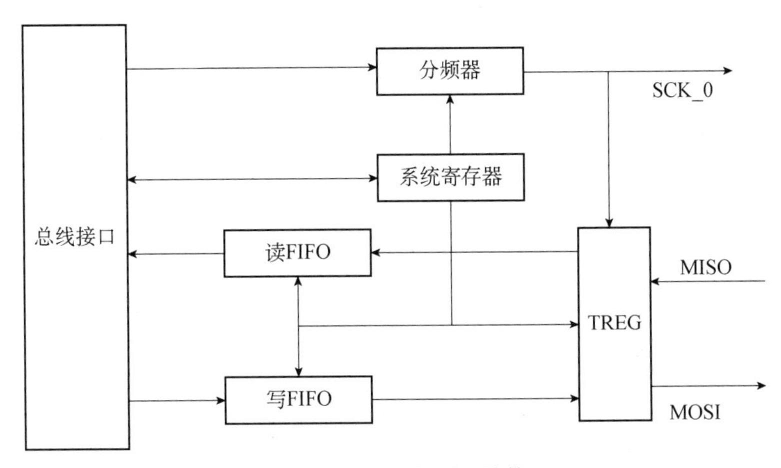

图 9-1　SPI 主控制器结构

注：SPI1 和 SPI0 的实现一样，系统启动地址不会映射到 SPI1 控制器，所以 SPI1 不支持系统启动。SPI1 的外部存储地址空间是 0xbf80,0000～0xbfbf,ffff 共 4MB。

9.1.2　SPI 引脚分布

LS1B0200 内共有 2 组四线 SPI（半双工/全双工的同步串行通信）接口，其中 SPI1 通过 CAN0 和 CAN1 复用实现，如表 9-1 所示，复用配置可参考 MUX 寄存器介绍。

表 9-1　SPI 引脚分布

PAD 外设（初始功能）	PAD 外设描述	GPIO 功能	SPI 复用功能
SPI0_CLK	SPI0 时钟	GPIO24	
SPI0_MISO	SPI0 主入从出	GPIO25	
SPI0_MOSI	SPI0 主出从入	GPIO26	
SPI0_CS0	SPI0 选通信号 0	GPIO27	
SPI0_CS1	SPI0 选通信号 1	GPIO28	
SPI0_CS2	SPI0 选通信号 2	GPIO29	
SPI0_CS3	SPI0 选通信号 3	GPIO30	
CAN0_RX	CAN0 数据输入	GPIO38	SPI1_CSN0
CAN0_TX	CAN0 数据输出	GPIO39	SPI1_CLK
CAN1_RX	CAN1 数据输入	GPIO40	SPI1_MOSI
CAN1_TX	CAN1 数据输出	GPIO41	SPI1_MISO

9.1.3 SPI 控制器寄存器

SPI0 和 SPI1 接口功能寄存器完全一样，只是访问基地址不一样。SPI 控制器寄存器基地址，如表 9-2 所示。

表 9-2 SPI 控制器寄存器基地址

名称	基地址（Base）	中断向量编号
SPI0	0xBFE80000	LS1B_IRQ0_BASE + 8
SPI1	0xBFEC0000	LS1B_IRQ0_BASE + 9

说明：基地址和部分中断向量宏定义如代码清单 9-1 所示。

代码清单 9-1 基地址和部分中断向量宏定义

```
------------------------------------------------------------------------------------------
1. #define MIPS_EXCEPTION_BASE       0
2. #define MIPS_INTERRUPT_BASE   MIPS_EXCEPTION_BASE+32
3. #define LS1B_IRQ0_BASE       (MIPS_INTERRUPT_BASE + 8)    //外部中断控制 0 的中断向量基
4. #define LS1B_SPI0_IRQ         (LS1B_IRQ0_BASE + 8)
5. #define LS1B_SPI1_IRQ         (LS1B_IRQ0_BASE + 9)
6. //****************************************************************************************
7. #define LS1B_SPI0_BASE         0xBFE80000     /* - 0xBFEBFFFF = 256KB */
8. #define LS1B_SPI1_BASE         0xBFEC0000     /* - 0xBFEFFFFF = 256KB */
------------------------------------------------------------------------------------------
```

SPI 控制器寄存器描述如表 9-3 所示，2 个 SPI 控制器寄存器基本上相同。每个 SPI 有一个基地址（Base），描述如表 9-3 所示。

表 9-3 SPI 控制器寄存器描述

控制寄存器（SPCR）（偏移地址：0x00；寄存器位宽：8 位；复位值：0x10）			
位域	位域名称	访问	说明
7	Spie	R/W	中断输出使能，高电平有效
6	spe	R/W	系统工作使能，高电平有效
5	Reserved	R/W	保留
4	mstr	R/W	master 模式选择位，此位一直保持 1
3	cpol	R/W	时钟极性位
2	cpha	R/W	时钟相位位，1：相位相反；0：相位相同
1:0	spr	R/W	SCLK_o 分频设定，需要与 SPER 寄存器的 spre 一起使用
状态寄存器（SPSR）（偏移地址：0x01；寄存器位宽：8 位；复位值：0x05）			
位域	位域名称	访问	说明
7	spif	R/W	中断标志位。1：表示有中断申请，写 1 则清零
6	wcol	R/W	写寄存器溢出标志位。1：表示已经溢出，写 1 则清零
5:4	Reserved	R/W	保留
3	wffull	R/W	写寄存器满标志，1：表示已经满
2	wfempty	R/W	写寄存器空标志，1：表示空

续表

位域	位域名称	访问	说明
1	rffull	R/W	读寄存器满标志，1：表示已经满
0	rfempty	R/W	读寄存器空标志，1：表示空
数据寄存器（TxFIFO/RxFIFO）（偏移地址：0x02；寄存器位宽：8 位；复位值：0x00）			
位域	位域名称	访问	说明
7:0	Tx FIFO	W	数据传输寄存器
外部寄存器（SPER）（偏移地址：0x03；寄存器位宽：8 位；复位值：0x00）			
位域	位域名称	访问	说明
7:6	icnt	R/W	在传输完多少字节后送出中断申请信号 00：1 字节； 01：2 字节；10：3 字节； 11：4 字节
5:3	Reserved	R/W	保留
2	mode	R/W	SPI 接口模式控制 0：采样与发送时机同时；1：采样与发送时机错开半周期
1：0	spre	R/W	与控制寄存器（SPCR）的 spr 一起设定分频的比率
参数控制寄存器（SFC_PARAM）（偏移地址：0x04；寄存器位宽：8 位；复位值：0x21）			
位域	位域名称	访问	说明
7:4	clk_div	R/W	时钟分频数选择（分频系数与{spre,spr}组合相同）
3	dual_io	R/W	使用双 I/O 模式，优先级高于快速读模式
2	fast_read	R/W	使用快速读模式
1	burst_en	R/W	SPI Flash 支持连续地址读模式
0	memory_en	R/W	SPI Flash 读使能，无效时 csn[0]可由软件控制
片选控制寄存器（SFC_SOFTCS）（偏移地址：0x05；寄存器位宽：8 位；复位值：0x00）			
位域	位域名称	访问	说明
7:4	csn	R/W	CSN 引脚输出值
3:0	csen	R/W	为 1 时对应位的 CS 线由 7:4 位控制
时序控制寄存器（SFC_TIMING）（偏移地址：0x06；寄存器位宽：8 位；复位值：0x03）			
位域	位域名称	访问	说明
7:2	Reserved	R/W	保留
1:0	tCSH	R/W	SPI Flash 的片选信号最短无效时间，以分频后时钟周期 T 计算。 00: 1T； 01: 2T； 10: 4T； 11: 8T

使用 LS1B 的 SPI 功能，需要设置相应的 I/O 口功能，配置 SPI 的频率、工作模式、时钟极性和时钟相位等。

（1）控制寄存器（SPCR）。bit4 为 master 模式选择位，此位一直保持 1，因此 SPI 控制器仅可作为主控端；bit3 为时钟极性位；bit2 为时钟相位位，该位为 1 时则相位相反，为 0 时则相同；[bit1:bit0]位为 SCLK_o 分频设定，需要与控制寄存器（SPCR）的 bit1:bit0 和外部寄存器（SPER）的 bit1:bit0 一起使用。

（2）分频系数设置。分频的源时钟频率是 DDR_CLK 的一半，分频系数设置，如表 9-4 所示。

表 9-4 SPI 分频系统设置

spre	00	00	00	00	01	01	01	01	10	10	10	10
spr	00	01	10	11	00	01	10	11	00	01	10	11
分频系数	2	4	16	32	8	64	128	256	512	1024	2048	4096

分频系数还与参数控制寄存器中的 bit7～bit4 有关，即时钟分频数选择（分频系数与{spre,spr}组合相同）。

（3）SPI 控制器寄存器配置，如代码清单 9-2 所示。

代码清单 9-2 SPI 控制器寄存器配置的相关代码

```
-----------------------------------------------------------------------------------------
1.  /***** 以下代码在 ls1x_spi_bus.c 文件中 ****/
2.  static int LS1x_SPI_set_tfr_mode(LS1x_SPI_bus_t *pSPI, LS1x_SPI_mode_t *pMODE)
3.  {   struct LS1x_SPI_clkdiv clkdiv;
4.      int rt;
5.      unsigned char val;
6.      /* 根据通信速率和总线频率计算分频系数*/
7.      rt = LS1x_SPI_baud_to_mode(pMODE->baudrate, pSPI->base_frq, &clkdiv);
8.      if (0 != rt)
9.      {   return rt;
10.     }
11.     pSPI->hwSPI->ctrl &= ~spi_ctrl_en;                /* 不使能 SPI */
12.     /* sclk_o 分频设定，需要与 sper 的 spre 一起使用 */
13.     val = clkdiv.spre & spi_er_spre_mask;
14.     if (!pMODE->clock_phs)                        /* = true: 同步发送 */
15.     {    /*SPI 接口模式控制，=0: 采样与发送时机同时; =1: 采样与发送时机错开半周期.*/
16.         val |= spi_er_mode;
17.      }
18.     pSPI->hwSPI->er = val;
19.     /* 设置参数控制寄存器 */
20.     val = pSPI->hwSPI->param;      //获取参数控制寄存器的初值
21.     val &= ~spi_param_clk_div_mask;   //时钟分频数选择，分频系数与 spre,spr 组合相同
22.     val |= (clkdiv.spre << 6) | (clkdiv.spr << 4);//配置分频系数
23.     pSPI->hwSPI->param = val;
24.     /* 设置控制寄存器--配置 SPI 工作模式 */
25.     val = spi_ctrl_master | (clkdiv.spr & spi_ctrl_spr_mask);
26.     if (pMODE->clock_pha)//如果设置的时钟相位变量为真，则配置时钟相位为 1
27.     {   val |= spi_ctrl_cpha;
28.     }
29.     if (pMODE->clock_pol)//如果设置的时钟极性变量为真，则配置时钟极性位为 1
30.     {   val |= spi_ctrl_cpol;
31.     }
32.     /* 更新控制寄存器，并使能 SPI */
33.     pSPI->hwSPI->ctrl = val | spi_ctrl_en;
34.     /* 配置状态寄存器，写寄存器溢出标志位清零，中断标志位清零 */
35.     pSPI->hwSPI->sr = spi_sr_iflag | spi_sr_txoverflow;
36.     /* 设置无效字符 */
37.     pSPI->dummy_char = pSPI->dummy_char & 0xFF;
38.     /* chip select mode */
39.     pSPI->chipsel_high = !pMODE->clock_inv;
```

```
40.    return 0;
41. }
```

9.2 SPI的API函数分析及开发步骤

9.2.1 SPI驱动函数

SPI驱动源代码在ls1x-drv/spi/ls1x_spi_bus.c中，头文件在ls1x-drv/include/ls1x_spi_bus.h中，配置代码在include/bsp.h中。

1. 启用SPI设备

需要用到哪个SPI设备，只需要在bsp.h中反注释宏定义，如代码清单9-3所示。

代码清单9-3　启用SPI宏义

```
1.  #define BSP_USE_SPI0    //启动SPI0
2.  //#define BSP_USE_SPI1 //禁止SPI1
```

2. SPI设备参数定义

在ls1x_spi_bus.c文件中，对SPI设备配置参数进行结构体封装，如代码清单9-4所示。

代码清单9-4　SPI设备配置参数结构体

```
1.  typedef struct
2.  {   struct LS1x_SPI_regs *hwSPI;     /* 指针指向SPI硬件寄存器 */
3.      /* 硬件参数 */
4.      unsigned int base_frq;          /* 总线频率变量 */
5.      unsigned int chipsel_nums;      /* 片选总数 */
6.      unsigned int chipsel_high;      /* 片选高有效 */
7.      unsigned int dummy_char;        /* 无效字符 */
8.      /* 中断的支持 */
9.      unsigned int irqNum;            /* 中断向量编号 */
10.     unsigned int int_ctrlr;         /* 中断寄存器基地址（INT0的地址） */
11.     unsigned int int_mask;          /* 中断屏蔽位 */
12.     /* 互斥量 */
13. #if defined(OS_RTTHREAD)
14.     rt_mutex_t spi_mutex;
15. #elif defined(OS_UCOS)
16.     OS_EVENT  *spi_mutex;
17. #elif defined(OS_FREERTOS)
18.     SemaphoreHandle_t spi_mutex;
19. #else // defined(OS_NONE)
20.     int  spi_mutex;
21. #endif
22.     int  initialized;              /*是否初始化*/
```

```
23.     char dev_name[16];              /*设备名称*/
24. #if (PACK_DRV_OPS)
25.     libspi_ops_t *ops;               /* 指针指向总线操作函数 */
26. #endif
27. } LS1x_SPI_bus_t;
28.
29. /* SPI 设备通信方式 */
30. typedef struct
31. {   unsigned int  baudrate;          /* 通信速率 */
32.     unsigned char bits_per_char;     /* 配置每字节多少位 */
33.    bool          lsb_first;        /* True:先发送 LSB */
34.    bool          clock_pha;        /* 时钟相位 */
35.    bool          clock_pol;        /* 时钟极性 */
36.    bool          clock_inv;        /* True:反向时钟(低有源) */
37.    bool          clock_phs;        /* True:时钟在数据 TFR 接口模式开始时开始切换 */
38. } LS1x_SPI_mode_t;
```

下面以 SPI0 为例，介绍如何填充 SPI 设备配置参数结构体，代码在 ls1x_spi_bus.c 文件中，如代码清单 9-5 所示。定义结构体变量的同时初始化成员变量，填充变量的不同点是 SPI 寄存器的基地址不同，其他基本相同。

代码清单 9-5　SPI0 设备配置参数结构体填充

```
1.  /* SPI0 */
2.  static LS1x_SPI_bus_t ls1x_SPI0 =
3.  {    .hwSPI = (struct LS1x_SPI_regs *)LS1x_SPI0_BASE, /* 设备基地址 */
4.       .base_frq = 0,                              /* 总线频率 */
5.       .chipsel_nums = 4,                          /* 片选总数 */
6.       .chipsel_high = 0,                          /* 片选高有效 */
7.       .dummy_char = 0,                            /* 无效字符 */
8.       .irqNum = LS1x_SPI0_IRQ,                    /* 中断号 */
9.       .int_ctrlr = LS1x_INTC0_BASE,                   /* 中断控制寄存器 */
10.      .int_mask = INTC0_SPI0_BIT,                     /* 中断屏蔽位 */
11.      .spi_mutex = 0,                         /* 设备锁 */
12.      .initialized = 0,                           /* 是否初始化 */
13.      .dev_name = "spi0",                         /* 设备名称 */
14. };
15. LS1x_SPI_bus_t *busSPI0 = &ls1x_SPI0;
16. #endif
```

9.2.2　SPI 接口函数

有 7 个用户操作的 SPI 接口函数，与驱动函数一一对应，如表 9-5 所示。

表 9-5　用户 SPI 接口函数与驱动函数一一对应

用户接口函数	对应的驱动函数	功能描述
ls1x_spi_initialize(spi)	int LS1x_SPI_initialize(void *bus);	初始化

续表

用户接口函数	对应的驱动函数	功能描述
ls1x_spi_send_start(spi, addr)	int LS1x_SPI_send_start(void *bus, unsigned int Addr);	获取总线控制权
ls1x_spi_send_stop(spi, addr)	int LS1x_SPI_send_stop(void *bus, unsigned int Addr);	释放总线控制权
ls1x_spi_send_addr(spi, addr, rw)	int LS1x_SPI_send_addr(void *bus, unsigned int Addr, int rw);	发送片选信号
ls1x_spi_read_bytes(spi, buf, len)	int LS1x_SPI_read_bytes (void *bus, unsigned char *buf, int len);	读 SPI 数据
ls1x_spi_write_bytes(spi, buf, len)	int LS1x_SPI_write_bytes(void *bus, unsigned char *buf, int len);	写 SPI 数据
ls1x_spi_ioctl(spi, cmd, arg)	int LS1x_SPI_ioctl(void *bus, int cmd, void *arg);	发送控制命令

1. ls1x_spi_initialize(spi) 函数分析

（1）参数与返回值。

①spi：SPI 设备，2 个 SPI 结构体变量指针供选择，即 busSPI0、busSPI1。

②返回值：错误：-1；正常：0。

（2）函数功能：初始化 SPI，初始化总线的频率，关闭芯片全部中断。

2. ls1x_spi_send_start(spi, addr)函数分析

（1）参数与返回值。

①spi：SPI 设备，2 个 SPI 结构体变量指针供选择（注：此处与 ls1x_spi_initialize(spi)相同，特做保留，下同）。

②addr：四根片选线之一，即 0～3。

③返回值：错误：-1；正常：0。

（2）函数功能：发送片选信号，获取总线控制权。

3. ls1x_spi_send_stop(spi, addr)函数分析

（1）参数与返回值。

①spi：SPI 设备，2 个 SPI 结构体变量指针供选择。

②addr：四根片选线之一，即 0～3。

③返回值：错误：-1；正常：0。

（2）函数功能：发送片选信号，释放总线控制权。

4. ls1x_spi_send_addr(spi, addr, rw)函数分析

（1）参数与返回值。

①spi：SPI 设备，2 个 SPI 结构体变量指针供选择。

②addr：四根片选线之一，即 0～3。

③rw：未使用，写 0 即可。

③返回值：错误：-1；正常：0。

（2）函数功能：发送片选信号。

5. ls1x_spi_read_bytes(spi, buf, len)函数分析

（1）参数与返回值。

①spi：SPI 设备，2 个 SPI 结构体变量指针供选择。

②buf：存放读取到的数据。

③len：读取的数据的长度（单位：字节）。

④返回值：成功：返回读取到的字节数；失败：-1。

（2）函数功能：从数据寄存器（TxFIFO/RxFIFO）中读取数据。

6. ls1x_spi_write_bytes(spi, buf, len)函数分析

（1）参数与返回值。

①spi：SPI 设备，2 个 SPI 结构体变量指针供选择。

②buf：写入的数据。

③len：写入的数据的长度（单位：字节）。

④返回值：成功：返回写入成功的字节数；失败：-1。

（2）函数功能：将数据写入数据寄存器（TxFIFO/RxFIFO）中。

7. ls1x_spi_ioctl(spi, cmd, arg) 函数分析

（1）参数与返回值。

①spi：SPI 设备，2 个 SPI 结构体变量指针供选择。

②cmd：命令数据。

③arg：需要传入的参数。

④返回值：成功：0；失败：-1。

⑤说明：cmd 传入的参数为 IOCTL_SPI_I2C_SET_TFRMODE -->配置 SPI 控制器寄存器
IOCTL_FLASH_FAST_READ_ENABLE-->开启快读模式
IOCTL_FLASH_FAST_READ_DISABLE-->关闭快读模式
IOCTL_FLASH_GET_FAST_READ_MODE-->获取控制寄存器（SPCR）中的数值。

（2）函数功能：发送控制命令。

注：在调用 ls1x_spi_read_bytes()和 ls1x_spi_write_bytes()函数时最终会调用驱动函数 LS1x_SPI_read_write_bytes()。

9.2.3 SPI 开发步骤

第 1 步：添加 ls1x_spi_bus.h 头文件，并在 bsp.h 中打开使用到的 SPI 设备。

第 2 步：调用 ls1x_spi_initialize()函数初始化。

第 3 步：设置传输模式，调用 ls1x_spi_ioctl((void *)busSPI0, IOCTL_SPI_I2C_SET_TFRMODE, &m_devMode)函数。

第 4 步：编写读写函数，如表 9-6 所示。

表 9-6　配置 SPI 读写步骤

功能	写数据	读数据
获取总线控制权	ls1x_spi_send_start(spi)	ls1x_spi_send_start(spi)
发送片选信号	ls1x_spi_send_addr(spi, addr, true)	ls1x_spi_send_addr(spi, addr, true)
发送指令和读写首地址	ls1x_spi_write_bytes(spi, buf, len)	ls1x_spi_write_bytes(spi, buf, len)
发送数据（写数据） 读取数据（读数据）	ls1x_spi_write_bytes(spi, buf, len)	ls1x_spi_read_bytes(spi, buf, len)
释放总线控制权	ls1x_spi_send_stop(spi)	ls1x_spi_send_stop(spi)

任务 10　读写 SPI Flash 存储器

一、任务描述

在龙芯 1+X 开发板上，采用 SPI0 接口，实现龙芯 LS1B0200 处理器读写 SPI Flash 设备。将“俱往矣，数风流人物，还看今朝。——《沁园春 • 雪》”作为数据写入 Flash 存储器中，然后再从存储器中读出，验证写入的数据与读出的数据是否一致。

二、任务分析

1. 硬件电路分析

龙芯 LS1B0200 处理器的 SPI0 接口有 4 个片选信号（SPI0_CS0～SPI0_CS3），具体连接如下：

● 将 SPI0_CS0 与核心板上的 W25X40 芯片相连。

● 将 SPI0_CS1 和 SPI0_CS2 分别与开发板上的两片 GD25Q127 芯片相连，其中 U19 为用户 SPI NOR Flsah 可读可写，用于存放数据；U20 为默认 SPI NOR Flsah 可读不可写，默认程序写保护，用于检验默认硬件状态，如图 9-2 所示。

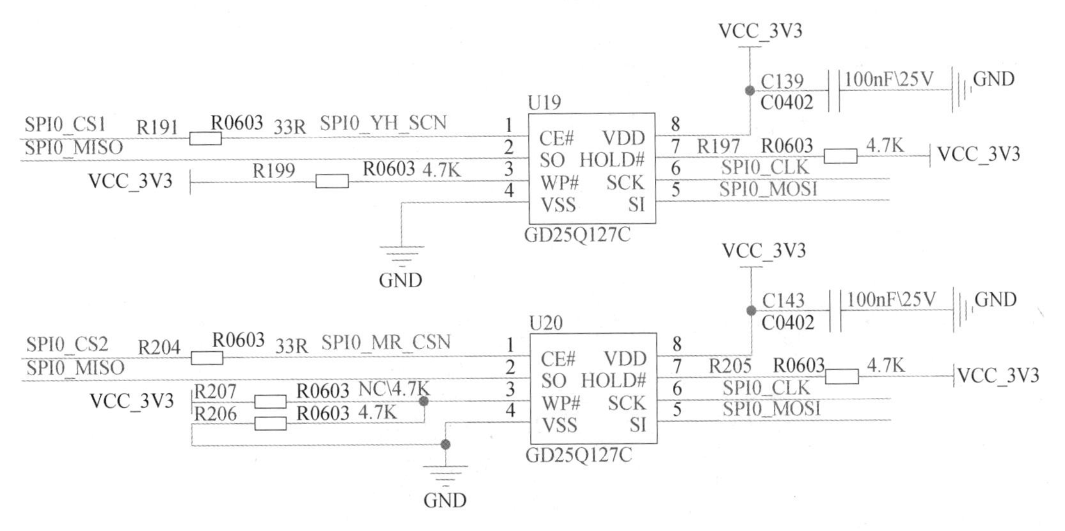

图 9-2　两片 GD25Q127 芯片与 SPI0 接口电路

- 将 SPI0_CS3 与开发板上的 TF-Card 相连，用于接存储卡使用，实现大容量 SPI 存储卡实训。

2. 软件设计

首先，按照新建项目向导，建立工程。

其次，添加 ls1x_spi_bus.h 头文件和 w25x40.h 头文件（IDE 中已经写好了 W25Q40 的驱动函数），配置 SPI 设备通信方式（结构体 LS1x_SPI_mode_t），调用 ls1x_spi_initialize()初始化函数（注：若读写核心板上的 W25X40 设备时，需要跳过 256KB 的空间，因为 0～256KB 空间用于存储 PMON，所以读写地址要大于 256KB）。

最后，调用读写函数，对 SPI Flash 进行读写操作，由于 Flash 的特性，在写操作前需要先对 Flash 进行擦除操作。

三、任务实施

第 1 步：硬件连接。

先用 USB 转串口线连接计算机 USB 和龙芯 1+X 开发板的串口（UART5），再给龙芯 1+X 开发板上电。

第 2 步：新建工程。

首先，打开龙芯 1X 嵌入式集成开发环境，依次单击“文件”→“新建”→“新建项目向导…”，新建工程。

第 3 步：编写程序。

在自动生成代码的基础上，编写代码，并在 bsp.h 文件中打开 SPI0 宏，如代码清单 9-6 所示。

代码清单 9-6　SPI Flash 程序

```
------------------------------------------------------------------------------
8.  #include <stdio.h>
9.  #include "ls1b.h"
10. #include "mips.h"
11. #include "bsp.h"
12. //1. 添加头文件
13. #include "ls1x_spi_bus.h"
14. #include "spi/w25x40.h"
15. void spi0_w25x40_test(void);
16. int main(void)
17. {    printk("\r\nmain() function.\r\n");
18.     ls1x_drv_init();                 /* 初始化外设设备 */
19.     install_3th_libraries();           /* 初始化组件设备 */
20.     /**
21.      ** 注：核心板上的 W25X40 由于存储了 PMON，为防止误操作，因此此实例
22.      ** 使用的是 U19 器件的 GD25Q127，而不是核心板上的 W25X40，两者的驱
23.      ** 动代码是可以共用的，只是它们的大小不同而已。由于系统自带的 W25
24.      ** X40 驱动是控制核心板上的，所以需要改一下片选信号，即在
25.      ** spi/w25x40/w25x40.c 文件中将宏定义 W25X40_CS 改为 1，即可
26.      **/
27.     int w25x40_id;
28.     //设备初始化
```

```
29.     ls1x_spi_initialize((void *)busSPI0);
30.     ls1x_w25x40_init((void *)busSPI0,NULL);
31.     ls1x_w25x40_open((void *)busSPI0,NULL);
32.     //获取 w25x40 设备的 id
33.     ls1x_w25x40_ioctl((void *)busSPI0,IOCTL_W25X40_READ_ID,&w25x40_id);
34.     printk("w25x40_id:%#x\r\n",w25x40_id);//w25x40_id = 0xc817，说明器件正常
35.     //读写测试
36.     spi0_w25x40_test();
37.     /** 裸机主循环 */
38.     for (;;)
39.     {   delay_ms(500);
40.     }
41.     return 0;
42. }
43. /*********************************************************************
44.  **函数名: spi0_w25x40_test
45.  **函数功能: W25X40 读写
46.  **形参: 无
47.  **返回值: 无
48.  **说明: W25X40 尽量不要擦除多次
49.  *********************************************************************/
50.  void spi0_w25x40_test(void)
51.  {  unsigned char ret;
52.     unsigned int wraddr = 0x00;
53.     unsigned int rdaddr = 0x00;
54.     unsigned char wr_buf[] = "俱往矣，数风流人物，还看今朝。——《沁园春·雪》";
55.     unsigned char rd_buf[125] = {0};
56.     //擦除
57.     //第三个参数传入的是数值，不是地址
58.     ls1x_w25x40_ioctl((void *)busSPI0,IOCTL_W25X40_ERASE_4K,wraddr);
59.     //传入失败则返回-1，成功则返回写入的字节数
60.     ret = ls1x_w25x40_write((void *)busSPI0,wr_buf,sizeof(wr_buf),&wraddr);
61.     if(ret > 0)
62.     {   //传入失败则返回-1，成功则返回读出的字节数
63.         ret=ls1x_w25x40_read((void*)busSPI0,rd_buf,sizeof(wr_buf),&rdaddr);
64.         if(ret > 0)
65.         {  printk("w25x40 Read:%s\r\n",rd_buf);
66.         }
67.         else
68.         {  printk("read error\r\n");
69.         }
70.     }
71.     else
72.     {   printk("write error\r\n");
73.     }
74.  }
```

第 4 步：程序编译及调试。

（1）单击图标进行编译，编译无误后，单击图标，将程序下载到内存之中。注意：此时代码还没有下载到 NAND Flash 之中，按下“复位”键后，程序会消失。

（2）打开串口调试软件，按如图 9-3 所示配置串口参数后，则在串口调试软件上打印相关

信息。

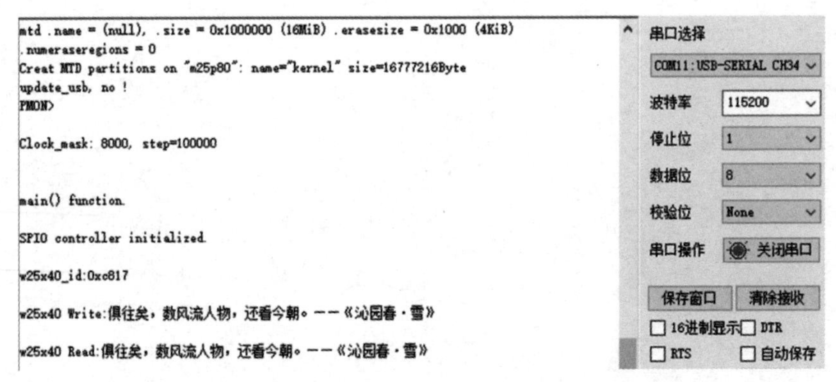

图 9-3　实训现象

（3）读写数据验证，可以看到写入的数据和读取的数据是一样的。

四、任务拓展

请查看本书配套资源，了解拓展任务要求和程序代码。

拓展任务 9-1　读写存储卡

第 10 章 龙芯 1B 的 CAN 接口

本章介绍 CAN 总线工作原理，以及 LS1B0200 的 CAN 总线控制器结构、控制寄存器、API 函数以及开发步骤等内容。通过理实一体化学习，读者应了解 CAN 总线结构、帧类型、位速率等理论知识，以及掌握 CAN 总线驱动函数到应用函数的编写逻辑，并能编写 CAN 总线通信程序。

教学目标

知识目标	1. 了解 CAN 总线结构、特点、应用领域、帧类型、位速率等
	2. 理解 CAN 总线标准格式和拓展格式数据传输帧
	3. 掌握 LS1B0200 处理器 CAN 控制器结构、CAN 引脚复用及分布
	4. 掌握 CAN 设备配置参数结构体
	5. 掌握 CAN 的驱动、用户接口等函数的参量、功能及返回值
技能目标	1. 能熟练配置 CAN 设备结构体中 ID、控制段、数据段等参量
	2. 能熟练使用 CAN 驱动、用户接口、中断等 API 函数
	3. 能熟悉 CAN 总线开发步骤
	4. 熟练使用 C 语言编写 CAN 总线相关程序
素质目标	1. 将“冬奥会”作为读写数据，增强学生的民族自尊心和民族自豪感
	2. 培养学生的标准意识、规范意识、安全意识、服务质量意识
	3. 培养学生团队协作、表达沟通能力

10.1 CAN 总线工作原理

CAN 是控制器局域网络（Controller Area Network）的简称，是 ISO 国际标准化的串行通信协议，由德国博世公司在 1986 年率先提出。CAN 协议经过 ISO 标准化后，发布了两个标准：ISO11898 标准和 ISO11519-2 标准，其中 ISO11898 是针对通信速率为 125kbps～1Mbps 的高速通信标准，ISO11519-2 是针对通信速率为 125kbps 以下的低速通信标准。CAN 具有很高的可靠性，广泛应用于汽车电子、工业自动化、船舶、医疗设备、工业设备等领域。CAN 总线具有如下特点。

- 多主控制：CAN 总线是去中心化的，每个节点都可以是主机。
- 系统柔软性：连接 CAN 总线的单元，没有类似“地址”的信息，因此，在总线上添加单元时，已连接的其他单元的软硬件和应用层都不需要做改变。
- 高速长距离：通信速率可达到 1Mbps（距离<40m），最远可达 10km（速率<5kbps）。
- 可靠性高：所有单元都可以检测错误（错误检测功能），检测出错误的单元会立即同时通知其他所有单元（错误通知功能），正在发送消息的单元一旦检测出错误，会强制结束当前的发送。强制结束发送的单元会不断反复地发送消息直到成功发送为止（错误恢复功能）。
- 故障封闭功能：CAN 总线可以判断出错误的类型是总线上暂时的数据错误（如外部噪声等）还是持续的数据错误（如单元内部故障、驱动器故障、断线等）。因此，当总线上发生持续数据错误时，可将引起此故障的单元从总线上隔离出去。
- 连接节点多：CAN 总线是可同时连接多个单元的总线。可连接的单元总数理论上是没有限制的。但实际上可连接的单元数受总线上的时间延迟及电气负载的限制。降低通信速率，可连接的单元数增加；提高通信速率，则可连接的单元数减少。

正是因为 CAN 总线具有这么多优点，CAN 总线特别适合工业过程监控设备之间的互连，因此，CAN 总线越来越受到工业界的重视，已被公认为最有前途的现场总线之一。

10.1.1 CAN 总线结构及帧格式

CAN 总线网络拓扑结构，如图 10-1 所示，所有 CAN 总线设备（节点）都挂在 CAN_H 和 CAN_L 上，各个节点通过这两条线实现信号的串行差分传输。为了避免信号的反射和干扰，还需要在 CAN_H 和 CAN_L 之间接上 120Ω 的终端电阻。为什么是 120Ω 的终端电阻？因为电缆的特性阻抗为 120Ω，其目的是模拟无限远的传输线。

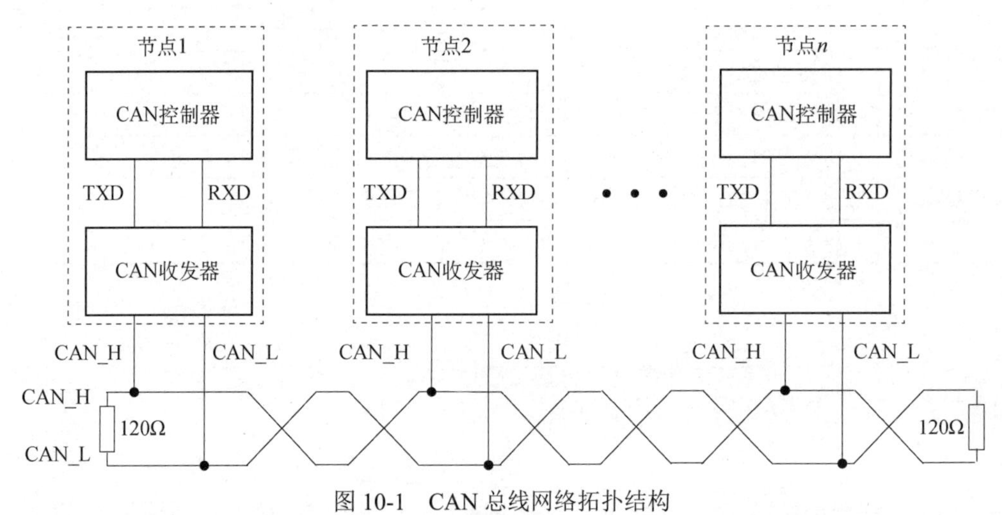

图 10-1　CAN 总线网络拓扑结构

1. CAN 总线电平

CAN 收发器的作用是将微处理器引脚的逻辑电平转化为CAN总线上的CAN_L和CAN_H电平，CAN 收发器一般采用专用芯片，高速 CAN 和低速 CAN 的 CAN 收发器芯片不相同。

CAN 控制器根据 CAN_L 和 CAN_H 上的电位差来判断总线电平。总线电平分为“显性电平”和“隐性电平”。高速 CAN 电平与逻辑电平之间转换关系，如图 10-2 所示。

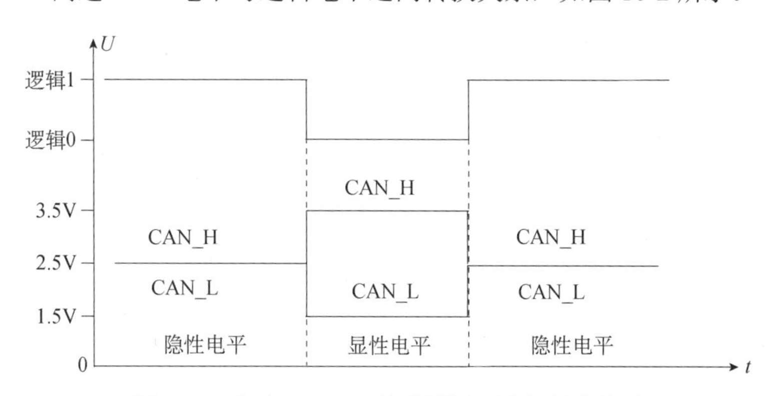

图 10-2　高速 CAN 电平与逻辑电平之间转换关系

- 显性电平对应逻辑 0，CAN_H 和 CAN_L 之差为 2V 左右。
- 隐性电平对应逻辑 1，CAN_H 和 CAN_L 之差为 0V。
- CAN 总线电平变化：当没有数据发送时，两条线的电平一样都为 2.5V，称为静电平，也就是隐性电平。当有信号发送时，CAN_H 的电平升高 1V，即 3.5V，CAN_L 的电平降低 1V，即 1.5V。
- CAN 信号传输：发送数据时，CAN 控制器将 CPU 传来的信号转换为逻辑电平（即逻辑 0—显性电平或者逻辑 1—隐性电平），CAN 发射器接收逻辑电平之后，再将其转换为差分电平输出到 CAN 总线上；接收数据时，CAN 接收器将 CAN_H 和 CAN_L 线上传来的差分电平转换为逻辑电平输出到 CAN 控制器，CAN 控制器再把该逻辑电平转化为相应的信号发送到 CPU 上。

2. CAN 总线数据传输帧

CAN 总线数据按 CAN 帧来传输，CAN 的通信帧分成 5 种，分别为数据帧、遥控帧、错误帧、过载帧和间隔帧，如表 10-1 所示。

表 10-1　CAN 的通信帧

帧类型	帧用途
数据帧	用于发送单元向接收单元传送数据的帧
遥控帧	用于接收单元向具有相同 ID 的发送单元请求数据的帧
错误帧	用于当检测出错误时向其他单元通知错误的帧
过载帧	用于接收单元通知其尚未做好接收准备的帧
间隔帧	用于将数据帧及遥控帧与前面的帧分离开来的帧

其中，数据帧和遥控帧有标准格式（2.0A）和扩展格式（2.0B）两种格式。其中遥控帧也称为远程帧，数据接收器节点通过发送遥控帧，启动其他节点向各节点发送数据。遥控帧和数据帧非常类似，只是遥控帧没有数据域。

这里重点讲解一下数据帧，数据帧由 7 个段组成，即帧起始、仲裁段、控制段、数据段、CRC 段、ACK 段和帧结束。标准格式有 11 个位的标识符（ID），扩展格式有 29 个位的 ID，其他段标准格式和扩展格式都是相同的，如图 10-3 所示。

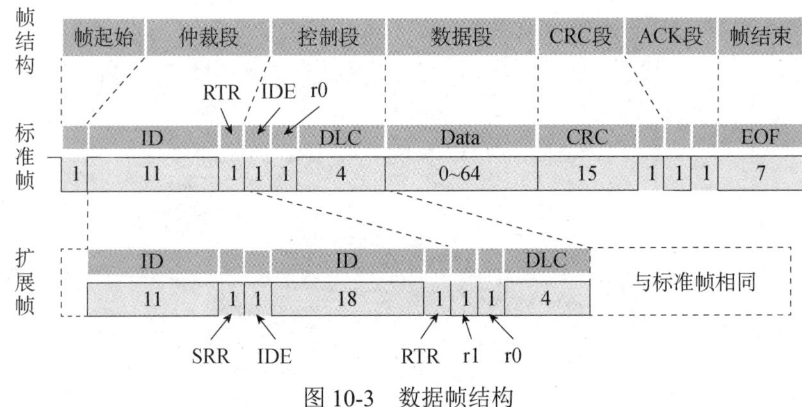

图 10-3　数据帧结构

- 11 位基本 ID（标准 ID）：禁止高 7 位都为隐性位，即不能 ID=1111111XXXX。
- RTR：用于标识是数据帧（显性电平）还是远程帧（隐性电平）。
- SRR：代替远程请求帧，为隐性位。
- IDE：确定是标准格式还是扩展格式，为显性位时，则是标准格式；为隐性位时，则是拓展格式。
- r0/r1：保留位。

（1）帧起始

表示数据帧开始的段，由一个显性电平（低电平）组成，发送节点发送帧起始，其他节点同步于帧起始。

（2）仲裁段

表示该帧优先级的段，只要总线空闲，总线上任何节点都可以发送报文，如果有两个或两个以上的节点开始传送报文，那么就会存在总线访问冲突的可能。但是 CAN 使用了标识符的逐位仲裁方法可以解决这个问题。CAN 总线控制器在发送数据的同时监控总线电平，如果电平不同，则停止发送并做其他处理。如果该位位于仲裁段，则退出总线竞争；如果位于其他段，则产生错误事件。

假设节点 A、B 和 C 都发送相同格式、相同类型的帧，若采用标准格式数据帧传输数据，它们竞争总线的过程，如图 10-4 所示。

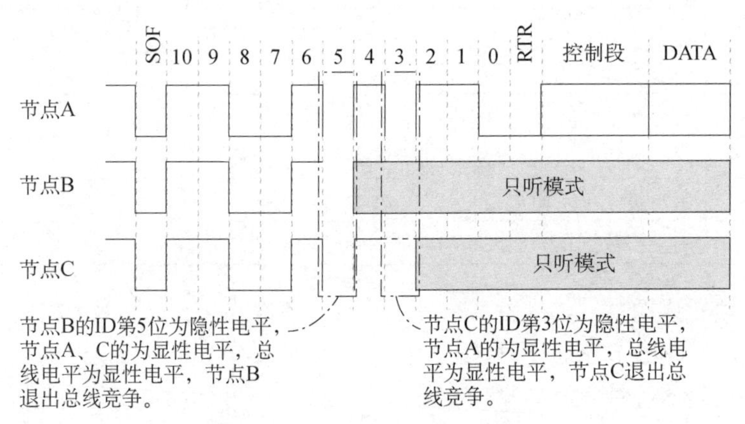

图 10-4　CAN 总线竞争过程

竞争规律如下：

- 总线空闲时，最先发送的单元获得发送优先权，一旦发送，其他单元无法抢占。
- 如果有多个单元同时发送，则连续输出显性电平多的单元，具有较高优先级。从 ID 开始比较，如果 ID 相同，还可能会比较 RTR 和 SRR 等位。

● 帧 ID 越小，优先级越高。由于数据帧的 RTR 位为显性电平，远程帧为隐性电平，所以在帧格式和帧 ID 相同的情况下，数据帧优先于远程帧；由于标准帧的 IDE 位为显性电平，扩展帧的 IDE 位为隐性电平，对于前 11 位 ID 相同的标准帧和扩展帧，标准帧优先级比扩展帧高，如图 10-5 所示。

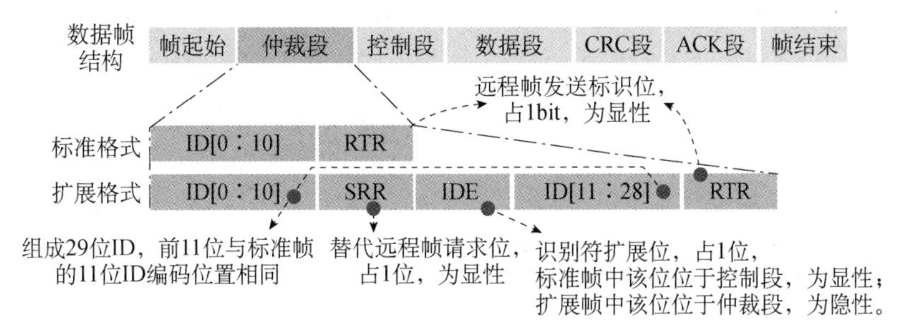

图 10-5　仲裁段标准格式与扩展格式区别

（3）控制段

表示数据的字节数及保留位的段，其中用 4 位二进制数来表示发送数据的字节数，例如，发送 8 字节，则控制段二进制值为 1000。

（4）数据段

用 0～64 位二进制数来表示传输数据的内容，一帧可发送 0～8 字节的数据，高位先传输，如图 10-6 所示。

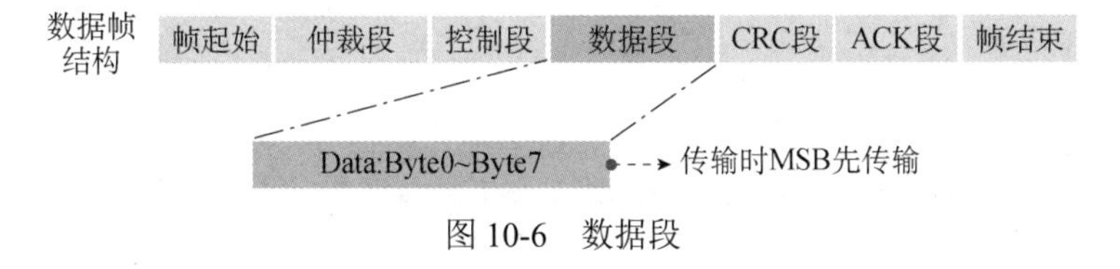

图 10-6　数据段

（5）CRC 段

用 15 位二进制数来表示 CRC 校验数据，CAN 检查帧的传输错误。

（6）ACK 段

表示确认正常接收的段。

（7）帧结束

表示数据帧结束的段，由 7 个隐性位（高电平）组成。

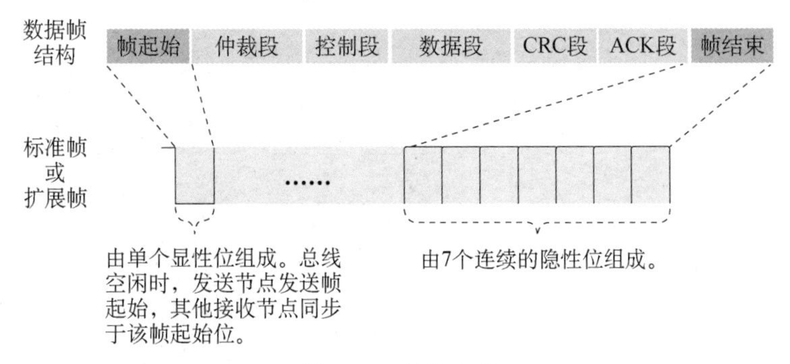

图 10-7　帧结束段

对于编程者，只要关心 ID、控制段和数据段，其他段都是由硬件自动完成的。

10.1.2 CAN 总线位速率

位速率又称比特率（bit rate）、信息传输率，表示的是单位时间内，总线上传输的信息量，即每秒能够传输的二进制位的数量，单位是 bps（bit per second）。位速率和波特率都用来表示数据的传输速度，但是两者是有区别的。

- 单位不同：位速率的单位为 bps，波特率的单位为 baud。
- 表示意义不同：波特率表示的是单位时间内传输的码元的数量，当一个码元用一个二进制位表示，此时波特率在数值上和比特率是一样的。例如，串口通信的波特率为 115200baud（波特），一个码元由 10 位二进制位表示，则单位时间内可以传输的二进制位的数量为 115200×10= 1152000bps。

1. 位时间

位时间：表示的是一个二进制位在总线上传输时所需要的时间，即

$$位时间 = \frac{1}{位速率}$$

CAN 总线系统中的两个时钟周期为晶振时钟周期和 CAN 时钟周期。

- 晶振时钟周期：是由单片机振荡器的晶振频率决定的，指的是振荡器每振荡一次所消耗的时间长度，也是整个系统中最小的时间单位。
- CAN 时钟周期：CAN 时钟周期是由系统时钟分频而来的一个时间长度值，实际上就是一个 T_q（Time Quantum），按照下面的公式计算：

CAN 时钟周期 = 2×晶振时钟周期×BRP

其中 BRP 叫作波特率预分频值（Baudrate Prescaler）。注意：不同的处理器 CAN 时钟周期计算公式有所差别。

假设 BRP 为 1，则 CAN 总线位时间，如图 10-8 所示。

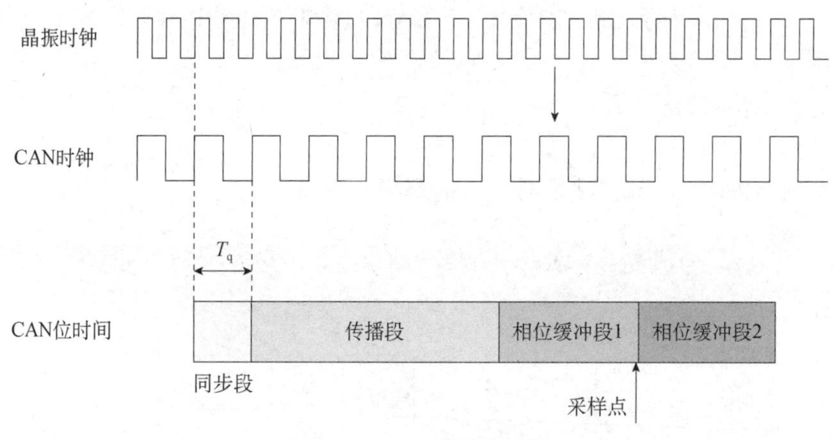

图 10-8　CAN 总线位时间

2. 位时序

CAN 总线位时序由同步段（SS）、传播段（PTS）、相位缓冲段 1（PBS1）和相位缓冲段 2（PBS2）组成。

（1）同步段（Synchronization Segment）

- 长度固定，1 个 T_q。
- 一个位的传输从同步段开始。
- 同步段用于同步总线上的各个节点，一个位的跳边沿在此时间段内。

（2）传播段（Propagation Segment）

- 传播段用于补偿报文在总线和节点上传输时所产生的时间延迟。
- 传播段时长 ≥ 2 × 报文在总线和节点上传输时产生的时间延迟。
- 传播段时长可编程（1～8 个 T_q）。

（3）相位缓冲段 1（Phase Buffer Segment1）

- 用于补偿节点间的晶振误差。
- 允许通过重同步对该段加长。
- 在这个时间段的末端进行总线状态的采样。
- 长度可编程（1～8 个 T_q）。

（4）相位缓冲段 2（Phase Buffer Segment2）

- 用于补偿节点间的晶振误差。
- 允许通过重同步对该段缩短。
- 长度可编程（1～8 个 T_q）。

10.2 CAN 控制器

龙芯 1B 集成了两个 CAN 接口控制器，CAN 总线是由发送数据线 TX 和接收数据线 RX 构成的串行总线，可发送和接收数据，设备与设备之间进行双向传送，最高传送速率为 1Mbps。

两个 CAN 引脚分布，如表 10-2 所示。

表 10-2 两个 CAN 引脚分布

PAD 外设（初始功能）	PAD 外设描述	GPIO 功能
CAN0_RX	CAN0 数据输入	GPIO38
CAN0_TX	CAN0 数据输出	GPIO39
CAN1_RX	CAN1 数据输入	GPIO40
CAN1_TX	CAN1 数据输出	GPIO41

两个 CAN 总线控制器的中断连接到中断控制的第一组寄存器（INT0），其中 CAN0 的中断对应 bit6，CAN1 的中断对应 bit7，具体参考第 4 章龙芯 1B 的中断控制器。

CAN0 总线控制器的寄存器基地址为 0xbfe50000 开始的 16KB。

CAN1 总线控制器的寄存器基地址为 0xbfe54000 开始的 16KB。

10.2.1 CAN 控制器结构

CAN 主控制器主要模块有高级外围总线接口、位流处理单元、位时序逻辑、错误管理逻辑、接收滤波器和数据缓存区，如图 10-9 所示。

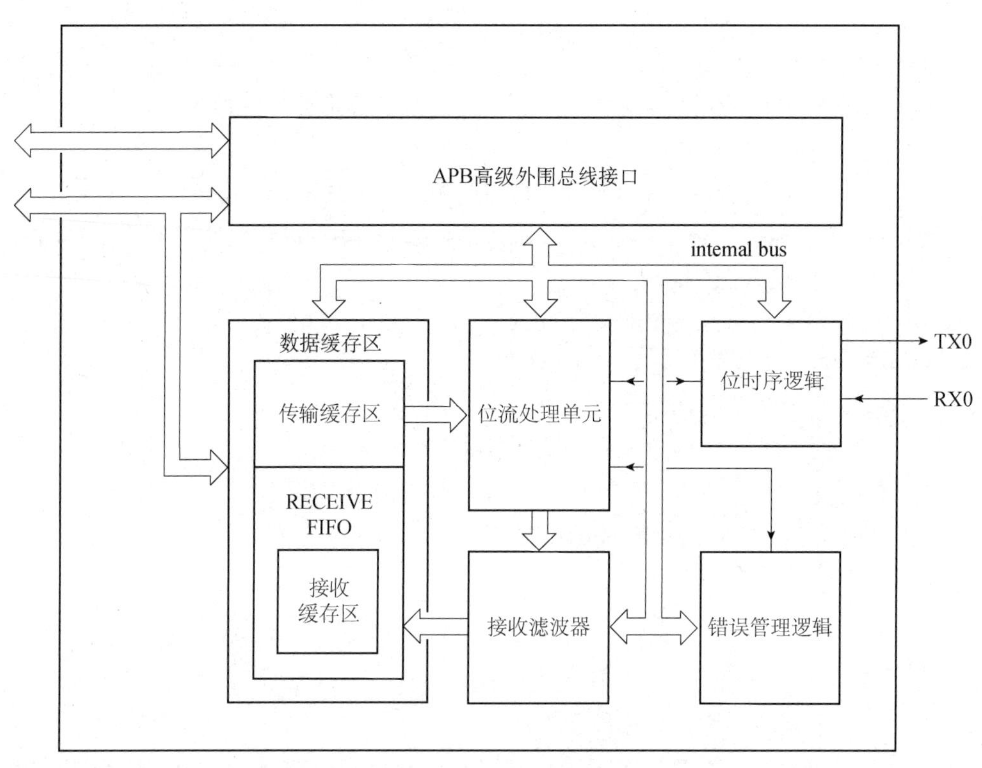

图 10-9　CAN 主控制器结构

- 高级外围总线接口：接收 APB 总线的指令和返回数据。
- 位流处理单元：实现对发送缓存器、接收 FIFO 和 CAN 总线之间数据流的控制，同时还执行错误检测、总线仲裁、数据填充和错误处理等功能。
- 位时序逻辑：监视串口的 CAN 总线和处理与总线有关的位时序，还提供了可编程的时间段来补偿传播延迟时间、相位转换和定义采样点与一位时间内的采样次数。
- 错误管理逻辑：判断传输的 CRC 错误并对错误计数。
- 接收滤波器：把接收的识别码的内容相比较以决定是否接收信息。
- 数据缓存区：传输缓冲区是接收滤波器和 CPU 之间的接口，用来储存从 CAN 总线上接收的信息。接收缓冲区（13 字节）作为接收 FIFO（64 字节）的一个窗口可被 CPU 访问。

10.2.2　CAN 控制寄存器

两个 CAN 控制器的功能寄存器完全一样，只是访问基址不一样，CAN 控制器寄存器基地址，如表 10-3 所示。

表 10-3　CAN 控制器寄存器基地址

名称	基地址（Base）	中断向量编号
CNA0	0xbfe50000	LS1B_IRQ0_BASE + 6
CAN1	0xbfe54000	LS1B_IRQ0_BASE + 7

说明：CAN 控制器的基地址和部分中断向量宏定义如代码清单 10-1 所示。

代码清单 10-1　基地址和部分中断向量宏定义

```
--------------------------------------------------------------------------------
1. #define MIPS_EXCEPTION_BASE        0
2. #define MIPS_INTERRUPT_BASE   MIPS_EXCEPTION_BASE+32
3. #define LS1B_IRQ0_BASE      (MIPS_INTERRUPT_BASE + 8)   //外部中断控制 0 的中断向量基
4. #define LS1B_CAN0_IRQ        (LS1B_IRQ0_BASE + 6)
5. #define LS1B_CAN1_IRQ        (LS1B_IRQ0_BASE + 7)
6. //*****************************************************************************
7. #define LS1B_CAN0_BASE         0xBFE50000     /* -0xBFE53FFF = 16KB */
8. #define LS1B_CAN1_BASE         0xBFE54000     /* -0xBFE57FFF = 16KB */
--------------------------------------------------------------------------------
```

CAN 控制器支持两种工作模式，即标准模式和扩展模式，标准模式通过命令寄存器中的 CAN 模式位来选择，复位默认的是标准模式；这里只介绍 CAN 控制器的标准模式，CAN 控制寄存器说明详情请查看《龙芯 1B 处理器用户手册》。

（1）传输一位所需的时间（位时间）

1bit time ＝ internal_clock_time × ((BRP + 1) × 2) × (1+ (TESG2 + 1) + (TESG1 + 1))。

（2）发送缓冲区列表

缓冲器是用来存储微控制器要 CAN 控制器发送的信息，它被分为描述符区和数据区。发送缓冲器的读/写只能由微控制器在工作模式下完成，在复位模式下读出的值总是 FF，描述如表 10-4 所示。

表 10-4　发送缓冲区列表描述

地址	区	名称	数据位
10	发送缓冲器	识别码字节 1	ID(3～10)
11		识别码字节 2	ID(0～2), RTR,DLC
12		TX 数据 1	TX 数据 1
13		TX 数据 2	TX 数据 2
14		TX 数据 3	TX 数据 3
15		TX 数据 4	TX 数据 4
16		TX 数据 5	TX 数据 5
17		TX 数据 6	TX 数据 6
18		TX 数据 7	TX 数据 7
19		TX 数据 8	TX 数据 8

（3）接收缓冲区列表

接收缓冲区的配置和发送缓冲区的一样，只是地址变为 20～29。

10.3　CAN 总线 API 函数分析及开发步骤

10.3.1　CAN 驱动函数

CAN 驱动源代码在 ls1x－drv/can/ls1x_can.c 中，头文件在 ls1x－drv/include/ls1x_can.h 中，

配置代码在 include/bsp.h 中。

1. 启用 CAN 设备

用到哪个 CAN 设备，只需要在 bsp.h 中反注释宏定义，如代码清单 10-2 所示。

代码清单 10-2　启用 CAN 宏义

```
-----------------------------------------------------------------------------
1. #define BSP_USE_CAN0
2. #define BSP_USE_CAN1
-----------------------------------------------------------------------------
```

2. CAN 设备参数定义

在 ls1x_can.c 文件中，对 CAN 设备配置参数进行结构体封装，如代码清单 10-3 所示。

代码清单 10-3　CAN 设备配置参数结构体

```
-----------------------------------------------------------------------------
1.  typedef struct CAN
2.  {  /* hardware shortcuts */
3.     LS1x_CAN_regs_t *hwCAN;        /* CAN 硬件 */
4.     unsigned int irqNum;           /* 中断号 */
5.     unsigned int int_ctrlr;
6.     unsigned int int_mask;
7.     CAN_speed_t  timing;           /* btr0/btr1 */
8.     unsigned int afmode;           /* 单/双过滤模式 */
9.     unsigned int coremode;         /* CAN core: 标准 CAN2.0A、扩展 CAN2.0B */
10.    unsigned int workmode;         /* 三种工作模式: normal, selftest, listenonly */
11. #if defined(OS_RTTHREAD)          /* 用于操作系统 */
12.    rt_event_t        can_event;
13. #elif defined(OS_UCOS)
14.    OS_FLAG_GRP      *can_event;
15. #elif defined(OS_FREERTOS)
16.    EventGroupHandle_t can_event;
17. #endif
18.     int          timeout;       /* 收发超时 */
19.     int          started;       /* CAN 设备开始标志位 */
20.    unsigned int status;
21.    CAN_stats_t  stats;
22.    /* rx and tx fifos*/
23.    CAN_fifo_t       *rxfifo;  /* 接收 FIFO */
24.    CAN_fifo_t       *txfifo;  /* 发送 FIFO */
25.    /* Config */
26.    unsigned int speed;            /* 通信速度，单位 Hz */
27.    unsigned char acode[4];        /* 0x10~0x13  验收代码 1-4 */
28.    unsigned char amask[4];        /* 0x14~0x17  验收屏蔽 1-4 */
29.     int          initialized;    /* 是否初始化 */
30.     char         dev_name[16];   /* 设备名称 */
31. } CAN_t;
-----------------------------------------------------------------------------
```

下面以 CAN0 为例，介绍如何填充 CAN 设备配置参数结构体，代码在 ls1x_can.c 文件中，如代码清单 10-4 所示。定义结构体变量的同时初始化成员变量，两个 CAN 填充变量的不同点是 CAN 寄存器的基地址不同，其他基本相同。

代码清单 10-4　CAN0 设备配置参数结构体填充

```
1.  /* CAN0 */
2.  #ifdef BSP_USE_CAN0
3.  static CAN_t ls1x_CAN0 =
4.  {   .hwCAN = (LS1x_CAN_regs_t *)LS1x_CAN0_BASE,// 寄存器基址
5.      .irqNum = LS1x_CAN0_IRQ,                   // 中断号
6.      .int_ctrlr = LS1x_INTC0_BASE,              // 中断控制寄存器
7.      .int_mask = INTC0_CAN0_BIT,                // 中断屏蔽位
8.      .timeout     = -1,                     // 永久等待
9.      .rxfifo = NULL,                        // 接收 FIFO
10.     .txfifo = NULL,                        // 发送 FIFO
11.     .initialized = 0,                      // 是否初始化
12.     .dev_name = "can0",                    // 设备名称
13. };
14. void *devCAN0 = (void *)&ls1x_CAN0;
15. #endif
```

3. CAN 消息结构

CAN 消息结构，如代码清单 10-5 所示。

代码清单 10-5　CAN 消息结构

```
1.  /* CAN 消息，用于读写 */
2.  typedef struct
3.  {  unsigned int id;       /* CAN message id */
4.     char rtr;              /* RTR - Remote Transmission Request */
5.     char extended;             /* whether extended message package */
6.     unsigned char len;         /* length of data */
7.     unsigned char data[8];  /* data for transfer */
8.  } CANMsg_t;
9.
```

4. 驱动函数与数据结构

在 ls1x_io.h、ls1x_can.c 和 ls1x_can.h 文件中，定义了设备驱动的函数原型、驱动函数的数据结构等。

10.3.2　CAN 接口与中断函数

1. 接口函数

有 6 个用户操作的 CAN 接口函数，与驱动函数一一对应，如表 10-5 所示。

表 10-5 用户 CAN 接口函数与驱动函数一一对应

用户接口函数	对应的驱动函数	功能描述
ls1x_can_init(can, arg)	int LS1x_CAN_init(void *dev, void *arg);	初始化
ls1x_can_open(can, arg)	int LS1x_CAN_open(void *dev, void *arg);	打开 CAN
ls1x_can_close(can, arg)	int LS1x_CAN_close(void *dev, void *arg);	关闭 CAN
ls1x_can_read(can, buf, size, arg)	int LS1x_CAN_read(void *dev, void *buf, int size, void *arg);	读取数据
ls1x_can_write(can, buf, size, arg)	int LS1x_CAN_write(void *dev, void *buf, int size, void *arg);	写入数据
ls1x_can_ioctl(can, cmd, arg)	int LS1x_CAN_ioctl(void *dev, int cmd, void *arg);	发送控制命令

（1）ls1x_can_init(can, arg)函数分析

①参数与返回值。

- can：CAN 设备，2 个 CAN 结构体变量指针供选择，即 devCAN0、devCAN1。
- arg：若未使用，则写入 NULL 即可。
- 返回值：错误：-1；正常：0。

②函数功能：初始化 CAN 设备；复位控制寄存器，设置 CAN 为默认工作模式，设置 CAN 复位模式；设置 CAN 中断触发模式。

（2）ls1x_can_open(can, arg)函数分析

①参数与返回值。

- can：CAN 设备，2 个 CAN 结构体变量指针供选择。
- arg：若未使用，则写入 NULL 即可。
- 返回值：错误：-1；正常：0。

②函数功能：打开 CAN 设备；分配 RX_FIFO_LEN 和 TX_FIFO_LEN 的读写缓冲区大小，设置为复位模式。

（3）ls1x_can_close(can, arg)函数分析

①参数与返回值。

- can：CAN 设备，2 个 CAN 结构体变量指针供选择。
- arg：若未使用，则写入 NULL 即可。
- 返回值：错误：-1；正常：0。

②函数功能：关闭 CAN 设备。

（4）ls1x_can_read(can, buf, size, arg)函数分析

①参数与返回值。

- can：CAN 设备，2 个 CAN 结构体变量指针供选择。
- buf：读取数据的存储地址。
- size：需要读取数据的长度。
- arg：若未使用，则写入 NULL 即可。
- 返回值：实际读取数据的长度。

②函数功能：读取数据。

（5）ls1x_can_write(can, buf, size, arg)函数分析

①参数与返回值。

- can：CAN 设备，2 个 CAN 结构体变量指针供选择。
- buf：写入数据的存储地址。

- size：需要写入数据的长度。
- arg：若未使用，则写入 NULL 即可。
- 返回值：实际写入数据的长度。

②函数功能：写入数据。

（6）ls1x_can_ioctl(can, cmd, arg)函数分析

①参数与返回值

- can：CAN 设备，2 个 CAN 结构体变量指针供选择。
- cmd：命令数据，可取值见表 10-6。

表 10-6　形参 cmd 的取值

cmd 指令	说明	arg 对应取值
IOCTL_CAN_SET_SPEED	设置通信速率	CAN_SPEED_10K、CAN_SPEED_25K、CAN_SPEED_50K、CAN_SPEED_75K、CAN_SPEED_100K、CAN_SPEED_125K、CAN_SPEED_250K、CAN_SPEED_500K
IOCTL_CAN_SET_BUFLEN	设置缓冲区的长度	unsigned int
IOCTL_CAN_GET_STATUS	获取 CAN 的状态	CAN_STATUS_RESET、CAN_STATUS_OVERRUN、CAN_STATUS_WARN、CAN_STATUS_ERR_PASSIVE、CAN_STATUS_ERR_BUSOFF、CAN_STATUS_QUEUE_ERROR
IOCTL_CAN_START	启动 CAN 设备	NULL
IOCTL_CAN_STOP	停止 CAN 设备	NULL
IOCTL_CAN_SET_CORE	选择工作模式	CAN_CORE_20A（标准模式）、CAN_CORE_20B（扩展模式）
IOCTL_CAN_SET_WORKMODE	选择扩展模式下的工作模式	CAN_STAND_MODE、CAN_SLEEP_MODE、CAN_LISTEN_ONLY、CAN_SELF_RECEIVE
IOCTL_CAN_SET_TIMEOUT	设置收发超时时间	unsigned int ;单位 ms

- arg：根据 cmd 而定；
- 返回值：错误：-1；正常：0。

②函数功能：发送控制命令。使用 CAN_ioctl 设置工作模式、速率、发送 START 命令等。

2. CAN 中断函数分析

在 ls1x_can_init()函数中配置中断。

①调用 ls1x_can_init()函数，复位寄存器，设置 CAN 默认工作模式，设置 CAN 处于复位模式下；设置中断触发方式。

②在 ls1x_can_init()中，调用函数 ls1x_install_irq_handler(pCAN->irqNum, LS1x_CAN_interrupt_handler, (void *)pCAN)注册中断，其中参数 pCAN->IntrNum 为中断编号，LS1x_CAN_interrupt_handler 为中断服务函数名称。

CAN 产生中断后，通过中断分类机制，会调用 ls1x_can_interrupt_handler()中断服务函数。在此函数中轮询中断寄存器（IR）的中断位 iflags &= 0x1F；若 iflags!=0，则产生中断请求；若

iflags & can_intflags_rx 为真，则产生发送中断请求；若 iflags & can_intflags_tx 为真，则产生接收中断请求。

10.3.4 CAN 总线开发步骤

第 1 步：在 bsp.h 中打开 CAN 设备的宏定义，并在 main.c 中添加 ls1x_can.h 头文件。
第 2 步：定义 CANMsg_t 结构体变量 CAN_read 和 CAN_write。
第 3 步：执行 CAN_init 和 CAN_open 函数。
第 4 步：使用 CAN_ioctl 设置工作模式、速率等。
第 5 步：使用 CAN_ioctl 发送 START 命令。
第 6 步：设置 CAN_read 和 CAN_write 的 arg 参数。
第 7 步：调用 ls1x_can_write()函数发送数据；调用 ls1x_can_read()函数接收数据。

任务 11　CAN 总线通信

一、任务描述

在龙芯 1B 开发板上，采用 CAN0 发送数据，CAN1 接收数据，实现两路 CAN 之间的通信。CAN0 将“冬奥会”三个汉字作为数据发送给 CAN1；CAN1 收到之后，将收到的信息打印到串口调试器上，从而验证两路 CAN 通信是否成功。

二、任务分析

1. 硬件电路分析

CAN0 和 CAN1 的电路，如图 10-10 所示，电路使用了两片 SIT82C251 分别作为两个 CAN 的 CAN 收发器，进行电平转换。J12 为 CAN0 接口，J16 为 CAN1 接口。

2. 软件设计

软件设计思路如下：
首先，按照新建项目向导，建立工程。
其次，在同一源文件中实现 CAN0 发送数据，CAN1 接收数据，并进行循环发送与接收。
最后，串口打印的信息包括 CAN0 发送的数据和 CAN1 收到的数据。

三、任务实施

第 1 步：硬件连接。

（1）先用 USB 转串口线连接计算机 USB 和龙芯 1+X 开发板的串口（UART5），再给龙芯 1+X 开发板上电。

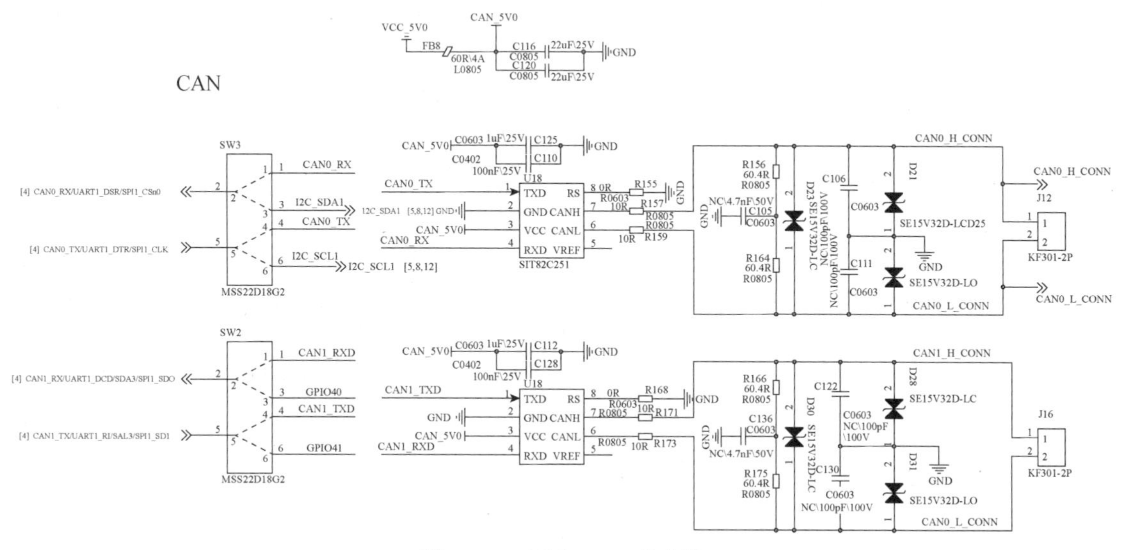

图 10-10　两个 CAN 的电路

（2）将 CAN0 的 CAN_H 和 CAN_L 分别接到 CAN1 的 CAN_H 和 CAN_L。

（3）将龙芯 1+X 开发板 CAN 实训处的两个拨码开关拨到 CAN 丝印处。

第 2 步：新建工程。

首先，打开龙芯 1X 嵌入式集成开发环境，依次单击“文件”→“新建”→“新建项目向导…”，新建工程。

第 3 步：编写程序。

在自动生成代码的基础上，编写代码，并在 bsp.h 文件中打开 CAN 宏，如代码清单 10-6 所示。

代码清单 10-6　CAN 程序

```
----------------------------------------------------------------------------------
1.  #include <stdio.h>
2.  #include "ls1b.h"
3.  #include "mips.h"
4.  #include "bsp.h"
5.  #include "ls1x_can.h"
6.  #include "ls1b_gpio.h"
7.  void can0_init(void);              // CAN0 初始化声明
8.  void can1_init(void);              // CAN1 初始化声明
9.  void canx_echo(void);              // canx_echo 声明
10. CANMsg_t W_msg,R_msg;              //定义 CAN 读写结构体变量
11. int main(void)
12. {   printk("\r\nmain() function.\r\n");
13.     /*
14.      * 由于 PMON 下将 GPIO38、GPIO39\GPIO40 和 GPIO41 设置成了 GPIO 功能，
15.      * 因此要先将它们改为普通功能，开启复用
16.      */
17.     gpio_disable(38);
18.     gpio_disable(39);
19.     gpio_disable(40);
```

```
20.    gpio_disable(41);
21.    ls1x_drv_init();                    /* Initialize device drivers */
22.    install_3th_libraries();            /* Install 3th libraies */
23.    can0_init();                    //初始化 CAN0
24.    can1_init();                    //初始化 CAN1
25.    for (;;)
26.    {   canx_echo();
27.        delay_ms(1000);
28.    }
29.    return 0;
30. }
31. //*************************************************************************
32. void can0_init(void)        //初始化 CAN0
33. {   //该函数可以不用写，在 ls1x_drv_init()函数中已帮我们初始化了
34.    //ls1x_can_init(devCAN0,NULL);
35.    //打开 CAN0 设备
36.    ls1x_can_open(devCAN0, NULL);
37.    //配置模式
38.    ls1x_can_ioctl(devCAN0, IOCTL_CAN_SET_CORE, (void *)CAN_CORE_20B);
39.    //配置速率
40.    ls1x_can_ioctl(devCAN0, IOCTL_CAN_SET_SPEED, (void *)CAN_SPEED_250K);
41.    //启动 CAN 硬件
42.    ls1x_can_ioctl(devCAN0, IOCTL_CAN_START, NULL);
43. }
44. //************************************************************************
45. void can1_init(void)            //初始化 CAN1
46. {  //该函数可以不用写，在 ls1x_drv_init()函数中已帮我们初始化了
47.    //ls1x_can_init(devCAN1,NULL);
48.    ls1x_can_open(devCAN1, NULL);
49.    ls1x_can_ioctl(devCAN1, IOCTL_CAN_SET_CORE, (void *)CAN_CORE_20B);
50.        ls1x_can_ioctl(devCAN1, IOCTL_CAN_SET_SPEED, (void *)CAN_SPEED_250K);
51.    ls1x_can_ioctl(devCAN1, IOCTL_CAN_START, NULL);
52. }
53. //*************************************************************************
54. void canx_echo(void)    //测试 CAN0 和 CAN1 通信
55. {  int readed,writed;
56.    static unsigned char flag = 0;
57.   W_msg.id = 2;                     //消息优先级设置(设置 ID)
58.    strcpy(W_msg.data, "冬奥会");  //填写需要发送的数据，即发送“冬奥会”
59.    W_msg.len = 8;                   //传输的数据的长度
60.   W_msg.extended = 1;               //使用扩展标识符
61.   W_msg.rtr = 0;                    //数据帧
62.   flag++;
63.   //CAN0 发送数据
64.    writed = ls1x_can_write(devCAN0,(void *)&W_msg, sizeof(W_msg), NULL);
65.    if (writed > 0 && flag > 1)//舍弃第一次发送的数据
66.    {   printf("\r\nCAN0 writed data:\r\n");
67.        printf("%s ",W_msg.data); //串口打印发送的数据
68.        printf("\r\n\r\n");
69.    }
70.   //CAN1 接收数据
71.   readed = ls1x_can_read(devCAN1,(void *)&R_msg, sizeof(R_msg), NULL);
72.    if (readed > 0 && flag > 1)
```

```
73.     {   printf("CAN1 read data:\r\n");
74.         printf("%s ",R_msg.data); //串口打印接收的数据
75.         printf("\r\n\r\n");
76.     }
77.     delay_ms(1000);
78. }
```

第 4 步：程序编译及调试。

（1）单击 图标进行编译，编译无误后，单击 图标，将程序下载到内存之中。注意：此时代码还没有下载到 NAND Flash 之中，按下“复位”键后，程序会消失。

（2）打开串口调试软件，按如图 10-11 所示配置串口参数后，则在串口调试软件上打印相关信息。可以发现 CAN0 发送的数据与 CAN1 接收的数据都是“冬奥会”。

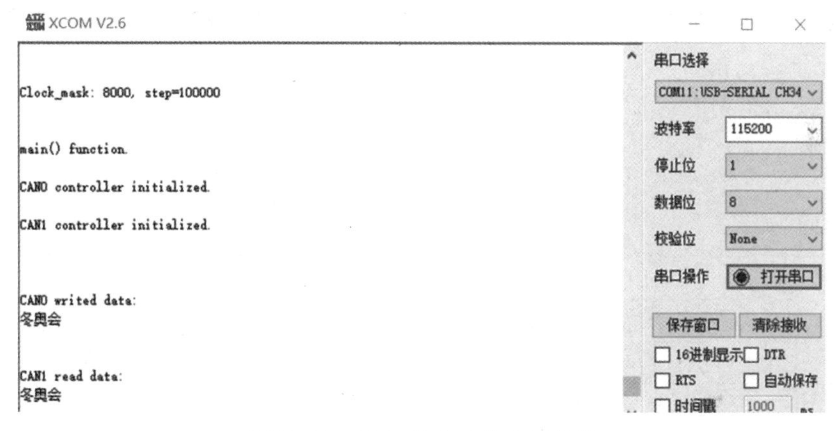

图 10-11　CAN 总线通信实训效果

四、任务拓展

请查看本书配套资源，了解拓展任务要求和程序代码。

拓展任务 11-1：CAN 总线多节点通信

第 11 章　龙芯 1B 的 RTC

本章介绍 LS1B0200 的 RTC 控制器结构、控制寄存器、API 函数以及开发步骤等内容。通过理实一体化学习，读者应掌握 RTC 驱动函数到应用函数的编写逻辑，并可以通过 RTC 接口编程实现年月日、时分秒等信息更新，以及定时器功能。

教学目标

知识目标	1. 了解龙芯 LS1B0200 处理器的 RTC 结构、寄存器等
	2. 掌握 RTC 设备的参数结构体
	3. 掌握 RTC 的驱动、用户接口等函数的参量、功能及返回值
技能目标	1. 能熟练配置 RTC 设备结构体中的参量
	2. 能熟练使用 RTC 驱动、用户接口、中断等 API 函数
	3. 能熟悉 RTC 开发步骤
	4. 熟练使用 C 语言编写 RTC 相关程序
素质目标	1. 通过细心配置 RTC 参数，培养学生精益求精的工匠精神、求真务实的科学精神
	2. 培养学生的标准意识、规范意识、安全意识、服务质量意识
	3. 培养学生团队协作、表达沟通能力

11.1　RTC 控制器

龙芯 1B 实时时钟（RTC）单元可以在主板上电后进行配置，当主板断电后，采用纽扣电池供电，能保持该单元运行，RTC 单元运行的功耗仅有几微瓦。

11.1.1　RTC 的结构

RTC 由外部 32.768kHz 晶振驱动，内部可以配置分频器，进行分频，该时钟用来计数，实现年月日、时分秒等信息更新。同时，RTC 也用于产生各种定时和计数中断，最小定时时间为 0.1s。RTC 单元由分频器、计数器（Counter）和 3 路比较器（Comparator）组成，其构架如图 11-1 所示。

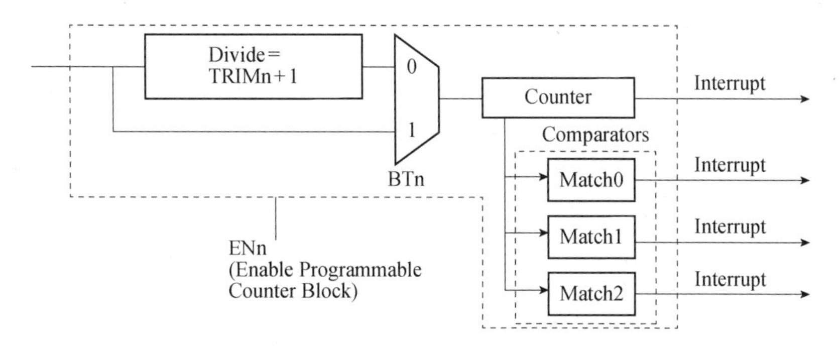

图 11-1　龙芯 1B 处理器 RTC 架构

由图 11-1 可知，RTC 计数器时钟选择有两种，可以通过选择器（BTn）进行选择。

第 1 种：当 BTn 为 0 时，32.768kHz 晶振时钟信号经过内部可配置的分频器（Divide）进行分频，然后送到计数器进行计数。

第 2 种：当 BTn 为 1 时，32.768kHz 晶振时钟信号不进行分频，直接送到计数器进行计数。

计数器产生中断信号，实现年月日、时分秒等信息更新。

另外，有 3 路比较器 Match0、Match1 和 Match2，分别对应 3 路中断，当它们的预设值达到 Counter 的值，则产生比较中断，例如，Match0 的预设值为 50000，当 Counter 的值计数到 50000 时，则 Match0 会产生中断，可以实现定时中断功能。

11.1.2　RTC 寄存器

RTC 寄存器位于 0xbfe64000~0xbfe67fff 的 16KB 地址空间内，其基地址为 0xbfe64000，所有寄存器均为 32 位，寄存器地址如表 11-1 所示。RTC 寄存器如表 11-2 所示。

表 11-1　寄存器地址

名称	基地址（Base）	位宽	R/W	描述
sys_toytrim	0xbfE64020	32	R/W	对 32.768kHz 的分频系数（计数器时钟）
sys_toywrite0	0xbfE64024	32	W	TOY 低 32 位数值写入
sys_toywrite1	0xbfE64028	32	W	TOY 高 32 位数值写入
sys_toyread0	0xbfE6402C	32	R	TOY 低 32 位数值读出
sys_toyread1	0xbfE64030	32	R	TOY 高 32 位数值读出
sys_toymatch0	0xbfE64034	32	R/W	TOY 定时中断 0
sys_toymatch1	0xbfE64038	32	R/W	TOY 定时中断 1
sys_toymatch2	0xbfE6403C	32	R/W	TOY 定时中断 2
sys_rtcctrl	0xbfE64040	32	R/W	TOY 和 RTC 控制寄存器
sys_rtctrim	0xbfE64060	32	R/W	对 32.768kHz 的分频系数（定时器时钟）
sys_rtcwrite0	0xbfE64064	32	R	RTC 定时计数写入
sys_rtcread0	0xbfE64068	32	W	RTC 定时计数读出
sys_rtcmatch0	0xbfE6406C	32	R/W	RTC 时钟定时中断 0

续表

名称	基地址（Base）	位宽	R/W	描述
sys_rtcmatch1	0xbfE64070	32	R/W	RTC 时钟定时中断 1
sys_rtcmatch2	0xbfE64074	32	R/W	RTC 时钟定时中断 2

注意：其中 sys_toytrim 及 sys_rtctrim 寄存器复位后，其值不确定，如果不需要对外部晶振进行分频，请对这两个寄存器进行清零，这样 RTC 模块才能正常计时工作。

表 11-2 RTC 寄存器

SYS_TOYWRITE0:TOY 计数器低 32 位数值				
位	位域名称	访问	复位值	说明
31:26	TOY_MONTH	W	0x0	月，范围 1～12
25:21	TOY_DAY	W	0x0	日，范围 1～31
20:16	TOY_HOUR	W	0x0	小时，范围 0～23
15:10	TOY_MIN	W	0x0	分，范围 0～59
9:4	TOY_SEC	W	0x0	秒，范围 0～59
3:0	TOY_MILLISEC	W	0x0	0.1 秒，范围 0～9
SYS_TOYWRITE1:TOY 计数器高 32 位数值				
位	位域名称	访问	复位值	说明
31:0	TOY_YEAR	W	0x0	年，范围 0～16383
SYS_TOYMATCH0/1/2:TOY 计数器中断寄存器 0/1/2				
位	位域名称	访问	复位值	说明
31:26	YEAR	R/W	0x0	年，范围 0～63
25:22	MONTH	R/W	0x0	月，范围 1～12
21:17	DAY	R/W	0x0	日，范围 1～31
16:12	HOUR	R/W	0x0	小时，范围 0～23
11:6	MIN	R/W	0x0	分，范围 0～59
5:0	SEC	R/W	0x0	秒，范围 0～59
SYS_RTCCTRL:RTC 定时器控制寄存器				
位	位域名称	访问	复位值	说明
31:24	保留	R	0	保留，置 0
23	ERS	R	0	REN(bit13)写状态
22:21	保留	R	0	保留，置 0
20	RTS	R	0	sys_rtctrim 写状态
19	RM2	R	0	sys_rtcmatch2 写状态
18	RM2	R	0	sys_rtcmatch2 写状态
17	RM0	R	0	sys_rtcmatch0 写状态
16	RS	R	0	sys_rtcwrite 写状态
15	保留	R	0	保留，置 0
14	BP	R/W	0	旁路 32.768kHz 晶振： 0:选择晶振输入； 1:GPIO08 来驱动计数器，这是测试模式，GPIO08 通过外部时钟或者 GPIO08 控制器

续表

位	位域名称	访问	复位值	说明
13	REN	R/W	0	0：RTC 禁止；1：RTC 使能
12	BRT	R/W	0	旁路 RTC 分频： 0:正常操作； 1:RTC 直接被 32.768kHz 晶振驱动
11	TEN	R/W	0	0：TOY 禁止；1：TOY 使能
10	RTT	R/W	0	旁路 TOY 分频： 0:正常操作； 1:TOY 直接被 32.768kHz 晶振驱动
9	保留	R	0	保留，置 0
8	E0	R/W	0	0: 32.768kHz 晶振禁止； 1: 32.768kHz 晶振使能
7	ETS	R	0	TOY 使能写状态
6	保留	R	0	保留，置 0
5	32S	R	0	0：32.768kHz 晶振不工作； 1：32.768kHz 晶振正常工作
4	TTS	R	0	sys_toytrim 写状态
3	TM2	R	0	sys_toymatch2 写状态
2	TM1	R	0	sys_toymatch1 写状态
1	TM0	R	0	sys_toymatch0 写状态
0	TS	R	0	sys_toywrite 写状态
SYS_RTCMATCH0/1/2:RTC 定时器中断寄存器 0/1/2				
位	位域名称	访问	复位值	说明
31:26	YEAR	R/W	0x0	年，范围 0～63
25:22	MONTH	R/W	0x0	月，范围 1～12
21:17	DAY	R/W	0x0	日，范围 1～31
16:12	HOUR	R/W	0x0	小时，范围 0～23
11:6	MIN	R/W	0x0	分，范围 0～59
5:0	SEC	R/W	0x0	秒，范围 0～59

11.2 RTC API 函数分析及开发步骤

11.2.1 RTC 接口与中断函数

RTC 驱动源代码在 ls1x - drv/rtc/ls1x_rtc.c 中，头文件在 ls1x - drv/include/ls1x_rtc.h 中，配置代码在 include/bsp.h 中。

1. 启用 RTC 设备

用到哪个 RTC 设备，只需要在 bsp.h 中反注释宏定义，如代码清单 11-1 所示。

代码清单 11-1　RTC 启用宏定义

```
1. #define BSP_USE_RTC
```

2. RTC 设备参数定义

在 ls1x_rtc.c 文件中，对 RTC 设备配置参数进行结构体封装，如代码清单 11-2 所示。

代码清单 11-2　RTC 设备的参数结构体

```
1.  typedef struct rtc_cfg
2.  {   int  interval_ms;            /* 定时器时间间隔（毫秒） */
3.      struct  tm *trig_datetime;  /* 用于 toymatch 的日期 */
4.      irq_handler_t  isr;          /* 用户自定义中断函数 */
5.      rtctimer_callback_t  cb;     /* 定时器中断回调函数 */
6.  #if BSP_USE_OS
7.      void *event;               /* 用户定义的 RTOS 事件变量 */
8.  #endif
9.  } rtc_cfg_t;
```

rtc_cfg_t 参数说明，如表 11-3 所示。

表 11-3　rtc-cfg_t 参数说明

参数	说明
interval_ms	用于 rtcmatch；当 trig_datetime==NULL 时，该参数也用于 toymatch。 当中断发生后，该值会自动载入，以等待下一次中断
trig_datetime	仅用于 toymatch；当 toymatch 到达该日期时，触发中断。 使用该日期触发的中断仅触发一次
isr	自定义定时器中断处理函数。 当 isr!=NULL 时，调用 ls1x_rtc_open()将安装该中断；否则使用默认中断函数
cb	定时器中断回调函数。 当 PWM 定时器使用默认中断且发生中断时，将自动调用该回调函数，让用户实现自定义的定时操作。当 cb!=NULL 时，忽略 event 的设置
event	定时器中断 RTOS 响应事件（调用者创建）

3. RTC 接口函数

有 6 个 API 的 RTC 接口函数，与驱动函数一一对应，如表 11-4 所示。

表 11-4　RTC 接口函数与驱动函数一一对应

用户接口函数	对应的驱动函数	功能描述
ls1x_rtc_init(rtc, arg)	int LS1x_RTC_initialize(void *dev, void *arg);	初始化
ls1x_rtc_open(rtc, arg)	int LS1x_RTC_open(void *dev, void *arg);	打开 RTC 设备
ls1x_rtc_close(rtc, arg)	int LS1x_RTC_close(void *dev, void *arg);	关闭 RTC 设备
ls1x_rtc_read(rtc, buf, size, arg)	int LS1x_RTC_read(void *dev, void *buf, int size, void *arg);	读当前日期

续表

用户接口函数	对应的驱动函数	功能描述
ls1x_rtc_write(rtc, buf, size, arg)	int LS1x_RTC_write(void *dev, void *buf, int size, void *arg);	写当前日期
ls1x_rtc_ioctl(rtc, cmd, arg)	int LS1x_RTC_ioctl(void *dev, int cmd, void *arg);	设备当前时间

（1）ls1x_rtc_init(rtc, arg) 函数分析。

函数功能：初始化 RTC 设备。

函数参数：

①rtc：NULL。

②arg：struct tm *。

返回值：错误：-1；正常：0。

（2）ls1x_rtc_open(rtc, arg)函数分析。

函数功能：打开 RTC 设备，启动 TOY 计数器中断/RTC 时钟定时中断。

函数参数：

①rtc：DEVICE_XXX。

②arg：rtc_cfg_t *。

返回值：错误：-1；正常：0。

（3）ls1x_rtc_close(rtc, arg)函数分析。

函数功能：关闭 RTC 设备，配置 CTRL 控制寄存器为停止计数和计数器清零，关闭中断。

函数参数：

①rtc：DEVICE_XXX。

②arg：NULL。

返回值：错误：-1；正常：0。

（4）ls1x_rtc_read(rtc, buf, size, arg)函数分析。

函数功能：读当前日期。

函数参数：

①rtc：NULL。

②buf：struct tm *。

③size: sizeof(struct tm)。

④arg:　NULL。

返回值：成功：struct tm 大小；失败：0/-1。

（5）ls1x_rtc_write(rtc, buf, size, arg)函数分析。

函数功能：写当前日期。

函数参数：

①rtc：NULL。

②buf：struct tm *。

③size: sizeof(struct tm)。

④arg:　NULL。

返回值：成功：struct tm 大小；失败：0/-1。

（6）ls1x_rtc_ioctl(rtc, cmd, arg) 函数分析。

函数功能：设置当前时间。

函数参数：

①rtc：NULL or DEVICE_XXX。

②cmd：见表 11-5。

③arg：见表 11-5

表 11-5　cmd 和 arg 参数说明

cmd	arg	说明
IOCTL_SET_SYS_DATETIME	struct tm *	设置 RTC 系统时间值
IOCTL_GET_SYS_DATETIME	struct tm *	获取当前 RTC 系统时间值
IOCTL_RTC_SET_TRIM	unsigned int *	设置 RTC 的 32768Hz 时钟脉冲分频值
IOCTL_RTC_GET_TRIM	unsigned int *	获取 RTC 的 32768Hz 时钟脉冲分频值
IOCTL_RTCMATCH_START	rtc_cfg_t *	启动 RTC 定时器 dev==DEVICE_RTCMATCHx
IOCTL_RTCMATCH_STOP	NULL	停止 RTC 定时器 dev==DEVICE_RTCMATCHx
IOCTL_TOY_SET_TRIM	unsigned int *	设置 TOY 的 32768Hz 时钟脉冲分频值
IOCTL_TOY_GET_TRIM	unsigned int *	获取 TOY 的 32768Hz 时钟脉冲分频值
IOCTL_TOYMATCH_START	rtc_cfg_t *	启动 TOY 定时器 dev==DEVICE_TOYMATCHx
IOCTL_TOYMATCH_STOP	NULL	停止 TOY 定时器 dev==DEVICE_TOYMATCHx

返回值：成功：0。

4. RTC 实用接口函数

RTC 实用接口函数及功能描述，如表 11-6 所示。

表 11-6　RTC 实用接口函数及功能描述

用户接口函数	功能描述
int ls1x_rtc_set_datetime(struct tm *dt);	设置当前时间
int ls1x_rtc_get_datetime(struct tm *dt);	获取当前时间
int ls1x_rtc_timer_start(unsigned device, rtc_cfg_t *cfg);	开启定时器
int ls1x_rtc_timer_stop(unsigned device);	关闭定时器
void ls1x_tm_to_toymatch(struct tm *dt, unsigned int *match);	toymatch 日期格式转换
void ls1x_toymatch_to_tm(struct tm *dt, unsigned int match);	
unsigned int ls1x_seconds_to_toymatch(unsigned int seconds);	
unsigned int ls1x_toymatch_to_seconds(unsigned int match);	
void normalize_tm(struct tm *tm, bool tm_format);	struct tm 日期标准化,+1900/ - 1900

5. RTC 中断函数

RTC 定时器中断触发的回调函数类型：

typedef void (*rtctimer_callback_t)(int device, unsigned match, int *stop);

参数：　device 表示虚拟设备；

match 表示中断产生时的 toymatch 或者 rtcmatch 寄存器值；
*stop 用于让用户控制是否结束定时器工作。

11.2.2　RTC 开发步骤

第 1 步：在 bsp.h 中打开 RTC 设备的宏定义，并在 main.c 中添加#include "ls1x_rtc.h"头文件。

第 2 步：使用 struct　tm 结构体配置初始时间，然后调用“ls1x_rtc_init(NULL,(void *)&data);”进行初始化。

第 3 步：调用“ls1x_rtc_read(NULL,(void *)&dt,sizeof(struct tm),NULL);”获取更新后的数据。

任务 12　简易日历设计

一、任务描述

使用 RTC 定时器，设计一个简易日历，每隔 1s 更新一次时间。

二、任务分析

首先，按照新建项目向导，建立工程。

其次，定义 tm 结构体变量，配置参数。

最后，初始化 RTC，定义 rtc_cfg_t 结构体变量，并填充结构体变量；设置 1s 定时，如此循环，实现时间更新。

三、任务实施

第 1 步：硬件连接。

先用 USB 转串口线连接计算机 USB 和龙芯 1+X 开发板的串口（UART5），再给龙芯 1+X 开发板上电。

第 2 步：新建工程。

首先，打开龙芯 1X 嵌入式集成开发环境，依次单击“文件”→“新建”→“新建项目向导…”，新建工程。

第 3 步：编写程序。

在自动生成代码的基础上，编写代码，并在 bsp.h 文件中打开 RTC 宏，如代码清单 11-3 所示。

代码清单 11-3　简易日历程序

```
--------------------------------------------------------------------------
1.  #include <stdio.h>
```

```
2.  #include "ls1b.h"
3.  #include "mips.h"
4.  #include "bsp.h"
5.  #include "ls1x_rtc.h"
6.  #define baseYear 1900
7.  #define baseMon  1
8.  unsigned char Timer = 0;
9.  //RTC 定时器中断回调函数
10. void rtctimer_callback(int device, unsigned match, int *stop)
11. {    Timer = 1;
12. }
13. int main(void)
14. {    printk("\r\nmain() function.\r\n");
15.     ls1x_drv_init();                /* Initialize device drivers */
16.     install_3th_libraries();         /* Install 3th libraies */
17.     int cnt = 0;
18.     struct tm dt;                      //存储获取的日期
19.     struct tm data;
20.     //配置初始化日期时间为 2022-2-28 16:58:55
21.     data.tm_year = 2022 + baseYear;
22.     data.tm_mon = 2 + baseMon;
23.     data.tm_mday = 28;
24.     data.tm_hour = 16;
25.     data.tm_min = 58;
26.     data.tm_sec = 55;
27.     //初始化 RTC
28.     ls1x_rtc_init(NULL,(void *)&data);
29.     //开启 RTC 定时中断功能
30.     rtc_cfg_t rtc;
31.     rtc.cb = rtctimer_callback;
32.     rtc.isr = NULL;
33.     rtc.interval_ms = 1000;        //定时 1s
34.     rtc.trig_datetime = &data;
35.     cnt = ls1x_rtc_timer_start(DEVICE_RTCMATCH0,&rtc);
36.     if(cnt < 0)
37.     {   printk("ls1x_rtc_open error!!!\r\n");
38.     }
39.     for (;;)
40.    {   //每隔 1s 更新一次数据
41.       if(Timer == 1)
42.        {   Timer = 0;
43.            cnt = ls1x_rtc_read(NULL,(void *)&dt,sizeof(struct tm),NULL);
44.            if(cnt <= 0)
45.            {   printk("ls1x_rtc_read error!!!\r\n");
46.            }
47.            else
48.            {   printk("%d-%d-%d\r\n",dt.tm_year,dt.tm_mon,dt.tm_mday);
49.                printk("%d:%d:%d\r\n",dt.tm_hour,dt.tm_min,dt.tm_sec);
50.            }
51.        }
52.    }
53.    return 0;
54. }
-----------------------------------------------------------------------
```

第 4 步：程序编译及调试。

（1）首先单击 图标进行编译，编译无误后，再单击 图标，将程序下载到内存之中。注意：此时代码还没有下载到 NAND Flash 之中，按下复位键后，程序会消失。

（2）打开串口调试软件，则在串口调试软件上打印相关信息。可以看到，每隔 1s 更新一次，如图 11-2 所示。

```
17:2:13
2022-2-28
17:2:14
2022-2-28
17:2:15
2022-2-28
17:2:16
2022-2-28
17:2:17
```

图 11-2　简易日历实训现象

四、任务拓展

请查看本书配套资源，了解拓展任务要求和程序代码。

拓展任务 11-1：LCD 显示电子万年历

第12章　龙芯1B的看门狗

本章介绍LS1B0200的看门狗控制器结构、寄存器、API函数以及开发步骤等内容。通过理实一体化学习，读者应掌握看门狗驱动函数和应用函数的编写逻辑，并可以在程序中灵活运用看门狗的启用、关闭、喂狗等功能，在系统程序异常情况下，可以实现自动复位。

教学目标

知识目标	1. 了解龙芯LS1B0200处理器的看门狗结构、寄存器等
	2. 理解看门狗设备启用宏的作用
	3. 掌握看门狗的驱动、用户接口等函数的参量、功能及返回值
技能目标	1. 能熟练使用看门狗驱动、用户接口等API函数
	2. 熟悉看门狗开发步骤
	3. 熟练使用C语言编写看门狗相关程序
素质目标	1. 通过看门狗的工作机制，培养学生时间管理、应急管理等职业素养
	2. 培养学生的标准意识、规范意识、安全意识、服务质量意识
	3. 培养学生团队协作、表达沟通能力

12.1　看门狗控制器

看门狗定时器（Watch Dog Timer，WDT）实际上是一个计数器，一般给看门狗一个比较大的数，程序开始运行后看门狗开始倒计数。如果程序运行正常，过一段时间CPU应发出指令让看门狗复位，重新开始倒计数。如果看门狗减到0就认为程序没有正常工作，强制整个系统复位。

看门狗控制器内部配置寄存器（Config）、计数器（Counter）和比较寄存器（Compare），比较寄存器用于判断计数器值是否为零，如果为零就发出软复位信号让系统重启。看门狗控制器的内部结构，如图12-1所示。看门狗计数频率采用时钟频率DDR_CLK的2分频（DDR_CLK/2），详见《龙芯1B处理器用户手册》。

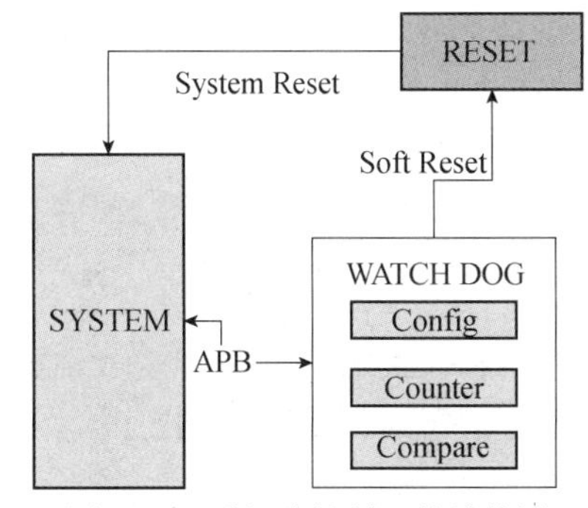

图 12-1　看门狗控制器的结构图

看门狗寄存器主要有 WDT_EN 寄存器、WDT_SET 寄存器和 WDT_TIMER 寄存器，如表 12-1 所示。

表 12-1　看门狗寄存器描述

WDT_EN 寄存器（地址：0XBFE5_C060）			
位	访问	复位值	说明
31:1			保留位
0	R/W		看门狗使能
WDT_SET 寄存器（地址：0XBFE5_C068）			
位	访问	复位值	说明
31:1			保留位
0	R/W		看门狗计数器设置
WDT_TIMER 寄存器（地址：0XBFE5_C064）			
位	访问	复位值	说明
31:0	R/W	0x0	看门狗计数器计数值

系统对这 3 个寄存器的设置顺序为：系统先配置看门狗 WDT_EN 寄存器使能位；然后配置看门狗 WDT_TIMER 寄存器的初始值，该值保持在一个特别的寄存器中；当系统设置 WDT_SET 寄存器后，计数器开始计数。

12.2　看门狗 API 函数分析及开发步骤

12.2.1　看门狗接口函数

看门狗驱动源代码在 ls1x - drv/watchdog/ls1x_watchdog.c 中，头文件在 ls1x - drv/include/ls1x_watchdog.h 中，配置代码在 include/bsp.h 中。

1. 启用 WDT 设备

WATCHDOG 是否使用，在 bsp.h 中配置宏定义，如代码清单 12-1 所示。

代码清单 12-1　WDT 启用宏定义

```
1. #define BSP_USE_WATCHDOG
```

2. WDT 的 API 接口函数

WDT 有 3 个 API 接口函数，与驱动函数一一对应，如表 12-1 所示。

表 12-2 API 接口函数与驱动函数一一对应

用户接口函数	对应的驱动函数	功能描述
ls1x_dog_open(dev, arg)	LS1x_DOG_open(void *dev, void *arg);	开启看门狗
ls1x_dog_close(dev, arg)	LS1x_DOG_close(void *dev, void *arg);	关闭看门狗
ls1x_dog_write(dev, buf, size, arg)	LS1x_DOG_write(void *dev, void *buf, int size, void *arg);	向看门狗写毫秒数

（1）int ls1x_dog_open(dev, arg)函数分析。

函数功能：开启看门狗。

函数参数：

①dev：NULL，芯片只有一个 dog 设备。

②arg：类型为 unsigned int *，毫秒数，dog 设备计数达到这个数值时系统复位。

返回值：0=成功。

（2）int ls1x_dog_close(void *dev, void *arg)函数分析。

函数功能：关闭看门狗。

函数参数：

①dev：NULL，芯片只有一个 dog 设备。

②arg：NULL。

返回值：总是 0。

（3）int ls1x_dog_write(void *dev, void *buf, int size, void *arg)函数分析。

函数功能：向看门狗写毫秒数。

函数参数：

①dev：NULL，芯片只有一个 dog 设备。

②buf 类型: unsigned int *，毫秒数，dog 计数达到这个数值时系统复位。

③size=4, sizeof(unsigned int)。

④arg：NULL。

返回值:4=成功。

2. WDT 实用接口函数

WDT 实用接口函数，如表 12-3 所示。

表 12-3 WDT 实用接口函数

用户接口函数	功能描述
int ls1x_watchdog_start(unsigned int ms);	启动看门狗
int ls1x_watchdog_feed(unsigned int ms);	喂狗
int ls1x_watchdog_stop(void);	停止看门狗

12.2.2　PWM 开发步骤

第 1 步：在 bsp.h 中打开 WDT 设备的宏定义，并在 main.c 中添加 ls1_watchdog.h 文件。

第 2 步：调用“ls1x_watchdog_start(1000);//1s”开启看门狗。

第 3 步：在 for(;;)函数中调用“ls1x_watchdog_feed(1000);”每隔 1000ms 喂狗一次。

任务 13　看门狗实训

一、任务描述

系统开启看门狗功能，每隔 1000ms 喂狗一次，程序一直正常运行。当按下 KEY1 键，则系统进行另一个死循环（相当于程序跑飞），不再执行喂狗指令，系统则会自动复位，恢复运行。

二、任务分析

首先，按照新建项目向导，建立工程。

其次，在 bsp.h 文件中，开启看门狗宏定义 BSP_USE_WATCHDOG，然后在 main.c 文件中调用“ls1_watchdog.h，#include "ls1b_gpio.h"”头文件。

最后，配置好按键 KEY1。

三、任务实施

第 1 步：硬件连接。

先用 USB 转串口线连接计算机 USB 和龙芯 1+X 开发板的串口（UART5），再给龙芯 1+X 开发板上电。

第 2 步：新建工程。

首先，打开龙芯 1X 嵌入式集成开发环境，依次单击“文件”→“新建”→“新建项目向导…”，新建工程。

第 3 步：编写程序。

在自动生成代码的基础上，编写代码，并在 bsp.h 文件中打开 WDT 宏，如代码清单 12-2 所示。

代码清单 12-2　WDT 程序

```
--------------------------------------------------------------------------------
1.  #include <stdio.h>
2.  #include "ls1b.h"
3.  #include "mips.h"
4.  #include "bsp.h"
```

```
5.  #include "ls1x_watchdog.h"
6.  #include "ls1b_gpio.h"
7.  int main(void)
8.  {    printk("\r\nmain() function.\r\n");
9.       ls1x_drv_init();                  /* Initialize device drivers */
10.      install_3th_libraries();              /* Install 3th libraies */
11.      gpio_enable(1,DIR_IN);
12.      ls1x_watchdog_start(1000);           //1s
13.     for (;;)
14.     {   unsigned int tickcount = get_clock_ticks();
15.        printk("tick count = %i\r\n", tickcount);
16.        delay_ms(500);
17.        ls1x_watchdog_feed(1000);       //每隔1000ms喂狗一次
18.        if(!gpio_read(1))               //按下KEY1，进入死循环
19.        {   printk("系统被强制复位\n");
20.            while(1);
21.        }
22.     }
23.     return 0;
24. }
```

第 4 步：程序编译及调试。

（1）首先单击图标进行编译，编译无误后，再单击图标，将程序下载到内存之中。注意：此时代码还没有下载到 NAND Flash 之中，按下复位键后，程序会消失。

（2）程序加载完，打开串口调试软件，则在串口调试软件上打印相关信息，如图 12-2 所示。

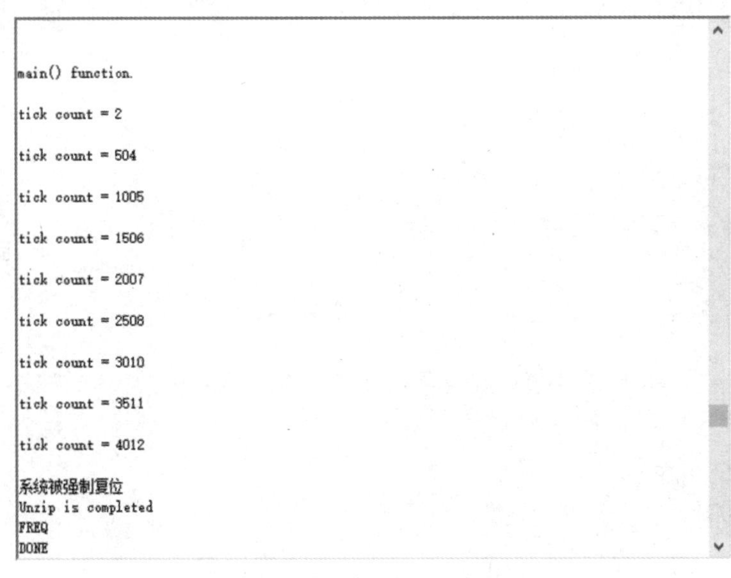

图 12-2　看门狗实训现象

实训现象：可以看到程序正常运行，每隔 1000ms 打印一次消息，当按下 KEY1 时，系统被强制复位了。

第 13 章　龙芯 1B 的 NAND

本章介绍 LS1B0200 的 NAND 控制器结构、寄存器、API 函数以及开发步骤等内容。通过理实一体化学习，读者应掌握 NAND 驱动函数到应用函数的编写逻辑，并可以在程序中灵活运行 NAND 的初始化、读操作、写操作等功能，实现对 NAND Flash 存储器芯片进行数据存储（写）和数据输出（读）。

教学目标

知识目标	1. 了解龙芯 LS1B0200 处理器的 NAND 结构、寄存器等
	2. 理解 NAND 设备启用宏的作用
	3. 掌握 NAND 的驱动、用户接口等函数的参量、功能及返回值
技能目标	1. 能熟练使用 NAND 驱动、用户接口等 API 函数
	2. 熟悉 NAND 开发步骤
	3. 熟练使用 C 语言编写 NAND 相关程序
素质目标	1. 将《沁园春・雪》中的诗句作为读写数据，弘扬中华民族传统文化
	2. 培养学生的标准意识、规范意识、安全意识、服务质量意识
	3. 培养学生团队协作、表达沟通能力

13.1　NAND 控制器

NAND Flash 控制器最大支持 32GB Flash 的容量，龙芯 1B 处理器最多支持 4 个片选和 4 个 RDY 信号。NAND Flash 控制器信号引脚，如表 13-1 所示。

表 13-1　NAND Flash 控制器信号引脚说明

序号	信号名称	方向	功能描述
1	NAND_CLE	Out	NAND 命令锁存使能，高电平有效，表示写入的是命令
2	NAND_ALE	Out	NAND 地址锁存使能，高电平有效，表示写入的是地址
3	NAND_RD	Out	NAND 读使能，低电平有效，用于读取数据

续表

序号	信号名称	方向	功能描述
4	NAND_WR	Out	NAND 写使能，低电平有效，用于写入数据
5	NAND_CE0	Out	NAND 片选信号 0，低电平有效，用于选中 NAND 芯片
6	NAND_CE1	Out	NAND 片选信号 1，低电平有效，用于选中 NAND 芯片
7	NAND_CE2	Out	NAND 片选信号 2，低电平有效，用于选中 NAND 芯片
8	NAND_CE3	Out	NAND 片选信号 3，低电平有效，用于选中 NAND 芯片
9	NAND_RDY0	In	NAND 忙信号 0
10	NAND_RDY1	In	NAND 忙信号 1
11	NAND_RDY2	In	NAND 忙信号 2
12	NAND_RDY3	In	NAND 忙信号 3
13	NAND_D0	Out	NAND 数据信号 0
14	NAND_D1	Out	NAND 数据信号 1
15	NAND_D2	Out	NAND 数据信号 2
16	NAND_D3	Out	NAND 数据信号 3
17	NAND_D4	Out	NAND 数据信号 4
18	NAND_D5	Out	NAND 数据信号 5
19	NAND_D6	Out	NAND 数据信号 6
20	NAND_D7	Out	NAND 数据信号 7

注：当 ALE 和 CLE 都为低电平时传输的是数据。

NAND Flash 传输数据是依靠 DMA 进行的，从而提高系统数据传输的效率，NAND 基地址以及 DMA 控制器的地址，如代码清单 13-1 所示。

代码清单 13-1　NAND 基地址以及 DMA 控制器的地址

```
----------------------------------------------------------------------------------
#define LS1B_NAND_BASE            0xBFE78000      /* -0xBFE7BFFF = 16KB */
#define LS1x_DMA_CTRL_ADDR        0xBFD01160
#define LS1x_DMA_CTRL         (*(volatile unsigned int*)(LS1x_DMA_CTRL_ADDR))
----------------------------------------------------------------------------------
```

13.2　NAND API 函数分析及开发步骤

13.2.1　NAND 接口函数

NAND 驱动源代码在 ls1x - drv/nand/ls1x_nand.c 中，头文件在 ls1x - drv/include/ls1x_nand.h 中，配置代码在 include/bsp.h 中。

1. 启用 NAND 设备

想要启用 NAND 设备，只需要在 bsp.h 中反注释宏定义即可，如代码清单 13-2 所示。

代码清单 13-2　启用 NAND 宏义

```
1.  #define BSP_USE_NAND
```

2. NAND 设备参数定义

在 ls1x_nand.c 文件中，对 NAND 设备配置参数进行结构体封装，如代码清单 13-3 所示。

代码清单 13-3　NAND 设备配置参数结构体

```
1.  typedef struct
2.  {  /* Hardware shortcuts */
3.     LS1x_NAND_regs_t *hwNand;              /* NAND 寄存器 */
4.     unsigned int      dmaCtrl;             /* DMA  控制寄存器 */
5.     LS1x_dma_desc_t  *dmaDesc;             /* DMA  描述符 */
6.     unsigned char    *dmaBuf;              /* DMA  数据缓冲区 */
7.  #if (USE_DMA0_INTERRUPT)
8.     unsigned int dmaIrq;                   /* DMA  中断 */
9.     unsigned int dmaIntCtrl;
10.    unsigned int dmaIntMask;
11. #endif
12.    /* Driver state */
13.    int          intialized;           /* 没有初始化时 */
14.    /* Statics */
15. #if (USE_DMA0_INTERRUPT)
16.    unsigned int intr_cnt;
17. #endif
18.    unsigned int error_cnt;
19.    unsigned int read_bytes;
20.    unsigned int read_cnt;
21.    unsigned int readerr_cnt;
22.    unsigned int write_bytes;
23.    unsigned int write_cnt;
24.    unsigned int writeerr_cnt;
25.    unsigned int erase_cnt;
26.    unsigned int eraseerr_cnt;
27. } LS1x_NAND_dev_t;
28. NAND 用到的数据类型:
29. enum
30. {   NAND_OP_MAIN = 0x0001, /* 操作 page 的 main 区域 */
31.     NAND_OP_SPARE = 0x0002, /* 操作 page 的 spare 区域 */
32. };
33. typedef struct
34. {   unsigned int pageNum; // physcal page number
35.     unsigned int colAddr; // address in page
36.     unsigned int opFlags; // NAND_OP_MAIN / NAND_OP_SPARE
37. } NAND_PARAM_t;
```

3. NAND 接口函数

有 6 个用户操作的 NAND 接口函数，与驱动函数一一对应，如表 13-2 所示。

表 13-2　用户 NAND 接口函数与驱动函数一一对应

用户接口函数	对应的驱动函数	功能描述
ls1x_nand_init(nand, arg)	int LS1x_NAND_initialize(void *dev, void *arg);	初始化
ls1x_nand_open(nand, arg)	int LS1x_NAND_open(void *dev, void *arg);	打开 NAND
ls1x_nand_close(nand, arg)	int LS1x_NAND_close(void *dev, void *arg);	关闭 NAND
ls1x_nand_read(nand, buf, size, arg)	int LS1x_NAND_read(void *dev, void *buf, int size, void *arg);	读数据
ls1x_nand_write(nand, buf, size, arg)	int LS1x_NAND_write(void *dev, void *buf, int size, void *arg);	写数据
ls1x_nand_ioctl(nand, cmd, arg)	int LS1x_NAND_ioctl(void *dev, int cmd, void *arg);	发送控制命令

（1）ls1x_nand_init(nand,arg)函数分析。

函数功能：初始化 NAND 设备，设置 NAND 的相关参数。

函数参数：

①nand：NAND 设备 devNAND。

②arg：若未使用，则写入 NULL 即可。

返回值：错误：-1；正常：0。

（2）ls1x_nand_open(nand,arg)函数分析。

函数功能：打开 NAND。

函数参数：

①nand：NAND 设备 devNAND。

②arg：若未使用，则写入 NULL 即可。

③返回值：错误：-1；正常：0。

（3）ls1x_nand_close(nand, arg)函数分析。

函数功能：关闭 NAND。

函数参数：

①nand：NAND 设备 devNAND。

②arg：若未使用，则写入 NULL 即可。

返回值：错误：-1；正常：0。

（4）ls1x_nand_read(nand, buf, size, arg)函数分析。

函数功能：读数据。

函数参数：

①nand：NAND 设备 devNAND。

②buf：读取数据的存储地址。

③size：需要读取数据的长度。

④arg：NAND_PARAM_t *。

返回值：实际读取数据的长度。

（5）ls1x_nand_write(nand, buf, size, arg)函数分析。

函数功能：写数据。

函数参数：

①nand：NAND 设备 devNAND。
②buf：写入数据的存储地址。
③size：需要写入数据的长度。
④arg：NAND_PARAM_t *。
返回值：实际写入数据的长度。
（6）ls1x_nand_ioctl(nand, cmd, arg)函数分析。
函数功能：发送控制命令。
函数参数：
①nand：串口设备，12 个串口结构体变量指针供选择。
②cmd：命令数据，实现的主要操作，如表 13-3 所示。
③arg：根据 cmd 而定。
返回值：错误：-1；正常：0。

表 13-3　形参 cmd 和 arg 的取值

命令 cmd	参数类型 arg	功能
NAND_IOC_ERASE_CHIP	删除芯片全部内容	
NAND_IOC_ERASE_BLOCK	unsigned int，块序号	删除一块
NAND_IOC_PAGE_BLANK	unsigned int，页序号	删除一页
NAND_IOC_PAGE_VERIFY	NAND_PARAM_t *	校验一页的内容
NAND_IOC_MARK_BAD_BLOCK	unsigned int，块序号	标记坏块
NAND_IOC_IS_BAD_BLOCK	unsigned int，块序号	判断是否为坏块

4. NAND 中断函数

（1）中断宏使能。
在 ls1x_nand.c 文件中，使能中断宏，允许使用 DMA 中断。

```
#define USE_DMA0_INTERRUPT  0    /* 1 表示：使用中断；0 表示：不使用中断*/
```

（2）在 ls1x_nand_init()函数中配置中断。
在 ls1x_nand_initialize()函数中，调用 ls1x_install_irq_handler(pNand->dmaIrq, LS1x_NAND_interrupt_handler, (void *)dev)函数注册中断，其中参数 pNand->dmaIrg 为中断编号、LS1x_NAND_interrupt_handler 为中断服务函数名称。

13.2.2　NAND 开发步骤

nand_read 和 nand_write 中的 arg 参数是 NAND_PARAM_t *类型，表示读写的 Flash 位置，在初始化时就要配置好参数；在使用 nand_read 和 nand_write 之前，必须执行 nand_init 和 nand_open 函数。
第 1 步：在 bsp.h 中打开 NAND 设备的宏定义，并在 main.c 中添加 ls1x_nand.h 头文件。
第 2 步：配置好参数 NAND_PARAM_t * 类型。

第 3 步：调用 nand_init() 和 nand_open() 函数初始化并打开 NAND。

第 4 步：由于 NAND Flash 特性，写操作前对 NAND 进行擦除，因此需调用 ls1x_nand_ioctl() 函数对芯片进行擦除工作。

第 5 步：调用 nand_read() 和 nand_write()进行读写操作。

任务 14　读写 NAND Flash 存储器

一、任务描述

编写程序实现对核心板上的 NAND Flash 存储器（K9F1G08U0C-PCB0）进行读写操作。

二、任务分析

1. 硬件电路分析

NAND Flash 存储器的控制电路，如图 13-1 所示，该电路在龙芯 1B 核心板上（LCD 屏下方），不在龙芯 1B 开发板上。

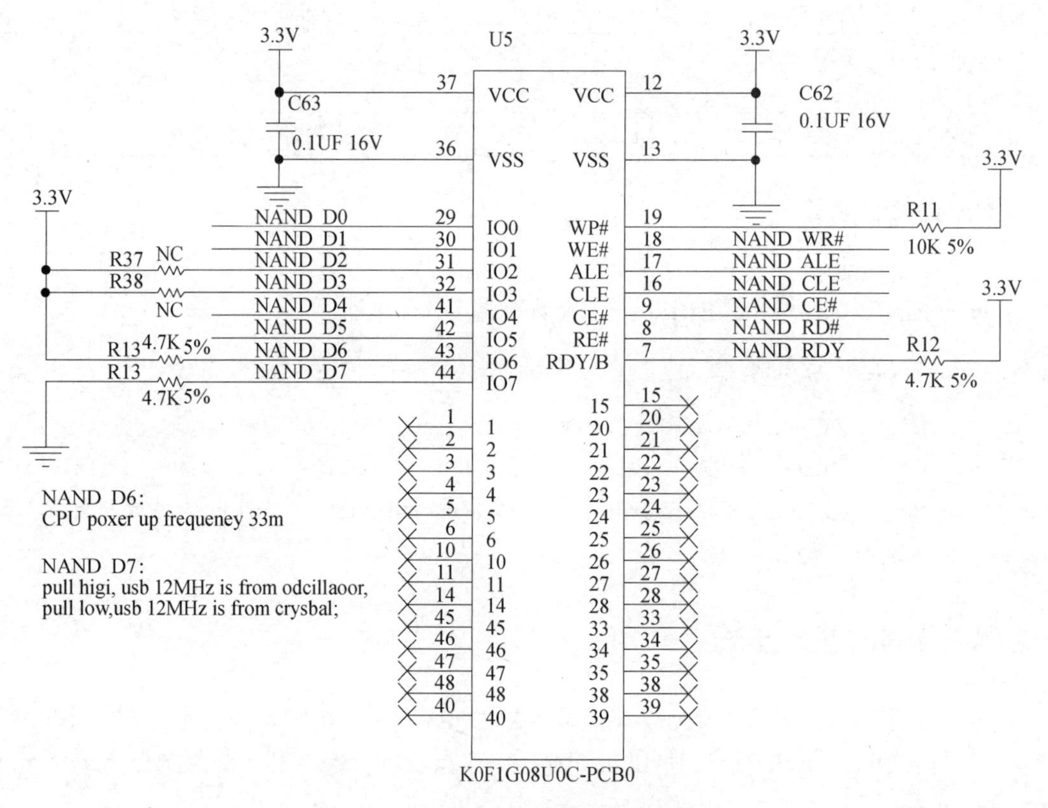

图 13-1　NAND Flash 存储器的控制电路

NAND Flash 容量如何计算呢？一块 NAND Flash 分为若干个 Block（块），每个 Block 又分为若干个 Page（页）。NAND Flash 有两类：大页的 NAND 和小页的 NAND。

每种 NAND 的一页中都有数据段（datafield）和附加段（Spare Field），datafield 用于存放数据，Spare Field 读写操作的时候用于存放校验码，大页的 NAND 中数据段为 2048 字节(B)、附加段为 64 字节(B)；小页的 NAND 中数据段为 512 字节(B)、附加段为 16 字节(B)。

小页的 NAND 是：One page = 512B(datafield) + 16B(Spare Field)，One block = 32pages

大页的 NAND 是：One page = 2048B(datafield) + 64B(Spare Field), One block = 64pages or 128pages

K9F1G08X0C 阵列组织如图 13-2 所示，芯片存储容量大小为：128MB+4MB，即 1056Mbits（位），其中数据段为 128MB，附加段为 4MB。其属于大页的 NAND。

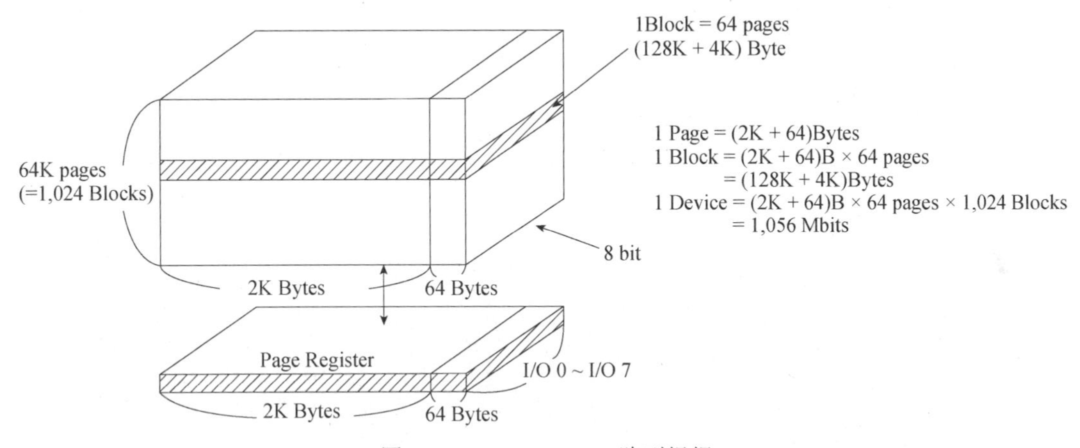

图 13-2　K9F1G08X0C 阵列组织

值得注意的是，一块 NAND Flash 中的所有页可以不按顺序烧写。

大页的 NAND 烧写要求为：在一页中，数据段在 2 次擦除之间的编程操作不能超过 4 次，附加段在 2 次擦除之间的编程操作不能超过 4 次。

小页的 NAND 有相似的烧写要求：在一页中，数据段在 2 次擦除之间的编程操作不能超过 2 次，附加段在 2 次擦除之间的编程操作不能超过 3 次。

2. 软件设计

首先，按照新建项目向导，建立工程。

其次，配置好参数 NAND_PARAM_t *类型，并调用 nand_init()和 nand_open()函数初始化并打开 NAND。

最后，由于 NAND Flash 特性，写操作前要对 NAND 进行擦除，因此需调用 ls1x_nand_ioctl()函数对芯片进行擦除工作；调用 nand_read()和 nand_write()进行读写操作。

三、任务实施

第 1 步：硬件连接。

先用 USB 转串口线连接计算机 USB 和龙芯 1+X 开发板的串口（UART5），再给龙芯 1+X 开发板上电。

第 2 步：新建工程。

首先，打开龙芯 1X 嵌入式集成开发环境，依次单击“文件”→“新建”→“新建项目向导…”，新建工程。

第 3 步：编写程序。

在自动生成代码的基础上，编写代码，并在 bsp.h 文件中打开 NAND 宏，如代码清单 13-4 所示。

代码清单 13-4　NAND Flash 程序

```
--------------------------------------------------------------------------------
1.  #include <stdio.h>
2.  #include "ls1b.h"
3.  #include "mips.h"
4.  #include "bsp.h"
5.  #include "ls1x_nand.h"
6.  int main(void)
7.  {   printk("\r\nmain() function.\r\n");
8.      ls1x_drv_init();                /* Initialize device drivers */
9.      install_3th_libraries();          /* Install 3th libraies */
10.     unsigned int buf[2] = {0};
11.     NAND_PARAM_t param;
12.     unsigned int blkNum;
13.     //传输的数据要采用 4 字节对齐的方式，即为 4 的倍数，否则会出错。
14.     unsigned char buf_w[72] = "恰同学少年，风华正茂；书生意气，挥斥方遒。
15.                                 ——毛泽东《沁园春・长沙》";
16.     unsigned char buf_r[72] = {0};
17.     unsigned char rt = 0,i,cnt = 0;
18.     //初始化函数已在“ls1x_drv_init();”中调用了。
19.     //打开
20.     if (ls1x_nand_open(devNAND, NULL) != 0)
21.     {   printf("NAND Open error!!!\r\n");
22.     }
23.     else
24.     {   ls1x_nand_ioctl(devNAND,IOCTL_NAND_RESET,0); //复位
25.      }
26.      //获取 ID
27.      if(ls1x_nand_ioctl(devNAND,IOCTL_NAND_GET_ID,buf) == 0)
28.      {    //获取为 ID:0xf1, Chip ID:0x9b
29.           printf("NAND Dev ID: Manufacturer ID:%#x, Chip ID:%#x\r\n",buf[0] >>
24,buf[1]);
30.       }
31. }
32. //读写 NAND 数据测试
33. /* 由于 pmon 下将芯片分了两个区，分区"kernel"占 8MB，即 4096pages，存放出货前下载的内核程序。
34. * 为避免误删、覆盖，从页地址为 5000 处开始测试读写。
35. * NAND Flash 进行写操作前需先对块进行擦除
36. */
37.     param.pageNum = BYTES_OF_PAGE; //页地址
38.     param.colAddr = 0;              //页内偏移地址
39.     param.opFlags = NAND_OP_MAIN;  //数据区
40.     blkNum = param.pageNum >> 6;   //当前页所处的块的首地址
41.     //块擦除
42.     rt = ls1x_nand_ioctl(devNAND,IOCTL_NAND_ERASE_BLOCK,blkNum);
43.     if(rt == 0)
```

```
44.     {  printk("ERASE BLOCK ok!!!\r\n");
45.     }
46.     else
47.     {  printk("ERASE BLOCK error!!!\r\n");
48.     }
49.     delay_ms(1);//延时一会儿，等待擦除完成
50.     //写入数据
51.     rt = ls1x_nand_write(devNAND, buf_w, sizeof(buf_w), (void *)&param);
52.     if(rt == sizeof(buf_w))
53.     {  printk("ls1x_nand_write:%s\r\n",buf_w);
54.     }
55.     else
56.     {  printk("ls1x_nand_write error\r\n");
57.      }
58.      //读出数据
59.      rt = ls1x_nand_read(devNAND, buf_r, sizeof(buf_w), (void *)&param);
60.      if(rt == sizeof(buf_w))
61.      {  printk("\r\nls1x_nand_read:%s",buf_r);
62.       }
63.      else
64.      {  printk("ls1x_nand_read error\r\n");
65.      }
66.     while(1);
67.     return 0;
68. }
```

第 4 步：程序编译及调试。

（1）单击 图标进行编译，编译无误后，单击 图标，将程序下载到内存之中。注意：此时代码还没有下载到 NAND Flash 之中，按下复位键后，程序会消失。

（2）打开串口调试软件，则在串口调试软件上打印相关信息，如图 13-3 所示。

```
Clock_mask: 8000, step=100000

main() function.
NAND controller initialized.
NAND Dev ID: Manufacturer ID:0xf1, Chip ID:0x9b
ERASE BLOCK ok!!!
ls1x_nand_write:恰同学少年，风华正茂；书生意气，挥斥方遒。——毛泽东《沁园春·长沙》

ls1x_nand_read:恰同学少年，风华正茂；书生意气，挥斥方遒。——毛泽东《沁园春·长沙》
```

图 13-3　串口调试软件上打印相关信息

第二篇　龙芯 1B 处理器与 RT-Thread 内核应用开发

第 14 章　RT-Thread 快速上手

本章介绍 RT-Thread 的架构、发展趋势、支持处理器种类等内容，并详细介绍了基于龙芯 1B 处理器的 RT-Thread 系统启动流程、项目文件构成，通过理实一体化学习，读者能在 LoongIDE 集成开发环境中新建 RTT 工程、运行 RTT 程序。

教学目标

知识目标	1. 了解 RT-Thread 的历史和发展趋势
	2. 了解 RT-Thread 与 Linux、FreaRTOS、UCOS 等系统的区别，以及其自身特点
	3. 了解 RT-Thread 结构，以及中间层组件
	4. 理解基于龙芯 1B 处理器的 RT-Thread 系统启动流程
	5. 掌握 RT-Thread 工程项目文件构成
技能目标	1. 能熟练使用龙芯 1X 嵌入式集成开发环境新建 RT-Thread 工程项目
	2. 能熟练分析 RT-Thread 系统启动流程
素质目标	1. 进一步领悟并遵守实训室 7S 管理，培养学生养成良好职业素养
	2. 了解国产操作系统市场占有率及发展趋势，增强学生的民族自豪感和紧迫感
	3. 培养学生团队协作、表达沟通能力

14.1　RT-Thread 简介

14.1.1　RT-Thread 概述

RT-Thread，全称是 Real Time-Thread，顾名思义，它是一个嵌入式实时多线程操作系统，基本属性之一是支持多任务，允许多个任务同时运行并不意味着处理器在同一时刻真的执行了多个任务。事实上，一个处理器核心在某一时刻只能运行一个任务，由于每次对一个任务的执行时间很短、任务与任务之间通过任务调度器进行非常快速的切换（调度器根据优先级决定此刻该执行的任务），给人造成多个任务在一个时刻同时运行的错觉。在 RT-Thread 系统中，任务是通过线程实现的，RT-Thread 中的线程调度器也就是任务调度器。

RT-Thread 主要采用 C 语言编写，浅显易懂，方便移植。它把面向对象的设计方法应用到实时系统设计中，使得代码风格优雅、架构清晰、系统模块化并且可裁剪性非常好。针对资源受限的微控制器（MCU）系统，可通过方便易用的工具，裁剪出仅需要 3KB Flash、1.2KB RAM 内存资源的 NANO 版本（NANO 是 RT-Thread 官方于 2017 年 7 月份发布的一个极简版内核）；而对于资源丰富的物联网设备，RT-Thread 又能使用在线的软件包管理工具，配合系统配置工具实现直观快速的模块化裁剪，无缝地导入丰富的软件功能包，实现类似 Android 的图形界面及触摸滑动效果、智能语音交互效果等复杂功能。

相较于 Linux 操作系统，RT-Thread 体积小、成本低、功耗低、启动快速，除此以外 RT-Thread 还具有实时性高、占用资源小等特点，非常适用于各种资源受限（如成本、功耗限制等）的场合。虽然 32 位 MCU 是它的主要运行平台，实际上很多带有 MMU、ARM9、ARM11 处理器，甚至 Cortex-A 系列级别处理器在特定应用场合也适合使用 RT-Thread。

14.1.2 RT-Thread 架构

近年来，物联网（Internet of Things，IoT）概念广为普及，物联网市场发展迅猛，嵌入式设备的联网已是大势所趋。终端联网使得软件复杂性大幅增加，传统的 RTOS 内核已经越来越难以满足市场的需求，在这种情况下，物联网操作系统（IoT OS）的概念应运而生。物联网操作系统是指以操作系统内核（可以是 RTOS、Linux 等）为基础，包括如文件系统、图形库等较为完整的中间件组件，具备低功耗、安全、通信协议支持和云端连接能力的软件平台，RT-Thread 就是一个 IoT OS。

RT-Thread 与其他很多 RTOS 如 FreeRTOS、UCOS 的主要区别之一是，它不仅仅是一个实时内核，还具备丰富的中间层组件，如图 14-1 所示。

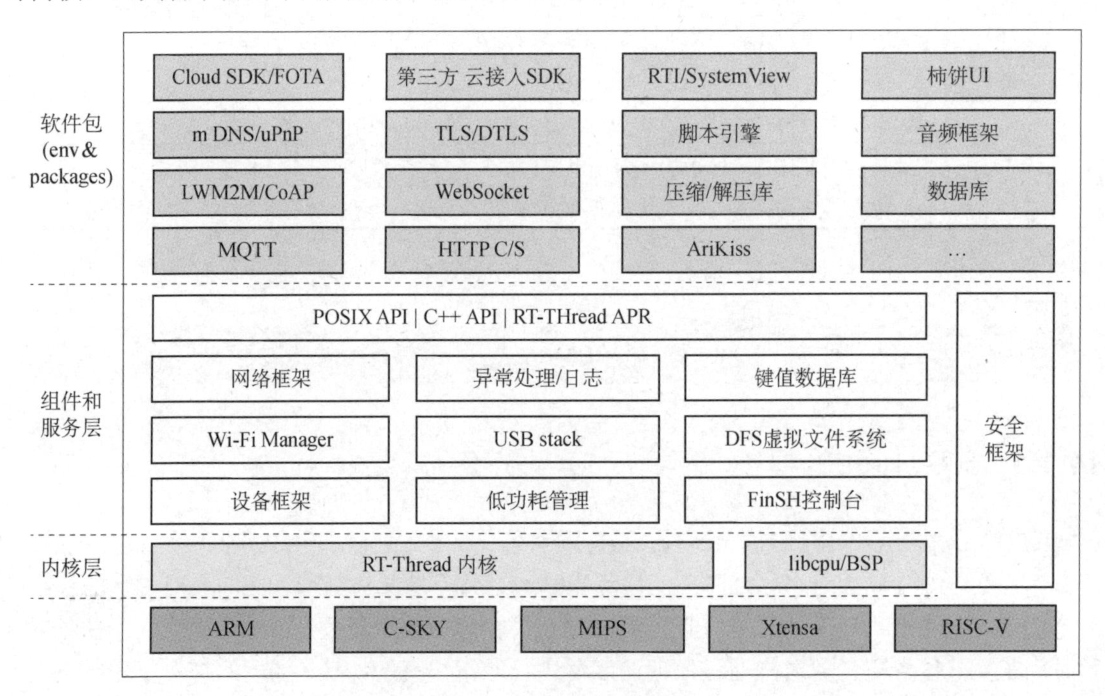

图 14-1　RT-Thread 架构

14.2　RT-Thread 启动流程

一般了解一份代码大多从启动部分开始，同样这里也采用这种方式，先寻找启动的源头。RT-Thread 支持多种平台和多种编译器，而 rtthread_startup()函数是 RT-Thread 规定的统一启动入口。一般执行顺序是：系统先从启动文件开始运行，然后进入 RT-Thread 的启动 rtthread_startup()，最后进入用户入口 main()，如图 14-2 所示。

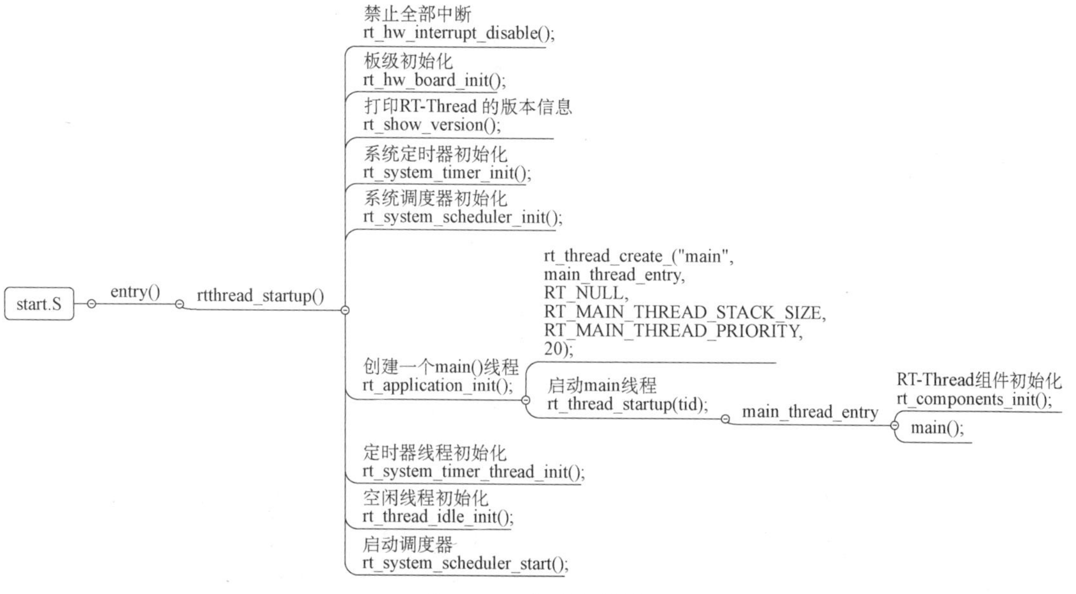

图 14-2　启动流程图

以龙芯 1B200 为例，用户程序入口为 main()函数，位于 main.c 文件中。系统启动后先从汇编代码 start.S 开始运行，然后跳转到 C 代码，进行 RT-Thread 系统启动，最后进入用户程序入口 main()。

为了在进入 main()之前完成 RT-Thread 系统功能初始化，先调用 components.c 文件中 entry()函数，如代码清单 14-1 所示。

代码清单 14-1　components.c 文件中的 entry()函数

```
1. /* entry 函 数 */
2. int entry(void)
3. {   rtthread_startup();      //启动 RT-thread 系统
4.     return 0;
5. }
```

这里 entry()函数调用 rtthread_startup()函数。rtthread_startup()函数，如代码清单 14-2 所示。

代码清单 14-2　rtthread_startup()函数

```
1. int rtthread_startup(void)
```

```
2. {   rt_hw_interrupt_disable(); /* 关闭中断 */
3.     rt_hw_board_init();  /* 板级初始化，需在该函数内部进行系统堆的初始化 */
4.     rt_show_version();   /* 打印 RT-Thread 版本信息 */
5.     rt_system_timer_init();     /* 定时器初始化 */
6.     rt_system_scheduler_init(); /* 调度器初始化 */
7. #ifdef RT_USING_SIGNALS
8.     rt_system_signal_init();    /* 信号初始化 */
9. #endif
10.    rt_application_init();  /* 由此创建一个用户 main 线程 */
11.    rt_system_timer_thread_init();/* 定时器线程初始化 */
12.    rt_thread_idle_init();      /* 空闲线程初始化 */
13.    rt_system_scheduler_start();       /* 启动调度器 */
14.    return 0;              /* 不会执行至此 */
15.}
16.
```

这部分启动代码大致可以分为四个部分：

（1）初始化与系统相关的硬件。

（2）初始化系统内核对象，例如，定时器、调度器、信号。

（3）创建 main 线程，在 main 线程中对各类模块依次进行初始化。

（4）初始化定时器线程、空闲线程，并启动调度器。

启动调度器之前，系统所创建的线程在执行 rtthread_startup()后并不会立马运行，它们会处于就绪状态等待系统调度；待启动调度器之后，系统才转入第一个线程开始运行，根据调度规则，选择的是就绪队列中优先级最高的线程。

rt_hw_board_init()函数中完成系统时钟设置，为系统提供心跳、串口初始化，将系统输入/输出终端绑定到这个串口，后续系统运行信息就会从串口打印出来。

main()函数是 RT-Thread 的用户代码入口，用户可以在 main()函数里添加自己的应用，如代码清单 14-3 所示。

代码清单 14-3　main()函数

```
1. int main(void)
2. {
3.     /* user app entry */
4.     return 0;
5. }
6.
```

任务 15　初识 RT-Thread

一、任务描述

采用 Embedded IDE for LS1x 开发环境，按照“新建项目向导”，新建 RT-Thread 工程，

基于龙芯 1B 开发板实现控制台打印出 7S 现场管理法内容：整理（Seiri）、整顿（Seiton）、清扫（Seiso）、清洁（Seiketsu）、素养（Shitsuke）、安全（Safety）、节约（Saving）。

二、任务分析

采用 LoongIDE 自动生成 RT-Thread 代码，按照新建项目向导、项目编译、项目调试、程序烧写等步骤进行操作。

三、任务实施

第 1 步：新建项目。依次单击“文件”→“新建”→“新建项目向导…”，弹出“新建项目向导”对话框，如图 14-3 所示。输入项目名称“Task1”，则会自动创建 Task1\src 和 Task1\inclucde 两个文件夹，分别用于保存源文件和头文件。切记：一定要采用英文路径，文件名和文件夹不要用中文！

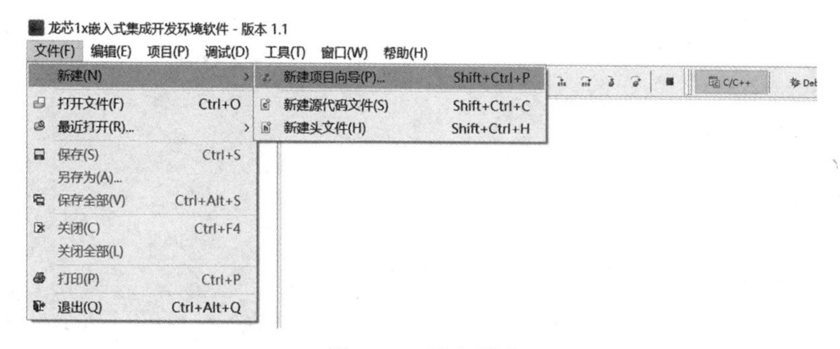

图 14-3　新建项目

第 2 步：输入项目名称，如图 14-4 所示，切记：一定要采用英文路径，文件名和文件夹不要用中文！

第 3 步：选择 RT-Thread 作为 RTOS，如图 14-5 所示。一直单击“下一页”按钮，直到单击“确定”按钮完成。生成工程如图 14-6 所示。

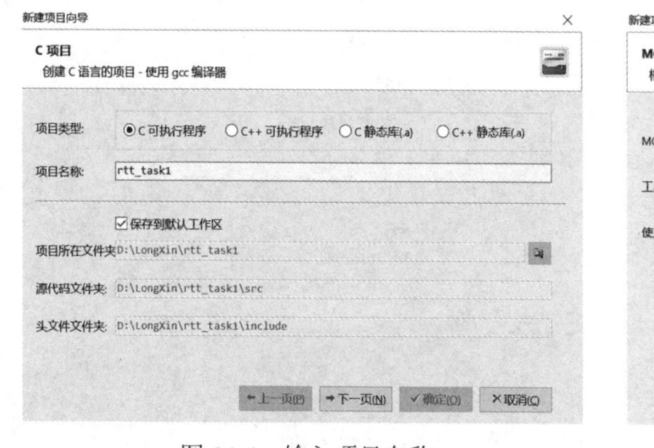

图 14-4　输入项目名称

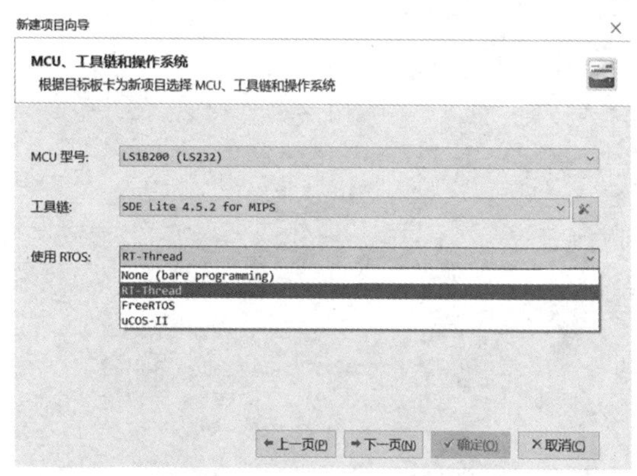

图 14-5　选择 RT-Thread

第 4 步：编写程序。在 main 函数中，使用控制台打印出实训室 7S 管理内容，如代码清单 14-4 所示。

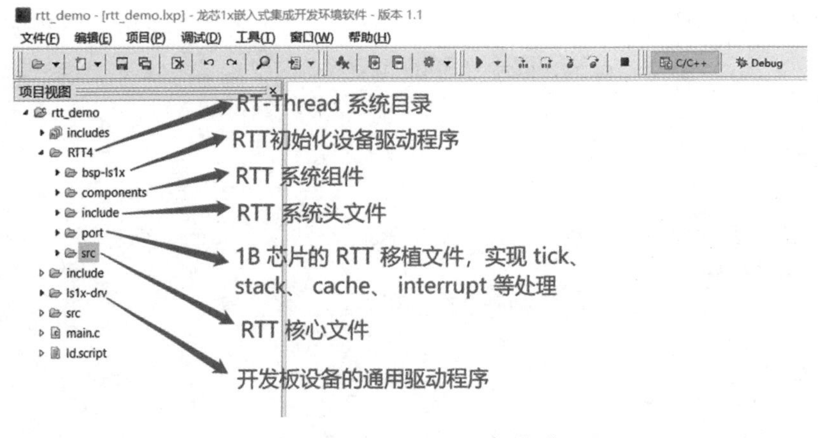

图 14-6　RT-Thread 工程界面

代码清单 14-4　代码清单

```
1. #include <time.h>
2. #include "rtthread.h"
3. #include "bsp.h"
4. static rt_thread_t m_demo_thread = NULL;
5. static void demo_thread(void *arg)
6. {     unsigned int tickcount;
7.     for ( ; ; )
8.     {   rt_kprintf("****************************************\n");
9.         rt_kprintf("实训室 7S 管理: \n");
10.        rt_kprintf("整理(Seiri) \n 整顿(Seiton) \n 清扫(Seiso) \n 清洁(Seiketsu)\n");
11.        rt_kprintf("素养(Shitsuke) \n 安全(Safety) \n 节约(Saving)\n");
12.        rt_kprintf("****************************************\n");
13.        rt_thread_delay(500);
14.    }
15.}
16.//*************************************************************************
17.int main(int argc, char** argv)
18.{      rt_kprintf("\r\nWelcome to RT-Thread.\r\n\r\n");
19.    ls1x_drv_init();            /* 初始化设备驱动程序 */
20.    rt_ls1x_drv_init();         /* RTT 初始化设备驱动程序 */
21.    install_3th_libraries();    /* 安装组件库 */
22./** Task initializing...     */
23.    m_demo_thread = rt_thread_create("demothread",         //线程的名称
24.                                   demo_thread,   //线程入口函数
25.                                   NULL,         //线程入口函数
26.                                   1024*4,       //线程栈大小
27.                                   11,           //线程栈大小
28.                                   10);          //线程的时间片大小
29.    if (m_demo_thread == NULL)
30.    {   rt_kprintf("create demo thread fail!\r\n");
31.    }
32.   else
33.    {   rt_thread_startup(m_demo_thread);              //启动线程
34.    }
35.    return 0;
36.}
```

第 5 步：运行程序，等待加载完成。下载完之后，运行结果如图 14-7 所示。

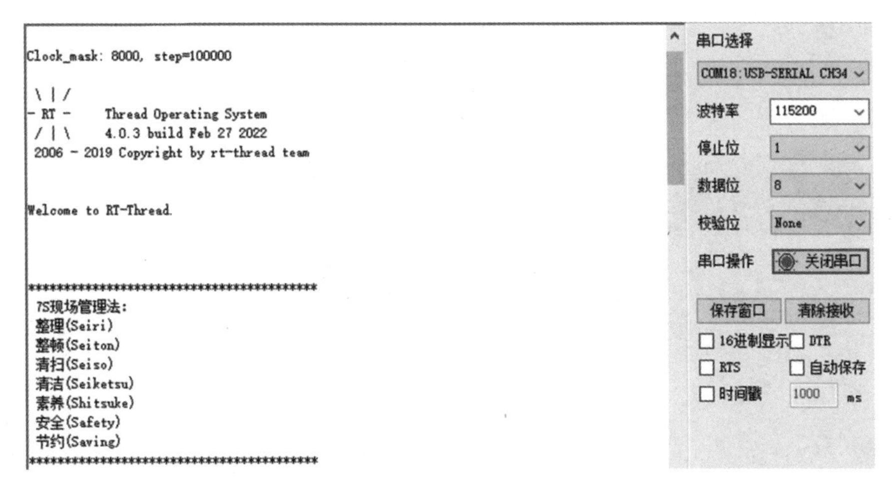

图 14-7　RT-Thread 工程串口输出效果

四、任务扩展

请查看本书配套资源，了解拓展任务要求，编写程序，实现相应功能。

拓展任务 14-1：分析 RT-Thread 的 LOGO 输出代码。

第 15 章　线程管理

本章介绍 RT-Thread 的线程工作机制，线程管理函数的功能、参量、返回值，以及线程创建方法及步骤等内容。通过理实一体化学习，读者能在 LoongIDE 集成开发环境中添加用户应用程序文件、RTT 驱动文件，以及编写创建线程、删除线程、控制线程、设置和删除空闲钩子等线程管理相关程序。

教学目标

知识目标	1. 理解线程控制块、线程属性、线程状态切换、线程就绪表、调度器、时间片等概念
	2. 理解系统线程与用户线程的区别
	3. 理解裸机与线程系统区别
	4. 理解线程控制块、堆栈、优先级等概念
	5. 掌握创建和删除动态线程动态函数的参量、返回值
	6. 了解初始化和脱离静态线程函数的参量、返回值
	7. 掌握挂起和恢复线程函数动态函数的参量、返回值
	8. 掌握启动线程、控制线程、设置和删除空闲钩子等线程控制函数的参量、返回值
	9. 掌握线程创建的方法和步骤
技能目标	1. 能熟练在工程项目中添加应用程序文件、驱动文件等操作
	2. 能熟练创建线程、删除线程、挂起线程、恢复线程
	3. 能熟练使用启动线程、控制线程、设置和删除空闲钩子等线程控制函数
	4. 能熟练编写基于龙芯 1B 处理的 RT-Thread 线程管理相关程序
素质目标	1. 进一步领悟并遵守实训室 7S 管理，培养学生养成良好职业素养
	2. 了解国产操作系统市场占有率及发展趋势，增强学生的民族自豪感和紧迫感
	3. 培养学生团队协作、表达沟通能力

15.1　线程的工作机制

RT-Thread 线程管理的主要功能是对线程进行管理和调度，系统中总共存在两类线程，分别是系统线程和用户线程，系统线程是由RT-Thread内核创建的线程，用户线程是由编程者编写应用程序创建的线程，这两类线程都会从内核对象容器中分配线程对象，当线程被删除时，也会从对象容器中将其删除。

15.1.1 线程控制块

线程控制块可以比喻人们的身份证号，它是线程的ID，不同的线程拥有不同的线程控制块，它是操作系统用于管理线程的一个数据结构，它会存放线程的一些信息，例如优先级、线程名称、线程状态等，也包含线程与线程之间连接用的链表结构、线程等待事件集合等。定义线程控制块，如代码清单15-1所示。

代码清单15-1 定义线程控制块

```
1.  static  rt_thread_t  m_demo_thread = NULL;  //rt_thread_t 线程控制块结构体类型
```

15.1.2 线程属性

线程的重要属性主要有线程栈、线程状态、线程优先级、时间片、线程的入口函数、线程错误码等。

1. 线程栈

RT-Thread线程具有独立的栈，当进行线程切换时，会将当前线程的上下文存在栈中，当线程要恢复运行时，再从栈中读取上下文信息，进行恢复。

线程栈还用来存放函数中的局部变量：函数中的局部变量从线程栈空间中申请；函数中的局部变量初始化时从寄存器中分配，当这个函数再调用另一个函数时，这些局部变量将被放入栈中。

对于线程第一次运行，可以以手工的方式构造这个上下文来设置一些初始的环境：入口函数（PC寄存器）、入口参数（R0寄存器）、返回位置（LR寄存器）、当前机器运行状态（CPSR寄存器）。

线程栈大小可以这样设定，对于资源相对较大的MCU，可以适当设计较大的线程栈；也可以在初始化时设置较大的栈，例如，指定大小为1KB或2KB，然后在FinSH中用list_thread命令查看线程在运行的过程中所使用的栈的大小，通过此命令，能够看到从线程启动运行时，到当前时刻点，线程使用的最大栈深度，而后加上适当的余量形成最终的线程栈大小，最后对栈空间大小加以修改。

2. 线程状态

在线程运行的过程中，同一时间内只允许一个线程在处理器中运行，从运行的过程上划分，线程有多种不同的运行状态，如初始状态、挂起状态、就绪状态等。在RT-Thread中，线程包含5种状态，操作系统会自动根据它运行的情况来动态调整它的状态。RT-Thread中线程的5种状态，如表15-1所示。

表 15-1　5 种线程状态

序号	线程状态	描述
1	初始状态	当线程刚开始创建还没开始运行时就处于初始状态；在初始状态下，线程不参与调度。此状态在 RT-Thread 中的宏定义为 RT_THREAD_INIT
2	就绪状态	在就绪状态下，线程按照优先级排队，等待被执行；一旦当前线程运行完毕让出处理器，操作系统会马上寻找最高优先级的处于就绪状态线程运行。此状态在 RT-Thread 中的宏定义为 RT_THREAD_READY
3	运行状态	线程当前正在运行。在单核系统中，只有 rt_thread_self()函数返回的线程处于运行状态；在多核系统中，可能就不止这一个线程处于运行状态。此状态在 RT-Thread 中的宏定义为 RT_THREAD_RUNNING
4	挂起状态	也称阻塞态。它可能因为资源不可用而挂起等待，或线程主动延时一段时间而挂起。在挂起状态下，线程不参与调度。此状态在 RT-Thread 中的宏定义为 RT_THREAD_SUSPEND
5	关闭状态	当线程运行结束时将处于关闭状态。关闭状态的线程不参与线程的调度。此状态在 RT-Thread 中的宏定义为 RT_THREAD_CLOSE

3. 线程优先级

RT-Thread 线程的优先级表示线程被调度的优先程度。每个线程都具有优先级，线程越重要，赋予的优先级就应越高，线程被调度的可能才会越大。

RT-Thread 最大支持 256 个线程优先级（0～255），数值越小的优先级越高，0 为最高优先级。在一些资源比较紧张的系统中，可以根据实际情况选择只支持 8 个或 32 个优先级的系统配置；对于 ARM Cortex-M 系列，普遍采用 32 个优先级。最低优先级默认分配给空闲线程使用，用户一般不使用。在系统中，当有比当前线程优先级更高的线程就绪时，当前线程将立刻被换出，高优先级线程抢占处理器运行。

4. 时间片

每个线程都有时间片这个参数，但时间片仅对优先级相同的处于就绪状态的线程有效。当系统对优先级相同的处于就绪状态的线程采用时间片轮转的调度方式进行调度时，时间片起到约束线程单次运行时长的作用，其单位是一个系统节拍（OS Tick）。

举例：假设有 2 个优先级相同的处于就绪状态的线程 1 与线程 2，线程 1 的时间片设置为 10，线程 2 的时间片设置为 5，那么当系统中不存在比线程 1 优先级高的就绪状态线程时，系统会在线程 1 和线程 2 间来回切换执行，并且每次对线程 1 执行 10 个节拍的时长，对线程 2 执行 5 个节拍的时长。优先级相同的线程采用时间片轮转调度运行，如图 15-1 所示。

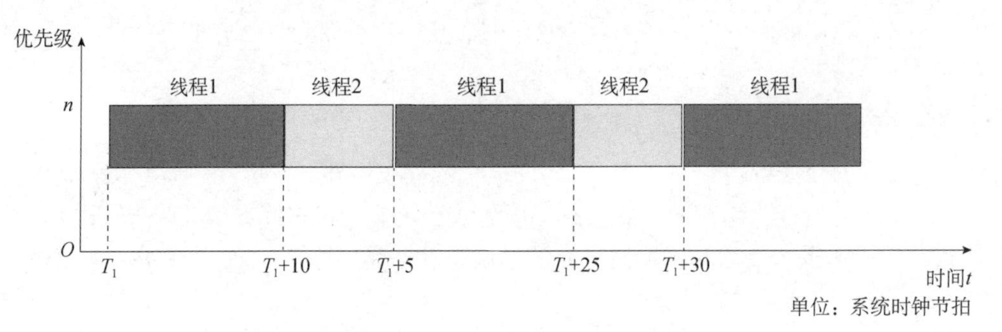

图 15-1　优先级相同的线程采用时间片轮转调度运行

5. 线程的入口函数

线程控制块中的 entry()函数是线程的入口函数，它是线程实现预期功能的函数。线程的入口函数与中断的服务函数非常相似，例如，一旦有中断响应时，程序自动进入对应的中断服务函数；线程一旦处于运行状态时，程序自动进入该线程的入口函数。线程的入口函数由用户设计实现，一般有“无限循环模式”和“顺序执行或有限次循环模式”两种代码形式。

（1）无限循环模式

在实时系统中，线程通常是被动式的。这个是由实时系统的特性所决定的，实时系统通常总是在等待外界事件的发生，而后进行相应的服务。无限循环模式如代码清单 15-2 所示。

代码清单 15-2　无限循环模式

```
1.  void thread_entry(void* paramenter)
2.  {    while (1)
3.      {
4.      /* 等待事件的发生 */
5.
6.      /* 对事件进行服务、进行处理 */
7.
8.      /* 让出 CPU 使用权的动作 */
9.      }
10. }
```

线程看似没有什么限制程序执行的因素，似乎所有的操作都可以执行。但是作为一个实时系统，一个优先级明确的实时系统，如果一个线程中的程序陷入了死循环操作，那么比它优先级低的线程都将不能够得到执行。所以在实时操作系统中必须注意的一点就是：线程中不能陷入死循环操作，必须要有让出 CPU 使用权的动作，例如，可以采用循环中调用延时函数或者主动挂起方式让出。用户设计这种无限循环的线程的目的，就是让这个线程一直被系统循环调度运行，永不删除。

（2）顺序执行或有限次循环模式

如有顺序语句，以及 do while()、for()等有限次循环语句，此类线程不会循环或不会永久循环，可谓是“一次性”线程，一定会被执行完毕。在执行完毕后，线程将被系统自动删除，如代码清单 15-3 所示。

代码清单 15-3　顺序执行或有限次循环模式

```
1.  static void thread_entry(void* parameter)
2.  {
3.      /* 处理事务 #1 */
4.      …
5.      /* 处理事务 #2 */
6.      …
7.      /* 处理事务 #3 */
8.  }
```

6. 线程错误码

一个线程就是一个执行场景，错误码是与执行环境密切相关的，所以每个线程配备了一个变量用于保存错误码，线程的错误码有以下几种，如代码清单 15-4 所示。

代码清单 15-4　线程错误码

```
1.  #define RT_EOK           0        /* 无错误     */
2.  #define RT_ERROR         1        /* 普通错误   */
3.  #define RT_ETIMEOUT      2        /* 超时错误   */
4.  #define RT_EFULL         3        /* 资源已满   */
5.  #define RT_EEMPTY        4        /* 无资源     */
6.  #define RT_ENOMEM        5        /* 无内存     */
7.  #define RT_ENOSYS        6        /* 系统不支持 */
8.  #define RT_EBUSY         7        /* 系统忙     */
9.  #define RT_EIO           8        /* IO 错误      */
10. #define RT_EINTR         9        /* 中断系统调用  */
11. #define RT_EINVAL        10       /* 非法参数      */
```

15.1.3　线程状态切换

RT-Thread 的线程调度器是抢占式的，主要的工作就是从就绪线程列表中查找最高优先级的线程，保证最高优先级的线程能够被运行，最高优先级的任务一旦就绪，总能得到 CPU 的使用权。

当一个运行着的线程使一个比它优先级高的线程满足运行条件时，当前线程的 CPU 使用权就被剥夺了，或者说被让出了，高优先级的线程立刻得到了 CPU 的使用权。

如果是中断服务程序使一个高优先级的线程满足运行条件，中断完成时，被中断的线程挂起，优先级高的线程开始运行。

当调度器调度线程切换时，先将当前线程上下文保存起来，当再切回到这个线程时，线程调度器将该线程的上下文信息恢复。

RT-Thread 提供一系列的操作系统调用接口，使得线程的状态在这 5 个状态之间来回切换。5 种状态间的转换关系，如图 15-2 所示。

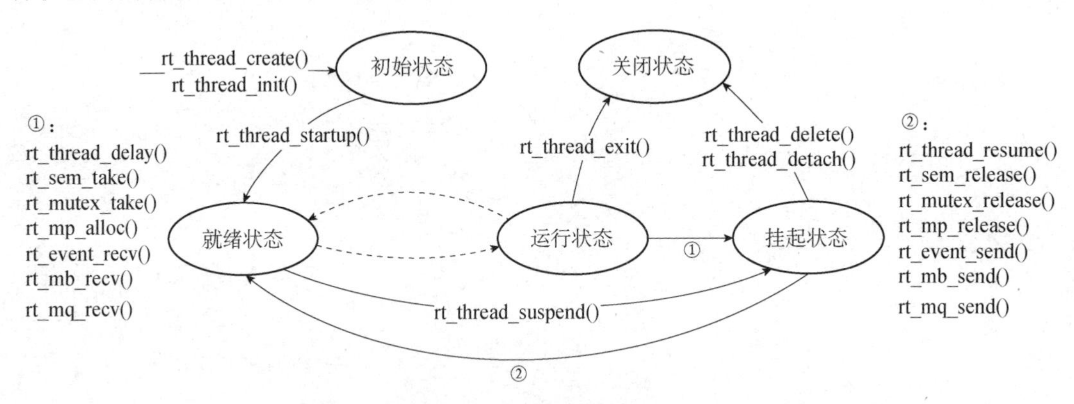

图 15-2　5 种状态间的转换关系

线程通过调用函数 rt_thread_create/init()进入到初始状态（RT_THREAD_INIT）；初始状态

的线程通过调用函数 rt_thread_startup()进入到就绪状态（RT_THREAD_READY）；就绪状态的线程被调度器调度后进入运行状态（RT_THREAD_RUNNING）；当处于运行状态的线程调用 rt_thread_delay()、rt_sem_take()、rt_mutex_take()、rt_mb_recv() 等函数或者获取不到资源时，将进入到挂起状态（RT_THREAD_SUSPEND）；处于挂起状态的线程，如果等待超时依然未能获得资源或由于其他线程释放了资源，那么它将返回到就绪状态。处于挂起状态的线程，如果调用 rt_thread_delete/detach()函数，将更改为关闭状态（RT_THREAD_CLOSE）；而处于运行状态的线程，如果运行结束，就会在线程的最后部分执行 rt_thread_exit()函数，将状态更改为关闭状态。

注意：在 RT-Thread 中，实际上线程并不存在运行状态，就绪状态和运行状态是等同的。

15.1.4 系统线程

系统线程是指由系统创建的线程，用户线程是由用户程序调用线程管理接口创建的线程，在 RT-Thread 内核中的系统线程有“空闲线程”和“主线程”。

1. 空闲线程

空闲线程是系统创建的最低优先级的线程，线程状态永远为就绪状态。当系统中无其他就绪线程存在时，调度器将调用空闲线程，它通常是一个死循环，且永远不能被挂起。另外，空闲线程在 RT-Thread 中也有着它的特殊用途。

（1）空闲线程会回收被删除线程的资源

若某线程运行完毕，系统将自动删除线程：自动执行 rt_thread_exit()函数，先将该线程从系统就绪队列中删除，再将该线程的状态更改为关闭状态，不再参与系统调度，然后挂入 rt_thread_defunct 僵尸队列（资源未回收、处于关闭状态的线程队列）中，最后空闲线程会回收被删除线程的资源。

（2）空闲线程中设置钩子函数

空闲线程也提供了接口来运行用户设置的钩子函数，在空闲线程运行时会调用该钩子函数，适合钩入功耗管理、看门狗喂狗等工作。

2. 主线程

在系统启动时，系统会创建 main 线程，它的入口函数为 main_thread_entry()，用户的应用入口函数 main()就是从这里真正开始的，系统调度器启动后，main 线程就开始运行，过程如图15-3 所示，用户可以在 main()函数里添加自己的应用程序初始化代码。

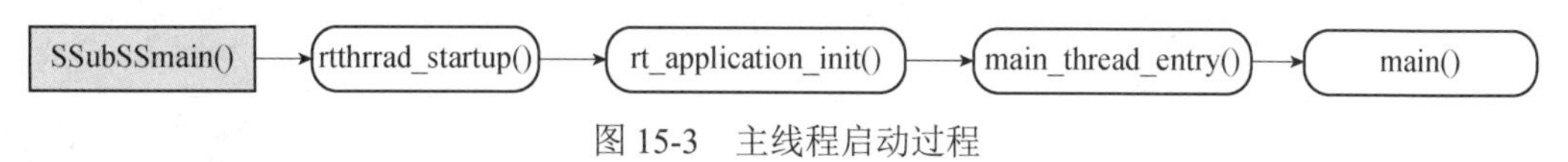

图 15-3　主线程启动过程

15.2 线程的管理函数分析

线程的相关操作包含创建/初始化线程、启动线程、运行线程、删除/脱离线程，如图 15-4

所示。

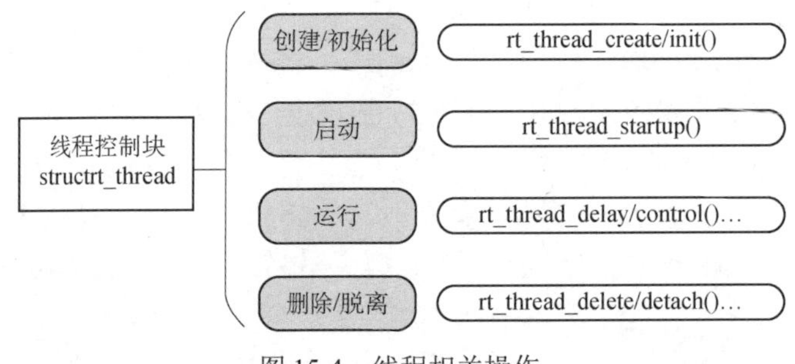

图 15-4　线程相关操作

可以使用 rt_thread_create()创建一个动态线程，使用 rt_thread_init()初始化一个静态线程，动态线程与静态线程的区别是：动态线程是系统自动从动态内存堆上分配栈空间与线程句柄的（初始化 heap 之后才能使用 create 创建动态线程），而静态线程是由用户分配栈空间与线程句柄的。

15.2.1　创建和删除动态线程

1. 创建动态线程

一个线程要成为可执行的对象，就必须由操作系统的内核来为它创建一个线程。动态线程创建函数原型及创建动态线程，如代码清单 15-5 所示。

代码清单 15-5　动态线程创建函数原型及创建动态线程

```
--------------------------------------------------------------------------------
1.  //动态线程创建函数原型
2.  rt_thread_t rt_thread_create(const char* name,
3.                              void (*entry)(void* parameter),
4.                              void* parameter,
5.                              rt_uint32_t stack_size,
6.                              rt_uint8_t priority,
7.                              rt_uint32_t tick);
8.  //***********************************************************************
9.  //创建动态线程
10. static rt_thread_t m_demo_thread = NULL;        //定义线程控制块
11. m_demo_thread = rt_thread_create("demothread",
12.                                  demo_thread,
13.                                  NULL,          // arg
14.                                  1024*4,        // statck size
15.                                  11,            // priority
16.                                  10);           // slice ticks
--------------------------------------------------------------------------------
```

调用这个函数时，系统会从动态堆内存中分配一个线程句柄，以及按照参数中指定的栈大小从动态堆内存中分配相应的空间。分配出来的栈空间是按照 rtconfig.h 中配置的 RT_ALIGN_SIZE 方式对齐的。线程创建 rt_thread_create()的输入参数和返回值，如表 15-2 所示。

表 15-2 线程创建 rt_thread_create()的输入参数和返回值

输入参数和返回值		功能描述
输入参数	name	线程的名称；线程名称的最大长度由 rtconfig.h 中的宏 RT_NAME_MAX 指定，多余部分会被自动截掉
	entry	线程入口函数
	parameter	线程入口函数参数
	stack_size	线程栈大小，单位是字节
	priority	线程的优先级。优先级范围根据系统配置情况（rtconfig.h 中的 RT_THREAD_PRIORITY_MAX 宏定义），如果支持的是 256 级优先级，那么取值范围为 0～255，数值越小优先级越高，0 代表最高优先级。注：龙芯 1X 嵌入式集成开发环境软件默认为 32 级优先级
	tick	线程的时间片大小。时间片（Tick）的单位是操作系统的时钟节拍。当系统中存在相同优先级线程时，这个参数指定线程一次调度能够运行的最大时间长度。这个时间片运行结束时，调度器自动选择下一个就绪状态的同优先级线程进行运行
返回值	thread	线程创建成功，返回线程句柄
	RT_NULL	线程创建失败

2. 删除动态线程

对于一些使用 rt_thread_create()创建出来的线程，当不需要使用，或者运行出错时，可以使用下面的函数接口来从系统中把线程完全删除掉，如代码清单 15-6 所示。

代码清单 15-6 删除动态线程

```
----------------------------------------------------------------------------
1.  rt_err_t rt_thread_delete(rt_thread_t thread);
----------------------------------------------------------------------------
```

调用该函数后，线程对象将会被移出线程队列并且从内核对象管理器中删除，线程占用的堆栈空间也会被释放，收回的空间将重新用于其他的内存分配。实际上，用 rt_thread_delete()函数删除线程接口，仅仅是把相应的线程状态更改为 RT_THREAD_CLOSE 状态，然后放入到 rt_thread_defunct 队列中；而真正的删除动作（释放线程控制块和释放线程栈）需要到下一次执行空闲线程时，由空闲线程完成最后的线程删除动作。线程删除 rt_thread_delete()接口的输入参数和返回值，如表 15-3 所示。

表 15-3 线程删除 rt_thread_delete()接口的输入参数和返回值

输入参数和返回值		功能描述
输入参数	thread	要删除的线程句柄
返回值	RT_EOK	删除线程成功
	RT_ERROR	删除线程失败

15.2.2 初始化和脱离静态线程

1. 初始化静态线程

静态线程的初始化可以使用下面的函数接口完成，它用于初始化静态线程对象，如代码清单 15-7 所示。

代码清单 15-7　初始化静态线程

```
1.  rt_err_t rt_thread_init(struct rt_thread* thread,
2.                      const char* name,
3.                      void (*entry)(void* parameter), void* parameter,
4.                      void* stack_start, rt_uint32_t stack_size,
5.                      rt_uint8_t priority, rt_uint32_t tick);
```

静态线程的线程句柄（或者说线程控制块指针）、线程栈由用户提供。静态线程是指线程控制块、线程运行栈一般都设置为全局变量，在编译时就被确定、被分配处理，内核不负责动态分配内存空间。需要注意的是，用户提供的栈首地址需做系统对齐。线程初始化接口 rt_thread_init()的输入参数和返回值，如表 15-4 所示（注：为了保持函数参数说明一致性，有些参数的功能描述与之前介绍的函数相同，在此不做省略处理，余同）。

表 15-4　线程初始化 rt_thread_init()接口的输入参数和返回值

输入参数和返回值		功能描述
输入参数	hread	线程句柄。线程句柄由用户提供，并指向对应的线程控制块内存地址
	name	线程的名称；线程名称的最大长度由 rtconfig.h 中定义的 RT_NAME_MAX 宏指定，多余部分会被自动截掉
	entry	线程入口函数
	parameter	线程入口函数参数
	stack_start	线程栈起始地址
	stack_size	线程栈大小，单位是字节。在大多数系统中需要做栈空间地址对齐（例如，ARM 体系结构中需要向 4 字节地址对齐）
	priority	线程的优先级。优先级范围根据系统配置情况（rtconfig.h 中的 RT_THREAD_PRIORITY_ MAX 宏定义），如果支持的是 256 级优先级，那么取值范围为 0～255，数值越小优先级越高，0 代表最高优先级
	tick	线程的时间片大小。时间片（Tick）的单位是操作系统的时钟节拍。当系统中存在相同优先级线程时，这个参数指定线程一次调度能够运行的最大时间长度。这个时间片运行结束时，调度器自动选择下一个就绪状态的同优先级线程进行运行
返回值	RT_EOK	线程创建成功
	RT_ERROR	线程创建失败

2. 脱离静态线程

对于用 rt_thread_init()初始化的线程，使用 rt_thread_detach()将使线程对象在线程队列和内核对象管理器中被脱离。线程脱离函数如代码清单 15-8 所示。

代码清单 15-8　线程脱离函数

```
1.  rt_err_t rt_thread_detach (rt_thread_t thread);
```

线程脱离接口 rt_thread_detach()的输入参数和返回值，如表 15-5 所示。

表 15-5 线程脱离接口 rt_thread_detach()的输入参数和返回值

输入参数和返回值		功能描述
输入参数	thread	线程句柄，它应该是由 rt_thread_init 进行初始化的线程句柄
返回值	RT_EOK	线程脱离成功
	RT_ERROR	线程脱离失败

15.2.3 挂起和恢复线程

当线程调用 rt_thread_delay()时，线程将主动挂起；当调用 rt_sem_take()、rt_mb_recv()等函数时，资源不可使用也将导致线程挂起。处于挂起状态的线程，如果其等待的资源超时（超过其设定的等待时间），那么该线程将不再等待这些资源，并返回到就绪状态；或者，当其他线程释放掉该线程所等待的资源时，该线程也会返回到就绪状态。

1. 线程挂起

线程挂起使用的函数接口如代码清单 15-9 所示。

代码清单 15-9 线程挂起使用的函数接口

```
1. rt_err_t rt_thread_suspend (rt_thread_t thread);
```

线程挂起接口 rt_thread_suspend()的输入参数和返回值如表 15-6 所示。

表 15-6 线程挂起接口 rt_thread_suspend()的输入参数和返回值

输入参数和返回值		功能描述
输入参数	thread	线程句柄
返回值	RT_EOK	线程挂起成功
	RT_ERROR	线程挂起失败，因为该线程的状态并不是就绪状态（简称就绪态）

注：RT-Thread 对此函数有严格的使用限制，该函数只能用来挂起当前线程（即自己挂起自己），不可以在线程 A 中尝试挂起线程 B，而且在挂起线程后，需要立刻调用 rt_schedule()函数手动进行线程上下文切换。用户只需要了解该接口的作用即可，强烈不建议在程序中使用该接口，该接口可以视为是内部接口。这是因为线程 A 在尝试挂起线程 B 时，线程 A 并不清楚线程 B 正在运行什么程序，一旦线程 B 正在使用例如互斥量、信号量等影响、阻塞其他线程的内核对象，那么线程 A 尝试挂起线程 B 的操作将会引发连锁反应，严重危及系统的实时性（有些地方会将其描述为死锁，实际上这种现象不是死锁，但是其结果也不比死锁好到哪儿去）。

2. 恢复线程

恢复线程就是让挂起的线程重新进入就绪状态，并将线程放入系统的就绪队列中；如果被恢复的线程在所有就绪状态线程中，位于最高优先级链表的第一位，那么系统将进行线程上下文的切换。线程恢复使用的函数，如代码清单 15-10 所示。

代码清单 15-10　线程恢复的函数

```
1.  rt_err_t rt_thread_resume (rt_thread_t thread)
```

线程恢复接口 rt_thread_resume()的输入参数和返回值，如表 15-7 所示。

表 15-7　线程恢复接口 rt_thread_resume()的输入参数和返回值

输入参数和返回值		功能描述
输入参数	thread	线程句柄
返回值	RT_EOK	线程恢复成功
	RT_ERROR	线程恢复失败，因为该线程的状态并不是 RT_THREAD_SUSPEND 状态

15.2.4　线程的其他控制函数

1. 启动线程

创建（初始化）的线程状态处于初始状态，并未进入就绪状态线程的调度队列，我们可以在线程初始化创建成功后调用下面的函数接口让该线程进入就绪状态，如代码清单 15-11 所示。

代码清单 15-11　启动线程

```
1.  rt_err_t rt_thread_startup(rt_thread_t thread);
```

当调用这个函数时，线程的状态被更改为就绪状态，并且线程会被放到相应优先级队列中等待调度。如果新启动的线程优先级比当前线程优先级高，将立刻切换到这个线程。线程启动接口 rt_thread_startup()的输入参数和返回值，如表 15-8 所示。

表 15-8　线程启动接口 rt_thread_startup()的输入参数和返回值

输入参数和返回值		功能描述
输入参数	thread	线程句柄
返回值	RT_EOK	线程启动成功
	RT_ERROR	线程启动失败

2. 获取当前线程

在程序的运行过程中，一段相同的代码可能会被多个线程执行，在执行的时候可以通过函数接口获取当前执行的线程句柄，如代码清单 15-12 所示。

代码清单 15-12　获取当前线程

```
1.  rt_thread_t  rt_thread_self(void);
```

获取当前线程接口 rt_thread_self(void)的返回值，如表 15-9 所示。

表 15-9 获取当前线程接口 rt_thread_self(void)的输入参数和返回值

输入参数和返回值		功能描述
输入参数	thread	当前运行的线程句柄
返回值	RT_NULL	失败，调度器还未启动

3. 使线程让出处理器资源

当前线程的时间片用完或者该线程主动要求让出处理器资源时，它将不再占有处理器，调度器会选择相同优先级的下一个线程执行。线程调用这个接口后，这个线程仍然在就绪队列中。线程让出处理器使用的函数接口，如代码清单 15-13 所示。

代码清单 15-13 使线程让出处理器资源

```
1.  rt_err_t rt_thread_yield(void);
```

调用该函数后，当前线程执行过程如下：

首先，把自己从所在的就绪优先级线程队列中删除。

然后，把自己挂到这个优先级队列链表的尾部。

最后，激活调度器进行线程上下文切换（如果当前优先级只有这一个线程，则这个线程继续执行，不进行上下文切换动作）。

rt_thread_yield()函数和 rt_schedule()函数比较相像，但在有相同优先级的其他就绪线程存在时，系统的行为却完全不一样。

执行 rt_thread_yield()函数后，当前线程被换出，相同优先级的下一个就绪线程将被执行。而执行 rt_schedule()函数后，当前线程并不一定被换出，即使被换出，也不会被放到就绪线程链表的尾部，而是在系统中执行就绪的优先级最高的线程（如果系统中没有比当前线程优先级更高的线程存在，那么执行完 rt_schedule()函数后，系统将继续执行当前线程）。

4. 使线程睡眠

在实际应用中，我们有时需要让运行的当前线程延迟一段时间，在指定的时间到达后重新运行，这就叫作“线程睡眠”。线程睡眠可使用以下 3 个函数接口，如代码清单 15-14 所示。

代码清单 15-14 使线程睡眠

```
1.  rt_err_t rt_thread_sleep(rt_tick_t tick);
2.  rt_err_t rt_thread_delay(rt_tick_t tick);
3.  rt_err_t rt_thread_mdelay(rt_int32_t ms);
```

这 3 个函数接口的作用相同，调用它们可以使当前线程挂起一段指定的时间，当这个时间过后，线程会被唤醒并再次进入就绪状态。这些函数接收一个参数，该参数指定线程的休眠时间。线程睡眠接口 rt_thread_sleep/delay/mdelay()的输入参数和返回值，如表 15-10 所示。

表 15-10　rt_thread_sleep/delay/mdelay()的输入参数和返回值

<table>
<tr><th colspan="2">输入参数和返回值</th><th>功能描述</th></tr>
<tr><td>输入参数</td><td>tick/ms</td><td>线程睡眠的时间：
sleep/delay 的传入参数 tick 以 1 个 OS Tick 为单位；
mdelay 的传入参数 ms 以 1ms 为单位</td></tr>
<tr><td>返回值</td><td>RT_EOK</td><td>操作成功</td></tr>
</table>

5. 控制线程

当需要对线程进行一些其他控制时，例如，动态更改线程的优先级，可以调用如下函数接口，如代码清单 15-15 所示。

代码清单 15-15　控制线程

```
1.  rt_err_t rt_thread_control(rt_thread_t thread, rt_uint8_t cmd, void* arg);
```

线程控制接口 rt_thread_control()的输入参数和返回值如表 15-11 所示。

表 15-11　rt_thread_control()的输入参数和返回值

<table>
<tr><th colspan="2">输入参数和返回值</th><th>功能描述</th></tr>
<tr><td rowspan="3">输入参数</td><td>thread</td><td>线程句柄</td></tr>
<tr><td>cmd</td><td>指示控制命令</td></tr>
<tr><td>arg</td><td>控制参数</td></tr>
<tr><td rowspan="2">返回值</td><td>RT_EOK</td><td>控制执行正确</td></tr>
<tr><td>RT_ERROR</td><td>失败</td></tr>
</table>

指示控制命令 cmd 当前支持的命令包括：

- RT_THREAD_CTRL_CHANGE_PRIORITY。动态更改线程的优先级。
- RT_THREAD_CTRL_STARTUP。开始运行一个线程，等同于调用 rt_thread_startup()函数。
- RT_THREAD_CTRL_CLOSE。关闭一个线程，等同于调用 rt_thread_delete()或 rt_thread_detach()函数。

6. 设置和删除空闲钩子函数

空闲钩子函数是空闲线程的钩子函数，如果设置了空闲钩子函数，就可以在系统执行空闲线程时，自动执行空闲钩子函数来做一些其他事情，比如系统指示灯。设置/删除空闲钩子函数的接口，如代码清单 15-16 所示。

代码清单 15-16　设置和删除空闲钩子函数

```
1.  rt_err_t rt_thread_idle_sethook(void (*hook)(void)); //设置空闲钩子函数
```

```
2.  rt_err_t rt_thread_idle_delhook(void (*hook)(void)); //删除空闲钩子函数
```

rt_thread_idle_sethook()和 rt_thread_idle_delhook()的输入参数和返回值如表 15-12 所示。

表 15-12 rt_thread_idle_sethook()和 rt_thread_idle_delhook()的输入参数和返回值

设置空闲钩子函数 rt_thread_idle_sethook()	
输入参数与返回值	功能描述
hook	设置的钩子函数
RT_EOK	设置成功
RT_EFULL	设置失败
删除空闲钩子函数 rt_thread_idle_delhook()	
输入参数与返回值	功能描述
hook	删除的钩子函数
RT_EOK	删除成功
RT_ENOSYS	删除失败

注：空闲线程是一个线程状态永远为就绪状态的线程，因此设置的钩子函数必须保证空闲线程在任何时刻都不会处于挂起状态，例如 rt_thread_delay()、rt_sem_take()等可能会导致线程挂起的函数都不能使用。并且，由于 malloc、free 等内存相关的函数内部使用了信号量作为临界区保护，因此在钩子函数内部也不允许调用此类函数！

7. 设置调度器钩子

在整个系统的运行过程中，系统都处于线程运行、中断触发—响应中断、切换到其他线程，甚至是线程间的切换过程中，或者说系统的上下文切换是系统中最普遍的事件。有时用户可能会想知道在某个时刻发生了什么样的线程切换，可以通过调用下面的函数接口设置一个相应的钩子函数。在系统线程切换时，这个钩子函数将被调用，如代码清单 15-17 所示。

代码清单 15-17 设置和删除空闲钩子

```
1.  void rt_scheduler_sethook(void (*hook)(struct rt_thread* from, struct rt_thread* to));
```

调度器钩子函数 hook()的声明如代码清单 15-18 所示。

代码清单 15-18 调度器钩子函数 hook()的声明

```
1.  void hook(struct rt_thread* from, struct rt_thread* to);
```

调度器钩子函数 hook()的输入参数如表 15-13 所示。

表 15-13 调度器钩子函数 hook()函数值

设置调度器钩子函数	
输入参数	功能描述
hook	设置的钩子函数

续表

调度器钩子函数 hook()	
输入参数	功能描述
from	表示系统所要切换出的线程控制块指针
to	表示系统所要切换到的线程控制块指针

任务 16 创建和删除线程

一、任务描述

创建两个线程，一个是 LED 线程，另一个是按键线程，两个线程功能分别是：

- LED 线程的功能是进行跑马灯，并在串口调试窗口打印 7S 现场管理法内容，即整理（Seiri）、整顿（Seiton）、清扫（Seiso）、清洁（Seiketsu）、素养（Shitsuke）、安全（Safety）、节约（Saving）。
- 按键线程的功能是通过检测按键 3 是否被按下，删除 LED 线程，若 LED 线程删除成功，则 LED4 闪烁，并在串口调试窗口打印“LED 线程删除成功”信息。

二、任务分析

硬件电路，采用 LED 电路和 KEY 电路，详见任务 3 和任务 4。

龙芯 1B200 引脚输出低电平时，LED 亮；引脚输出高电平时，LED 灭。LED1 对应 GPIO54、LED2 对应 GPIO55、LED3 对应 GPIO02、LED4 对应 GPIO03。

4 个独立按键电路连接关系：

（1）SW5 接 GPIO00，当 SW5 被按下时 GPIO00 为高电平；没有按下时 GPIO00 为低电平。

（2）SW6 接 GPIO41、SW7 接 GPIO41、SW8 接 GPIO01；当按键被按下时，引脚为低电平，没有按下时引脚为高电平。

三、任务实施

第 1 步：新建项目。依次单击“文件”→“新建”→“新建项目向导…”，根据项目向导完成新建项目。

第 2 步：添加 GPIO 的 RTT 设备驱动程序。由于按照 LoongIDE 的“新建项目向导…”方式自动生成 RT-Thread 代码，没有 GPIO 的 RTT 设备驱动程序，所以需要用户自己手动添加 drv_gpio.c 和 drv_gpio.h 到 RTT4/bsp-ls1x 目录中，添加方法如下：

首先，添加文件。单击工具栏中的图标“添加文件到项目…”，则会弹出如图 15-5 所示的对话框。将教材配套的该任务程序中的 drv_gpio.c 和 drv_gpio.h 文件添加到新建的工程项目中。

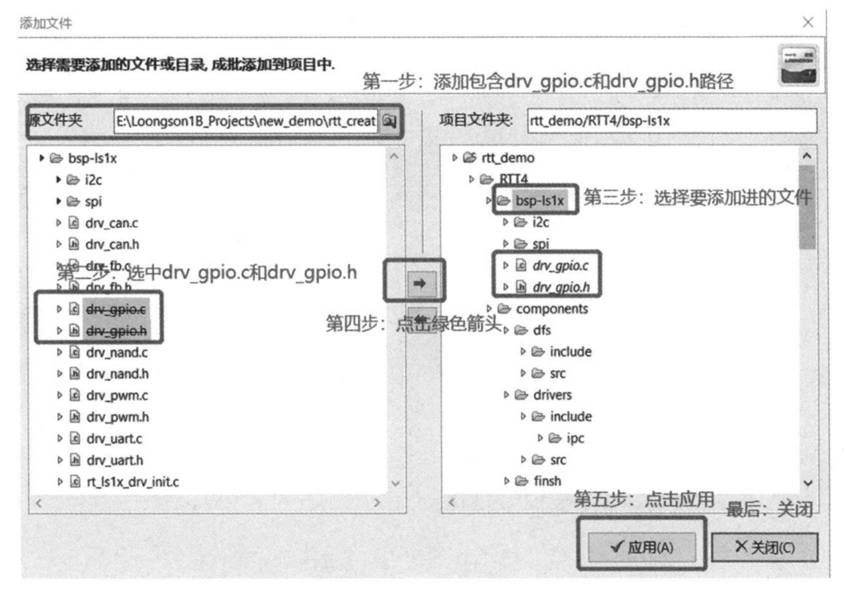

图 15-5 “添加文件”对话框添加 GPIO 的 RTT 设备驱动程序文件

其次，查看已添加的 GPIO 的 RTT 设备驱动程序。在项目视图中，依次展开“RTT4”→“bsp-ls1x”文件夹，可以看到 drv_gpio.c 和 drv_gpio.h 两个文件，如图 15-6 所示。注意：添加的 drv_gpio.c 和 drv_gpio.h 两个文件已经被复制到了该项目的“…\RTT4\bsp-ls1x”文件夹中。

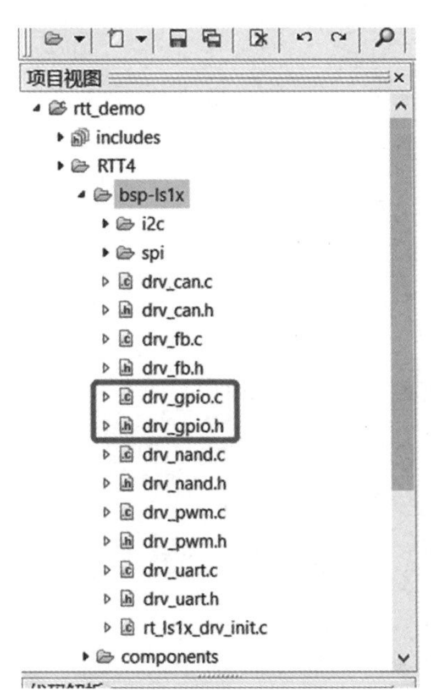

图 15-6 GPIO 的 RTT 设备驱动程序文件

第 3 步：添加 LED 和 KEY 应用程序。

首先，在项目文件夹中新建一个文件夹，命名为“APP”，文件夹名称可以随意。然后在 APP 文件夹中新建 LED 和 KEY 两个文件夹。

其次，将教材配套的该任务程序中的 rtt_key.c 和 rtt_key.h 文件复制到 KEY 文件夹中，rtt_led.c 和 rtt_led.h 文件复制到 LED 文件夹中。在菜单栏中，依次单击“项目”→“编译”选项，在打开的对话框中添加 rtt_key.h 和 rtt_led.h 两个头文件的路径，如图 15-7 所示。

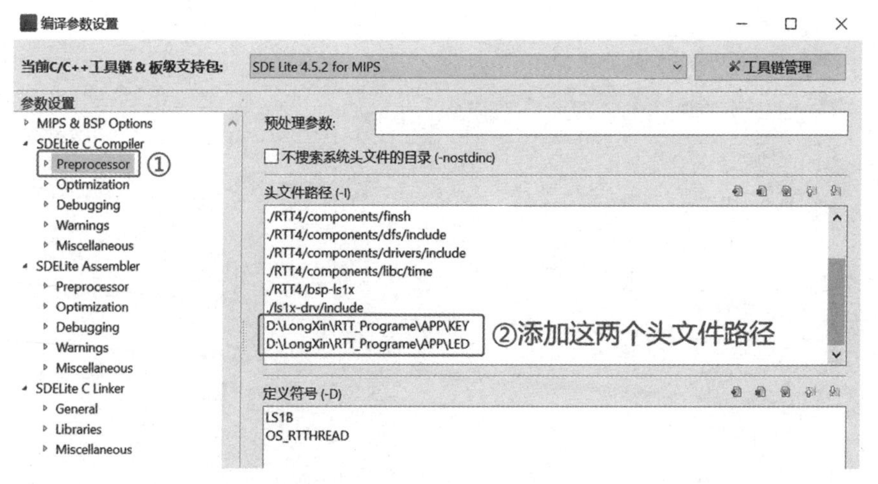

图 15-7　“编译参数设置”对话框添加 rtt_key.h 和 rtt_led.h 两个头文件

最后，向工程中添加文件。参照第 2 步添加文件的方法，添加文件之后，在项目视图中，会显示 rtt_key.c 和 rtt_key.h、rtt_led.c 和 rtt_led.h 文件，如图 15-8 所示。

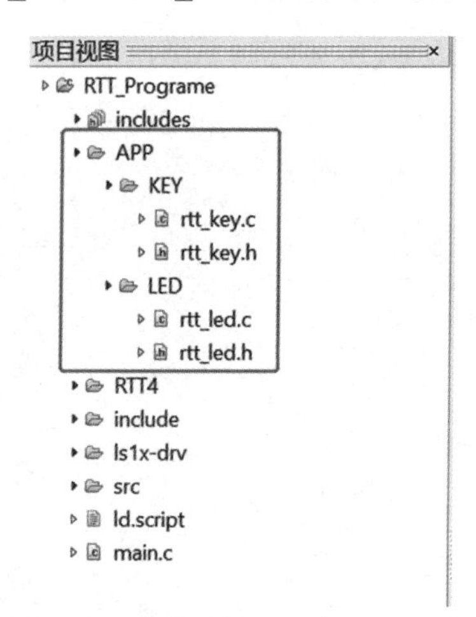

图 15-8　成功添加 LED 和 KEY 应用程序文件

因此，以后需要其他的应用程序，都可以放在 APP 这个文件夹中，方便程序的管理和移植。

第 4 步：创建两个线程。创建线程的步骤，如表 15-14 所示。

表 15-14　创建线程的步骤

步骤	操作方法
1. 定义线程控制块	static rt_thread_t led_thread = NULL;
2. 定义线程函数	static void led_thread_entry(void *arg){ }
3. 创建线程	led_thread = rt_thread_create( );

4. 判断线程创建是否成功，成功则启动线程	if (led_thread == NULL)
	{ rt_kprintf("create led thread fail!\r\n");
	}
	else
	{ rt_thread_startup(led_thread);
	}

第 5 步：编写任务实现程序，如代码清单 15-19 所示。

代码清单 15-19 任务实现程序

```
--------------------------------------------------------------------------------------
1.  #include <time.h>
2.  #include "rtthread.h"
3.  #include "bsp.h"        //以上 3 个头文件是创建工程时，自动添加到 main.c 文件中的
4.  #include "rtt_key.h"        //需要用户添加
5.  #include "rtt_led.h"        //需要用户添加
6.  第 1 步：定义线程控制块
7.  static rt_thread_t led_thread = NULL;        //定义 LED 线程控制块
8.  static rt_thread_t key_thread = NULL;        //定义 KEY 线程控制块
9.  第 2 步：定义程线函数
10. static void led_thread_entry(void *arg)    //定义 LED 线程函数
11. {   rt_kprintf("The LED thread is running!\n");
12.     for ( ; ; )
13.     {   waterfallLight();                //调用 LED 跑马灯函数
14.         rt_kprintf("****************************************\n");
15.        rt_kprintf(" 7S 现场管理法：\n");
16.        rt_kprintf(" 整理(Seiri) \n 整顿(Seiton) \n 清扫(Seiso) \n 清洁(Seiketsu)\n");
17.        rt_kprintf(" 素养(Shitsuke) \n 安全(Safety) \n 节约(Saving)\n");
18.        rt_kprintf("****************************************\n");
19.     }
20. }
21. //***********************************************************************************
22. static void key_thread_entry(void *arg) //定义 LED 线程函数
23. {  unsigned int key = -1;
24.    unsigned int flag = 1;                //防止 LED 线程被删除两次，导致出错
25.    unsigned int counter=0;
26.     rt_kprintf("The KEY thread is running!\n");
27.     for ( ; ; )
28.     {   counter++;
29.         rt_kprintf("KEY 线程运行次数：%d\n",counter);
30.         key = key_scan();
31.         if(key == KeyLife && flag == 1)
32.         {   key = 0;
33.             flag = 0;
34.             if(rt_thread_delete(led_thread) == RT_EOK)
35.             {   rt_kprintf("the led thread is deleted!\n");
36.                 LED_All_OFF();
37.             }
38.         }
39.         if(flag == 0)
40.         {   LED_setStatus(LED4,ON);
41.             rt_thread_delay(500);
42.             LED_setStatus(LED4,OFF);
43.         }
44.         rt_thread_delay(500);
45.     }
46. }
47. //***********************************************************************************
48. int main(int argc, char** argv)
```

```
49. {  rt_kprintf("\r\nWelcome to RT-Thread.\r\n\r\n");
50.     ls1x_drv_init();             /* 外设初始化函数 */
51.     rt_ls1x_drv_init();          /* RTT 初始化设备驱动程序 */
52.     install_3th_libraries();  /* 组件初始化 */
53.     LED_IO_config();//初始化 LED  IO 口
54.     KEY_IO_config();//初始化按键 IO 口
55. //第 3 步：创建线程
56.     led_thread = rt_thread_create("ledthread",     //创建 LED 线程
57.                                 led_thread_entry,
58.                                 NULL,          // arg
59.                                 1024*4,        // statck size
60.                                 11,            // priority
61.                                 10);           // slice ticks
62.  //第 4 步：判断线程创建是否成功，成功则启动线程
63.    if (led_thread == NULL)
64.     {       rt_kprintf("create led thread fail!\r\n");
65.     }
66.    else
67.     {       rt_thread_startup(led_thread);
68.     }
69. //创建 key 线程
70.     key_thread = rt_thread_create("keythread",
71.                                 key_thread_entry,
72.                                 NULL,          // arg
73.                                 1024*4,        // statck size
74.                                 12,            // priority
75.                                 10);           // slice ticks
76.     if (key_thread == NULL)
77.     {       rt_kprintf("create key thread fail!\r\n");
78.     }
79.    else
80.     {  rt_thread_startup(key_thread);
81.     }
82.     return 0;
83. }
--------------------------------------------------------------------------------
```

由于篇幅限制，rtt_key.c、rtt_key.h、rtt_led.c 和 rtt_led.h 文件中的代码在此没有列出，请大家查看教材配套的该任务程序。

第 4 步：程序编译及调试。

（1）先单击图标进行编译，编译无误后，再单击图标，将程序下载到内存之中。注意：此时代码还没有下载到 NAND Flash 之中，按下复位键后，程序会消失。

（2）打开串口调试软件，按如图 15-9 所示配置串口参数后，则在串口调试软件中输出结果如图 15-9 所示，同时开发板上的 4 个 LED 循环点亮。

（3）当按下 KEY3 键时，在串口调试软件中输出结果，如图 15-10 所示，LED 线程被 KEY 线程删除，因此 LED 线程不再运行。同时开发板上的 LED4 处于闪烁状态。

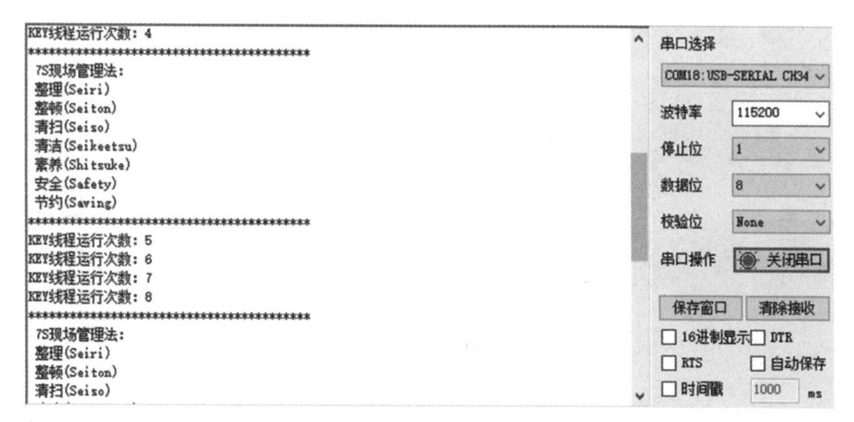

图 15-9　LED 线程和 KEY 线程同时运行效果

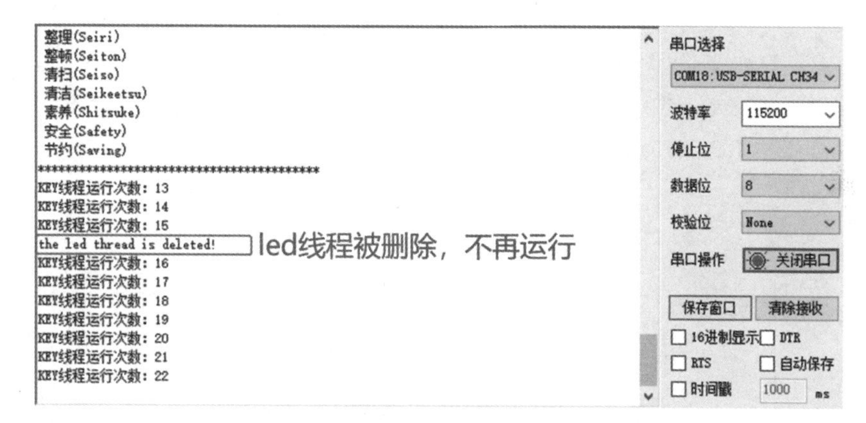

图 15-10　KEY 线程删除 LED 线程后的运行效果

四、任务拓展

请查看本书配套资源，了解拓展任务要求和程序代码。

拓展任务 15-1：挂起和恢复线程。注意：在 RT-Thread 中，线程只能挂起自己，不能挂起其他线程。

第16章 时钟管理

本章介绍RT-Thread的时钟管理工作机制，时钟管理函数的功能、输入参数、返回值，以及单次和周期触发定时器的使用方法和步骤等内容。通过理实一体化学习，读者应能在龙芯1B处理器平台上，采用RT-Thread实时操作系统，创建软件定时器，设置定时时间。

教学目标

知识目标	1. 掌握RT-Thread的时钟节拍概念
	2. 理解硬件定时器和软件定时器的区别
	3. 掌握创建和删除定时器函数的功能、参量、返回值
	4. 了解初始化和脱离定时器函数的功能、参量、返回值
	5. 掌握启动、停止和控制定时器的功能、参量、返回值
	6. 掌握软件定时器创建的方法和使用步骤
技能目标	1. 会修改RT-Thread的时钟节拍
	2. 能熟练创建/删除、初始化/脱离定时器，以及启动、停止和控制定时器
	3. 能熟练使用单次和周期触发定时器
	4. 能熟练基于龙芯1B处理编写RT-Thread时钟管理相关程序
素质目标	1. 引导学生了解大国工匠，增强学生民族自豪感
	2. 培养学生以大国工匠作为事业追求目标
	3. 培养学生团队协作、表达沟通能力

16.1 时钟管理工作机制

16.1.1 时钟节拍

任何操作系统都需要提供一个时钟节拍（OS Tick），以供系统处理所有和时间有关的事件，如线程的延时、线程的时间片轮转调度以及定时器超时等。时钟节拍是特定的周期性中断，这个中断可以看作是系统“心跳”，中断之间的时间间隔取决于不同的应用，一般是1～100ms，时钟节拍率越快，系统的实时响应越快，但是系统的额外开销就越大，从系统启动开始计数的时钟节拍数称为系统时间。

在 RT-Thread 操作系统中，时钟节拍的长度可以根据 RT_TICK_PER_SECOND 的定义来调整，等于 1/RT_TICK_PER_SECOND 秒，默认时钟节拍为 1ms。时钟节拍配置如图 16-1 所示。

```
main.c ×  rtt_iic.c ×  rtt_can.c ×  rtconfig.h ×
25  #define RT_THREAD_PRIORITY_MAX         32
26  #define RT_TICK_PER_SECOND             1000
27  #define RT_USING_OVERFLOW_CHECK
28  #define RT_USING_HOOK
29  #define RT_USING_IDLE_HOOK
30  #define RT_IDLE_HOOK_LIST_SIZE         4
31  #define IDLE_THREAD_STACK_SIZE         1024
32  #define RT_DEBUG
33  #define RT_DEBUG_COLOR
```

图 16-1　时钟节拍配置

16.1.2　定时器管理

定时器是指从指定的时刻开始，经过一定的指定时间后触发一个事件。定时器有硬件定时器和软件定时器之分。

1. 硬件定时器

芯片本身提供的硬件定时功能，一般是由外部晶振提供给芯片输入时钟，芯片向软件模块提供一组配置寄存器，接收控制输入，到达设定时间值后芯片中断控制器产生时钟中断。硬件定时器的精度一般很高，可以达到纳秒级别，并且采用中断触发方式。

2. 软件定时器

操作系统提供的一类定时接口，它构建在硬件定时器基础之上，使系统能够提供不受数目限制的定时器服务。

RT-Thread 操作系统提供软件实现的定时器，以时钟节拍（OS Tick）的时间长度为单位，即定时数值必须是 OS Tick 的整数倍，例如，一个 OS Tick 是 10ms，那么上层软件定时器只能是 10ms、20ms、100ms 等，而不能定时为 15ms。RT-Thread 的定时器也基于系统的节拍，提供了基于节拍整数倍的定时能力。

16.2　RT-Thread 定时器

RT-Thread 定时器提供两类定时器机制：第一类是单次触发定时器，这类定时器在启动后只会触发一次定时器事件，然后定时器自动停止；第二类是周期触发定时器，这类定时器会周期性地触发定时器事件，直到用户手动停止为止，否则将永远持续执行下去。

另外，根据超时函数执行时所处的上下文环境，RT-Thread 的定时器可以分为 HARD_TIMER 模式与 SOFT_TIMER 模式，RT-Thread 定时器默认的方式是 HARD_TIMER 模式。

16.2.1　定时器控制块

在 RT-Thread 操作系统中，定时器控制块由结构体 struct rt_timer 定义并形成定时器内核对象，再链接到内核对象容器中进行管理。它是操作系统用于管理定时器的一个数据结构，会存储定时器的一些信息，例如，初始节拍数，超时节拍数，也包含定时器与定时器之间连接用的链表结构、超时回调函数等，如代码清单 16-1 所示。

代码清单 16-1　定时器控制块结构

```
1.struct rt_timer
2.{   struct rt_object parent;
3.    rt_list_t row[RT_TIMER_SKIP_LIST_LEVEL];  /* 定时器链表节点 */
4.    void (*timeout_func)(void *parameter);    /* 定时器超时调用的函数 */
5.    void     *parameter;                      /* 超时函数的参数 */
6.    rt_tick_t init_tick;                      /* 定时器初始超时节拍数 */
7.    rt_tick_t timeout_tick;                   /* 定时器实际超时节拍数 */
8.};
9.typedef struct rt_timer *rt_timer_t;
```

16.2.2　定时器的管理函数分析

定时器控制块中含有与定时器相关的重要参数，在定时器各种状态间起到纽带的作用。定时器相关接口函数如图 16-2 所示，对定时器的操作包含：创建/删除定时器、启动/停止/控制定时器、初始化/脱离定时器。

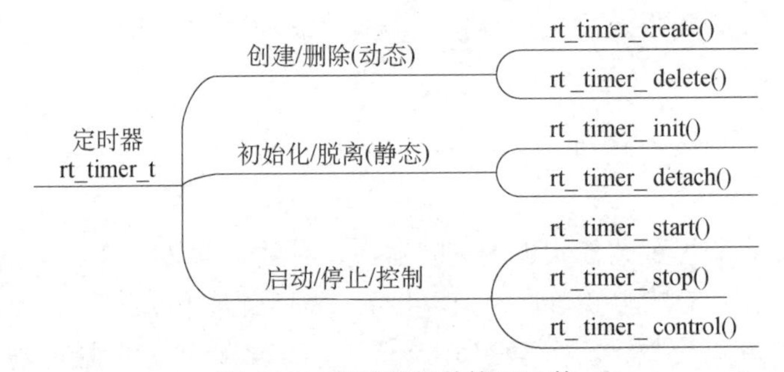

图 16-2　定时器相关接口函数

1. 创建和删除定时器

（1）创建定时器

当动态创建一个定时器时，函数如代码清单 16-2 所示。

代码清单 16-2　创建定时器的函数

```
1.rt_timer_t rt_timer_create(const char* name,
2.                           void (*timeout)(void* parameter),
3.                           void* parameter,
4.                           rt_tick_t time,
5.                           rt_uint8_t flag);
```

表 16-1 描述了该函数的输入参数、返回值和函数功能。

表 16-1 rt_timer_create()的输入参数和返回值

输入参数和返回值		功能描述
输入参数	name	定时器的名称
	void (timeout)(void parameter)	定时器超时函数指针（当定时器超时时，系统会调用这个函数）
	parameter	定时器超时函数的入口参数（当定时器超时时，调用超时回调函数会把这个参数作为入口参数传递给超时函数）
	time	定时器的超时时间，单位是时钟节拍
	flag	定时器创建时的参数，支持的值包括单次定时、周期定时、硬件定时器、软件定时器等（可以用“或”关系取多个值）
返回值	RT_NULL	创建失败（通常会由于系统内存不够用而返回 RT_NULL）
	定时器的句柄	定时器创建成功

在 include/rtdef.h 中，定义了一些定时器相关的宏，如代码清单 16-3 所示。

代码清单 16-3 定时器相关的宏定义

```
1.#define RT_TIMER_FLAG_ONE_SHOT      0x0     /* 单次定时     */
2.#define RT_TIMER_FLAG_PERIODIC      0x2     /* 周期定时     */
3.
4.#define RT_TIMER_FLAG_HARD_TIMER    0x0     /* 硬件定时器   */
5.#define RT_TIMER_FLAG_SOFT_TIMER    0x4     /* 软件定时器   */
```

当指定的 flag 为 RT_TIMER_FLAG_HARD_TIMER 时，如果定时器超时，定时器的回调函数将在时钟中断的服务例程上下文中被调用；当指定的 flag 为 RT_TIMER_FLAG_SOFT_TIMER 时，如果定时器超时，定时器的回调函数将在系统时钟 timer 线程的上下文中被调用，如代码清单 16-4 所示。

代码清单 16-4 flag“或”关系组合

```
1.rt_timer_t timer1 = rt_timer_create("timer1", timeout1_cb,
2.                              RT_NULL,  30,
3.                              RT_TIMER_FLAG_ONE_SHOT |  RT_TIMER_FLAG_SOFT_TIMER);
```

（2）删除定时器

当系统不再使用动态定时器时，可以删除定时器的函数接口，如代码清单 16-5 所示。

代码清单 16-5 删除定时器的函数

```
1.rt_err_t rt_timer_delete(rt_timer_t timer);
```

该函数的输入参数、返回值和函数功能如表 16-2 所示。

表 16-2　rt_timer_delete ()的输入参数和返回值

输入参数和返回值		功能描述
输入参数	timer	定时器句柄，指向要删除的定时器
返回值	RT_EOK	删除成功（如果参数 timer 句柄是一个 RT_NULL，将会导致一个 ASSERT 断言）

2. 初始化和脱离定时器

（1）初始化定时器

初始化定时器对象，如代码清单 16-6 所示。

代码清单 16-6　初始化定时器对象

```
1.void rt_timer_init(rt_timer_t timer,
2.                  const char* name,
3.                  void (*timeout)(void* parameter),
4.                  void* parameter,
5.                  rt_tick_t time, rt_uint8_t flag);
```

该函数的输入参数及功能描述如表 16-3 所示。

表 16-3　rt_timer_init ()的输入参数和返回值

输入参数	功能描述
timer	定时器句柄，指向要初始化的定时器控制块
name	定时器的名称
void (timeout) (void parameter)	定时器超时函数指针（当定时器超时时，系统会调用这个函数）
parameter	定时器超时函数的入口参数（当定时器超时时，调用超时回调函数会把这个参数作为入口参数传递给超时函数）
time	定时器的超时时间，单位是时钟节拍
flag	定时器创建时的参数，支持的值包括单次定时、周期定时、硬件定时器、软件定时器（可以用“或”关系取多个值），详见动态创建定时器

（2）脱离定时器

当一个静态定时器不需要使用时，可以使用脱离定时器函数接口，如代码清单 16-7 所示。

代码清单 16-7　脱离定时器的函数

```
1.rt_err_t rt_timer_detach(rt_timer_t timer);
```

脱离定时器时，系统会把定时器对象从内核对象容器中脱离，但是定时器对象所占有的内存不会被释放。该函数的输入参数、返回值和函数功能如表 16-4 所示。

表 16-4 rt_timer_detach ()的输入参数和返回值

输入参数与返回值		功能描述
输入参数	timer	定时器句柄，指向要脱离的定时器控制块
返回值	RT_EOK	脱离成功

3. 启动/停止/控制定时器

（1）启动定时器

当定时器被创建或者初始化以后，并不会被立即启动，必须在调用启动定时器函数接口后，才开始工作，启动定时器函数接口，如代码清单 16-8 所示。

代码清单 16-8 启动定时器的函数

```
1.rt_err_t rt_timer_start(rt_timer_t timer);
```

调用定时器启动函数后，定时器的状态将更改为激活状态（RT_TIMER_FLAG_ACTIVATED），并按照超时顺序插入到 rt_timer_list 队列链表中。表 16-5 描述了该函数的输入参数、返回值和函数功能。

表 16-5 rt_timer_start ()的输入参数和返回值

输入参数和返回值		功能描述
输入参数	timer	定时器句柄，指向要启动的定时器控制块
返回值	RT_EOK	启动成功

（2）停止定时器

调用定时器停止函数接口后，定时器状态将更改为停止状态，并从 rt_timer_list 链表中脱离出来不参与定时器超时检查。当一个（周期性）定时器超时时，也可以调用该函数停止这个（周期性）定时器，如代码清单 16-9 所示。

代码清单 16-9 停止定时器的函数

```
1.rt_err_t rt_timer_stop(rt_timer_t timer);
```

该函数的输入参数、返回值和函数功能如表 16-6 所示。

表 16-6 rt_timer_stop ()的输入参数和返回值

输入参数和返回值		功能描述
输入参数	timer	定时器句柄，指向要停止的定时器控制块
返回值	RT_EOK	成功停止定时器
	-RT_ERROR	timer 已经处于停止状态

（3）控制定时器

除了上述提供的一些编程接口，RT-Thread 也额外提供了定时器控制函数接口，以获取或设置更多定时器的信息，如代码清单 16-10 所示。

代码清单 16-10　控制定时器的函数

```
1.rt_err_t rt_timer_control(rt_timer_t timer, rt_uint8_t cmd, void* arg);
```

该函数的输入参数、返回值和函数功能如表 16-7 所示。

表 16-7　rt_timer_control ()的输入参数和返回值

输入参数和返回值		功能描述
输入参数	timer	定时器句柄，指向要控制的定时器控制块
	cmd	用于控制定时器的命令，当前支持 4 个命令，分别是设置定时时间、查看定时时间、设置单次触发、设置周期触发
	arg	与 cmd 相对应的控制命令参数，比如，cmd 为设定超时时间时，就可以将超时时间参数通过 arg 进行设定
返回值	RT_EOK	成功停止定时器
	-RT_ERROR	timer 已经处于停止状态

控制定时器的命令如代码清单 16-11 所示。

代码清单 16-11　控制定时器的命令

```
1.#define RT_TIMER_CTRL_SET_TIME      0x0     /* 设置定时器超时时间       */
2.#define RT_TIMER_CTRL_GET_TIME      0x1     /* 获得定时器超时时间       */
3.#define RT_TIMER_CTRL_SET_ONESHOT   0x2     /* 设置定时器为单次定时器   */
4.#define RT_TIMER_CTRL_SET_PERIODIC  0x3     /* 设置定时器为周期型定时器 */
```

4. 定时器使用步骤

第 1 步：启用定时器宏。

在工程文件夹中的…\include\rtconfig.h 文件中可以找到定时器的宏定义，其实 RT-Thread 的所有内核对象启用宏都在这个文件之中，默认状态下所有内核对象的启用宏都是有效的，即处于打开状态。

第 2 步：定义软件定时器控制块。

第 3 步：创建定时器。

第 4 步：启动定时器。

第 5 步：停止定时器。单次定时器运行一次自动停止，不需要调用停止定时器函数。

任务17 软件定时器应用

一、任务描述

创建两个软件定时器，其中一个软件定时器采用单次模式，5000个时钟节拍（OS Tick）调用一次超时函数；另一个软件定时器采用周期模式，2000个时钟节拍（OS Tick）调用一次超时函数。在单次模式超时函数中输出“大国工匠”；周期模式超时函数中输出“大国重器”。

二、任务分析

（1）定义2个软件定时器控制块和2个定时器运行次数变量，定时器每超时一次，对应变量的值加1。

（2）在main()函数中创建2个软件定时器。

（3）在2个超时函数中编写输出定时器运行次数和相应信息。

（4）周期定时器超时10次停止。

三、任务实施

第1步：采用已有工程模板。在任务16的程序基础上进行修改。

第2步：编写任务实现程序，如代码清单16-12所示。

代码清单16-12 软件定时器应用代码

```
--------------------------------------------------------------------------------
1.#include <time.h>
2.#include "rtthread.h"
3.#include "bsp.h"
4./* 定义2个软件定时器控制块 */
5.static rt_timer_t tmr1 = NULL;
6.static rt_timer_t tmr2 = NULL;
7.unsigned int tmr1_cnt = 0;//定义单次定时器超时数次变量
8.unsigned int tmr2_cnt = 0;//定义周期定时器超时数次变量
9.static void tmr1_callback(void *arg)
10.{   tmr1_cnt ++;//超时次数变量加1
11.    rt_kprintf("\nTimer1 is timeout:%d\n",tmr1_cnt);
12.    rt_kprintf("大国工匠");
13.}
14.static void tmr2_callback(void *arg)
15.{   tmr2_cnt++;//超时次数变量加1
16.    rt_kprintf("\nTimer2 is timeout:%d\n",tmr2_cnt);
17.    rt_kprintf("大国重器");
18.    if(tmr2_cnt > 10)//超时次数变量大于10停止tmr2
19.    {   rt_timer_stop(tmr2);
20.        rt_kprintf("\nperiodic timer was stopped! \n");
```

```
21.     }
22.}
23.int main(int argc, char** argv)
24.{rt_kprintf("\r\nWelcome to RT-Thread.\r\n\r\n");
25.    ls1x_drv_init();            /* 外设初始化函数 */
26.    rt_ls1x_drv_init();          /* RTT 初始化设备驱动程序 */
27.    install_3th_libraries(); /* 组件初始化 */
28.    /* 创建单次模式定时器 */
29.    tmr1 = rt_timer_create("tmr1",       //软件定时器的名称
30.                        tmr1_callback, //软件定时器的超时回调函数
31.                        0,            //定时器超时回调函数的入口参数
32.                        5000,          //软件定时器的超时时间
33.                        RT_TIMER_FLAG_ONE_SHOT); //软件定时器单次模式
34.    /* 启动定时器 1 */
35.    if(tmr1 != RT_NULL)
36.    {   rt_timer_start(tmr1);
37.    }
38.    /* 创建周期模式定时器 */
39.    tmr2 = rt_timer_create("tmr2",       //软件定时器的名称
40.                        tmr2_callback, //软件定时器的超时回调函数
41.                        0,            //定时器超时回调函数的入口参数
42.                        2000,          //软件定时器的超时时间
43.                        RT_TIMER_FLAG_PERIODIC); //软件定时器周期模式
44.    /* 启动定时器 2 */
45.    if(tmr2 != RT_NULL)
46.    {   rt_timer_start(tmr2);
47.    }
48.    return 0;
49.}
```

第 4 步：运行程序，等待加载完成。

（1）timer1 是单次模式定时器，超时 1 次自动停止。

（2）timer2 是周期模式定时器，超时 10 次，调用 rt_timer_start(tmr2)函数停止该定时器，运行现象如图 16-3 所示。

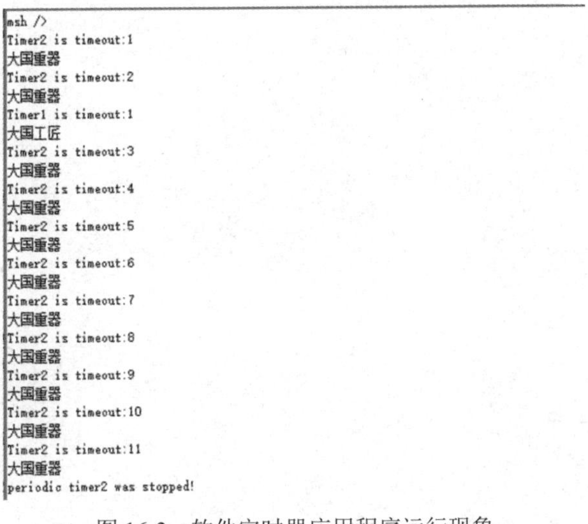

```
msh />
Timer2 is timeout:1
大国重器
Timer2 is timeout:2
大国重器
Timer1 is timeout:1
大国工匠
Timer2 is timeout:3
大国重器
Timer2 is timeout:4
大国重器
Timer2 is timeout:5
大国重器
Timer2 is timeout:6
大国重器
Timer2 is timeout:7
大国重器
Timer2 is timeout:8
大国重器
Timer2 is timeout:9
大国重器
Timer2 is timeout:10
大国重器
Timer2 is timeout:11
大国重器
periodic timer2 was stopped!
```

图 16-3　软件定时器应用程序运行现象

四、任务拓展

请查看本书配套资源，了解拓展任务要求和程序代码。

拓展任务 16-1：利用软件定时器控制 LED 循环点亮。

第 17 章 线程间同步

本章介绍 RT-Thread 的信号量、互斥量和事件集的工作机制及其管理函数的功能、输入参数、返回值，以及信号量、互斥量和事件集的使用方法和步骤等内容。通过理实一体化学习，读者能在龙芯 1B 处理器平台上，灵活应用 RT-Thread 的信号量、互斥量和事件集。

教学目标

知识目标	1. 掌握信号量、互斥量和事件集概念
	2. 理解信号量和互斥量的区别
	3. 掌握信号量管理函数的功能、参量、返回值
	4. 掌握互斥量管理函数的功能、参量、返回值
	5. 掌握事件集管理函数的功能、参量、返回值
	6. 掌握信号量、互斥量和事件集的使用步骤
技能目标	1. 能熟练使用信号量管理函数
	2. 能熟练使用互斥量管理函数
	3. 能熟练使用事件集管理函数
	4. 能熟练基于龙芯 1B 处理编写信号量、互斥量和事件集相关程序
素质目标	1. 引导学生耐心调度程序的 Bug，弘扬工匠精神
	2. 培养学生的标准意识、规范意识、安全意识、服务质量意识
	3. 通过线程同步思想，引导学生加强沟通能力培养

17.1 多线程同步概述

在多线程实时系统中，完成一项工作，往往可以通过多个线程协调的方式共同来完成，那么多个线程之间如何“默契”协作才能使这项工作无差错执行呢？下面举个例子说明。

例如，一项工作中有两个线程，一个线程从传感器中采集数据并且将数据写到共享内存中，同时另一个线程周期性地从共享内存中读取数据并发送去显示，这两个线程间的数据传递过程如图 17-1 所示。

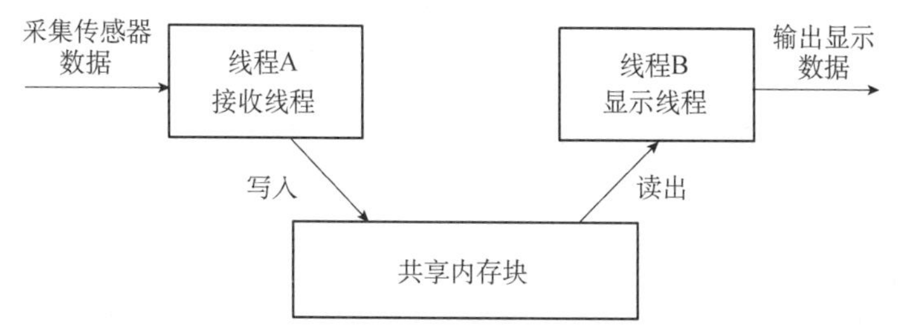

图 17-1　线程间数据传递示意图

如果对共享内存的访问不是排他性的，那么各个线程间可能同时访问它，这将引起数据一致性的问题。例如，在显示线程试图显示数据之前，接收线程还未完成数据的写入，那么显示线程将包含不同时间采样的数据，造成显示数据的错乱。

将传感器数据写入到共享内存块的接收线程（线程 A）和将传感器数据从共享内存块中读出的线程（线程 B）都会访问同一块内存。为了防止出现数据的差错，两个线程访问的动作必须是互斥进行的，应该是在一个线程对共享内存块操作完成后，才允许另一个线程去操作，这样，接收线程（线程 A）与显示线程（线程 B）才能正常配合，使此项工作正确地执行。

同步是指按预定的先后次序运行，线程同步是指多个线程通过特定的机制（如互斥量、事件对象、临界区）来控制线程之间的执行顺序，也可以说是在线程之间通过同步建立起执行顺序的关系，如果没有同步，那线程之间将是无序的。

多个线程操作/访问同一块区域（代码），这块代码就称为临界区，上述例子中的共享内存块就是临界区。线程互斥是指对于临界区资源访问的排他性。当多个线程都要使用临界区资源时，任何时刻最多只允许一个线程去使用，其他要使用该资源的线程必须等待，直到占用资源者释放该资源。线程互斥可以看成是一种特殊的线程同步。

线程的同步方式有很多种，其核心思想都是：在访问临界区的时候只允许一个（或一类）线程运行。进入/退出临界区的方式有很多种：

（1）调用 rt_hw_interrupt_disable()进入临界区，调用 rt_hw_interrupt_enable()退出临界区；详见 RT-Thread 文档中心的《中断管理》的全局中断开关内容。

（2）调用 rt_enter_critical()进入临界区，调用 rt_exit_critical()退出临界区。

本章将介绍多种同步方式，如信号量（semaphore）、互斥量（mutex）和事件集（event）。学习完本章，大家将学会如何使用信号量、互斥量、事件集这些对象进行线程间的同步。

17.2　信号量

我们可以以生活中的停车场为例来理解信号量的概念：

①当停车场空的时候，停车场的管理员发现有很多空车位，此时会让外面的车陆续进入停车场获得停车位。

②当停车场的车位满的时候，管理员发现已经没有空车位，将禁止外面的车进入停车场，车辆在外排队等候。

③当停车场内有车离开时，管理员发现有空的车位让出，允许外面的车进入停车场；待空车位填满后，又禁止外部车辆进入。

在此例子中，管理员就相当于信号量，管理员手中空车位的个数就是信号量的值（非负数，动态变化）；停车位相当于公共资源（临界区），车辆相当于线程。车辆通过获得管理员的允许取得停车位，就类似于线程通过获得信号量访问公共资源。

17.2.1 信号量的工作机制

信号量是一种轻型的用于解决线程间同步问题的内核对象，线程可以获取或释放它，从而达到同步或互斥的目的。

信号量工作示意图如图 17-2 所示，每个信号量对象都有一个信号量值和一个线程等待队列，信号量的值对应了信号量对象的实例数目、资源数目，假如信号量值为 5，则表示共有 5 个信号量实例（资源）可以被使用，当信号量实例数目为零时，再申请该信号量的线程就会被挂起在该信号量的等待队列上，等待可用的信号量实例（资源）。

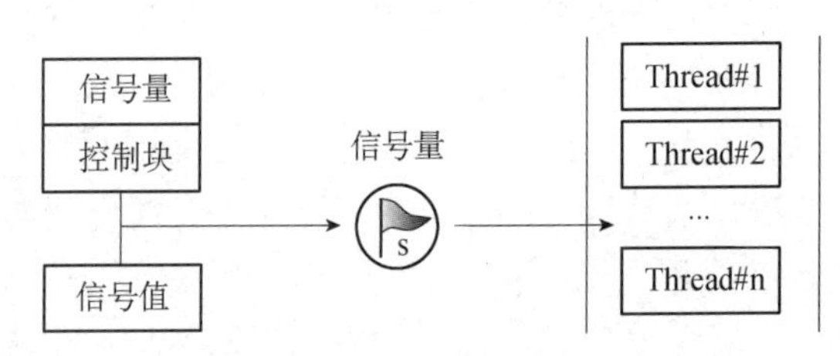

图 17-2　信号量工作示意图

17.2.2 信号量控制块

在 RT-Thread 中，信号量控制块是操作系统用于管理信号量的一个数据结构，由结构体 struct rt_semaphore 表示。另外一种 C 表达方式 rt_sem_t，表示的是信号量的句柄，在 C 语言中的实现是指向信号量控制块的指针。信号量控制块结构的详细定义如代码清单 17-1 所示。

代码清单 17-1　信号量控制块结构

```
1.struct rt_semaphore
2.{  struct rt_ipc_object parent;  /* 继承自 ipc_object 类 */
3.   rt_uint17_t value;           /* 信号量的值 */
4.};
5./* rt_sem_t 是指向 semaphore 结构体的指针类型 */
6.typedef struct rt_semaphore* rt_sem_t;
```

rt_semaphore 对象从 rt_ipc_object 中派生，由 IPC 容器所管理，信号量的最大值是 65535。

17.2.3 信号量的管理函数分析

信号量控制块中含有与信号量相关的重要参数，在信号量各种状态间起到纽带的作用。信号量相关接口函数如图 17-3 所示，信号量的操作包含：创建/删除、获取/无等待获取、释放信号量、初始化/脱离信号量等。

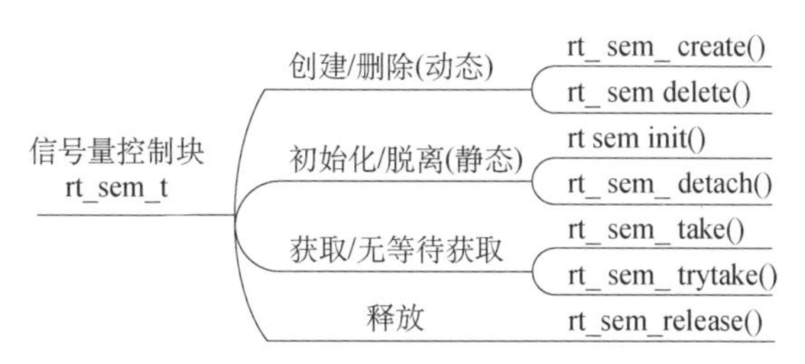

图 17-3　信号量相关接口函数

1. 创建和删除信号量

（1）创建信号量

当创建一个信号量时，内核首先创建一个信号量控制块，然后对该控制块进行基本的初始化工作，创建信号量的函数接口，如代码清单 17-2 所示。

代码清单 17-2　创建信号量的函数

```
1.rt_sem_t rt_sem_create(const char *name,
2.                       rt_uint32_t value,
3.                       rt_uint8_t flag);
```

表 17-1 描述了该函数的输入参数、返回值和函数功能。

表 17-1　rt_sem_create ()的输入参数和返回值

输入参数和返回值		功能描述
输入参数	name	信号量名称
	value	信号量初始值
	flag	信号量标志，它可以取如下数值：RT_IPC_FLAG_FIFO 或 RT_IPC_FLAG_PRIO
返回值	RT_NULL	创建失败
	信号量的控制块指针	创建成功

注：当选择 RT_IPC_FLAG_FIFO（先进先出）方式时，那么等待线程队列将按照先进先出的方式排队，先进入的线程将先获得等待的信号量；当选择 RT_IPC_FLAG_PRIO（优先级等待）方式时，等待线程队列将按照优先级进行排队，优先级高的等待线程将先获得等待的信号量。

（2）删除信号量

系统不再使用信号量时，可通过删除信号量以释放系统资源，适用于动态创建的信号量。删除信号量的函数，如代码清单 17-3 所示。

代码清单 17-3　删除信号量的函数

```
1.rt_err_t rt_sem_delete(rt_sem_t sem);
```

调用这个函数时，系统将删除这个信号量。如果在删除该信号量时，有线程正在等待该信号量，那么删除操作会先唤醒等待在该信号量上的线程（等待线程的返回值是-RT_ERROR），然后再释放信号量的内存资源。该函数的输入参数、返回值和函数功能如表 17-2 所示。

表 17-2 rt_sem_delete ()的输入参数和返回值

输入参数和返回值		功能描述
输入参数	sem	rt_sem_create() 创建的信号量对象
返回值	RT_EOK	删除成功

2. 初始化和脱离信号量

（1）初始化信号量

对于静态信号量对象，它的内存空间在编译时期就被编译器分配出来，放在读写数据段或未初始化数据段上，此时使用信号量就不再需要使用 rt_sem_create 接口来创建它，而只需在使用前对它进行初始化即可。初始化信号量对象如代码清单 17-4 所示。

代码清单 17-4 初始化信号量对象

```
1.rt_err_t rt_sem_init(rt_sem_t       sem,
2.                    const char     *name,
3.                    rt_uint32_t    value,
4.                    rt_uint8_t     flag)
```

当调用这个函数时，系统将对这个 semaphore 对象进行初始化，然后初始化 IPC 对象以及与 semaphore 相关的部分。信号量标志可用上面创建的信号量函数里提到的标志。该函数的输入参数、返回值和函数功能如表 17-3 所示。

表 17-3 rt_ sem_init ()的输入参数和返回值

输入参数		功能描述
输入参数	sem	信号量对象的句柄
	name	信号量名称
	value	信号量初始值
	flag	信号量标志，它可以取如下数值： RT_IPC_FLAG_FIFO 或 RT_IPC_FLAG_PRIO
返回值	RT_EOK	初始化成功

注：当选择 RT_IPC_FLAG_FIFO（先进先出）方式时，那么等待线程队列将按照先进先出的方式排队，先进入的线程将先获得等待的信号量；当选择 RT_IPC_FLAG_PRIO（优先级等待）方式时，等待线程队列将按照优先级进行排队，优先级高的等待线程将先获得等待的信号量。

（2）脱离信号量

脱离信号量就是让信号量对象从内核对象管理器中脱离，适用于静态初始化的信号量。脱离信号量使用的函数，如代码清单 17-5 所示。

代码清单 17-5 脱离信号量的函数

```
1.rt_err_t rt_sem_detach(rt_sem_t sem);
```

使用该函数后，内核先唤醒所有挂在该信号量等待队列上的线程，然后将该信号量从内核对象管理器中脱离出来。原来挂起在信号量上的等待线程将获得-RT_ERROR 的返回值。该函数的输入参数、返回值和函数功能如表 17-4 所示。

表 17-4　rt_sem_detach ()的输入参数和返回值

输入参数和返回值		功能描述
输入参数	sem	信号量对象的句柄
返回值	RT_EOK	脱离成功

3. 获取和释放信号量

RT-Thread 提供了两种获取信号量函数接口，一种是获取信号量函数接口；另一种是无等待获取信号量接口函数。

（1）获取信号量

线程通过获取信号量来获得信号量资源实例，当信号量值大于零时，线程将获得信号量，并且相应的信号量值会减 1。获取信号量使用的函数，如代码清单 17-6 所示。

代码清单 17-6　获取信号量的函数

```
------------------------------------------------------------------------------
1.rt_err_t rt_sem_take (rt_sem_t sem, rt_int32_t time);
------------------------------------------------------------------------------
```

在调用该函数时，如果信号量的值等于零，那么说明当前信号量资源实例不可用，申请该信号量的线程将根据 time 参数的情况选择直接返回，或挂起等待一段时间，或永久等待，直到其他线程或中断释放该信号量。如果在参数 time 指定的时间内依然得不到信号量，线程将超时返回，返回值是-RT_ETIMEOUT。表 17-5 描述了该函数的输入参数、返回值和函数功能。

表 17-5　rt_sem_take ()的输入参数和返回值

输入参数/返回值		功能描述
输入参数	sem	信号量对象的句柄
	time	指定的等待时间，单位是操作系统时钟节拍（OS Tick）
返回值	RT_EOK	成功获得信号量
	RT_ETIMEOUT	超时依然未获得信号量
	RT_ERROR	其他错误

注：time 指的不是具体时间，而是时钟节拍的倍数。

当 time 的值为 RT_WAITING_NO（0）时，即表示信号量不可用的时候，申请线程不会等待该信号量，相当于不等候，线程继续运行。

当 time 的值为 *n* 时，即表示信号量不可用时，申请线程挂起等待一段时间（n 倍的时钟节拍），相当于有等候，但是超过 *n* 倍的时钟节拍，则线程继续运行。

当 time 的值为 RT_WAITING_FOREVER（-1）时，表示信号量不可用时，申请线程永远等待，相当于“死等”，等不到信号量，线程就不运行。

（2）无等待获取信号量

当用户不想在申请的信号量上挂起线程进行等待时，可以使用无等待获取信号量方式，无等待获取信号量使用的函数，如代码清单 17-7 所示。

代码清单 17-7　无等待获取信号量的函数

```
1.rt_err_t rt_sem_trytake(rt_sem_t sem);
```

这个函数与 rt_sem_take(sem, RT_WAITING_NO) 的作用相同，即当线程申请的信号量资源实例不可用的时候，它不会等待该信号量，而是直接返回-RT_ETIMEOUT。该函数的输入参数、返回值和函数功能如表 17-6 所示。

表 17-6　rt_sem_trytake ()的输入参数和返回值

输入参数和返回值		功能描述
输入参数	sem	信号量对象的句柄
返回值	RT_EOK	成功获得信号量
	RT_ETIMEOUT	获取失败

（3）释放信号量

释放信号量可以唤醒挂起在该信号量上的线程。释放信号量使用的函数，如代码清单 17-8 所示。

代码清单 17-8　释放信号量的函数

```
1.rt_err_t rt_sem_release(rt_sem_t sem);
```

例如，当信号量的值等于零时，并且有线程等待这个信号量时，释放信号量将唤醒等待在该信号量线程队列中的第一个线程，由它获取信号量；否则将把信号量的值加 1。该函数的输入参数、返回值和函数功能如表 17-7 所示。

表 17-7　rt_sem_release ()的输入参数和返回值

输入参数和返回值		功能描述
输入参数	sem	信号量对象的句柄
返回值	RT_EOK	成功释放信号量

4. 信号量使用步骤

第 1 步：启用信号量宏。

在工程文件夹的…\include\rtconfig.h 文件中可以找到信号量的宏定义，其实 RT-Thread 的所有内核对象启用宏都在这个文件之中，如图 17-4 所示，在默认状态下所有内核对象的启用宏都是有效的，即处于打开状态。

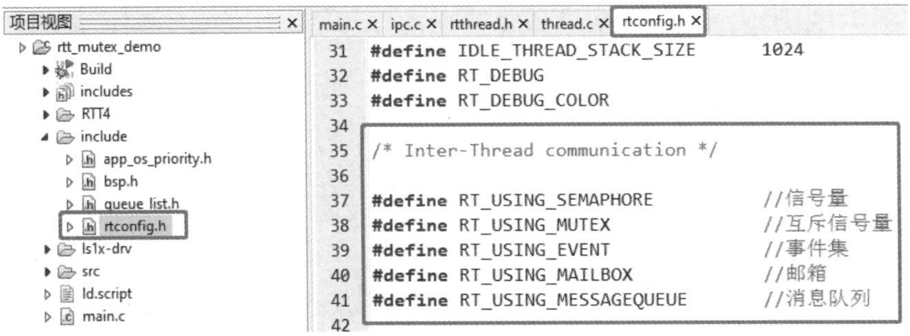

项目视图
rtt_mutex_demo
Build
includes
RTT4
include
app_os_priority.h
bsp.h
queue_list.h
rtconfig.h
ls1x-drv
src
ld.script
main.c
main.c
ipc.c
rtthread.h
thread.c
rtconfig.h
#define IDLE_THREAD_STACK_SIZE 1024
#define RT_DEBUG
#define RT_DEBUG_COLOR
/* Inter-Thread communication */
#define RT_USING_SEMAPHORE //信号量
#define RT_USING_MUTEX //互斥信号量
#define RT_USING_EVENT //事件集
#define RT_USING_MAILBOX //邮箱
#define RT_USING_MESSAGEQUEUE //消息队列

图 17-4 启用信号量宏

第 2 步：定义信号量控制块。

第 3 步：创建信号量。

第 4 步：释放信号量。

第 5 步：获取信号量。

任务 18 信号量应用

一、任务描述

创建两个线程和一个信号量，线程 A 若获取信号量，切换 LCD 屏背景色 3 次后释放信号量，线程 B 若获取信号量，循环 LED 流水灯 5 遍后释放信号量，依此循环。

二、任务分析

1. 硬件电路分析

需要用到的硬件资源：一个 LCD 屏、4 个 LED 灯。

2. 软件设计

（1）两个线程独立运行，若未获取信号量线程则一直等待信号量，其等待时间是 RT_WAITING_FOREVER。

（2）在 mian.c 文件中定义一个信号量控制块、两个线程控制块，两个线程独立运行，若线程没有获取信号量，则一直等待，等待时间是 RT_WAITING_FOREVER，任务执行完成后，释放信号量，以便另一个线程获取信号量，信号量的值只有两种状态，即信号量的值要么为 1，要么为 0。

三、任务实施

第 1 步：新建项目和添加程序文件。按照任务 16 步骤新建项目、添加 GPIO 的 RTT 设备驱动程序，以及 LED、KEY、LCD 应用程序。注意：将本书配套的该任务程序中 lcd.c 和 lcd.h 文件复制到 LCD 文件夹中。

第 2 步：打开设备宏定义。在 bsp.h 文件中打开 BSP_USE_I2C0、BSP_USE_FB 和 GT1151_DRV 三个宏定义。

第 3 步：编写任务实现程序，如代码清单 17-9 所示。

代码清单 17-9　信号量应用代码

```
--------------------------------------------------------------------------------------
1.#include <time.h>
2.#include "rtthread.h"
3.#include "bsp.h"
4.#include "rtt_key.h"
5.#include "rtt_led.h"
6.extern rt_device_t devFB;
7./* 定义信号量控制块 */
8.static rt_sem_t test_sem = RT_NULL;
9./* 定义线程控制块 */
10.static rt_thread_t led_thread = NULL;
11.static rt_thread_t lcd_thread = NULL;
12.//************************************************************************
****
13.static void led_thread_entry(void *arg)
14.{   unsigned char cnt = 0;
15.    for ( ; ; )
16.    {    rt_sem_take(test_sem,              /* 获取信号量 */
17.                    RT_WAITING_FOREVER);    /* 等待时间：一直等 */
18./* rt_device_control()函数控制 LCD 切换背景色 */
19.rt_device_control(devFB,IOCTRL_FB_CLEAR_BUFFER,(void *)GetColor(cidxRED));
20.        delay_ms(1000);
21.
rt_device_control(devFB,IOCTRL_FB_CLEAR_BUFFER,(void*)GetColor(cidxGREEN));
22.        delay_ms(1000);
23.
rt_device_control(devFB,IOCTRL_FB_CLEAR_BUFFER,(void*)GetColor(cidxBLUE));
24.        delay_ms(1000);
25.        fb_cons_clear();  //清除屏幕
26.        rt_sem_release(test_sem); //释放二值信号量
27.    }
28.}
29.//************************************************************************
****
30.static void lcd_thread_entry(void *arg)
31.{   unsigned char i = 0;
32.    for ( ; ; )
33.    {   rt_sem_take(test_sem,               /* 获取信号量 */
34.                    RT_WAITING_FOREVER);    /* 等待时间：一直等 */
35.        for(i = 0; i < 5; i++)
36.            waterfallLight();  //调用流水灯函数
37.        rt_sem_release(test_sem); //释放二值信号量
38.    }
39.}
40.//************************************************************************
****
41.int main(int argc, char** argv)
```

```
42.{  rt_kprintf("\r\nWelcome to RT-Thread.\r\n\r\n");
43.    ls1x_drv_init();            /* Initialize device drivers */
44.    rt_ls1x_drv_init();          /* Initialize device drivers for RTT */
45.    install_3th_libraries(); /* Install 3th libraies */
46.    LED_IO_config();
47.    lcd_init();
48.    /* 创建一个信号量 */
49.    test_sem = rt_sem_create("test_sem",/* 信号量名字 */
50.                              1,      /* 信号量初始值，信号量初值为1 */
51.                            RT_IPC_FLAG_FIFO); /* 信号量模式 FIFO(0x00)*/
52.    if (test_sem != RT_NULL)
53.        rt_kprintf("信号量创建成功！ \n\n");
54.    led_thread = rt_thread_create("ledthread",
55.                                  led_thread_entry,
56.                                  NULL,          // arg
57.                                  1024*4,        // statck size
58.                                  11,           // priority
59.                                  10);          // slice ticks
60.    if (led_thread == NULL)
61.    {   rt_kprintf("create led thread fail!\r\n");
62.}
63.else
64.    {    rt_thread_startup(led_thread);
65.    }
66.    lcd_thread = rt_thread_create(  "lcdthread",
67.                                  lcd_thread_entry,
68.                                  NULL,          // arg
69.                                  1024*4,        // statck size
70.                                  12,           // priority
71.                                  10);          // slice ticks
72.    if (lcd_thread == NULL)
73.    {    rt_kprintf("create lcd thread fail!\r\n");
74.  }
75. else
76.    {    rt_thread_startup(lcd_thread);
77.    }
78.    return 0;
79.}
```

说明：

①lcd 和 gpio 在 RT-Thread 中如何使用，可以参考 rtt_sem_demo 文件中的 lcd.c、led.c 和 key.c 文件。

②创建的信号量初值为 1，也可以修改其他值，比如 8、20 等。若信号量的值只有 0 和 1 两种状态，即为二值信号量；若信号量的值在一定范围内（0～65535）变化，即为计数型信号量。

③当信号量计数值 sem->vaule 大于 0，线程获取信号量之后，sem->vaule 减 1；当线程释放信号量之后，sem->vaule 加 1。

第 4 步：运行程序，等待加载完成。4 个 LED 灯开始进行流水灯显示，5 遍过后，LCD 屏背景依次显示红、绿、蓝。两个线程依此循环交替运行。

四、任务拓展

请查看本书配套资源，了解拓展任务要求和程序代码。

拓展任务 17-1：计数型信号量应用。采用信号量计数进出停车场小车，LCD 上显示剩余车位。

17.3 互斥量

互斥量又叫互斥锁、相互排斥的信号量，是一种特殊的二值信号量。

使用互斥量时的注意事项如下所述：

- 两个线程不能同时持有同一个互斥量。如果某线程对已被持有的互斥量进行获取，则该线程会被挂起，直到持有该互斥量的线程将互斥量释放成功，其他线程才能申请这个互斥量。
- 互斥量不能在中断服务程序中使用。
- 实时操作系统需要保证线程调度的实时性，尽量避免线程的长时间阻塞，因此在获得互斥量之后，应该尽快释放互斥量。
- 在持有互斥量的过程中，不得再调用 rt_thread_control()等函数来更改持有互斥量线程的优先级。

17.3.1 互斥量控制块

在 RT-Thread 中，互斥量控制块是操作系统用于管理互斥量的一个数据结构，由结构体 struct rt_mutex 表示。另外一种 C 语言表达方式 rt_mutex_t，表示的是互斥量的句柄，在 C 语言中的实现是指互斥量控制块的指针。互斥量控制块结构的详细定义，如代码清单 17-10 所示。

代码清单 17-10　互斥量控制块结构

```
1.struct rt_mutex
2.{     struct rt_ipc_object parent;                /* 继承自 ipc_object 类 */
3.      rt_uint16_t          value;                /* 互斥量的值 */
4.      rt_uint8_t           original_priority;    /* 持有线程的原始优先级 */
5.      rt_uint8_t           hold;                 /* 持有线程的持有次数    */
6.      struct rt_thread     *owner;               /* 当前拥有互斥量的线程 */
7. };
8. /* rt_mutext_t 为指向互斥量结构体的指针类型  */
9. typedef struct rt_mutex*  rt_mutex_t;
```

17.3.2　互斥量与信号量区别

互斥量和信号量不同的是：拥有互斥量的线程拥有互斥量的所有权，互斥量支持递归访问且能防止线程优先级翻转，并且互斥量只能由持有线程释放，而信号量则可以由任何线程释放。

1. 线程优先级翻转

使用二值信号量的时候经常会遇到很常见的一个问题——优先级翻转，优先级翻转在可剥夺内核中是非常常见的，但是在实时系统中不允许出现，因为这样会破坏任务的预期顺序，可能会导致严重的后果。

假设有 3 个线程，它们的优先级分别是线程 H、线程 M 和线程 L，若采用二值信号量，它们就可能发生优先级翻转现象。线程优先级翻转过程，如图 17-5 所示。

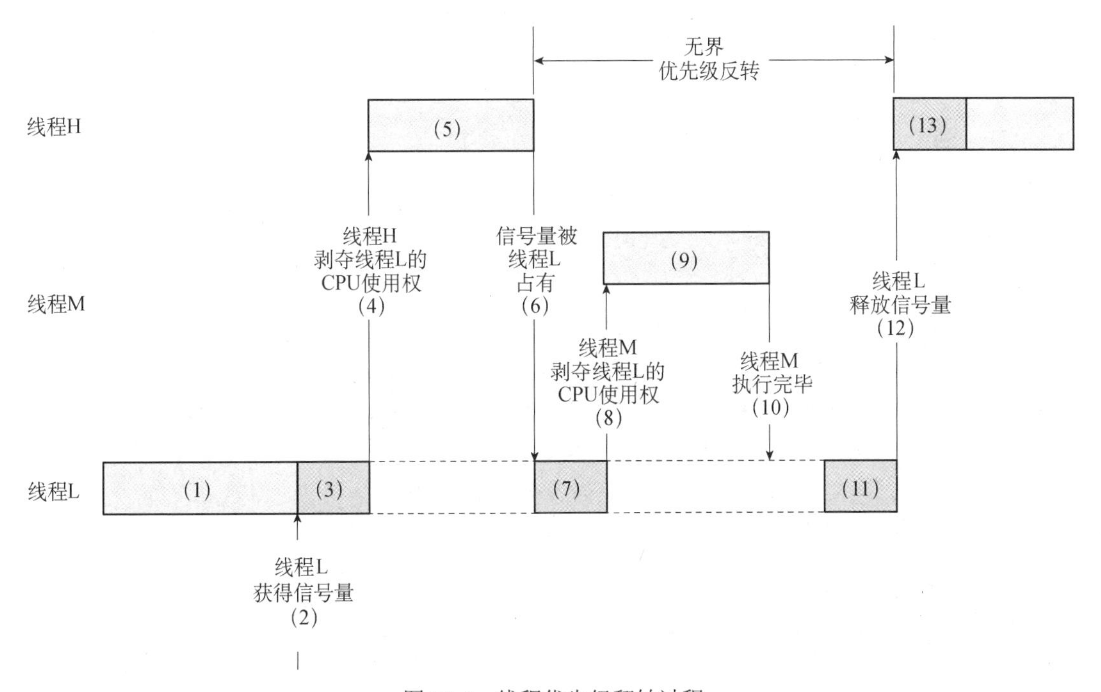

图 17-5　线程优先级翻转过程

低优先级的线程 L 开始运行，并在（2）处获得信号量；运行到（3）处时，线程 H 剥夺线程 L 的 CPU 使用权，但是在（5）处时，线程 H 也要获取信号量，但此时信号量的值为 0，因为在（3）处信号量被线程 L 获取了，因此线程 H 进入挂起状态。线程 L 重新获得 CPU 使用权继续运行，在（7）处线程 M 剥夺线程 L 的 CPU 使用权，线程 M 运行结束后，主动释放 CPU 使用权，此时线程 L 继续运行，在（11）处线程 L 主动释放信号量，此时线程 H 马上获取该信号量进入运行状态。翻转的地方就是线程 M 的优先级比线程 H 低，但是线程 M 在（9）处能全程运行，而线程 H 一直处于挂起状态。

2. 互斥量解决线程优先级翻转

还是以上面 3 个线程为例介绍互斥量如何解决优先级反转问题，如图 17-6 所示。

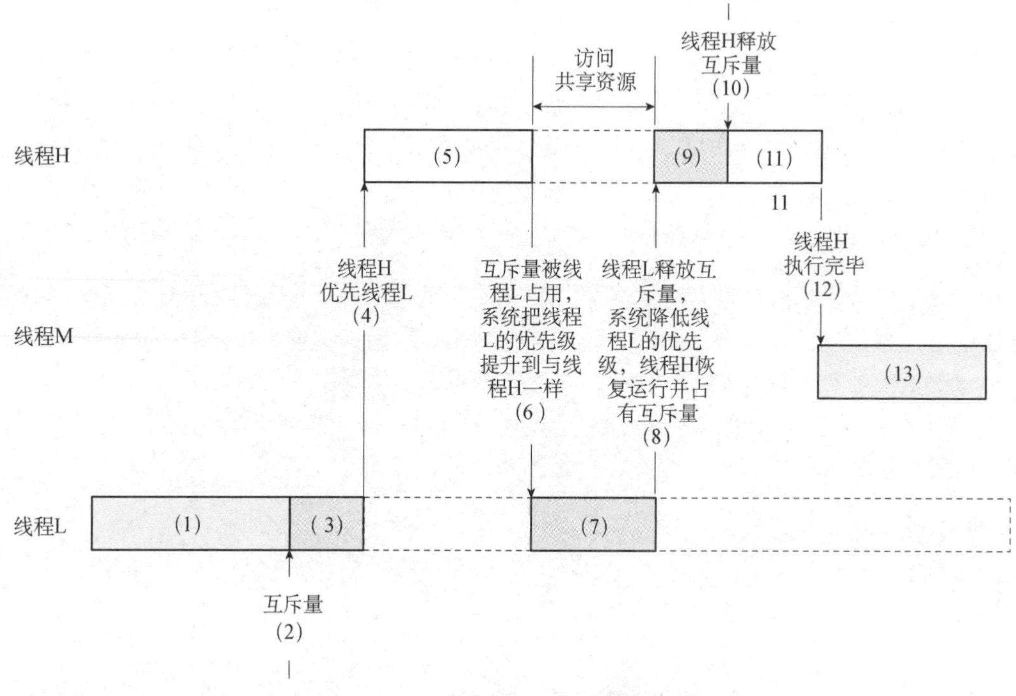

图 17-6 互斥量解决优先级翻转问题

低优先级的线程 L 开始运行，并在（2）处获得互斥量；运行到（3）处时，线程 H 剥夺线程 L 的 CPU 使用权，但是在（5）处时，线程 H 也要获取互斥量，但此时互斥量的值为 0，因为在（3）处互斥量被线程 L 获取了，因此线程 H 进入挂起状态。此时，系统把线程 L 的优先级暂时提高到与线程 H 相同的优先级，以免优先级高于线程 L 且低于线程 H 的线程抢占线程 L 的 CPU 使用权，所以在线程 L 的运行过程中，线程 M 不能抢占它。当线程 L 释放互斥量时，线程 H 马上获取该互斥量进入运行状态，同时系统又把线程 L 的优先级恢复为它原来的优先级，从而实现了线程 H 处于挂起状态，线程 M 还能运行的问题。总之，互斥量既能实现同一时刻只能一个线程访问共享资源（二值信号量功能），又能解决线程优先级翻转问题（互斥量独有功能）。

17.3.4 互斥量的管理函数分析

互斥量控制块中含有互斥相关的重要参数，在互斥量功能的实现中起到重要的作用。互斥量相关接口函数如图 17-7 所示，互斥量的操作函数包含创建/删除、获取/无等待获取、释放互斥量、初始化/脱离等。

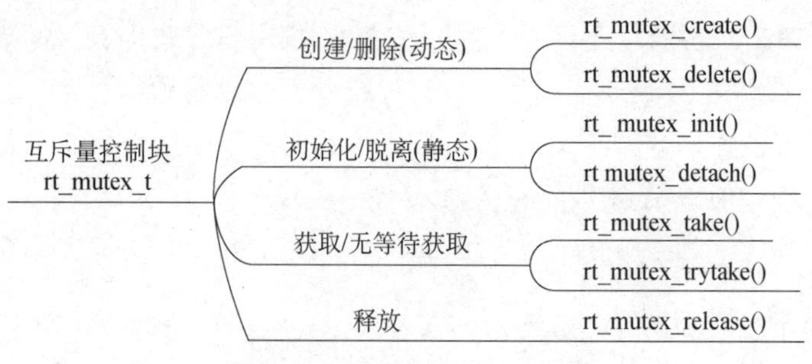

图 17-7 互斥量相关接口函数

1. 创建和删除互斥量

（1）创建互斥量

创建一个互斥量时，内核首先创建一个互斥量控制块，然后完成该控制块的初始化工作。创建互斥量的接口函数，如代码清单 17-11 所示。

代码清单 17-11 创建互斥量的接口函数

```
1.rt_mutex_t rt_mutex_create (const char* name, rt_uint8_t flag);
```

可以调用 rt_mutex_create 函数创建一个互斥量，它的名字由 name 所指定。表 17-8 描述了该函数的输入参数、返回值和函数功能。

表 17-8 rt_mutex_create ()的输入参数和返回值

输入参数和返回值		功能描述
输入参数	name	互斥量名称
	flag	该标志已经作废，无论用户选择 RT_IPC_FLAG_PRIO 还是 RT_IPC_FLAG_FIFO，内核均按照 RT_IPC_FLAG_PRIO 处理
返回值	RT_NULL	创建失败
	互斥量句柄	创建成功

（2）删除互斥量

系统不再使用互斥量时，通过删除互斥量以释放系统资源，适用于动态创建的互斥量。删除互斥量需要使用下面的接口函数，如代码清单 17-12 所示。

代码清单 17-12 删除互斥量的接口函数

```
1.rt_err_t rt_mutex_delete (rt_mutex_t mutex);
```

调用这个函数时，系统将删除这个互斥量。如果删除该互斥量时，有线程正在等待该互斥量，那么删除操作会先唤醒等待在该互斥量上的线程（等待线程的返回值是-RT_ERROR），然后再释放互斥量的内存资源。该函数的输入参数、返回值和函数功能如表 17-9 所示。

表 17-9 rt_mutex_delete ()的输入参数和返回值

输入参数和返回值		功能描述
输入参数	mutex	rt_mutex_create () 创建的互斥量对象
返回值	RT_EOK	删除成功

2. 初始化和脱离互斥量

（1）初始化互斥量

静态互斥量对象的内存是在系统编译时由编译器分配的，一般放于读写数据段或未初始化数据段中。在使用这类静态互斥量对象前，需要先进行初始化。初始化互斥量需要使用下面的函数接口。初始化互斥量对象如代码清单 17-13 所示。

代码清单 17-13　初始化互斥量对象

```
1.rt_err_t rt_mutex_init (rt_mutex_t mutex, const char* name, rt_uint8_t flag);
```

使用该接口函数时，需指定互斥量对象的句柄（即指向互斥量控制块的指针）、互斥量名称以及互斥量标志。该函数的输入参数、返回值和函数功能如表 17-10 所示。

表 17-10　rt_ sem_init ()的输入参数、返回值和功能描述

输入参数和返回值		功能描述
输入参数	mutex	互斥量对象的句柄，它由用户提供，并指向互斥量对象的内存块
	name	互斥量的名称
	flag	该标志已经作废，无论用户选择 RT_IPC_FLAG_PRIO 还是 RT_IPC_FLAG_FIFO，内核均按照 RT_IPC_FLAG_PRIO 处理
返回值	RT_EOK	初始化成功

（2）脱离互斥量

脱离互斥量是把互斥量对象从内核对象管理器中脱离出来，适用于静态初始化的互斥量，如代码清单 17-14 所示。

代码清单 17-14　脱离互斥量的接口函数

```
1.rt_err_t rt_mutex_detach (rt_mutex_t mutex);
```

使用该接口函数后，系统内核先唤醒所有挂在该互斥量上的线程（线程的返回值是 -RT_ERROR），然后将该互斥量从内核对象管理器中脱离出来。该函数的输入参数、返回值和函数功能如表 17-11 所示。

表 17-11　rt_mutex_detach ()的输入参数、返回值和功能描述

输入参数和返回值		功能描述
输入参数	mutex	互斥量对象的句柄
返回值	RT_EOK	脱离成功

3. 获取和释放互斥量

RT-Thread 提供了两种获取互斥量接口函数，一种是释放互斥量接口函数，另一种是无等待获取互斥量函数接口。

（1）获取互斥量

线程获取了互斥量之后，那么线程就有了对该互斥量的所有权，即某一个时刻一个互斥量只能被一个线程持有。获取互斥量使用的接口函数，如代码清单 17-15 所示。

代码清单 17-15　获取互斥量的接口函数

```
1.rt_err_t rt_mutex_take (rt_mutex_t mutex, rt_int32_t time);
```

如果互斥量没有被其他线程控制，那么申请该互斥量的线程将成功获得该互斥量。如果互斥量已经被当前线程控制，则该互斥量的持有计数加 1，当前线程也不会挂起等待。如果互斥量已经被其他线程占有，则当前线程在该互斥量上挂起等待，直到其他线程释放它或者等待时间超过指定的超时时间。表 17-12 描述了该函数的输入参数、返回值与功能描述。

表 17-12　rt_mutex_take ()的输入参数、返回值与功能描述

输入参数和返回值		功能描述
输入参数	mutex	互斥量对象的句柄
	time	指定的等待时间，单位是操作系统时钟节拍（OS Tick）
返回值	RT_EOK	成功获得互斥量
	RT_ETIMEOUT	超时依然未获得互斥量
	RT_ERROR	其他错误

注：time 不是具体时间，而是时钟节拍的倍数。

当 time 的值为 RT_WAITING_NO（0）时，表示互斥量不可用，申请线程不会等待该互斥量，相当于不等候，线程继续运行。

当 time 的值为 *n* 时，表示互斥量不可用，申请线程挂起等待一段时间（*n* 倍的时钟节拍），超过 *n* 倍的时钟节拍，则线程继续运行。

当 time 的值为 RT_WAITING_FOREVER(-1)时，表示互斥量不可用，申请线程永远处于等待中，相当于“死等”，等不到互斥量，线程就不运行。

（2）无等待获取互斥量

当用户不想在申请的互斥量上挂起线程进行等待时，可以使用无等待方式获取互斥量，无等待获取互斥量需要使用的接口函数，如代码清单 17-16 所示。

代码清单 17-16　无等待获取互斥量的接口函数

```
1.rt_err_t rt_mutex_trytake(rt_mutex_t mutex);
```

这个函数与 rt_mutex_take(mutex, RT_WAITING_NO) 的作用相同，即当线程申请的互斥量资源实例不可用时，它不会等待该互斥量，而是直接返回−RT_ETIMEOUT。该函数的输入参数、返回值和函数功能如表 17-13 所示。

表 17-13　rt_mutex_trytake ()的输入参数、返回值和功能描述

输入参数和返回值		功能描述
输入参数	mutex	互斥量对象的句柄
返回值	RT_EOK	成功获得互斥量
	RT_ETIMEOUT	获取失败

（3）释放互斥量

当线程完成互斥资源的访问后，应尽快释放它占据的互斥量，使得其他线程能及时获取该互斥量。释放互斥量需要使用的接口函数，如代码清单 17-17 所示。

代码清单 17-17　释放互斥量的接口函数

```
1.rt_err_t rt_mutex_release(rt_mutex_t mutex);
```

使用该接口函数时，只有已经拥有互斥量控制权的线程才能释放它，每释放一次该互斥量，它的持有计数就减 1。当该互斥量的持有计数为零时（即持有线程已经释放所有的持有操作），它变为可用，等待在该互斥量上的线程将被唤醒。如果线程的运行优先级被互斥量提升，那么当互斥量被释放后，线程恢复为持有互斥量前的优先级。该函数的输入参数、返回值和函数功能如表 17-14 所示。

表 17-14　rt_mutex_release ()的输入参数、返回值和功能描述

输入参数和返回值		功能描述
输入参数	mutex	互斥量对象的句柄
返回值	RT_EOK	成功释放互斥量

4. 互斥量使用步骤

第 1 步：启用互斥量宏。

在工程文件夹的…\include\rtconfig.h 文件中可以找到互斥量的宏定义，其实 RT-Thread 的所有内核对象启用宏都在这个文件中。默认状态下所有内核对象的启用宏都是有效的，即处于打开状态。

第 2 步：定义互斥量控制块。

第 3 步：创建互斥量。

第 4 步：获取互斥量。创建互斥量时，互斥量值为 1，所以可以先获取。

第 5 步：释放互斥量。

任务 19　互斥量应用

一、任务描述

创建 3 个线程和 1 个互斥量，线程 1 为高优先级线程，线程 2 为中优先级线程，线程 3 为低优先级线程。低优先级线程比高优先级线程早获取互斥量，并且较长时间占用该互斥量，观察低优先级线程的优先级会短暂提升到与高优先级线程一样级别，此时中优先级线程不能抢占低优先级线程。

二、任务分析

软件设计思路如下。

（1）高优先级线程：先延时 500ms，再获取互斥量，然后再释放互斥量，再延时 500ms，如此循环运行。

（2）中优先级线程：每隔 1s 运行一次。

（3）低优先级线程：先获取互斥量，然后采用延时程序模拟该线程长期占用该互斥量，这个期间不停地调用 rt_thread_yield()进行线程切换；模拟结束后再释放该互斥量，再延时 500ms，如此循环运行。

三、任务实施

第 1 步：新建工程。依次单击“文件”→“新建”→“新建项目向导…”，根据项目向导完成新建项目，或者在已有工程基础上修改。

第 2 步：编写任务实现程序，如代码清单 17-18 所示。

代码清单 17-18　软件定时器应用代码

```
------------------------------------------------------------------------------
1.#include <time.h>
2.#include "rtthread.h"
3.#include "bsp.h"
4./* 定义 3 个线程控制块：高优先级、中优先级和低优先级线程 */
5.static rt_thread_t high_thread = NULL;
6.static rt_thread_t middle_thread = NULL;
7.static rt_thread_t low_thread = NULL;
8./* 定义互斥量控制块 */
9.static rt_mutex_t dynamic_mutex = RT_NULL;
10.static void high_thread_entry(void *arg)
11.{   for ( ; ; )
12.    {   rt_thread_delay(500);
13.        rt_kprintf("high_thread Take mutex!\n");
14.        rt_mutex_take(dynamic_mutex, RT_WAITING_FOREVER);
15.        rt_kprintf("high_thread Running!\n");
16.        rt_mutex_release(dynamic_mutex);
17.        rt_thread_delay(500);
18.    }
19.}
20.static void middle_thread_entry(void *arg)
21.{   for ( ; ; )
22.    {   rt_kprintf("middle_thread Running!\n");
23.        rt_thread_delay(1000);
24.    }
25.}
26.static void low_thread_entry(void *arg)
27.{   static unsigned int times;
28.    for ( ; ; )
29.    {   rt_mutex_take(dynamic_mutex, RT_WAITING_FOREVER);
30.        rt_kprintf("low_thread Running!\n");
```

```
31.         for(times = 0;times < 20000000;times++)
32.         {     rt_thread_yield();
33.//              rt_kprintf("low_thread 长时间占用互斥量!\n");
34.//              rt_thread_delay(500);
35.         }
36.         rt_mutex_release(dynamic_mutex);
37.         rt_thread_delay(1000);
38.     }
39.}
40.int main(int argc, char** argv)
41.{   rt_kprintf("\r\nWelcome to RT-Thread.\r\n\r\n");
42.     ls1x_drv_init();            /* Initialize device drivers */
43.     rt_ls1x_drv_init();         /* Initialize device drivers for RTT */
44.     install_3th_libraries(); /* Install 3th libraies */
45.     /* 创建一个动态互斥量 */
46.     dynamic_mutex = rt_mutex_create("dmutex", RT_IPC_FLAG_PRIO);
47.     /* 创建高优先级线程 优先级为10 */
48.     high_thread = rt_thread_create("high_thread",
49.                                    high_thread_entry,
50.                                    NULL,         // arg
51.                                    1024*4,       // statck size
52.                                    10,           // priority
53.                                    10);          // slice ticks
54.     if (high_thread == NULL)
55.     {    rt_kprintf("create demo high_thread fail!\r\n");
56.}
57.else
58.     {    rt_thread_startup(high_thread);
59.     }
60.     /* 创建中优先级线程 优先级为11 */
61.     middle_thread = rt_thread_create("middle_thread",
62.                                    middle_thread_entry,
63.                                    NULL,         // arg
64.                                    1024*4,       // statck size
65.                                    11,           // priority
66.                                    10);          // slice ticks
67.     if (middle_thread == NULL)
68.     {    rt_kprintf("create demo middle_thread fail!\r\n");
69.}
70.else
71.     {    rt_thread_startup(middle_thread);
72.     }
73.     /* 创建低优先级线程 优先级为12 */
74.     low_thread = rt_thread_create("low_thread",
75.                                    low_thread_entry,
76.                                    NULL,         // arg
77.                                    1024*4,       // statck size
78.                                    12,           // priority
79.                                    10);          // slice ticks
80.     if (low_thread == NULL)
81.     {    rt_kprintf("create demo low_thread fail!\r\n");
82.}
83.else
```

```
84.     {    rt_thread_startup(low_thread);
85.     }
86.     return 0;
87.}
------------------------------------------------------------------------
```

第 3 步：运行程序，等待加载完成。运行效果如图 17-8 所示。

（1）高优先级线程先运行，只不过它运行延时函数后会主动让出 CPU，中优先级线程再运行；中优先级线程调用延时函数，主动让出 CPU，所以低优先级线程运行。

（2）低优先级线程获取互斥量后，当高优先级线程想要获取该互斥量时，却获取不了该互斥量，进入挂起状态（简称挂起态），并且低优先级线程的优先级被提升到与高优先级线程一样级别，防止中优先级线程抢占低优先级线程，从而避免出现中优先级线程反而比高优先级线程先运行的现象，这种现象就是优先级翻转。

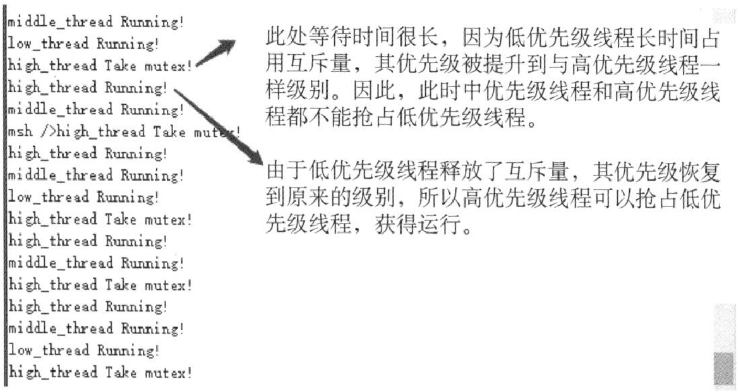

```
middle_thread Running!
low_thread Running!
high_thread Take mutex!
high_thread Running!
middle_thread Running!
msh />high_thread Take mutex!
high_thread Running!
middle_thread Running!
low_thread Running!
high_thread Take mutex!
high_thread Running!
middle_thread Running!
high_thread Take mutex!
high_thread Running!
middle_thread Running!
low_thread Running!
high_thread Take mutex!
```

此处等待时间很长，因为低优先级线程长时间占用互斥量，其优先级被提升到与高优先级线程一样级别。因此，此时中优先级线程和高优先级线程都不能抢占低优先级线程。

由于低优先级线程释放了互斥量，其优先级恢复到原来的级别，所以高优先级线程可以抢占低优先级线程，获得运行。

图 17-8　互斥量应用程序运行现象

四、任务拓展

请查看本书配套资源，了解拓展任务要求和程序代码。

拓展任务 17-2：修改低优先级线程长时间占用 CPU 的代码，观察运行现象，如代码清单 17-19 所示。

代码清单 17-19　拓展任务 17-2 代码修改

```
------------------------------------------------------------------------
1.static void low_thread_entry(void *arg)
2.{   static unsigned int times;
3.    for ( ; ; )
4.    {   rt_mutex_take(dynamic_mutex, RT_WAITING_FOREVER);
5.        rt_kprintf("low_thread Running!\n");
6.        for(times = 0;times < 20000000;times++)
7.        { //    rt_thread_yield();//注释该行
8.            rt_kprintf("low_thread 长时间占用互斥量!\n");//启用该行
9.            rt_thread_delay(500);//启用该行
10.        }
11.        rt_mutex_release(dynamic_mutex);
12.        rt_thread_delay(1000);
13.    }
```

```
14.}
```

拓展任务 19-2：线程优先级翻转。将互斥量换成信号量，观察线程优先级翻转现象。

17.4 事件集

事件集也是线程间同步的机制，主要用于实现线程间的同步。一个事件集可以包含多个事件，利用事件集可以完成一对多、多对多的线程间同步。

一对多：一个线程与多个事件的关系，即任意一个事件唤醒线程，或几个事件都到达后才唤醒线程进行后续的处理。

多对多：多个线程与多个事件的关系，即多个线程同时等待某一个事件或多个事件。

17.4.1 事件集的工作机制

在 RT-Thread 系统中，事件集采用一个 32 位无符号整型变量来表示，变量的每一位代表一个事件，线程通过“逻辑与”或“逻辑或”将一个或多个事件关联起来，形成事件组合。

事件的“逻辑或”也称为独立型同步，指的是线程与任何事件之一发生同步。

事件“逻辑与”也称为关联型同步，指的是线程与若干事件都发生同步。

每个线程都拥有一个事件信息标记，它有三个属性：RT_EVENT_FLAG_AND（逻辑与），RT_EVENT_FLAG_OR（逻辑或）和 RT_EVENT_FLAG_CLEAR（清除标记）。当线程等待事件同步时，可以通过 32 个事件标志和这个事件信息标记来判断当前接收的事件是否满足同步条件。

如图 17-9 所示，线程#1 的事件标志中第 1 位和第 30 位被置位，如果事件信息标记位设为逻辑与，则表示线程#1 只有在事件 1 和事件 30 都发生以后才会被触发唤醒，如果事件信息标记位设为逻辑或，则事件 1 或事件 30 中的任意一个发生都会触发唤醒线程#1。如果信息标记同时设置了清除标记位，则当线程 #1 唤醒后将主动把事件 1 和事件 30 清为零，否则事件标志将依然存在（即置 1）。0 表示该事件类型未发生，1 表示该事件类型已发生。

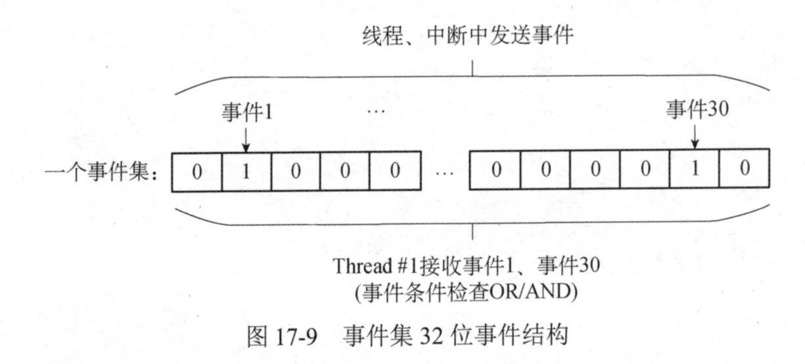

图 17-9　事件集 32 位事件结构

RT-Thread 定义的事件集有以下特点：

- 事件只与线程相关，事件间相互独立，每个线程可拥有 32 个事件标志，采用一个 32 位无符号整型数进行记录，每一个位代表一个事件。

● 事件仅用于同步，不提供数据传输，而信号量既用于同步，又能提供数据传输。

● 事件无排队性，即多次向线程发送同一事件（如果线程还未来得及读走），其效果等同于只发送一次。

● 允许多个线程对同一事件进行读写操作。

通过上述介绍，事件集就相当于裸机中的全局变量，那为什么不同于全局变量呢？

当多线程同时访问全局变量时，就存在如保护该临界资源、使用全局变量、需要在线程中轮询查看事件是否发送、浪费 CPU 资源等问题。事件集具有等待超时机制，而全局变量只能由用户自己实现。因此，在操作系统中，完全可以用事件集替代全局变量，做标志判断。

17.4.2　事件集控制块

在 RT-Thread 系统中，事件集控制块是操作系统用于管理事件的一个数据结构，由结构体 struct rt_event 表示。另外一种 C 表达方式 rt_event_t，表示的是事件集的句柄，在 C 语言中的实现是事件集控制块的指针。事件集控制块结构的详细定义如代码清单 17-20 所示。

代码清单 17-20　事件集控制块结构

```
1.struct rt_event
2.{   struct rt_ipc_object parent;    /* 继承自 ipc_object 类 */
3.    /* 事件集合，每一 bit 表示 1 个事件，bit 位的值可以标记某事件是否发生 */
4.    rt_uint32_t set;
5.};
6./* rt_event_t 是指向事件结构体的指针类型  */
7.typedef struct rt_event* rt_event_t;
```

17.4.3　事件集的管理函数分析

事件集控制块中含有与事件集相关的重要参数，在事件集功能的实现中起重要的作用。事件集相关接口如图 17-10 所示，一个事件集的操作包含：创建/删除、发送事件、接收事件、初始化/脱离事件集等。

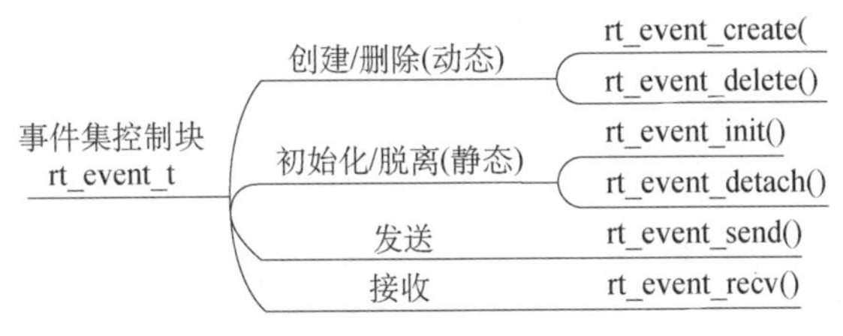

图 17-10　事件集相关接口函数

1. 创建和删除事件集

（1）创建事件集

当创建一个事件集时，内核首先创建一个事件集控制块，然后对该事件集控制块进行基本的初始化，创建事件集函数接口，如代码清单 17-21 所示。

代码清单 17-21　创建事件集的函数

```
6.rt_event_t rt_event_create(const char* name, rt_uint8_t flag);
```

表 17-15 描述了该函数的输入参数、返回值和功能描述。

表 17-15　rt_event_create()的输入参数、返回值和功能描述

输入参数和返回值		功能描述
输入参数	name	事件集的名称
	flag	事件集的标志，可以取的数值有 RT_IPC_FLAG_FIFO 或 RT_IPC_FLAG_PRIO
返回值	RT_NULL	创建失败
	事件对象的句柄	创建成功

注：RT_IPC_FLAG_FIFO 属于非实时调度方式，除非应用程序非常在意先来后到，并且清楚地明白所有涉及到该事件集的线程都将会变为非实时线程，方可使用 RT_IPC_FLAG_FIFO，否则建议采用 RT_IPC_FLAG_PRIO，即确保线程的实时性。

（2）删除事件集

系统不再使用 rt_event_create()创建的事件集对象时，通过删除事件集对象控制块来释放系统资源。删除事件集的函数接口，如代码清单 17-22 所示。

代码清单 17-22　删除事件集的函数

```
2.rt_err_t rt_event_delete(rt_event_t event);
```

在调用 rt_event_delete()函数删除一个事件集对象时，应该确保该事件集不再被使用。在删除前会唤醒所有挂起在该事件集上的线程（线程的返回值是-RT_ERROR），然后释放事件集对象占用的内存块。该函数的输入参数、返回值和功能描述如表 17-16 所示。

表 17-16　rt_event_delete ()的输入参数、返回值和功能描述

输入参数和返回值		功能描述
输入参数	event	事件集对象的句柄
返回值	RT_EOK	删除成功

2. 初始化和脱离事件集

（1）初始化事件集

对于静态事件集对象，它的内存空间在编译时期就被编译器分配出来，放在读写数据段或未初始化数据段上，此时使用事件集就不再需要使用 rt_event_create 接口来创建它，而只需在使用前对它进行初始化即可，如代码清单 17-23 所示。

代码清单 17-23　初始化事件集对象

```
6.rt_err_t rt_event_init(rt_event_t event, const char* name, rt_uint8_t flag);
```

调用该接口时，需指定静态事件集对象的句柄（即指向事件集控制块的指针），然后系统会初始化事件集对象，并加入到系统对象容器中进行管理。该函数的输入参数、返回值和功能描述如表 17-17 所示。

表 17-17　rt_event_init ()的输入参数、返回值和功能描述

输入参数和返回值		功能描述
输入参数	event	事件集对象的句柄
	name	事件集的名称
	flag	事件集的标志，可以设置如下数值：RT_IPC_FLAG_FIFO 或 RT_IPC_FLAG_PRIO
返回值	RT_EOK	初始化成功

（2）脱离事件集

系统不再使用 rt_event_init() 初始化的事件集对象时，通过脱离事件集对象控制块来释放系统资源。脱离事件集是将事件集对象从内核对象管理器中脱离。脱离事件集使用的函数接口，如代码清单 17-24 所示。

代码清单 17-24　脱离事件集的函数

```
2.rt_err_t rt_sem_detach(rt_sem_t sem);
```

用户调用这个函数时，系统首先唤醒所有挂在该事件集等待队列上的线程（线程的返回值是-RT_ERROR），然后将该事件集从内核对象管理器中脱离。该函数的输入参数、返回值和功能描述如表 17-18 所示。

表 17-18　rt_event_detach ()的输入参数、返回值和功能描述

输入参数和返回值		功能描述
输入参数	event	事件集对象的句柄
返回值	RT_EOK	脱离成功

3. 发送和接收事件

（1）发送事件

发送事件函数可以发送事件集中的一个或多个事件，发送事件使用的函数接口，如代码清单 17-25 所示。

代码清单 17-25　发送事件的函数

```
2.rt_err_t rt_event_send(rt_event_t event, rt_uint32_t set);
```

使用该函数接口时，通过参数 set 指定的事件标志来设定 event 事件集对象的事件标志值，然后遍历等待在 event 事件集对象上的等待线程链表，判断是否有线程的事件激活要求与当前 event 对象事件标志值匹配，如果有，则唤醒该线程。表 17-19 描述了该函数的输入参数、返回值和功能描述。

表 17-19　rt_event_send ()的输入参数、返回值和功能描述

输入参数和返回值		功能描述
输入参数	event	事件集对象的句柄
	set	发送一个或多个事件的标志值
返回值	RT_EOK	成功

（1）接收事件

内核使用 32 位的无符号整数来标识事件集，它的每一位代表一个事件，因此一个事件集对象可同时等待接收 32 个事件，内核可以通过指定选择参数“逻辑与”或“逻辑或”来选择如何激活线程，使用“逻辑与”参数表示只有当所有等待的事件都发生时才激活线程，而使用“逻辑或”参数则表示只要有一个等待的事件发生就激活线程。接收事件使用的函数接口，如代码清单 17-26 所示。

代码清单 17-26　接收事件的函数

```
--------------------------------------------------------------------------------
5.rt_err_t rt_event_recv(rt_event_t event,
6.                       rt_uint32_t set,
7.                       rt_uint8_t option,
8.                       rt_int32_t timeout,
9.                       rt_uint32_t* recved);
--------------------------------------------------------------------------------
```

当用户调用这个接口时，系统首先根据 set 参数和接收选项 option 来判断它要接收的事件是否发生，如果已经发生，则根据参数 option 上是否设置有 RT_EVENT_FLAG_CLEAR 来决定是否重置事件的相应标志位，然后返回（其中 recved 参数返回接收到的事件）；如果没有发生，则把等待的 set 和 option 参数填入线程本身的结构中，然后把线程挂起在此事件上，直到其等待的事件满足条件或等待时间超过指定的超时时间。如果超时时间设置为零，则表示当线程要接收的事件没有满足其要求时就不等待，而直接返回-RT_ETIMEOUT。该函数的输入参数、返回值和功能描述如表 17-20 所示。

表 17-20　rt_event_recv ()的输入参数、返回值和功能描述

输入参数和返回值		功能描述
输入参数	event	事件集对象的句柄
	set	接收线程感兴趣的事件
	option	接收选项，option 的值可取： --“逻辑与”：RT_EVENT_FLAG_AND --“逻辑或”：RT_EVENT_FLAG_OR --清除重置事件标志位：RT_EVENT_FLAG_CLEAR
	timeout	指定超时时间
	recved	指向接收到的事件
返回值	RT_EOK	成功
	-RT_ETIMEOUT	超时
	-RT_ERROR	错误

4. 事件集使用步骤

第 1 步：启用事件集宏。

在工程文件夹的…\include\rtconfig.h 文件中可以找到事件集的宏定义，其实 RT-Thread 的所有内核对象启用宏都在这个文件之中，默认状态下所有内核对象的启用宏都是有效的，即处于打开状态。

第 2 步：定义事件集控制块。

第 3 步：创建事件集。

第 4 步：发送事件集。

第 5 步：接收事件集。

任务 20　事件集应用

一、任务描述

创建一个事件集，定义两个事件；创建三个线程（线程 A、线程 B 和线程 C）。

线程 A 为发送事件线程：负责检测按键，当 RTC 的秒钟大于 5s 且小于 10s 时，发送事件 1；按下 KEY_UP 键，则发送事件 2；按下 KEY_2 键，则发送事件 1。

线程 B 为接收事件线程：首先判断事件 1 和事件 2 的“逻辑与”是否成立，若成立则开启蜂鸣器和 LCD 上显示“抗疫”宣传图片；再次判断事件 1 和事件 2 的“逻辑或”是否成立，若成立则关闭蜂鸣器和 LCD 清屏。

线程 C 为 RTC 线程：RTC 初始时间为 2022.4.27 9:59:00，串口打印年月日和时分秒信息。

二、任务分析

1. 硬件电路分析

本任务需用到硬件资源主要有 LCD 屏、独立按键、蜂鸣器等。

2. 软件设计

（1）创建三个线程和一个事件集，定义 0x01 和 0x02 事件。接收线程若未获得需要的事件则一直在等待，其等待时间是 RT_WAITING_FOREVER。

（2）在发送事件线程中，编写按键扫描程序、三种条件下发送事件程序。

（3）在接收事件线程中，编写两个接收事件函数。当等待事件时，线程会进入“挂起状态”，第一次接收事件函数有效之后，第二次接收事件函数进入等待事件时，又会使线程进入“挂起状态”。

（4）在 RTC 线程中，每隔 1 秒打印一次时间信息。

三、任务实施

第 1 步：新建项目和添加程序文件。按照任务 16 步骤新建项目、添加 GPIO 的 RTT 设备驱动程序，以及 LED、KEY、LCD 应用程序。注意：将教材配套的该任务程序中 lcd.c 和 lcd.h 文件复制到 LCD 文件夹中。

第 2 步：打开设备宏定义。在 bsp.h 文件中打开 BSP_USE_I2C0、BSP_USE_FB、GT1151_DRV、PCA9557_DRV 这四个宏定义。

第 3 步：编写任务实现程序。在 main.c 文件中，定义一个事件集、三个线程控制块，RTC 和蜂鸣器的 rtt 驱动程序可以参考 rtt_rtc.c 和 rtt_buzzer.c 文件，这里主要介绍事件的使用方法，如代码清单 17-27 所示。

代码清单 17-27　事件集应用代码

```
---------------------------------------------------------------------------------
1.#include <time.h>
2.#include <stdbool.h>
3.#include "rtthread.h"
4.#include "bsp.h"
5.#include "drv_rtc.h"
6.#include "rtt_key.h"
7.#include "lcd.h"
8.#include "rtt_buzzer.h"
9.#include "bmp.h"
10.#include "rtt_rtc.h"
11.extern rt_device_t devRTC;//声明 RTC 设备
12.struct tm tmp;//定义 RTC 时间结构体变量
13.#define EVENT_FLAG1 (1)//定义事件 1，0x0000 0000 0000 0001
14.#define EVENT_FLAG2 (2)//定义事件 1，0x0000 0000 0000 0010
15./* 定义线程控制块 */
16.static rt_thread_t receive_thread = RT_NULL;
17.static rt_thread_t send_thread = RT_NULL;
18.static rt_thread_t rtc_thread = RT_NULL;
19./* 定义事件控制块(句柄) */
20.static rt_event_t test_event = RT_NULL;
21.//RTC 线程入口
22.static void rtc_thread_entry(void *arg)
23.{   for(; ; )
24.    {   rt_device_control(devRTC, IOCTL_GET_DATETIME, &tmp);
25.
rt_kprintf("%d-%d-%d\n",tmp.tm_year+baseYear,tmp.tm_mon+baseMon,tmp.tm_mday);
26.         rt_kprintf("%d:%d:%d\n",tmp.tm_hour,tmp.tm_min,tmp.tm_sec);
27.         rt_thread_mdelay(1000);
28.    }
29.}
30.//接收线程入口
31.static void receive_thread_entry(void *arg)
32.{   rt_uint32_t recved;//定义一个变量，用于保存事件
33.    for ( ; ; )
34.    {   /* 第一次：等待接收事件标志 */
35.         rt_event_recv( test_event,                          /* 事件对象句柄 */
36.                       EVENT_FLAG1|EVENT_FLAG2,             /* 接收线程感兴趣的事件 */
37.                       RT_EVENT_FLAG_AND|RT_EVENT_FLAG_CLEAR,  /* 与事件且清标记 */
38.                       RT_WAITING_FOREVER,                      /* 超时事件，一直等 */
39.                       &recved);                              /* 指向接收到的事件 */
```

```
40./* 注意：当第一次接收函数有效时，recved 变量中存放两个事件；无效时，线程被挂起*/
41.         if (recved == (EVENT_FLAG1|EVENT_FLAG2))      /* 如果接收完成并且正确 */
42.         {   buzzer_on();    //  开启蜂鸣器
43.             display_pic(480, 800, gImage_pic);//显示一张图片
44.         }
45.         else
46.             rt_kprintf ( "第一次接收事件错误！ \n");
47.   /* 第二次：等待接收事件标志，此处直接判断接收是否成功*/
48.   /* 注意：第一次成功接收之后，第二次运行接收事件函数，线程又会被挂起，等待事件*/
49.         if(rt_event_recv(  test_event,                    /* 事件对象句柄 */
50.                     EVENT_FLAG1|EVENT_FLAG2,      /* 接收线程感兴趣的事件 */
51.                     RT_EVENT_FLAG_OR|RT_EVENT_FLAG_CLEAR, /* 或事件且清标记 */
52.                     RT_WAITING_FOREVER,          /* 超时事件,一直等 */
53.                     &recved) == RT_EOK)           /* 指向接收到的事件 */
54.         {   buzzer_off();    //  关闭蜂鸣器
55.             fb_cons_clear(); //  清屏
56.         }
57.         else
58.             rt_kprintf ( "第二次接收事件错误！ \n");
59.         rt_thread_mdelay(5); //延时
60.     }
61.}
62.//发送线程入口
63.static void send_thread_entry(void *arg)
64.{   unsigned char key;
65.    for ( ; ; )
66.    {   key = key_scan();
67.        if ( tmp.tm_sec >= 5 && tmp.tm_sec <= 10 )
68.        {   rt_kprintf("send thread: send EVENT_FLAG1\n");
69.            rt_event_send(test_event,EVENT_FLAG1);      /* 发送一个事件 1 */
70.        }
71.        if ( key == KeyUP )      //如果 KEY_UP 被按下
72.        {   rt_kprintf("send thread: send EVENT_FLAG2\n");
73.            rt_event_send(test_event,EVENT_FLAG2);      /* 发送一个事件 2 */
74.        }
75.        if ( key == KeyDown )    //如果 KEY_2 被按下
76.        {   rt_kprintf("send thread: send EVENT_FLAG1\n");
77.            rt_event_send(test_event,EVENT_FLAG1);    /* 发送一个事件 2 */
78.        }
79.        rt_thread_mdelay(20); //每 20ms 扫描一次
80.    }
81.}
82.int main(int argc, char** argv)
83.{rt_kprintf("\r\nWelcome to RT-Thread.\r\n\r\n");
84.    ls1x_drv_init();             /* Initialize device drivers */
85.    rt_ls1x_drv_init();          /* Initialize device drivers for RTT */
86.    install_3th_libraries(); /* Install 3th libraies */
87.    KEY_IO_config();
88.    rtc_config();
89.    lcd_init();
90.    buzzer_config();
91.    /* 创建一个事件 */
92.    test_event = rt_event_create("test_event",/* 事件标志组名字 */
```

```
93.                          RT_IPC_FLAG_PRIO); /* 事件模式 FIFO(0x00)*/
94.     if (test_event != RT_NULL)
95.        rt_kprintf("事件创建成功！ \n\n");
96.     rtc_thread = rt_thread_create(  "rtcthread",
97.                                 rtc_thread_entry,
98.                                 NULL,        // arg
99.                                 1024*4,      // statck size
100.                                 10,          // priority
101.                                 10);         // slice ticks
102.     if (rtc_thread == NULL)
103.     {    rt_kprintf("create rtc thread fail!\r\n");
104.}
105.else
106.     {    rt_thread_startup(rtc_thread);
107.     }
108.     receive_thread = rt_thread_create("rxthread",
109.                                   receive_thread_entry,
110.                                   NULL,        // arg
111.                                   1024*4,      // statck size
112.                                   11,          // priority
113.                                   10);         // slice ticks
114.     if (receive_thread == NULL)
115.     {    rt_kprintf("create receive thread fail!\r\n");
116.}
117.else
118.     {    rt_thread_startup(receive_thread);
119.     }
120.     send_thread = rt_thread_create("txthread",
121.                                   send_thread_entry,
122.                                   NULL,        // arg
123.                                   1024*4,      // statck size
124.                                   12,          // priority
125.                                   10);         // slice ticks
126.     if (send_thread == NULL)
127.     {    rt_kprintf("create send thread fail!\r\n");
128.}
129.else
130.     {    rt_thread_startup(send_thread);
131.     }
132.     return 0;
133.}
134.
--------------------------------------------------------------------------------
```

第 4 步：运行程序，等待加载完成。

（1）RTC 线程串口打印时间信息，并且当秒钟大于 5s 且小于 10s 时，发送事件 1，如图 17-11 所示。

（2）在秒钟大于 5s 且小于 10s 范围时，按下 KEY_UP 键时，蜂鸣器开启，LCD 上显示“抗疫”宣传图片，过一会儿，蜂鸣器关闭和 LCD 清屏，为什么会出现这个现象？请大家思考。

```
send thread: send EVENT_FLAG1
send thread: send EVENT_FLAG1
send thread: send EVENT_FLAG1
send thread: send EVENT_FLAG1
send thread: send EVENT_FLAG1
2022-4-27
9:59:11
2022-4-27
9:59:12
2022-4-27
9:59:13
2022-4-27
9:59:14
2022-4-27
```

图 17-11　串口打印信息 1

（3）当秒钟不在“大于 5s 且小于 10s”范围时，按下 KEY_UP 键时发送事件 2，再按下 KEY_2 键发送事件 1，则蜂鸣器开启，LCD 上显示“抗疫”宣传图片；再按 KEY_UP 或者 KEY_2 则蜂鸣器关闭和 LCD 清屏，并通过串口打印相关信息，如图 17-12 所示。

```
send thread: send EVENT_FLAG2
2022-4-27
10:8:21
2022-4-27
10:8:22
send thread: send EVENT_FLAG1
2022-4-27
10:8:23
2022-4-27
10:8:24
send thread: send EVENT_FLAG1
2022-4-27
10:8:25
send thread: send EVENT_FLAG1
send thread: send EVENT_FLAG1
2022-4-27
10:8:26
2022-4-27
10:8:27
```

图 17-12　串口打印信息 2

四、任务拓展

请查看本书配套资源，了解拓展任务要求和程序代码。

拓展任务 17-3：信号量和事件集综合应用。

第 18 章　线程间通信

本章介绍 RT-Thread 的邮箱和消息队列的工作机制及其管理函数的功能、输入参数、返回值，以及邮箱和消息队列的使用方法和步骤等内容。通过理实一体化学习，读者应能在龙芯 1B 处理器平台上，灵活应用邮箱和消息队列。

教学目标

知识目标	1. 掌握邮箱和消息队列概念
	2. 理解邮箱的数据传递和地址传递
	3. 理解邮箱和消息队列的区别
	4. 掌握邮箱管理函数的功能、参量、返回值
	5. 掌握消息队列管理函数的功能、参量、返回值
	6. 掌握邮箱和消息队列的使用步骤
技能目标	1. 能熟练使用邮箱管理函数
	2. 能熟练使用消息队列管理函数
	3. 能熟练基于龙芯 1B 处理器编写邮箱和消息队列相关程序
素质目标	1. 引导学生重温“四大名著”“四大发明”，增强学生的民族自豪感
	2. 引导学生了解北京冬奥会冬残奥会，增强学生的民族自信自强，树立大国情怀
	3. 培养学生团队协作、表达沟通能力

18.1　邮箱

18.1.1　邮箱的工作机制

邮箱服务是实时操作系统中一种典型的线程间通信方法，RT-Thread 操作系统的邮箱具有开销比较低、效率较高等特点。邮箱中的每一封邮件只能容纳固定的 4 字节内容，对于 32 位处理系统，指针的大小即为 4 字节，所以一封邮件恰好能够容纳一个指针，所以邮件内容可以是 4 字节的数据（数据传递），也可以是 4 字节的地址（地址传递）。一个线程或中断服务例程把一封 4 字节长度的邮件发送到邮箱中，而一个或多个线程可以从邮箱中接收这些邮件并进行处理，如图 18-1 所示。

图 18-1 邮箱的工作机制

18.1.2 邮箱控制块

在 RT-Thread 中，邮箱控制块是操作系统用于管理邮箱的一个数据结构，由结构体 struct rt_mailbox 表示。另外一种 C 表达方式为 rt_mailbox_t，表示的是邮箱的句柄，在 C 语言中的实现利用的是邮箱控制块的指针。邮箱控制块结构的详细定义如代码清单 18-1 所示。

代码清单 18-1 邮箱控制块定义

```
1.struct rt_mailbox
2.{   struct rt_ipc_object parent;
3.    rt_uint32_t* msg_pool;                  /* 邮箱缓冲区的开始地址 */
4.    rt_uint16_t size;                       /* 邮箱缓冲区的大小     */
5.    rt_uint16_t entry;                      /* 邮箱中邮件的数目     */
6.    rt_uint16_t in_offset, out_offset;      /* 邮箱缓冲的进出指针   */
7.    rt_list_t suspend_sender_thread;        /* 发送线程的挂起等待队列 */
8.};
9.typedef struct rt_mailbox* rt_mailbox_t;
```

18.1.3 邮箱的管理函数分析

邮箱控制块是一个结构体，其中含有与事件相关的重要参数，在邮箱的功能实现中起重要的作用。邮箱的相关接口如图 18-2 所示，对一个邮箱的操作包括创建和删除邮箱、发送/等待发送/紧急邮件、接收邮件、初始化和脱离邮箱。

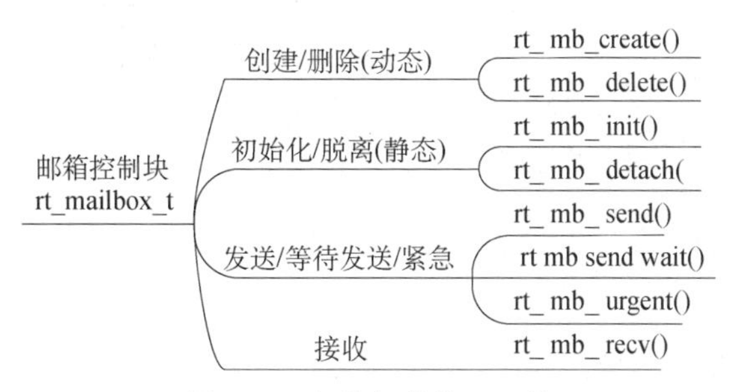

图 18-2 邮箱相关接口函数

1. 创建和删除邮箱

（1）创建邮箱

动态创建一个邮箱对象可以调用函数接口，如代码清单 18-2 所示。

代码清单 18-2　创建邮箱的函数

```
1.rt_mailbox_t rt_mb_create (const char* name, rt_size_t size, rt_uint8_t flag);
```

表 18-1 描述了该函数的输入参数、返回值和函数功能。邮箱分配到的内存空间大小等于邮件大小（4 字节）与邮箱容量的乘积。

表 18-1　rt_mb_create()的输入参数、返回值和函数功能

输入参数和返回值		功能描述
输入参数	name	邮箱名称
	size	邮箱容量（表示可以存放 size 封邮件）
	flag	邮箱标志，可以取的数值有 RT_IPC_FLAG_FIFO 或 RT_IPC_FLAG_PRIO
返回值	RT_NULL	创建失败
	邮箱对象的句柄	创建成功

注：RT_IPC_FLAG_FIFO 属于非实时调度方式，除非应用程序非常在意先来后到，并且明白所有涉及到该消息队列的线程都将会变为非实时线程，方可使用 RT_IPC_FLAG_FIFO，否则建议采用 RT_IPC_FLAG_PRIO，即确保线程的实时性。

（2）删除邮箱

当用 rt_mb_create() 创建的邮箱不再被使用时，应该删除它来释放相应的系统资源，一旦操作完成，邮箱将被永久删除。删除邮箱的函数接口，如代码清单 18-3 所示。

代码清单 18-3　删除邮箱的函数

```
1.rt_err_t rt_mb_delete (rt_mailbox_t mb);
```

删除邮箱时，如果有线程被挂起在该邮箱对象上，内核先唤醒挂起在该邮箱上的所有线程（线程返回值是 -RT_ERROR），然后再释放邮箱使用的内存，最后删除邮箱对象。该函数的输入参数、返回值和函数功能如表 18-2 所示。

表 18-2　rt_mb_create ()的输入参数、返回值和函数功能

输入参数和返回值		功能描述
输入参数	mb	邮箱对象的句柄
返回值	RT_EOK	成功

2. 初始化和脱离邮箱

（1）初始化邮箱

初始化邮箱跟创建邮箱类似，只是初始化邮箱用于静态邮箱对象的初始化。与创建邮箱不同的是，静态邮箱对象的内存是在系统编译时由编译器分配的，一般放于读写数据段或未初始

化数据段中，其余的初始化工作与创建邮箱时相同，如代码清单 18-4 所示。

代码清单 18-4　初始化邮箱对象

```
--------------------------------------------------------------------------------
1.rt_err_t rt_mb_init(rt_mailbox_t mb,
2.                    const char* name,
3.                    void* msgpool,
4.                    rt_size_t size,
5.                    rt_uint8_t flag)
--------------------------------------------------------------------------------
```

初始化邮箱时，该函数接口需要获得用户已经申请获得的邮箱对象控制块、缓冲区的指针，以及邮箱名称和邮箱容量（能够存储的邮件数）。该函数的输入参数、返回值和函数功能如表 18-3 所示。

表 18-3　rt_mb_init ()的输入参数、返回值和函数功能

输入参数和返回值		功能描述
输入参数	mb	邮箱对象的句柄
	name	邮箱名称
	msgpool	缓冲区指针
	size	邮箱容量
	flag	邮箱标志，可以取的数值有 RT_IPC_FLAG_FIFO 或 RT_IPC_FLAG_PRIO
返回值	RT_EOK	初始化成功

这里的 size 参数指的是邮箱容量，即如果 msgpool 指向的缓冲区的字节数是 N，那么邮箱容量应该是 $N/4$。

（2）脱离邮箱

脱离邮箱将把静态初始化的邮箱对象从内核对象管理器中脱离出来。脱离邮箱使用的函数接口，如代码清单 18-5 所示。

代码清单 18-5　脱离邮箱的函数

```
--------------------------------------------------------------------------------
1.rt_err_t rt_mb_detach(rt_mailbox_t mb);
--------------------------------------------------------------------------------
```

使用该函数接口后，内核先唤醒所有挂在该邮箱上的线程（线程获得的返回值是 -RT_ERROR），然后将该邮箱对象从内核对象管理器中脱离。该函数的输入参数、返回值和函数功能如表 18-4 所示。

表 18-4　rt_mb_detach ()的输入参数、返回值和函数功能

输入参数和返回值		功能描述
输入参数	mb	邮箱对象的句柄
返回值	RT_EOK	脱离成功

3. 发送和接收邮件

（1）发送邮件

在线程或者中断服务程序中，可以通过邮箱给其他线程发送邮件，如代码清单 18-6 所示。

代码清单 18-6　发送邮件的函数

```
1.rt_err_t rt_mb_send (rt_mailbox_t mb, rt_uint32_t value);
```

发送的邮件可以是 32 位任意格式的数据、一个整型值或者一个指向缓冲区的指针。当邮箱中的邮件已经满时，发送邮件的线程或者中断程序会收到-RT_EFULL 的返回值。表 18-5 描述了该函数的输入参数、返回值和函数功能。

表 18-5　rt_mb_send ()的输入参数、返回值和函数功能

输入参数和返回值		功能描述
输入参数	mb	邮箱对象的句柄
	value	邮件内容
返回值	RT_EOK	发送成功
	-RT_EFULL	邮箱已经满了

（2）等待方式发送邮件

用户也可以采用等待（阻塞）方式向指定邮箱发送邮件，如代码清单 18-7 所示。

代码清单 18-7　等待发送邮件的函数

```
1.rt_err_t rt_mb_send_wait (rt_mailbox_t mb,
2.                    rt_uint32_t value,
3.                    rt_int32_t timeout);
4.
```

rt_mb_send_wait()与 rt_mb_send()的区别在于有等待时间，如果邮箱已经满了，那么发送线程将根据设定的 timeout 参数等待邮箱中因为收取邮件而空出空间。如果设置的超时时间到达依然没有空出空间，这时发送线程将被唤醒并返回错误码。表 18-6 描述了该函数的输入参数、返回值和函数功能。

表 18-6　rt_mb_send_wait ()的输入参数、返回值和函数功能

输入参数和返回值		功能描述
输入参数	mb	邮箱对象的句柄
	value	邮件内容
	timeout	超时时间
返回值	RT_EOK	发送成功
	-RT_ETIMEOUT	超时
	-RT_ERROR	失败，返回错误

（3）发送紧急邮件

发送紧急邮件的过程与发送邮件几乎一样，唯一的不同是，当发送紧急邮件时，邮件被直接插队放入了邮件队首，这样，接收者就能够优先接收到紧急邮件，从而及时进行处理。发送紧急邮件的函数接口如代码清单 18-8 所示。

代码清单 18-8　发送紧急邮件的函数

```
-------------------------------------------------------------------------------
1.rt_err_t rt_mb_urgent (rt_mailbox_t mb, rt_ubase_t value);
-------------------------------------------------------------------------------
```

表 18-7 描述了该函数的输入参数、返回值和函数功能。

表 18-7　rt_mb_urgent ()的输入参数、返回值和函数功能

输入参数和返回值		功能描述
输入参数	mb	邮箱对象的句柄
	value	邮件内容
返回值	RT_EOK	发送成功
	-RT_EFULL	邮箱已满

（4）接收邮件

只有当接收者接收的邮箱中有邮件时，接收者才能立即取到邮件并以 RT_EOK 作为返回值返回，否则接收线程会根据超时时间设置，或挂起在邮箱的等待线程队列上，或直接返回。接收邮件函数接口如代码清单 18-9 所示。

代码清单 18-9　接收邮件的函数

```
-------------------------------------------------------------------------------
1.rt_err_t rt_mb_recv (rt_mailbox_t mb, rt_uint32_t* value, rt_int32_t timeout);
-------------------------------------------------------------------------------
```

接收邮件时，接收者需指定接收邮件的邮箱句柄，并指定接收到的邮件存放位置以及最多能够等待的超时时间。如果接收时设定了超时，当指定的时间内依然未收到邮件时，将返回 -RT_ETIMEOUT。该函数的输入参数、返回值和函数功能如表 18-8 所示。

表 18-8　rt_mb_recv ()的输入参数、返回值和函数功能

输入参数和返回值		功能描述
输入参数	mb	邮箱对象的句柄
	value	邮件内容
	timeout	超时时间
返回值	RT_EOK	接收成功
	-RT_ETIMEOUT	接收超时
	-RT_ERROR	接收失败，返回错误

4. 邮箱使用步骤

第 1 步：启用邮箱宏。

在工程文件夹的…\include\rtconfig.h 文件中可以找到信号量的宏定义，其实 RT-Thread 的所有内核对象启用宏都在这个文件之中，默认状态下所有内核对象的启用宏都是有效的，即处于打开状态。

第 2 步：定义邮箱控制块。

第 3 步：创建邮箱。

第 4 步：发送邮箱。

第 5 步：接收邮箱。

任务 21　邮箱应用

一、任务描述

创建两个线程（线程 A 和线程 B），线程 A 作为发送邮件线程，线程 B 作为接收邮件线程。两个线程独立运行。

发送邮件线程：检测按键，若按键 KEY_UP 被按下，则向邮箱中发送一封邮件，内容是“四大发明是指火药、指南针、造纸术和印刷术”；若按键 KEY_2 被按下，则向邮箱中发送一封邮件，内容是“四大名著是指《水浒传》《三国演义》《西游记》《红楼梦》”；若按键 KEY_1 被按下，则从 NAND Flash 中读取数据，用于判断接收数据是否正确。

接收邮件线程：在没有接收到邮件之前一直等待邮件，一旦接收到邮件就存储到 NAND Flash 中，并将接收到的信息打印出来。

二、任务分析

1. 硬件电路分析

本任务需用到硬件资源主要有按键、串口（控制台）、NAND Flash 等。

2. 软件设计

（1）创建 2 个线程和 1 个邮箱，邮箱大小定义为 10 字节，邮箱分配到的内存空间大小等于 40 字节。

（2）由于任务要求发送的邮件内容大于 4 字节，所以邮件内容设为地址。

（3）邮件发送、接收、校验流程：发送→接收→存入 NAND Flash→按键读取数据→校验。

三、任务实施

第 1 步：新建项目和添加程序文件。按照任务 16 步骤新建项目、添加 GPIO 的 RTT 设备驱动程序，以及 LED、KEY、LCD 应用程序。注意：将教材配套的该任务程序中的 lcd.c 和 lcd.h

文件复制到 LCD 文件夹中。

第 2 步：打开设备宏定义。在 bsp.h 文件中打开 BSP_USE_NAND 宏定义。

第 3 步：编写任务实现程序，如代码清单 18-10 所示。

代码清单 18-10　邮件应用代码

```
------------------------------------------------------------------------------
1.#include <time.h>
2.#include "rtthread.h"
3.#include "bsp.h"
4.#include "rtt_key.h"
5.#include "drv_nand.h"
6.#include "ls1x_nand.h"
7.rt_device_t pNAND;          //1.定义 NAND Flash 设备
8.void nand_flash_config(void)
9.{    unsigned int id[2];
10.    //2.查找 NAND Flash 设备
11.    pNAND = rt_device_find(LS1x_NAND_DEVICE_NAME);
12.    //3.初始化 NAND Flash 设备
13.    rt_device_init(pNAND);
14.    //4.打开 NAND Flash 设备
15.    rt_device_open(pNAND,RT_DEVICE_FLAG_RDWR);
16.    //5.获取 NAND Flash 设备 ID
17.    rt_device_control(pNAND,IOCTL_NAND_GET_ID,id);
18.        rt_kprintf("NAND   device:   Maker   Code:   0x%x,   Device   Code:
0x%x\n",id[1],id[0] >> 24);
19.}
20./* 定义线程控制块 */
21.static rt_thread_t receive_thread = RT_NULL;
22.static rt_thread_t send_thread = RT_NULL;
23./* 定义邮箱控制块 */
24.static rt_mailbox_t test_mail = RT_NULL;
25.NAND_PARAM_t param;
26. /* 邮箱消息 mail1 */
27.char mail_srt1[44] = "四大发明是指火药、指南针、造纸术和印刷术";
28./* 邮箱消息 mail2 */
29.char mail_str2[56] = "四大名著是指《水浒传》《三国演义》《西游记》《红楼梦》";
30.static void receive_thread_entry(void* parameter)
31.{   rt_err_t ret = RT_EOK;
32.    char *r_str;
33.    unsigned char buf_w[64] = {0};
34.    unsigned int blkNum;
35.    param.pageNum = BYTES_OF_PAGE; //页地址
36.param.colAddr = 0;             //页内偏移地址
37.param.opFlags = NAND_OP_MAIN;  //数据区
38.    /* 线程都是一个无限循环，不能返回 */
39.    while (1)
40.    {   /* 等待接邮箱消息 */
41.        ret = rt_mb_recv( test_mail,                 /* 邮箱对象句柄 */
42.                          (rt_uint32_t*)&r_str,     /* 接收邮箱消息 */
43.                          RT_WAITING_FOREVER);      /* 指定超时事件,一直等 */
44.        if (RT_EOK == ret)     /* 如果接收完成并且正确 */
45.        {   blkNum = param.pageNum >> 6;   //当前页所处的块的首地址
```

```
46.         //块擦除
47.             rt_device_control(pNAND,IOCTL_NAND_ERASE_BLOCK,blkNum);
48.             //写入数据
49.             rt_device_write(pNAND,(void *)&param,r_str,64);
50.             rt_kprintf ( "邮箱的内容是:%s\n\n",r_str);
51.         }
52.         else
53.             rt_kprintf ( "邮箱接收错误! 错误码是 0x%x\n",ret);
54.     }
55.}
56.static void send_thread_entry(void* parameter)
57.{   rt_err_t ret = RT_EOK;
58.    unsigned char key = 0;
59.    unsigned char buf_r[64] = {0};
60.    /* 线程都是一个无限循环，不能返回 */
61.    while (1)
62.    {   key = key_scan();
63.        //如果 KEY1 被按下
64.        if ( key == KeyUP )
65.        {   rt_kprintf ( "KeyUP 被按下\n" );
66.            /* 发送一个邮箱消息 1 */
67.            ret = rt_mb_send(test_mail,&mail_srt1);
68.            if (RT_EOK == ret)
69.                rt_kprintf ( "邮箱消息发送成功\n" );
70.            else
71.                rt_kprintf ( "邮箱消息发送失败\n" );
72.        }
73.        if ( key == KeyDown )
74.        {   rt_kprintf ( "Key-2 被按下\n" );
75.            /* 发送一个邮箱消息 1 */
76.            ret = rt_mb_send(test_mail,&mail_str2);
77.            if (RT_EOK == ret)
78.                rt_kprintf ( "邮箱消息发送成功\n" );
79.            else
80.                rt_kprintf ( "邮箱消息发送失败\n" );
81.        }
82.        if ( key == KeyRight )
83.        {   rt_kprintf ( "Key-1 被按下\n" );
84.            ret = rt_device_read(pNAND,(void *)&param,buf_r,64);
85.            if (ret > 1)
86.                rt_kprintf("ls1x_nand_read:%s\r\n",buf_r);
87.           memset(buf_r,0,sizeof(buf_r));
88.        }
89.        rt_thread_mdelay(200);
90.    }
91.}
92.int main(int argc, char** argv)
93.{   rt_kprintf("\r\nWelcome to RT-Thread.\r\n\r\n");
94.    ls1x_drv_init();            /* Initialize device drivers */
95.    rt_ls1x_drv_init();         /* Initialize device drivers for RTT */
96.    install_3th_libraries(); /* Install 3th libraies */
```

```
97.    KEY_IO_config();
98.    nand_flash_config();
99.    /* 创建一个邮箱 */
100.    test_mail = rt_mb_create("test_mail", /* 邮箱名字 */
101.                           10, /* 邮箱大小 */
102.                        RT_IPC_FLAG_FIFO);/* 信号量模式 FIFO(0x00)*/
103.    if (test_mail != RT_NULL)
104.        rt_kprintf("邮箱创建成功！ \n\n");
105.    receive_thread = rt_thread_create("rxthread",
106.                                    receive_thread_entry,
107.                                    NULL,        // arg
108.                                    1024*4,       // statck size
109.                                    11,          // priority
110.                                    10);         // slice ticks
111.    if (receive_thread == NULL)
112.    { rt_kprintf("create receive thread fail!\r\n");
113.}
114.else
115.    {    rt_thread_startup(receive_thread);
116.    }
117.    send_thread = rt_thread_create("txthread",
118.                                    send_thread_entry,
119.                                    NULL,        // arg
120.                                    1024*4,       // statck size
121.                                    10,          // priority
122.                                    10);         // slice ticks
123.    if (send_thread == NULL)
124.    {    rt_kprintf("create send thread fail!\r\n");
125.}
126.else
127.    {    rt_thread_startup(send_thread);
128.    }
129.    return 0;
130.}
--------------------------------------------------------------------------------
```

第 4 步：运行程序，等待加载完成。

1. 按下 KEY_UP 键，程序向邮箱中发送一封邮件，内容是“四大发明是指火药、指南针、造纸术和印刷术”。

2. 按下 KEY_1 键，从 NAND Flash 中读取数据，数据为“四大发明是指火药、指南针、造纸术和印刷术”，说明“发送→接收→存入 NAND Flash→按键读取数据”过程正确，如图 18-3 所示。

3. 按下 KEY_2 键，程序向邮箱中发送一封邮件，内容是“四大名著是指《水浒传》《三国演义》《西游记》《红楼梦》”。

4. 按下 KEY_1 键，从 NAND Flash 中读取数据，数据为“四大名著是指《水浒传》《三国演义》《西游记》《红楼梦》”，说明“发送→接收→存入 NAND Flash→按键读取数据”过程正确，如图 18-3 所示。

```
NAND controller initialized.

NAND device: Maker Code: 0x9b, Device Code: 0xf1
邮箱创建成功!

msh />KeyUP 被按下
邮箱消息发送成功
邮箱的内容是:四大发明是指火药、指南针、造纸术和印刷术

Key-1 被按下
ls1x_nand_read:四大发明是指火药、指南针、造纸术和印刷术

Key-2 被按下
邮箱消息发送成功
邮箱的内容是:四大名著是指《水浒传》《三国演义》《西游记》《红楼梦》

Key-1 被按下
ls1x_nand_read:四大名著是指《水浒传》《三国演义》《西游记》《红楼梦》
```

图 18-3　邮件发送和接收

四、任务拓展

请查看本书配套资源，了解拓展任务要求和程序代码。

拓展任务 18-1：等待和紧急发送邮件。

18.2　消息队列

消息队列是另一种常用的线程间通信方式，是邮箱的扩展，可以应用在多种场合，如线程间的消息交换、使用串口接收不定长数据等。

18.2.1　消息队列的工作机制

消息队列能够接收来自线程或中断服务例程中不固定长度的消息，并把消息缓存在自己的内存空间中。其他线程也能够从消息队列中读取相应的消息，而当消息队列是空的时候，可以挂起读取线程。当有新的消息到达时，挂起的线程将被唤醒以接收并处理消息。消息队列采用的是一种异步的通信方式。

如图 18-4 所示，线程或中断服务例程可以将一条或多条消息放入消息队列中。同样，一个或多个线程也可以从消息队列中获得消息。当有多个消息发送到消息队列时，通常将先进入消息队列的消息先传给线程，也就是说，线程先得到的是最先进入消息队列的消息，即先进先出原则（FIFO）。

RT-Thread 操作系统的消息队列对象由多个元素组成，当消息队列被创建时，它就被分配了消息队列控制块：消息队列名称、内存缓冲区、消息大小以及队列长度等。同时每个消息队列对象中包含着多个消息框，每个消息框可以存放一条消息；消息队列中的第一个和最后一个消息框被分别称为消息链表头和消息链表尾，对应于消息队列控制块中的 msg_queue_head 和 msg_queue_tail；有些消息框可能是空的，它们通过 msg_queue_free 形成一个空闲消息框链表。所有消息队列中的消息框总数即是消息队列的长度，这个长度可在消息队列创建时指定。

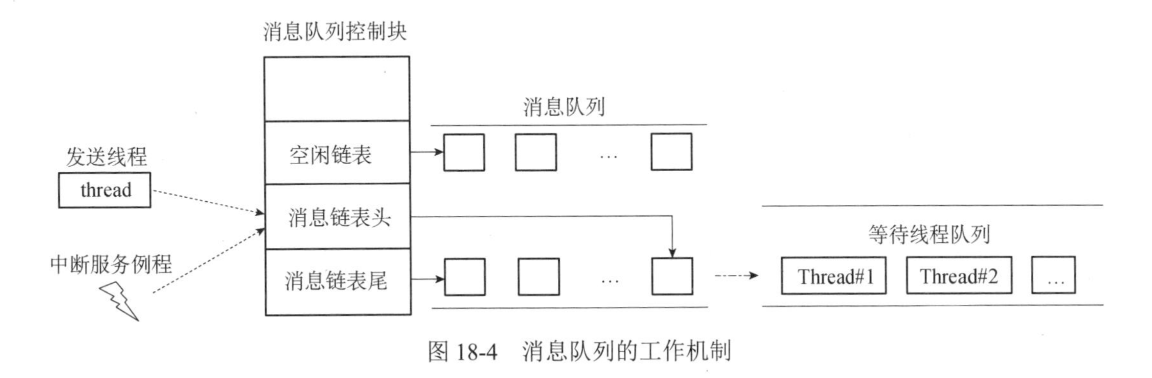

图 18-4　消息队列的工作机制

18.2.2　消息队列控制块

在 RT-Thread 中，消息队列控制块是操作系统用于管理消息队列的一个数据结构，由结构体 struct rt_messagequeue 表示。另外一种 C 表达方式为 rt_mq_t，表示的是消息队列的句柄，在 C 语言中的实现是消息队列控制块的指针。消息队列控制块结构的详细定义如代码清单 18-11 所示。

代码清单 18-11　消息队列控制块定义

```
----------------------------------------------------------------------------
1.struct rt_messagequeue
2.{   struct rt_ipc_object parent;
3.    void* msg_pool;                       /* 指向存放消息的缓冲区的指针 */
4.    rt_uint16_t msg_size;                  /* 每个消息的长度 */
5.    rt_uint16_t max_msgs;                  /* 最大能够容纳的消息数 */
6.    rt_uint16_t entry;                    /* 队列中已有的消息数 */
7.    void* msg_queue_head;                  /* 消息链表头 */
8.    void* msg_queue_tail;                  /* 消息链表尾 */
9.    void* msg_queue_free;                  /* 空闲消息链表 */
10.    rt_list_t suspend_sender_thread;     /* 发送线程的挂起等待队列 */
11.};
12.typedef struct rt_messagequeue* rt_mq_t;
----------------------------------------------------------------------------
```

18.2.3　消息队列的管理函数分析

消息队列控制块是一个结构体，其中含有消息队列相关的重要参数，在消息队列的功能实现中起重要的作用。消息队列的相关接口函数如图 18-5 所示，对一个消息队列的操作包含：创建消息队列、发送消息、接收消息和删除消息队列。

1. 创建和删除消息队列

（1）创建消息队列

动态创建一个消息队列接口函数，如代码清单 18-12 所示。

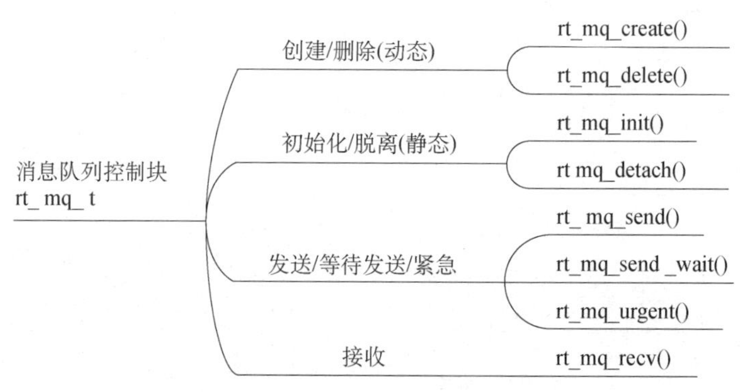

图 18-5　消息队列相关接口函数

代码清单 18-12　创建消息队列的函数

```
1.rt_mq_t rt_mq_create(const char* name, rt_size_t msg_size,
2.          rt_size_t max_msgs, rt_uint8_t flag);
```

表 18-9 描述了该函数的输入参数、返回值和函数功能。

表 18-9　rt_mq_create()的输入参数、返回值和函数功能

输入参数和返回值		功能描述
输入参数	name	消息队列的名称
	msg_size	消息队列中一条消息的最大长度，单位为字节
	max_msgs	消息队列的最大个数
	flag	消息队列采用的等待方式，可取的数值有 RT_IPC_FLAG_FIFO 或 RT_IPC_FLAG_PRIO
返回值	RT_EOK	发送成功
	消息队列对象的句柄	成功
	RT_NULL	失败

注：RT_IPC_FLAG_FIFO 属于非实时调度方式，除非应用程序非常在意先来后到，并且明白所有涉及到该消息队列的线程都将会变为非实时线程，方可使用 RT_IPC_FLAG_FIFO，否则建议采用 RT_IPC_FLAG_PRIO，即确保线程的实时性。

消息队列分配得的内存空间大小等于“消息队列中一条消息的最大长度”与“消息队列的最大个数”的乘积。

（2）删除消息队列

当消息队列不再被使用时，应该删除它以释放系统资源，一旦操作完成，消息队列将被永久性地删除，删除消息队列的函数接口，如代码清单 18-13 所示。

代码清单 18-13　删除消息队列的函数

```
1.rt_err_t rt_mq_delete(rt_mq_t mq);
```

删除消息队列时，如果有线程被挂起在该消息队列等待队列上，则内核先唤醒挂起在该消息等待队列上的所有线程（线程返回值是 - RT_ERROR），然后再释放消息队列使用的内存，最后删除消息队列对象。该函数的输入参数、返回值和函数功能如表 18-10 所示。

表 18-10　rt_mq_delete()的输入参数、返回值和函数功能

输入参数和返回值		功能描述
输入参数	mq	消息队列对象的句柄
返回值	RT_EOK	成功

2. 初始化和脱离消息队列

(1) 初始化消息队列

初始化消息队列对象跟创建消息队列对象类似，只是静态消息队列对象的内存是在系统编译时由编译器分配的，一般放于读数据段或未初始化数据段中。在使用这类静态消息队列对象前，需要进行初始化，如代码清单 18-14 所示。

代码清单 18-14　初始化消息队列对象

```
1.rt_err_t rt_mq_init(rt_mq_t mq, const char* name,
2.                    void *msgpool, rt_size_t msg_size,
3.                    rt_size_t pool_size, rt_uint8_t flag);
```

初始化消息队列时，该接口需要用户已经申请获得的消息队列对象的句柄（即指向消息队列对象控制块的指针）、消息队列名、消息缓冲区指针、消息大小以及消息队列缓冲区大小。消息队列初始化后所有消息都挂在空闲消息链表上，消息队列为空。该函数的输入参数、返回值和函数功能如表 18-11 所示。

表 18-11　rt_mq_init ()的输入参数、返回值和函数功能

输入参数和返回值		功能描述
输入参数	mq	消息队列对象的句柄
	name	消息队列的名称
	msgpool	指向存放消息的缓冲区的指针
	msg_size	消息队列中一条消息的最大长度，单位为字节
	pool_size	存放消息的缓冲区大小
	flag	消息队列采用的等待方式，可取的数值有 RT_IPC_FLAG_FIFO 或 RT_IPC_FLAG_PRIO
返回值	RT_EOK	初始化成功

(2) 脱离消息队列

脱离消息队列指使消息队列对象从内核对象管理器中脱离。脱离消息队列使用的函数接口，如代码清单 18-15 所示。

代码清单 18-15　脱离消息队列的函数

```
1.rt_err_t rt_mq_detach(rt_mq_t mq);
```

使用该函数接口后，内核先唤醒所有挂在该消息等待队列对象上的线程（线程返回值是-RT_ERROR），然后将该消息队列对象从内核对象管理器中脱离。该函数的输入参数、返回值和函数功能如表 18-12 所示。

表 18-12　rt_mq_detach ()的输入参数、返回值和函数功能

输入参数和返回值		功能描述
输入参数	mq	消息队列对象的句柄
返回值	RT_EOK	脱离成功

3. 发送和接收消息

（1）发送消息

在线程或者中断服务程序中，都可以给消息队列发送消息。当发送消息时，消息队列对象先从空闲消息链表上取下一个空闲消息块，把线程或者中断服务程序发送的消息内容复制到该消息块上，然后把该消息块挂到消息队列的尾部。当且仅当空闲消息链表上有可用的空闲消息块时，发送者才能成功发送消息；当空闲消息链表上无可用消息块，说明消息队列已满。此时，发送消息的线程或者中断程序会收到一个错误码（-RT_EFULL），如代码清单 18-16 所示。

代码清单 18-16　发送消息的函数

```
--------------------------------------------------------------------------------
1.rt_err_t rt_mq_send (rt_mq_t mq, void* buffer, rt_size_t size);
--------------------------------------------------------------------------------
```

发送消息时，发送者需指定发送的消息队列的对象句柄（即指向消息队列控制块的指针），并且指定发送的消息内容以及消息大小。在发送一个普通消息之后，空闲消息链表上的队首消息被转移到了消息队列尾。表 18-13 描述了该函数的输入参数、返回值和函数功能。

表 18-13　rt_mq_send ()的输入参数、返回值和函数功能

输入参数和返回值		功能描述
输入参数	mq	消息队列对象的句柄
	buffer	消息内容
	size	消息大小
返回值	RT_EOK	成功
	-RT_EFULL	消息队列已满
	-RT_ERROR	失败，表示发送的消息长度大于消息队列中消息的最大长度

（2）等待方式发送消息

用户也可以采用等待（阻塞）方式向指定消息队列发送消息，如代码清单 18-17 所示。

代码清单 18-17　等待发送消息的函数

```
--------------------------------------------------------------------------------
1.rt_err_t rt_mq_send_wait(rt_mq_t     mq,
2.                         const void *buffer,
```

```
3.                        rt_size_t   size,
4.                        rt_int32_t  timeout);
```

rt_mq_send_wait() 与 rt_mq_send() 的区别在于有等待时间，如果消息队列已经满了，那么发送线程将根据设定的 timeout 参数进行等待。如果设置的超时时间到达依然没有空的空间，这时发送线程将被唤醒并返回错误码。表 18-14 描述了该函数的输入参数、返回值和函数功能。

表 18-14　rt_mq_send_wait()的输入参数、返回值和函数功能

输入参数和返回值		功能描述
输入参数	mq	消息队列对象的句柄
	buffer	消息内容
	size	消息大小
	timeout	超时时间
返回值	RT_EOK	成功
	-RT_EFULL	消息队列已满
	-RT_ERROR	失败，表示发送的消息长度大于消息队列中消息的最大长度

（3）发送紧急消息

发送紧急消息的过程与发送消息几乎一样，唯一的不同是，当发送紧急消息时，从空闲消息链表上取下来的消息块不会挂到消息队列的队尾，而会挂到队首，这样，接收者就能够优先接收到紧急消息，从而及时进行消息处理。发送紧急消息的函数接口，如代码清单 18-18 所示。

代码清单 18-18　发送紧急消息的函数

```
1.rt_err_t rt_mq_urgent(rt_mq_t mq, void* buffer, rt_size_t size);
```

表 18-15 描述了该函数的输入参数、返回值和函数功能。

表 18-15　rt_mq_urgent ()的输入参数、返回值和函数功能

输入参数和返回值		功能描述
输入参数	mq	消息队列对象的句柄
	buffer	消息内容
	size	消息大小
返回值	RT_EOK	成功
	-RT_EFULL	消息队列已满
	-RT_ERROR	失败

（4）接收消息

只有当消息队列中有消息时，接收者才能接收消息，否则接收者会根据超时时间设置，或挂起在消息队列的等待线程队列上，或直接返回。接收消息函数接口如代码清单 18-19 所示。

代码清单 18-19　接收消息的函数

```
----------------------------------------------------------------------
15.rt_err_t rt_mq_recv (rt_mq_t mq, void* buffer,
16.                 rt_size_t size, rt_int32_t timeout);
----------------------------------------------------------------------
```

接收消息时，接收者需指定存储消息的消息队列对象句柄，并且指定一个内存缓冲区，接收到的消息内容将被复制到该缓冲区里。此外，还需指定未能及时取到消息时的超时时间。接收一个消息后消息队列上的队首消息被转移到了空闲消息链表的尾部。该函数的输入参数和返回值如表 18-16 所示。

表 18-16　rt_mq_recv ()的输入参数和返回值

输入参数和返回值		功能描述
输入参数	mq	消息队列对象的句柄
	buffer	消息内容
	size	消息大小
	timeout	指定的超时时间
返回值	RT_EOK	成功收到
	-RT_ETIMEOUT	超时
	-RT_ERROR	失败，返回错误

4. 消息队列使用步骤

第 1 步：启用消息队列宏。

在工程文件夹的…\include\rtconfig.h 文件中可以找到信号量的宏定义，其实 RT-Thread 的所有内核对象启用宏都在这个文件之中，默认状态下所有内核对象的启用宏都是有效的，即处于打开状态。

第 2 步：定义消息队列控制块。

第 3 步：创建消息队列。

第 4 步：发送消息队列。

第 5 步：接收消息队列。

任务 22　消息队列应用

一、任务描述

创建两个线程（线程 A 和线程 B）和一个消息队列，其中线程 A 作为发送消息线程，线程 B 作为接收消息线程。两个线程独立运行。

发送消息线程：检测按键，当按键 KEY_UP 被按下，向消息队列中发送一条消息，内容是“can”；当按键 KEY_1 被按下，向消息队列中发送另一条消息，内容是“adc_dac”。

接收消息线程：在没有接收到消息之前系统一直等待消息，一旦接收到消息，则根据消息内容进行相应操作，若消息为“can”，则进行 CAN 通信，即 CAN0 发送“冬残奥会”，CAN1 接收数据。若消息为“adc_dac”，则进行 ADC-DAC 转换。

二、任务分析

1. 硬件电路分析

本任务需用到的硬件资源主要有按键、串口、CAN、IIC 等。

（1）将 CAN0 的 CAN_H 和 CAN_L 分别接到 CAN1 的 CAN_H 和 CAN_L。

（2）将龙芯 1+X 开发板 CAN 实训处的两个拨码开关拨到 CAN 丝印处。

2. 软件设计

（1）创建两个线程和一个消息队列。

（2）在发送消息线程函数中，若 KEY_UP 键有效，发送“can”消息；若 KEY_1 键有效，发送“adc_dac”。

（3）在接收消息线程函数中，以“RT_WAITING_FOREVER”方式等待消息，采用 strncmp() 函数进行字符串比较，再调用 CAN 通信程序或者 ADC-DAC 转换程序。

三、任务实施

第 1 步：新建项目和添加程序文件。按照任务 16 步骤新建项目、添加 GPIO 的 RTT 设备驱动程序，以及 LED、KEY、LCD 应用程序。注意：将教材配套的该任务程序中的 lcd.c 和 lcd.h 文件复制到 LCD 文件夹中。

第 2 步：打开设备宏定义。在 bsp.h 文件中打开 BSP_USE_I2C0、BSP_USE_CAN0、BSP_USE_CAN1、ADS1015_DRV、MCP4725_DRV 这 5 个宏定义，且注意要在 ls1x-drv\i2c\mcp4725 下 mcp4725.c 文件中将器件地址宏 MCP4725_ADDRESS 改为 0x60。

第 3 步：编写任务实现程序，如代码清单 18-20 所示。

代码清单 18-20　消息队列应用代码

```
--------------------------------------------------------------------------------
17.rt_err_t rt_mq_recv (rt_mq_t mq, void* buffer,
18.                     rt_size_t size, rt_int32_t timeout);
19.#include <time.h>
20.#include "rtthread.h"
21.#include "bsp.h"
22.#include "rtt_can.h"
23.#include "rtt_key.h"
24.#include "rtt_iic.h"
25./* 定义线程控制块 */
26.static rt_thread_t receive_thread = RT_NULL;
27.static rt_thread_t send_thread = RT_NULL;
28./* 定义消息队列控制块 */
29.static rt_mq_t test_mq = RT_NULL;
```

```
30.char can_mq[4] = "can";//第一条消息内容
31.char ad_mq[8] = "adc_dac";//第二条消息内容
32.static void receive_thread_entry(void* parameter)
33.{   char rx_buf[8] = {0};
34.    unsigned char flag = 0;
35.    for(; ;)
36.    {   rt_mq_recv( test_mq,               /* 读取（接收）队列的 ID(句柄) */
37.                    rx_buf,                /* 读取（接收）的数据保存位置 */
38.                    sizeof(rx_buf),        /* 读取（接收）的数据的长度 */
39.                    RT_WAITING_FOREVER);   /* 等待时间：一直等 */
40.        if(strncmp(can_mq,rx_buf,3) == 0)
41.        {    canx_echo();//can之间通信，具体内容见工程代码
42.        }
43.        if(strncmp(ad_mq,rx_buf,7) == 0)
44.        {    ADC_DAC_test();//ADC-DAC转换，具体内容见工程代码
45.        }
46.        rt_thread_mdelay(100);
47.    }
48.}
49.static void send_thread_entry(void* parameter)
50.{   unsigned char key = 0;
51.    char result;
52.    for(; ;)
53.    {   key = key_scan();
54.        if(key == KeyUP)
55.        {   result = rt_mq_send(test_mq, can_mq, 3);
56.            if (result != RT_EOK)
57.            {  rt_kprintf("rt_mq_send ERR1\n");
58.            }
59.            rt_kprintf("send thread: send message: %s\n", can_mq);
60.        }
61.        if(key == KeyRight)
62.        {   result = rt_mq_send(test_mq, ad_mq, 7);
63.            if (result != RT_EOK)
64.            {  rt_kprintf("rt_mq_send ERR2\n");
65.            }
66.            rt_kprintf("send thread: send message: %s\n", ad_mq);
67.        }
68.        rt_thread_mdelay(100);
69.    }
70.}
71.int main(int argc, char** argv)
72.{rt_kprintf("\r\nWelcome to RT-Thread.\r\n\r\n");
73.    ls1x_drv_init();           /* Initialize device drivers */
74.    rt_ls1x_drv_init();        /* Initialize device drivers for RTT */
75.    install_3th_libraries(); /* Install 3th libraies */
76.    KEY_IO_config();
77.    can_confg();
78.    DAC_ADC_Config();
79. /* 创建一个消息队列 */
80.    test_mq = rt_mq_create("test_mq",   /* 消息队列名字 */
81.                           40,        /* 消息的最大长度 */
82.                           20,        /* 消息队列的最大容量 */
```

```
83.                         RT_IPC_FLAG_FIFO);/* 队列模式 FIFO(0x00)*/
84.     if (test_mq != RT_NULL)
85.         rt_kprintf("消息队列创建成功！ \n\n");
86.     receive_thread = rt_thread_create( "rxthread",            /* 线程名字 */
87.                                     receive_thread_entry,   /* 线程入口函数 */
88.                                     RT_NULL,                /* 线程入口函数参数 */
89.                                     1024*4,                 /* 线程栈大小 */
90.                                     12,                     /* 线程的优先级 */
91.                                     10);                    /* 线程时间片 */
92.     /* 启动线程，开启调度 */
93.     if (receive_thread != RT_NULL)
94.         rt_thread_startup(receive_thread);
95.     else
96.         return -1;
97.     send_thread = rt_thread_create( "txthread",           /* 线程名字 */
98.                                 send_thread_entry,      /* 线程入口函数 */
99.                                 RT_NULL,                /* 线程入口函数参数 */
100.                                 1024*4,                 /* 线程栈大小 */
101.                                 11,                     /* 线程的优先级 */
102.                                 10);                    /* 线程时间片 */
103.     /* 启动线程，开启调度 */
104.     if (send_thread != RT_NULL)
105.         rt_thread_startup(send_thread);
106.     else
107.         return -1;
108.     return 0;
109.}
```

第 4 步：运行程序，等待加载完成。

（1）按下 KEY_UP 键，程序向消息队列中发送一条消息，消息内容为“can”，则 CAN0 发送“冬残奥会”，CAN1 收到数据，如图 18-6 所示。

（2）按下 KEY_1 键，程序向消息队列中发送另一条消息，消息内容为“adc_dac”，则进行 ADC-DAC 转换，ADS1015 采集电位器 R36 的电压值，然后将转换数字量输入 MCP4725 进行数字量转模拟量，如图 18-6 所示。

（3）旋转电位器 R36，再次按下 KEY_1 键，可以得到不同的电压输出。

```
send thread: send message: can

CAN0 writed data:
冬残奥会

CAN1 read data:
冬残奥会
send thread: send message: adc_dac
MCP4725输出的电压值: dac = 0.16113
ADS1015采集到的电压值: adc = 0.16800
```

图 18-6　消息队列应用案例运行现象

四、任务拓展

请查看本书配套资源，了解拓展任务要求和程序代码。

拓展任务 18-2：等待和紧急发送消息。

第19章 内存管理

本章介绍 RT-Thread 的内存堆（动态内存）和内存池（静态内容）的工作机制及其管理函数的功能、输入参数、返回值，以及内存堆和内存池使用方法与步骤等内容。通过理实一体化学习，读者应能在龙芯 1B 处理器平台上，灵活应用内存堆和内存池。

教学目标

知识目标	1. 掌握内存管理的概念
	2. 了解内存堆管理算法
	3. 理解内存堆和内存池的区别
	4. 掌握内存堆管理函数的功能、参量、返回值
	5. 掌握内存池管理函数的功能、参量、返回值
	6. 了解 DDR2 存储芯片、读写接口电路等
	7. 掌握内存堆和内存池的使用步骤
技能目标	1. 能熟练使用内存堆管理函数
	2. 能熟练使用内存池管理函数
	3. 能熟练基于龙芯 1B 处理器灵活应用内存堆和内存池申请程序所需内存
素质目标	1. 了解国内外存储芯片发展，解决存储芯片“卡脖子”问题，树立科技报国的理想
	2. 培养学生的标准意识、规范意识、安全意识、服务质量意识
	3. 培养学生团队协作、表达沟通能力

19.1 内存管理概述

在计算机系统中，通常存储空间可以分为两种：内部存储空间和外部存储空间。内部存储空间通常访问速度比较快，能够按照变量地址随机地访问，也就是我们通常所说的 RAM（随机存储器），可以把它理解为计算机的内存；而外部存储空间内所保存的内容相对来说比较固定，即使掉电后数据也不会丢失，这就是通常所讲的 ROM（只读存储器），可以把它理解为计算机的硬盘。

在嵌入式程序设计中，根据系统的内存分配要求来决定是使用动态内存方式分配还是静态内存方式分配。对于可靠性要求高的系统应该选择静态内存分配方式，而普通的业务系统可以采用动态内存分配方式。

在嵌入式系统中，不能直接使用 C 标准库中的 malloc()和 free()内存管理函数，因为嵌入式系统不同于计算机系统，嵌入式系统对内存分配时间、内存碎片等方面有更严格的要求。

RT-Thread 提供了两种内存管理方式，即动态内存堆管理和静态内存池管理。它们均提供内存初始化、分配、释放等功能，但是各有优缺点。

1. 动态内存堆管理

优点：按需分配，在设备中可灵活使用。

缺点：可能出现碎片。

2. 静态内存池管理

优点：分配和释放效率高，静态内存池中无碎片。

缺点：只能申请到初始化时预设大小的内存块，不能按需申请。

19.2 内存堆管理

在 RT-Thread 中，内存堆主要用于系统动态分配内存的场合，如使用动态方式创建消息队列、邮箱、信号量等内核对象，所使用到的内存空间就是动态内存堆。创建内核对象时，RT-Thread 分配内存空间，当删除内核对象时释放内存。动态内存堆的意思是，要用多少，系统就分配多少；不用时，就要将其进行释放，归还给系统再进行统一管理。

19.2.1 内存堆管理算法

内存堆管理根据具体内存设备采用三种不同的内存分配算法，即小内存管理算法、SLAB 内存管理算法和 memheap 管理算法。

- 小内存管理算法：主要针对系统资源比较少、内存空间一般小于 2MB 的系统。
- SLAB 内存管理算法：主要在系统资源比较丰富时，提供一种近似多内存池管理算法的快速算法。
- memheap 管理算法：适用于系统存在多个内存堆的情况，它可以将多个内存“粘贴”在一起，形成一个大的内存堆，用户使用起来会非常方便。

这三种内存管理算法，我们只要选择其中一种即可，需要使用时开启对应的宏定义，系统默认使用小内存管理算法，如代码清单 19-1 所示。对于用户编程而言，这三种算法是透明的，也就是说提供给用户的内存管理接口是相同的，只是算法的实现原理不同。

代码清单 19-1 内存管理宏定义

```
------------------------------------------------------------------------------
1./* Memory Management */
2.#define RT_USING_MEMPOOL    /* 开启静态内存池的使用 */
```

```
3.#define RT_USING_MEMHEAP    /* 定义该宏可开启两个或以上内存堆拼接的使用，未定义则关闭 */
4.#define RT_USING_SMALL_MEM  /* 开启小内存管理算法 */
5.//#define RT_USING_SLAB     /* 关闭 SLAB 内存管理算法 */
6.#define RT_USING_HEAP      /* 开启堆的使用 */
---------------------------------------------------------------------------
```

内存堆管理器要满足多线程情况下的安全分配，会考虑多线程间的互斥问题，所以请不要在中断服务例程中分配或释放动态内存块，因为它可能会引起当前上下文被挂起等待。

19.2.2 内存堆的管理函数分析

对内存堆的操作如图 19-1 所示，包含初始化、申请内存块、释放内存、设置钩子函数等，使用完成后的动态内存都应该被释放，以供其他程序申请使用。

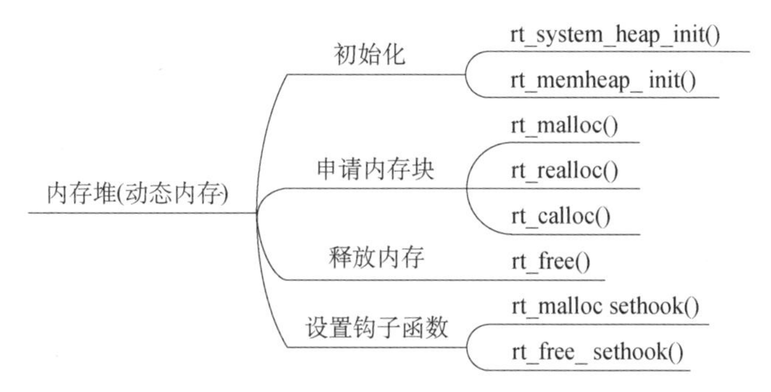

图 19-1 对内存堆的操作

1. 内存堆配置和初始化

在使用堆内存时，必须在系统初始化时进行堆内存的初始化，一般在系统初始化时，就分配一大块内存作为堆内存，然后调用内存初始化函数进行系统堆内存初始化，此后才能申请内存，一般不需要用户再次初始化。如在 rt_hw_board_init()函数中（bsp_start.c 文件）进行了内存初始化，如代码清单 19-2 所示。

代码清单 19-2 内存初始化代码

```
---------------------------------------------------------------------------
7.void rt_hw_board_init(void)
8.{    unsigned int mem_size;
9.……
10.#ifdef RT_USING_HEAP
11.    mem_size = get_memory_size();
12.    rt_system_heap_init((void *)&__bss_end, (void *)PHYS_TO_K0(mem_size));
13.#endif
---------------------------------------------------------------------------
```

（1）rt_system_heap_init()初始化函数

内存堆初始化函数原型如代码清单 19-3 所示。

代码清单 19-3 内存堆初始化函数原型

```
---------------------------------------------------------------------------
1.void rt_system_heap_init(void* begin_addr, void* end_addr);
---------------------------------------------------------------------------
```

表 19-1 描述了该函数的输入参数和函数功能。

表 19-1　rt_system_heap_init()的输入参数和函数功能

输入参数	功能描述
begin_addr	堆内存区域起始地址
end_addr	堆内存区域结束地址

（2）rt_memheap_init()初始化函数

若使用 memheap 管理算法，必须采用堆内存的初始化函数接口，如代码清单 19-4 所示。

代码清单 19-4　memheap 管理算法内存堆初始化函数原型

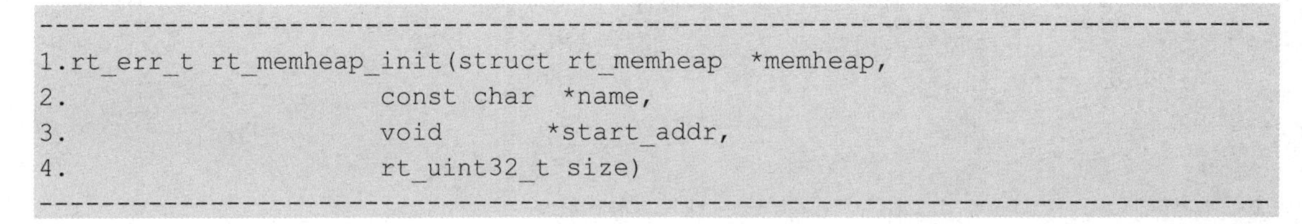

```
1.rt_err_t rt_memheap_init(struct rt_memheap  *memheap,
2.                    const char  *name,
3.                    void        *start_addr,
4.                    rt_uint32_t size)
```

表 19-2 描述了该函数的输入参数、返回值和函数功能。

表 19-2　rt_memheap_init()的输入参数、返回值和函数功能

输入参数和返回值		功能描述
输入参数	memheap	memheap 控制块
	name	内存堆的名称
	start_addr	堆内存区域起始地址
	size	堆内存大小
返回值	RT_EOK	成功

2. 申请和释放内存块

（1）申请内存块

从内存堆上申请用户指定大小的内存块，如代码清单 19-5 所示。

代码清单 19-5　申请内存块函数

```
1.void *rt_malloc(rt_size_t nbytes);
```

rt_malloc()函数会从系统堆空间中找到合适大小的内存块，然后把内存块的可用地址返回给用户，表 19-3 描述了该函数的输入参数、返回值和函数功能。

表 19-3　rt_malloc()的输入参数、返回值和函数功能

输入参数和返回值		功能描述
输入参数	nbytes	需要申请的内存块的大小，单位为字节
返回值	申请的内存块地址	成功
	RT_NULL	失败

对 rt_malloc 的返回值进行判空是非常有必要的。应用程序使用完从内存申请器中申请的内存后，必须及时释放，否则会造成内存泄露。使用动态申请内存示例，如代码清单 19-6 所示。

代码清单 19-6 动态申请内存示例

```
1.int *pi;
2.pi = rt_malloc(100);//申请 100 个字节内存块
3.if(pi == NULL)
4.{    rt_printf("malloc failed\r\n");
5.}
```

（2）释放内存块

释放内存块的函数接口，如代码清单 19-7 所示。

代码清单 19-7 释放内存块函数

```
1.void rt_free (void *ptr);
```

表 19-4 描述了该函数的输入参数和函数功能。

表 19-4 rt_free()的输入参数和函数功能

输入参数	功能描述
ptr	待释放的内存块指针 rt_free 的参数必须是以下两个中的一个： ①NULL ②一个先前从 rt_malloc、 rt_calloc 或 rt_realloc 返回的值

（3）重新申请内存块

在已分配内存块的基础上重新申请内存块的大小（增加或缩小），如代码清单 19-8 所示。

代码清单 19-8 重新申请内存块函数

```
1.void *rt_realloc(void *rmem, rt_size_t newsize);
```

在进行重新分配内存块时，原来的内存块数据保持不变（在缩小的情况下，后面的数据被自动截断），表 19-5 描述了该函数的输入参数、返回值和函数功能。

表 19-5 rt_realloc()的输入参数、返回值和函数功能

输入参数和返回值		功能描述
输入参数	rmem	指向已分配的内存块
	newsize	重新申请的内存大小
返回值	重新申请的内存块地址	成功
	RT_NULL	失败

注意：

①rt_realloc()函数用于修改一个原先已经分配的内存块的大小。使用这个函数，可以使一块内存块扩大或者缩小。如果它用于扩大一个内存块，那么这块内存块原先的内容依然保留，新增加的内存块将被添加到原先内存块的后面，新内存块并未以任何方式进行初始化。如果它用于缩小一个内存块，该内存块尾部的部分内存便被拿掉，剩余部分内存的原先内容依然保留。

②如果原先的内存块无法改变大小，rt_realloc()将分配另一块内存块，并把原先那块内存块的内容复制到新的块上。因此，在使用 rt_realloc()之后，就不能再使用指向旧内存块的指针，而应该改用 rt_realloc()所返回的新指针。

③如果 rt_realloc()的第一个参数为 NULL，那么它的行为就和 rt_malloc 一样。

（4）申请多内存块

从内存堆中分配连续内存地址的多个内存块，如代码清单 19-9 所示。

代码清单 19-9　申请多内存块函数

```
1.void *rt_calloc(rt_size_t count, rt_size_t size);
```

表 19-6 描述了该函数的输入参数、返回值和函数功能。

表 19-6　rt_calloc()的输入参数、返回值和函数功能

输入参数和返回值		功能描述
输入参数	count	内存块数量
	size	内存块容量
返回值	指向第一个内存块地址的指针	成功，并且所有分配的内存块都被初始化成零
	RT_NULL	失败

3. 设置内存钩子函数

（1）申请内存块时设置钩子函数

在申请内存块过程中，用户可设置一个钩子函数，如代码清单 19-10 所示。

代码清单 19-10　申请内存设置内存钩子函数

```
1.void rt_malloc_sethook(void (*hook)(void *ptr, rt_size_t size));
```

设置的钩子函数会在内存块分配完成后进行回调，回调时，会把分配到的内存块地址和大小作为入口参数传递进去。表 19-7 描述了该函数的输入参数和函数功能。

表 19-7　rt_malloc_sethook()的输入参数和函数功能

输入参数	功能描述
hook	钩子函数指针

其中 hook()函数接口如代码清单 19-11 所示。

代码清单 19-11　hook()函数

```
1.void hook(void *ptr, rt_size_t size);
```

表 19-8 描述了该函数的输入参数和函数功能。

表 19-8　hook()的输入参数和函数功能

输入参数	功能描述
ptr	分配到的内存块指针
size	分配到的内存块的大小

（2）释放内存块时设置钩子函数

在释放内存块时，用户可设置一个钩子函数，调用的函数接口如代码清单 19-12 所示。

代码清单 19-12　释放内存块时设置钩子函数

```
1.void rt_free_sethook(void (*hook)(void *ptr));
```

表 19-9 描述了该函数的输入参数和函数功能。

表 19-9　rt_free_sethook()的输入参数和函数功能

输入参数	功能描述
hook	钩子函数指针

其中 hook()函数接口如代码清单 19-13 所示。

代码清单 19-13　hook()函数

```
1.void hook(void *ptr);
```

表 19-10 描述了该函数的输入参数和函数功能。

表 19-10　hook()的输入参数和函数功能

输入参数	功能描述
ptr	待释放的内存块指针

4. 动态内存使用注意事项

（1）动态内存使用总结

①检查从 rt_malloc()函数返回的指针是否为 NULL。

②不要访问动态分配内存之外的内存。

③不要向 rt_free 传递一个并非由 rt_malloc()函数返回的指针。

④在释放动态内存之后不要再访问它。

⑤使用 sizeof 计算数据类型的长度，提高程序的可移植性。

（2）常见的动态内存错误

①对 NULL 指针进行解引用。

②对分配的内存块进行操作时越过边界。

③释放并非动态分配的内存块。

④释放一块动态分配的内存块的一部分 (rt_free(ptr + 4))。

⑤动态内存被释放后继续使用。

（3）内存碎片处理方法

频繁地调用内存分配和释放接口会产生内存碎片，一个避免内存碎片的策略是使用“内存池+内存堆”混用的方法。

（4）动态内存使用步骤

第 1 步：初始化系统堆内存空间，系统初始化时已完成，一般不需要用户再次初始化。

第 2 步：申请任意大小的动态内存。

第 3 步：释放动态内存。

任务 23　内存堆申请与释放

一、任务描述

创建一个线程，在线程函数中动态申请内存并释放，每次申请内存的数量不断增大，当申请不到需要的内存或失败时就结束。

二、任务分析

在同一线程函数中编写申请内存代码和释放内存代码，若申请成功，则立马释放；若申请不成功，则输出错误信息。

三、任务实施

第 1 步：新建项目。按照“新建项目向导”新建项目，可以参照任务 16 进行新建项目。

第 2 步：编写任务实现程序，如代码清单 19-14 所示。

代码清单 19-14　内存堆申请与释放代码

```
-----------------------------------------------------------------------------
1.#include <time.h>
2.#include "rtthread.h"
3.#include "bsp.h"
4./*定义线程控制块*/
5.static rt_thread_t alloc_thread = RT_NULL;
6./*定义申请内存的指针*/
```

```
7.static rt_uint32_t *ptr = RT_NULL;
8.static void alloc_thread_entry(void *arg)
9.{   int i=0;
10.    for(i=0; ;i++)
11.    {   rt_kprintf("\nrequesting memory from memory heap...\n");
12.        /*每次分配(1 << i)大小字节的内存空间*/
13.        ptr = rt_malloc(1 << i);
14.        if(ptr != RT_NULL)
15.        {       //分配成功
16.            rt_kprintf("get memory: %d byte\n",(1 << i));
17.            rt_free(ptr);
18.            rt_kprintf("free memory: %d byte\n",(1 << i));
19.            ptr = RT_NULL;
20.        }
21.        else
22.        {   rt_kprintf("try to get %d byte memory failed.\n",(1 << i));
23.            return;//申请失败，结束该线程
24.        }
25.        delay_ms(200);
26.    }
27.}
28.int main(int argc, char** argv)
29.{rt_kprintf("\r\nWelcome to RT-Thread.\r\n\r\n");
30.    ls1x_drv_init();            /* Initialize device drivers */
31.    rt_ls1x_drv_init();         /* Initialize device drivers for RTT */
32.
33.    install_3th_libraries(); /* Install 3th libraies */
34.    /*创建线程*/
35.    alloc_thread = rt_thread_create("alloc_thread",
36.                                    alloc_thread_entry,
37.                                    RT_NULL,
38.                                    1024,
39.                                    3,
40.                                    20);
41.    if(alloc_thread != RT_NULL)
42.        rt_thread_startup(alloc_thread);
43.    else
44.        rt_kprintf("alloc_thread create failed.\n");
45.    return 0;
46.}
-------------------------------------------------------------------------------
```

第 3 步：运行程序，等待加载完成。

如图 19-2 所示，申请的内存大小不断增大，当试图申请 67108864 byte 即 64MB 内存时，申请失败。因为在龙芯 1B 核心板上配置一片 K4T51163QI-HCF7 存储器作为内存（DDR2），该存储器总容量为 64MB。而申请的内存容量大于 64MB，所以分配失败。

```
requesting memory from memory heap...
get memory: 4194304 byte
free memory: 4194304 byte

requesting memory from memory heap...
get memory: 8388608 byte
free memory: 8388608 byte

requesting memory from memory heap...
get memory: 16777216 byte
free memory: 16777216 byte

requesting memory from memory heap...
get memory: 33554432 byte
free memory: 33554432 byte

requesting memory from memory heap...
try to get 67108864 byte memory failed.
```

图 19-2　内存堆申请与释放运行现象

四、任务拓展

请查看本书配套资源，了解拓展任务要求和程序代码。

拓展任务 19-1：在线程 A 中申请内存，在线程 B 中释放线程。

19.3　内存池管理

内存池（Memory Pool）是一种内存分配方式，用于分配数量大小相同的小内存块，它可以极大地加快内存分配与释放的速度，且能尽量避免内存碎片化。此外，RT-Thread 的内存池支持线程挂起功能，当内存池中无空闲内存块时，申请线程会被挂起，直到内存池中有新的可用内存块，再将挂起的申请线程唤醒。

动态分配内存与静态分配内存的区别在于：

- 静态分配内存一旦创建就指定了内存块的大小，分配只能以内存块大小粒度进行分配。
- 动态分配内存则根据运行时环境确定需要的内存块大小，按照需要进行分配内存。

19.3.1　内存池分配机制

内存池在创建时先向系统申请一大块内存，然后分成同样大小的多个小内存块，小内存块直接通过链表连接起来（此链表也称为空闲链表）。每次分配的时候，从空闲链表中取出链头上第一个内存块，提供给申请者。如图 19-3 所示，物理内存中允许存在多个大小不同的内存池，每一个内存池又由多个空闲内存块组成，内核用它们来进行内存管理。当一个内存池对象被创建时，内存池对象就被分配给了一个内存池控制块，内存控制块的参数包括内存池名、内存缓冲区、内存块大小、块数以及一个等待线程队列。

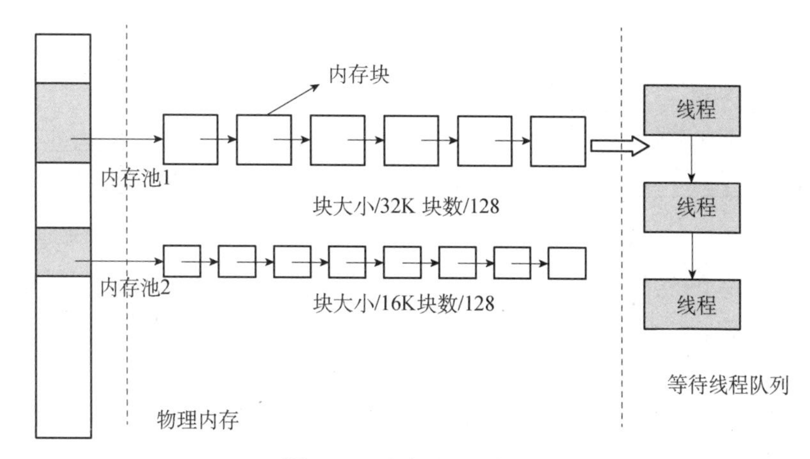

图 19-3 内存池分配机制

内核负责为内存池分配内存池控制块，它同时也接收用户线程的分配内存块申请，当获得这些信息后，内核就可以从内存池中为内存池分配内存。内存池一旦初始化完成，内部的内存块大小将不能再做调整。

19.3.1 内存池的管理函数分析

内存池控制块（rt_mempool）是一个结构体，其中含有内存池相关的重要参数，在内存池各种状态间起到纽带的作用。对内存池的操作包含：创建和删除内存池、申请和释放内存块、初始化和脱离内存池，但不是所有的内存池都会被删除，这与设计者的需求相关，但是使用完的内存块都应该被释放。

1. 创建和删除内存池

（1）创建内存池

创建内存池操作将会创建一个内存池对象并从堆上分配一个内存池。创建内存池是从对应内存池中分配和释放内存块的先决条件，创建内存池后，线程便可以从内存池中执行申请、释放等操作。创建内存池使用的函数接口，如代码清单 19-15 所示。

代码清单 19-15 创建内存池的函数

```
1.rt_mp_t rt_mp_create(const char* name,
2.                     rt_size_t block_count,
3.                     rt_size_t block_size);
```

表 19-11 描述了该函数的输入参数、返回值和函数功能。

表 19-11 rt_mp_create()的输入参数、返回值和函数功能

输入参数和返回值		功能描述
输入参数	name	内存池名
	block_count	内存块数量
	block_size	内存块容量

续表

输入参数和返回值		功能描述
返回值	内存池的句柄	创建内存池对象成功
	RT_NULL	创建失败

内存池容量=block_count * (block_size + 4 链表指针大小)，计算结果取整数。

例如：内存块大小 block_size 设为 80 字节，内存块数量为 48 个，则申请的内存池容量为 48*(80+4)=4032 字节。

（2）删除内存池

删除内存池将删除内存池对象并释放申请的内存，删除内存池的函数接口，如代码清单 19-16 所示。

代码清单 19-16　删除内存池的函数

```
------------------------------------------------------------------------
1.rt_err_t rt_mp_delete(rt_mp_t mp);
------------------------------------------------------------------------
```

删除内存池时，会首先唤醒等待在该内存池对象上的所有线程（返回-RT_ERROR），然后再释放已从内存堆上分配的内存池数据存放区域，然后删除内存池对象。该函数的输入参数和返回值如表 19-12 所示。

表 19-12　rt_mp_delete ()的输入参数和返回值

输入参数和返回值		功能描述
输入参数	mp	rt_mp_create 返回的内存池对象句柄
返回值	RT_EOK	删除成功

2. 初始化和脱离内存池

（1）初始化内存池

初始化内存池跟创建内存池类似，只是初始化内存池用于静态内存管理模式，内存池控制块来源于用户在系统中申请的静态对象。另外与创建内存池不同的是，此处内存池对象所使用的内存空间是由用户指定的一个缓冲区空间，用户把缓冲区的指针传递给内存池控制块，其余的初始化工作与创建内存池相同，如代码清单 19-17 所示。

代码清单 19-17　初始化内存池对象

```
------------------------------------------------------------------------
1.rt_err_t rt_mp_init(rt_mp_t mp,
2.                     const char* name,
3.                     void *start, rt_size_t size,
4.                     rt_size_t block_size);
------------------------------------------------------------------------
```

初始化内存池时，把需要进行初始化的内存池对象传递给内核，同时需要传递的还有内存池用到的内存空间，以及内存池管理的内存块数目和块大小，并且给内存池指定一个名称。这样，内核就可以对该内存池进行初始化，将内存池用到的内存空间组织成可用于分配的空闲块链表。该函数的输入参数和返回值如表 19-13 所示。

表 19-13 rt_mp_init()的输入参数和返回值

输入参数和返回值		功能描述
输入参数	mp	内存池对象
	name	内存池名
	start	内存池的起始位置
	size	内存池数据区域大小
	block_size	内存块容量
返回值	内存池的句柄	创建内存池对象成功
	RT_NULL	创建失败

内存池块个数=size/(block_size+4 链表指针大小)，计算结果取整数。

例如：内存池数据区总大小 size 设为 4096 字节，内存块大小 block_size 设为 80 字节，则申请的内存块个数为 4096/(80+4)=48 个。

（2）脱离内存池

脱离内存池将把内存池对象从内核对象管理器中脱离出来，脱离内存池使用的函数接口，如代码清单 19-18 所示。

代码清单 19-18 脱离内存池的函数

```
1.rt_err_t rt_mp_detach(rt_mp_t mp);
```

使用该函数接口后，内核先唤醒所有等待在该内存池对象上的线程，然后将内存池对象从内核对象管理器中脱离出来。该函数的输入参数和返回值如表 19-14 所示。

表 19-14 rt_mp_detach ()的输入参数和返回值

输入参数和返回值		功能描述
输入参数	mp	内存池对象
返回值	RT_EOK	成功

3. 申请和释放内存块

（1）申请内存块

从指定的内存池中分配一个内存块，如代码清单 19-19 所示。

代码清单 19-19 申请内存块函数

```
1.void *rt_mp_alloc (rt_mp_t mp, rt_int32_t time);
```

其中 time 参数的含义是申请分配内存块的超时时间。如果内存池中有可用的内存块，则从内存池的空闲块链表上取下一个内存块，减少空闲块数目并返回这个内存块；如果内存池中已经没有空闲内存块，则判断超时时间设置：若超时时间设置为零，则立刻返回空内存块；若等待时间大于零，则把当前线程挂起在该内存池对象上，直到内存池中有可用的自由内存块，或等待时间到达。表 19-15 描述了该函数的输入参数和返回值。

表 19-15　rt_mp_alloc()的输入参数和返回值

输入参数和返回值		功能描述
输入参数	mp	内存池对象
	time	超时时间
返回值	申请的内存块地址	成功
	RT_NULL	失败

（2）释放内存块

任何内存块使用完后都必须被释放，否则会造成内存泄露，释放内存块的函数接口，如代码清单 19-20 所示。

代码清单 19-20　释放内存块函数

```
------------------------------------------------------------------------
1.void rt_mp_free (void *block);
------------------------------------------------------------------------
```

表 19-16 描述了该函数的输入参数。

表 19-16　rt_mp_free()的输入参数

输入参数	功能描述
block	内存块指针

4. 静态内存使用注意事项

（1）静态内存使用总结

①内存池可以极大地加快内存分配与释放的速度，但是一旦初始化完成之后，内存池的内存块大小就不能再做调整。

②不管是内存池还是内存堆管理，申请的内存使用完后，都必须及时释放。

③内存池和内存堆管理的区别如表 19-17 所示。

表 19-17　内存池和内存堆管理的区别

内存池（静态）申请	内存堆（动态）申请
rt_mp_alloc() （1）每次只能申请大小固定的内存块 （2）申请时可能会引起任务挂起（有超时时间）	rt_malloc() （1）可以申请大小不定的内存块 （2）申请时不会引起任务的挂起
rt_mp_free() 可以唤醒被挂起的线程	rt_free() 不能唤醒线程

（2）静态内存使用步骤

第 1 步：定义内存池控制块。

第 2 步：创建内存池或初始化内存池。

第 3 步：申请内存块。

第 4 步：释放内存块。

任务 24 内存池申请与释放

一、任务描述

创建两个线程和一个静态内存池，其中线程 1 用于申请内存块，申请内存块 10 次，当申请不到内存块时，线程 1 被挂起。线程 2 用于释放内存块，释放所有分配成功的内存块。

二、任务分析

程序设计思路如下：

（1）线程 1 的优先级高于线程 2，并且两个线程都是“一次性线程”（线程中无死循环，或只有有限次循环，或有 return）。

（2）假设创建内存块数量为 6，内存块大小为 1 字节的内存池。

（3）线程 1 申请内存 10 次，成功申请时打印申请次数信息，并向申请的内存中存入数据。

（4）线程 2 释放内存 10 次，打印释放内存块信息和内存中的数据。

三、任务实施

第 1 步：新建项目。按照“新建项目向导”新建项目，可以参照任务 16 进行新建项目。

第 2 步：编写任务实现程序。如代码清单 19-21 所示。

代码清单 19-21 内存堆申请与释放代码

```
-------------------------------------------------------------------------------
1.#include <time.h>
2.#include "rtthread.h"
3.#include "bsp.h"
4.static rt_mp_t test_mp = RT_NULL;     /*定义内存池控制块*/
5.static rt_uint8_t *ptr[10];          /*定义申请内存的指针*/
6./*内存池相关定义*/
7.#define BLOCK_COUNT    6       //内存块数量
8.#define BLOCK_SIZE     1       //内存块大小(1 字节)
9./*定义线程控制块*/
10.static rt_thread_t alloc_thread = RT_NULL;
11.static rt_thread_t free_thread = RT_NULL;
12.static void alloc_thread_entry(void *parameter)
13.{   int i;
14.    rt_kprintf("%s try to alloc block\n",__func__);
15.    /*申请内存块 10 次，当申请不到内存块时，线程 1 挂起，转而运行线程 2*/
16.    for(i=0;i<10;i++)
17.    {   if(ptr[i] == RT_NULL)
18.        {   ptr[i] = rt_mp_alloc(test_mp, RT_WAITING_FOREVER);
```

```
19.         if(ptr[i] != RT_NULL)
20.         {   rt_kprintf("allocate No.%d\n",i);
21.             *ptr[i] = 'A'+i;
22.         }
23.     }
24.   }
25.}
26.static void free_thread_entry(void *parameter)
27.{   int i;
28.    rt_kprintf("%s try to release block\n",__func__);
29.    /*释放所有分配成功的内存块*/
30.    for(i=0;i<10;i++)
31.    {   if(ptr[i] != RT_NULL)
32.        {   rt_kprintf("prt[%d] = %c, ",i,*ptr[i]);
33.            rt_kprintf("release block %d\n",i);
34.            rt_mp_free(ptr[i]);
35.            ptr[i] = RT_NULL;
36.        }
37.    }
38.}
39.int main(int argc, char** argv)
40.{rt_kprintf("\r\nWelcome to RT-Thread.\r\n\r\n");
41.
42.    ls1x_drv_init();            /* Initialize device drivers */
43.    rt_ls1x_drv_init();         /* Initialize device drivers for RTT */
44.    install_3th_libraries(); /* Install 3th libraies */
45.    unsigned char i;
46.for(i=0;i<10;i++)
47.        ptr[i] = RT_NULL;
48.    /*创建静态内存池*/
49.    test_mp = rt_mp_create("test_mp", BLOCK_COUNT, BLOCK_SIZE);
50.    if(test_mp != RT_NULL)
51.        rt_kprintf("test_mp create ok\n");
52./* 创建用于申请内存块线程 1 */
53.    alloc_thread = rt_thread_create("alloc_thread",
54.                                    alloc_thread_entry,
55.                                    RT_NULL,
56.                                    1024,
57.                                    3,
58.                                    20);
59.    if(alloc_thread != RT_NULL)
60.        rt_thread_startup(alloc_thread);
61.    else
62.        rt_kprintf("alloc_thread create failed.\n");
63.     /* 创建用于释放内存块线程 2 */
64.    free_thread = rt_thread_create("free_thread",
65.                                    free_thread_entry,
66.                                    RT_NULL,
67.                                    1024,
68.                                    4,
69.                                    20);
70.    if(free_thread != RT_NULL)
71.        rt_thread_startup(free_thread);
```

```
72.    else
73.        rt_kprintf("free_thread create failed.\n");
74.    return 0;
75.}
--------------------------------------------------------------------------------
```

第 3 步：运行程序，等待加载完成。

（1）本例程在初始化内存池对象时，创建了 6 个内存块。

（2）线程 1 申请 10 次内存块，但内存块数量只有 6 个，因此当线程 1 申请第 6 块内存块时，由于内存池中没有内存块了，线程 1 被挂起；线程 2 获得 CPU 的使用权得以运行，线程 2 开始执行释放内存操作，当线程 2 释放第 1 块内存块时，线程 1 立刻被唤醒，抢断线程 2 的 CPU 运行权，线程 1 申请第 7 块内存块，当其再申请第 8 块内存块时，线程 1 又被挂起；线程 2 再次获得 CPU 的使用权得以运行，线程 2 开始执行释放内存操作，当线程 2 释放第 2 块内存块时，线程 1 又立刻被唤醒，依此类推，至此完成 10 次内存块申请，10 次内存块释放，如图 19-4 所示。

```
test_mp create ok
alloc_thread_entry try to alloc block
allocate No.0
allocate No.1
allocate No.2
allocate No.3
allocate No.4
allocate No.5
free_thread_entry try to release block
prt[0] = A, release block 0
allocate No.6
prt[1] = B, release block 1
allocate No.7
prt[2] = C, release block 2
allocate No.8
prt[3] = D, release block 3
allocate No.9
prt[4] = E, release block 4
prt[5] = F, release block 5
prt[6] = G, release block 6
prt[7] = H, release block 7
prt[8] = I, release block 8
prt[9] = J, release block 9
msh />
```

图 19-4 内存堆申请与释放运行现象

四、任务拓展

请查看本书配套资源，了解拓展任务要求和程序代码。

拓展任务 19-2：重新修改程序，内存块数量为 20 个，内存大小为 3 字节。

第20章 中断管理

本章介绍 RT-Thread 的中断管理工作机制，中断管理函数的功能、输入参数、返回值，以及分析中断处理过程。通过理实一体化学习，读者应能在龙芯 1B 处理器平台上，灵活应用中断系统。

教学目标

知识目标	1. 掌握中断管理的概念
	2. 了解龙芯 1B 处理器的裸机中断入口程序与 RTT 中断入口程序的区别
	3. 理解龙芯 1B 处理器中断控制器的工作原理
	4. 理解中断前导、中断处理、中断后续
	5. 掌握中断管理函数的功能、参量、返回值
技能目标	1. 能熟练使用中断管理函数
	2. 能熟练基于龙芯 1B 处理器编写中断相关程序
素质目标	1. 培养学生的职业精神、工匠精神
	2. 培养学生的标准意识、规范意识、安全意识、服务质量意识
	3. 培养学生团队协作、表达沟通能力

20.1 中断管理概述

在嵌入式系统中，无论是裸机系统，还是实时操作系统，中断都是非常常见且重要的功能。当 CPU 正处理主程序时，外界发生了紧急情况，要求 CPU 暂停当前的工作转去处理这个异步事件；处理完毕后，再回到原来被中断的地址，继续执行原来的程序，这个过程称为中断，如图 20-1 所示。

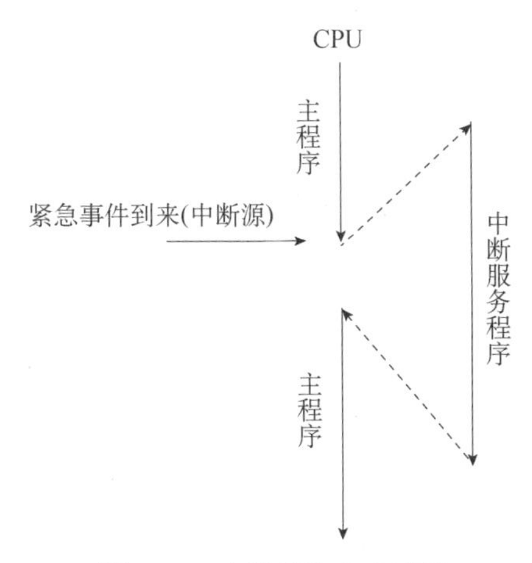

图 20-1　中断系统响应过程

在 RT-Thread 源码中有多处使用了临界段，虽然临界段保护了关键代码的执行过程不被打断，相当于“保镖”，但也会影响系统的实时性，任何使用了操作系统的中断响应都不会比裸机快。例如，某线程中有段代码对时序要求非常严格，需要用到临界段功能，即运行这段代码期间需要将中断屏蔽掉。若这时刚好有一个紧急中断事件被触发，那么这个中断就会被挂起，不能得到及时响应，必须等到中断开启才可以得到响应。如果屏蔽中断的时间超过了紧急中断能够容忍的限度，将会出现严重问题。因此，操作系统中断在某些时候会适当地中断延迟，所以采用屏蔽中断方式进入临界段时，要快进快出。

20.2　中断的工作机制

龙芯 1B 处理器中断处理过程详见第 4 章。在 RT-Thread 中断管理中，将中断处理程序分为中断前导程序、中断处理程序、中断后续程序三部分，如图 20-2 所示。

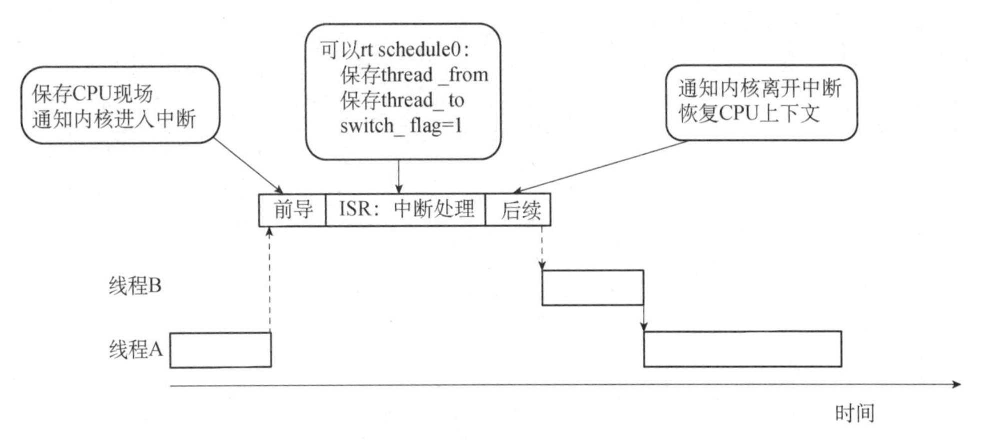

图 20-2　RT-Thread 中断处理过程

1. 中断前导程序

中断前导程序主要工作如下：

（1）保存 CPU 中断现场，这部分跟 CPU 架构相关，不同 CPU 架构的实现方式有差异。

对于龙芯 1B 处理器来说，该工作由硬件自动完成(其实大部分处理器都是由硬件自动完成的)。当一个中断触发并且系统进行响应时，处理器硬件会将当前运行部分的上下文寄存器自动压入中断栈中。注意：裸机程序和 RTT 程序的中断处理入口程序不同的，如图 20-3 所示。

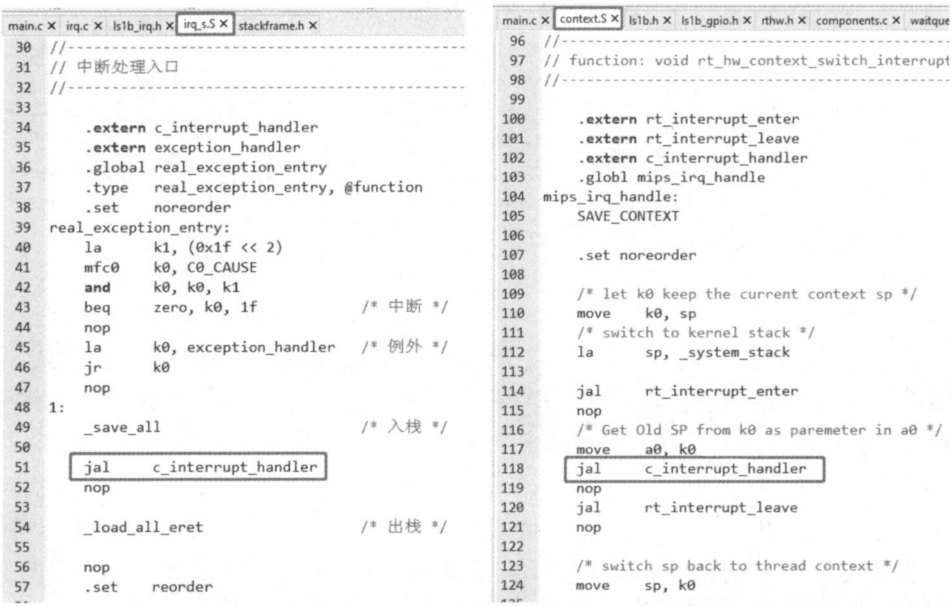

```
main.c × irq.c × ls1b_irq.h × irq_s.S × stackframe.h ×
30 //------------------------------------------------
31 // 中断处理入口
32 //------------------------------------------------
33
34     .extern c_interrupt_handler
35     .extern exception_handler
36     .global real_exception_entry
37     .type   real_exception_entry, @function
38     .set    noreorder
39 real_exception_entry:
40     la      k1, (0x1f << 2)
41     mfc0    k0, C0_CAUSE
42     and     k0, k0, k1
43     beq     zero, k0, 1f            /* 中断 */
44     nop
45     la      k0, exception_handler   /* 例外 */
46     jr      k0
47     nop
48 1:
49     _save_all                       /* 入栈 */
50
51     jal     c_interrupt_handler
52     nop
53
54     _load_all_eret                  /* 出栈 */
55
56     nop
57     .set    reorder
```

```
main.c × context.S × ls1b.h × ls1b_gpio.h × rthw.h × components.c × waitque
96  //------------------------------------------------
97  // function: void rt_hw_context_switch_interrupt
98  //------------------------------------------------
99
100     .extern rt_interrupt_enter
101     .extern rt_interrupt_leave
102     .extern c_interrupt_handler
103     .globl mips_irq_handle
104 mips_irq_handle:
105     SAVE_CONTEXT
106
107     .set noreorder
108
109     /* let k0 keep the current context sp */
110     move    k0, sp
111     /* switch to kernel stack */
112     la      sp, _system_stack
113
114     jal     rt_interrupt_enter
115     nop
116     /* Get Old SP from k0 as paremeter in a0 */
117     move    a0, k0
118     jal     c_interrupt_handler
119     nop
120     jal     rt_interrupt_leave
121     nop
122
123     /* switch sp back to thread context */
124     move    sp, k0
```

图 20-3　裸机（左）和 RRT（右）中断处理入口程序

（2）通知内核进入中断状态，调用 rt_interrupt_enter()函数，其作用是把全局变量 rt_interrupt_nest 加 1，用它来记录中断嵌套的层数，如代码清单 20-1 所示。

代码清单 20-1　rt_interrupt_enter() 函数

```
1.void rt_interrupt_enter(void)
2.{   rt_base_t level;
3.    RT_DEBUG_LOG(RT_DEBUG_IRQ, ("irq coming..., irq nest:%d\n",
4.                                rt_interrupt_nest));
5.    level = rt_hw_interrupt_disable(); //关闭已开启的中断，返回中断源状态
6.    rt_interrupt_nest ++;//记录中断嵌套的层数，每进入一次中断加 1
7.    RT_OBJECT_HOOK_CALL(rt_interrupt_enter_hook,());
8.    rt_hw_interrupt_enable(level); //启用中断第 5 行关闭的中断
9.}
```

2. 中断处理程序

在中断处理程序（ISR）中，分为两种情况。

第 1 种：不进行线程切换。这种情况下，中断处理程序和中断后续程序运行完毕后退出中断模式，返回被中断的线程。

第 2 种：进行线程切换。这种情况下，需要在中断处理程序中调用 rt_hw_context_switch_interrupt()函数进行上下文切换，该函数跟 CPU 架构相关，不同 CPU 架构的实现方式有差异。

3. 中断后续程序

中断后续程序主要完成的工作如下：

（1）通知内核离开中断状态，通过调用 rt_interrupt_leave() 函数，将全局变量 rt_interrupt_nest 减 1，如代码清单 20-2 所示。

代码清单 20-2 rt_interrupt_leave() 函数

```
------------------------------------------------------------------------------
1.void rt_interrupt_leave(void)
2.{   rt_base_t level;
3.    RT_DEBUG_LOG(RT_DEBUG_IRQ, ("irq leave, irq nest:%d\n",
4.                                rt_interrupt_nest));
5.    level = rt_hw_interrupt_disable();//关闭已开启的中断，返回中断源状态
6.    rt_interrupt_nest - -;//记录中断嵌套的层数，每退出一次中断减 1
7.    RT_OBJECT_HOOK_CALL(rt_interrupt_leave_hook,());
8.    rt_hw_interrupt_enable(level); //启用中断第 5 行关闭的中断
9.}
------------------------------------------------------------------------------
```

（2）恢复中断前的 CPU 上下文，如果在中断处理过程中未进行线程切换，那么恢复线程的 CPU 上下文，如果在中断中进行了线程切换，那么恢复线程的 CPU 上下文。这部分实现跟 CPU 架构相关，不同 CPU 架构的实现方式有差异。

20.3 中断管理的函数分析

为了把操作系统和系统底层的异常、中断硬件隔离开来，RT-Thread 把中断和异常封装为一组抽象接口，如图 20-4 所示。

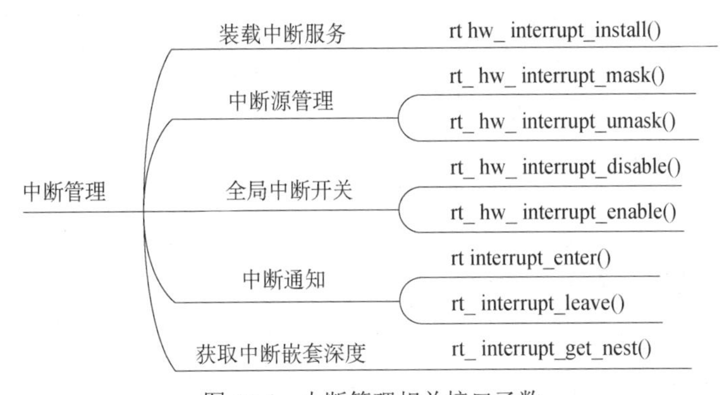

图 20-4 中断管理相关接口函数

1. 装载中断服务

系统把用户的中断处理程序（handler）和指定的中断号关联起来，可调用接口挂载一个新的中断处理程序，如代码清单 20-3 所示。

代码清单 20-3 装载中断处理函数

```
------------------------------------------------------------------------------
1.rt_isr_handler_t rt_hw_interrupt_install(int vector,
2.                                         rt_isr_handler_t  handler,
3.                                         void *param,
```

```
4.                                    char *name);
```

表 20-1 描述了该函数的输入参数和返回值。

表 20-1 rt_hw_interrupt_install()的输入参数和返回值

输入参数和返回值		功能描述
输入参数	vector	vector 是挂载的中断号
	handler	新挂载的中断处理程序
	param	param 会作为参数传递给中断处理程序
	name	中断的名称
返回值	return	挂载这个中断处理程序之前被挂载的中断处理程序的句柄

2. 中断源管理

通常在 ISR 准备处理某个中断信号之前，我们需要先屏蔽该中断源，在 ISR 处理完状态或数据以后，及时地打开之前被屏蔽的中断源。屏蔽中断源可以保证在接下来的处理过程中硬件状态或者数据不会受到干扰，如代码清单 20-4 所示。

代码清单 20-4 中断源管理代码

```
1.void rt_hw_interrupt_mask(int vector); //屏蔽中断源
2.void rt_hw_interrupt_umask(int vector);//打开中断源
```

表 20-2 描述了这两个函数的输入参数。

表 20-2 rt_hw_interrupt_mask()和 rt_hw_interrupt_umask()的输入参数

输入参数	功能描述
vector	rt_hw_interrupt_mask()：要屏蔽的中断号 rt_hw_interrupt_umask()：要打开屏蔽的中断号

3. 全局中断开关

全局中断开关也称为中断锁，是禁止多线程访问临界区最简单的一种方式，即通过关闭中断的方式，来保证当前线程不会被其他事件打断（因为整个系统已经不再响应那些可以触发线程重新调度的外部事件），也就是当前线程不会被抢占，除非这个线程主动放弃了处理器控制权。当需要关闭整个系统的中断时，可调用的函数接口，如代码清单 20-5 所示。

代码清单 20-5 全局中断开关代码

```
1.rt_base_t rt_hw_interrupt_disable(void);//打开全局中断
2.void rt_hw_interrupt_enable(rt_base_t level);//关闭全局中断
```

表 20-3 和表 20-4 分别描述了这两个函数返回值和输入参数。

表 20-3 rt_hw_interrupt_disable()的返回值和输入参数

返回值	功能描述
中断状态	rt_hw_interrupt_disable 函数运行前的中断状态（把运行前的中断全关闭）

表 20-4 rt_hw_interrupt_enable()的输入参数

输入参数	功能描述
level	前一次 rt_hw_interrupt_disable 返回的中断状态（把之前运行的中断全打开）

（1）使用中断锁来操作临界区的方法可以应用于任何场合，且其他几类同步方式都是依赖于中断锁而实现的，可以说中断锁是最强大的和最高效的同步方法。只是使用中断锁最主要的问题在于，在中断关闭期间系统将不再响应任何中断，也就不能响应外部的事件，所以中断锁对系统的实时性影响巨大，当使用不当的时候会导致系统完全无实时性可言（可能导致系统完全偏离要求的时间需求）；而使用得当，则会变成一种快速、高效的同步方式。

（2）rt_base_t rt_hw_interrupt_disable(void) 和 void rt_hw_interrupt_enable(rt_base_t level) 一般需要配对使用，从而保证正确的中断状态。

4. 中断通知

当整个系统被中断打断，进入中断处理函数时，需要通知内核当前已经进入到中断状态。针对这种情况，可调用的函数接口，如代码清单 20-6 所示。

代码清单 20-6 中断通知代码

```
1.void rt_interrupt_enter(void);//打开全局中断
2.void rt_interrupt_leave(void);//关闭全局中断
```

这两个接口分别用在中断前导程序和中断后续程序中，均会对 rt_interrupt_nest（中断嵌套深度）的值进行修改。

- 每当进入中断时，可以调用 rt_interrupt_enter() 函数，用于通知内核，当前已经进入了中断状态，并增加中断嵌套深度（执行 rt_interrupt_nest++）。
- 每当退出中断时，可以调用 rt_interrupt_leave() 函数，用于通知内核，当前已经离开了中断状态，并减少中断嵌套深度（执行 rt_interrupt_nest --）。

注意：不要在应用程序中调用这两个接口函数。

使用 rt_interrupt_enter/leave() 的作用是，在中断服务程序中，如果调用了内核相关的函数（如释放信号量等操作），则可以通过判断当前中断状态，让内核及时调整相应的行为。

例如：在中断过程中释放了一个信号量，唤醒了某线程，但通过判断发现当前系统正处于中断上下文环境中，那么在进行线程切换时应该采取在中断过程中切换线程的策略，而不是立即进行切换。但如果中断服务程序不会调用内核相关的函数（释放信号量等操作），这个时候，也可以不调用 rt_interrupt_enter/leave() 函数。

5. 获取中断嵌套深度

在上层应用中，若内核需要知道当前已经进入到中断状态或当前嵌套的中断深度时，可调用这个接口，它会返回 rt_interrupt_nest，如代码清单 20-7 所示。

代码清单 20-7　rt_interrupt_get_nest()函数

```
1.rt_uint8_t rt_interrupt_get_nest(void);
```

表 20-5 描述了 rt_interrupt_get_nest()函数的返回值。

表 20-5　rt_interrupt_get_nest()的返回值

返回值	功能描述
0	当前系统不处于中断上下文环境中
1	当前系统处于中断上下文环境中
大于 1	当前中断嵌套层次

任务 25　中断管理应用

一、任务描述

创建一个线程和一个消息队列，定义两个按键 KEY1 与 KEY2 的触发方式为中断触发，在中断处理程序中通过消息队列将消息传递给线程，线程接收到消息后，将信息通过串口调试助手显示出来。

二、任务分析

程序设计思路如下：

（1）线程用于等待接收消息，当收到消息时，则在串口调试助手中显示的是哪个按键发送过来的消息。显示格式为："触发中断的是 KEY-1"，或者"触发中断的是 KEY-2"。

（2）编写按键中断初始化程序、按键中断处理程序等。

（3）在两个按键中断服务中编写发送消息程序。

三、任务实施

第 1 步：新建项目和添加程序文件。按照任务 16 步骤新建项目、添加 GPIO 的 RTT 设备驱动程序，以及 LED、KEY 应用程序。

第 2 步：编写任务实现程序。主程序如代码清单 20-8 所示。

代码清单 20-8　主程序代码

```
1.#include <time.h>
2.#include "rtthread.h"
3.#include "bsp.h"
4.#include "rtt_key.h"
```

```
5.#include "rtt_led.h"
6./* 定义线程控制块 */
7.static rt_thread_t key_thread = RT_NULL;
8./* 定义消息队列控制块 */
9.rt_mq_t test_mq = RT_NULL;
10.static void key_thread_entry(void* parameter)
11.{rt_err_t ret = RT_EOK;
12.    unsigned int r_queue;
13.    for ( ; ; )
14.    {   /* 队列读取（接收），等待时间为一直等待 */
15.        ret = rt_mq_recv(test_mq,           /* 读取（接收）队列的 ID(句柄) */
16.                         &r_queue,          /* 读取（接收）的数据保存位置 */
17.                         sizeof(r_queue),   /* 读取（接收）的数据的长度 */
18.                         RT_WAITING_FOREVER);/* 等待时间：一直等待 */
19.        if (RT_EOK == ret)
20.        {   rt_kprintf("触发中断的是 KEY-%d!\n",r_queue);
21.        }
22.        else
23.        {   rt_kprintf("数据接收出错,错误代码: 0x%lx\n",ret);
24.        }
25.    }
26.}
27./* 定义线程控制块 */
28.static rt_thread_t key_thread = RT_NULL;
29./* 定义消息队列控制块 */
30.rt_mq_t test_mq = RT_NULL;
31.static void key_thread_entry(void* parameter)
32.{   rt_err_t ret = RT_EOK;
33.    unsigned int r_queue;
34.    for ( ; ; )
35.    {
36.        /* 队列读取（接收），等待时间为一直等待 */
37.        ret = rt_mq_recv(test_mq,           /* 读取（接收）队列的 ID(句柄) */
38.                         &r_queue,          /* 读取（接收）的数据保存位置 */
39.                         sizeof(r_queue),   /* 读取（接收）的数据的长度 */
40.                         RT_WAITING_FOREVER);/* 等待时间：一直等待 */
41.        if (RT_EOK == ret)
42.        {
43.            rt_kprintf("触发中断的是 KEY-%d!\n",r_queue);
44.        }
45.        else
46.        {
47.            rt_kprintf("数据接收出错,错误代码: 0x%lx\n",ret);
48.        }
49.    }
50.}
51.int main(int argc, char** argv)
52.{   rt_kprintf("\r\nWelcome to RT-Thread.\r\n\r\n");
53.    ls1x_drv_init();            /* Initialize device drivers */
54.    rt_ls1x_drv_init();         /* Initialize device drivers for RTT */
55.    install_3th_libraries(); /* Install 3th libraies */
56.    key_interrupt_init();//按键中断初始化
57.    /* 创建一个消息队列 */
```

```
58.    test_mq = rt_mq_create("test_mq",            /* 消息队列名字 */
59.                         4,                    /* 消息的最大长度 */
60.                         2,                    /* 消息队列的最大容量 */
61.                         RT_IPC_FLAG_FIFO);   /* 队列模式 FIFO(0x00)*/
62.    if (test_mq != RT_NULL)
63.        rt_kprintf("消息队列创建成功! \n\n");
64.    key_thread = rt_thread_create(  "keythread",
65.                                 key_thread_entry,
66.                                 RT_NULL,        // arg
67.                                 1024*4,       // statck size
68.                                 11,          // priority
69.                                 10);         // slice ticks
70.    if (key_thread == NULL)
71.    {    rt_kprintf("create key thread fail!\r\n");
72.}
73.else
74.    {rt_thread_startup(key_thread);
75.    }
76.    return 0;
77.}
-------------------------------------------------------------------------------
```

中断服务函数在 rtt_key.c 中编写，并且通过消息队列告知线程，如代码清单 20-9 所示。

代码清单 20-9　按键中断程序代码

```
-------------------------------------------------------------------------------
2.rt_uint8_t rt_interrupt_get_nest(void);
3.#include "rtt_key.h"
4.#include "rtthread.h"
5.#include "drv_gpio.h"
6.#include "ls1b_gpio.h"
7.rt_device_t devGPIO;
8.#define KEY_1    1
9.#define KEY_2    40
10.#define KEY_3    41
11.#define KEY_UP   0
12.int buf1[2] = {KEY_1, 0};
13.int buf2[2] = {KEY_2, 0};
14.int buf3[2] = {KEY_3, 0};
15.int buf4[2] = {KEY_UP, 0};
16.unsigned char flag = 0;
17.void KEY_IO_config(void)
18.{  /* 此处省略代码 */
19.}
20.unsigned char key_scan(void)
21.{  /* 此处省略代码 */
22.}
23. /* 外部定义消息队列控制块 */
24.extern rt_mq_t test_mq;
25.unsigned int send_data1 = 1;
26.unsigned int send_data2 = 2;
27.//按键 1 中断回调函数
28.static void key1_interrupt_isr(int vector, void * param)
```

```
29.{   //将数据写入消息队列中
30.    rt_mq_send( test_mq,             //写入的队列句柄
31.              &send_data1,          //写入的数据
32.              sizeof(send_data1)); //数据长度
33.}
34.//按键 2 中断回调函数
35.static void key2_interrupt_isr(int vector, void * param)
36.{    //将数据写入消息队列中
37.    rt_mq_send( test_mq,             //写入的队列句柄
38.              &send_data2,          //写入的数据
39.              sizeof(send_data2)); //数据长度
40.}
41.//按键中断初始
42.void key_interrupt_init(void)
43.{   //禁用按键中断
44.    ls1x_disable_gpio_interrupt(KEY_1);
45.    ls1x_disable_gpio_interrupt(KEY_2);
46.    //按键中断处理函数初始化
47.    ls1x_install_gpio_isr(KEY_1, INT_TRIG_EDGE_DOWN, key1_interrupt_isr, 0);
48.    ls1x_install_gpio_isr(KEY_2, INT_TRIG_EDGE_DOWN, key2_interrupt_isr, 0);
49.    //使能按键中断
50.    ls1x_enable_gpio_interrupt(KEY_1);
51.    ls1x_enable_gpio_interrupt(KEY_2);
52.}
--------------------------------------------------------------------------------
```

第 3 步：运行程序，等待加载完成。

按下开发板上的 KEY1 按键触发中断发送消息 1，按下 KEY2 按键发送消息 2，如图 20-5 所示。

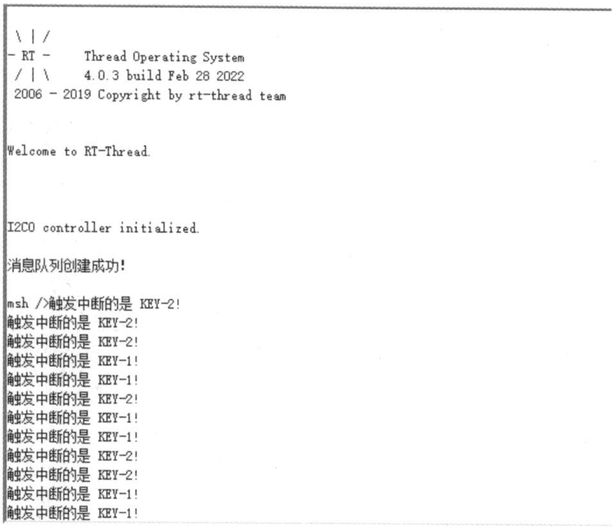

```
 \ | /
- RT -     Thread Operating System
 / | \     4.0.3 build Feb 28 2022
 2006 - 2019 Copyright by rt-thread team


Welcome to RT-Thread.



I2C0 controller initialized.

消息队列创建成功!

msh />触发中断的是 KEY-2!
触发中断的是 KEY-2!
触发中断的是 KEY-2!
触发中断的是 KEY-1!
触发中断的是 KEY-1!
触发中断的是 KEY-2!
触发中断的是 KEY-1!
触发中断的是 KEY-1!
触发中断的是 KEY-2!
触发中断的是 KEY-2!
触发中断的是 KEY-1!
触发中断的是 KEY-1!
```

图 20-5　按键触发中断运行现象

四、任务拓展

请查看本书配套资源，了解拓展任务要求和程序代码。

拓展任务 20-1：在中断服务程序发送信号量。

第三篇　龙芯 1B 处理器 RT-Thread 实时操作系统应用开发

第 21 章 1+X 证书考核综合实训

本章主要介绍嵌入式边缘计算软硬件开发 1+X 证书中级考证设备的 6 个模块硬件电路原理及其软件编程方法和步骤，以及多模块综合应用。通过理实一体化的学习，读者应能熟练应用 1+X 证书中级考证设备，达到考证要求。

教学目标

知识目标	1. 掌握嵌入式边缘计算软硬件开发 1+X 证书中级考证设备模块构成及其功能
	2. 理解交通灯模块电路原理和接口
	3. 理解点阵屏模块电路原理和接口
	4. 理解超声波模块电路原理和接口
	5. 理解舵机转盘模块电路原理和接口
	6. 理解温控模块电路原理和接口
	7. 理解传感器模块电路原理和接口
	8. 理解场景应用模块电路原理和接口
技能目标	1. 熟练编写交通灯模块 RTT 程序
	2. 熟练编写点阵屏模块 RTT 程序
	3. 熟练编写超声波模块 RTT 程序
	4. 熟练编写舵机转盘模块 RTT 程序
	5. 熟练编写温控模块电路 RTT 程序
	6. 熟练编写传感器模块 RTT 程序
	7. 熟练编写交通灯模块 RTT 程序
	8. 熟练编写场景应用模块 RTT 程序
	9. 能熟练进行软硬件调试
素质目标	1. 培养学生的职业精神、工匠精神
	2. 培养学生的标准意识、规范意识、安全意识、服务质量意识
	3. 培养学生团队协作、表达沟通能力

任务 26　交通灯控制系统应用开发

一、任务描述

采用龙芯 1+X 开发板和交通灯模块，模拟交通灯控制系统。交通灯模块上标有上北（N）、下南（S）、左西（W）、右东（E），以及人行道。本任务需要实现的功能是：系统运行时，NS 通行绿灯亮 30 秒，纵向箭头流水灯显示；然后黄灯亮 3 秒，且纵向箭头 LED 灯不点亮；WE 通行绿灯亮 30 秒，横向箭头流水灯显示；黄灯亮 3 秒，且横向箭头 LED 灯不点亮；数码管实时显示倒计时。

二、任务分析

1. 硬件电路分析

（1）模块与开发板接口

交通灯模块与龙芯 1+X 开发板的接口电路如图 21-1 所示。

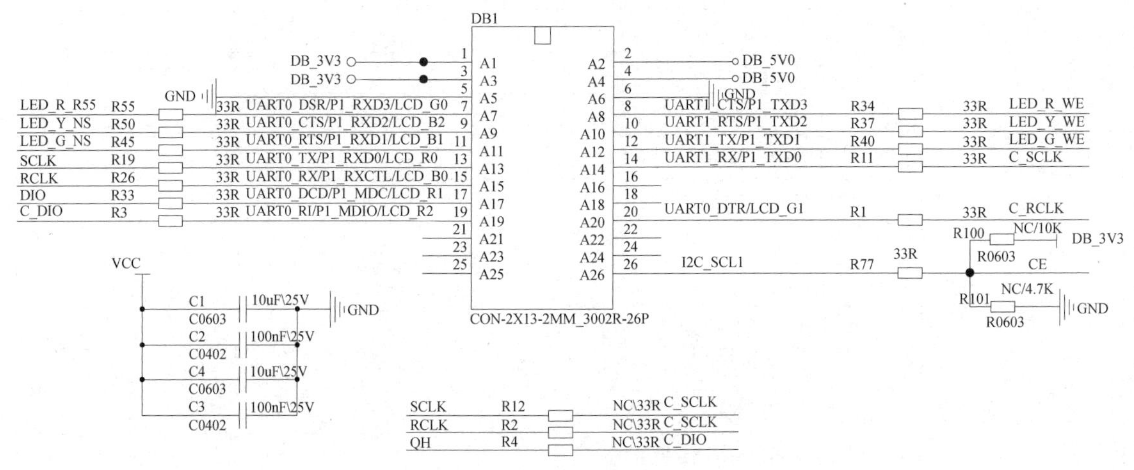

图 21-1　交通灯模块与龙芯 1+X 开发板的接口电路图

①东西南北车道信号灯的控制引脚为：

UART0_DSR/P1_RXD3/LCD_G0 -- LED_R_NS -- GPIO46；

UART0_CTS/P1_RXD2/LCD_B2 -- LED_Y_NS -- GPIO45；

UART0_RTS/P1_RXD1/LCD_B1 -- LED_G_NS-- GPIO44；

UART1_CTS/P1_TXD3 -- LED_R_WE-- GPIO53；

UART1_RTS/P1_TXD2 -- LED_Y_WE-- GPIO52；

UART1_TX/P1_TXD1-- LED_G_WE-- GPIO51；

②U3 和 U4 的控制引脚为：

UART0_TX/P1_RXD0/LCD_R0-- SCLK-- GPIO43

UART0_RX/P1_RXCTL/LCD_B0-- RCLK　-- GPIO42

UART0_DCD/P1_MDC/LCD_R1　　-- DIO-- GPIO48

③U1 和 U2 的控制引脚为：

UART0_RI/P1_MDIO/LCD_R2　　-- C_DIO　　-- GPIO49

UART1_RX/P1_TXD0　　　　　-- C_SCLK-- GPIO50

UART0_DTR/LCD_G1-- C_RCLK-- GPIO47

④四片 74HC595 芯片的使能引脚为：

I2C_SCL1--CE--GPIO39

（2）数码管和 LED 控制电路

交通灯模块上的 4 个双位共阳极的数码管，采用两片 74HC595（U3 和 U4）分别控制数码管的位和段；采用两片 74HC959（U1 和 U2）控制人行道信号和四个方向箭头信号，如图 21-2 所示。

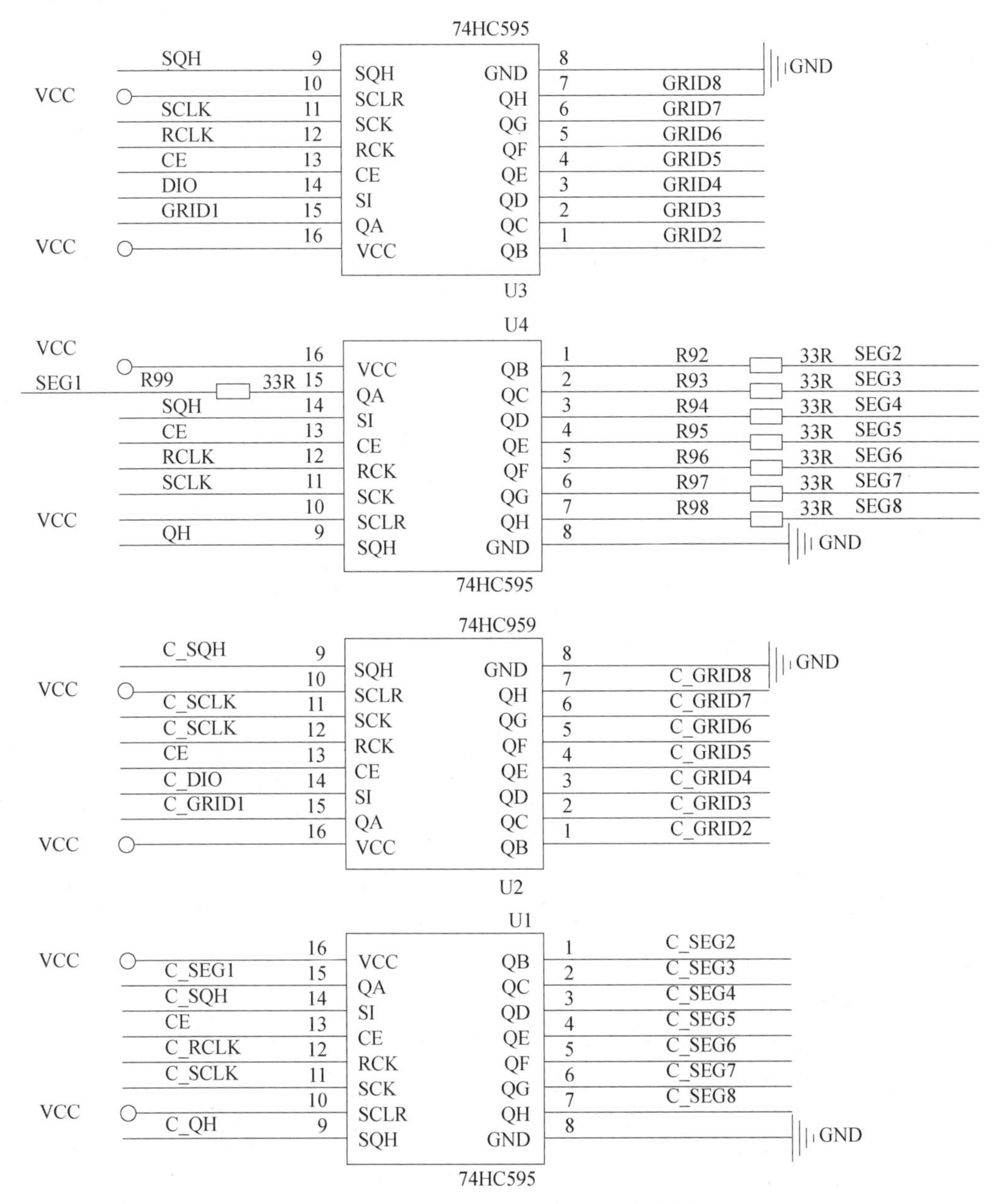

图 21-2　74HC595 和 74HC959 电路图

将 U1 与 U2 级联，U3 与 U4 级联；使能引脚共用同一个控制引脚 CE；查看 74HC595 使用手册可以得知使能引脚低电平有效，如代码清单 21-1 所示。

代码清单 21-1　数据输入代码清单

```
--------------------------------------------------------------------------------
1.rt_device_control(devGPIO, IOCTL_GPIO_OUTPUT, CE);
2.rt_device_control(devGPIO, IOCTL_GPIO_SET_LOW, CE);//输出低电平，使能 HC595
--------------------------------------------------------------------------------
```

交通灯红、黄、绿三色灯是由单独的 I/O 口控制的，数码管的位和段分别用 U3 和 U4 控制；人行信号灯的位和段分别用 U2 和 U1 控制，如图 21-3 所示。

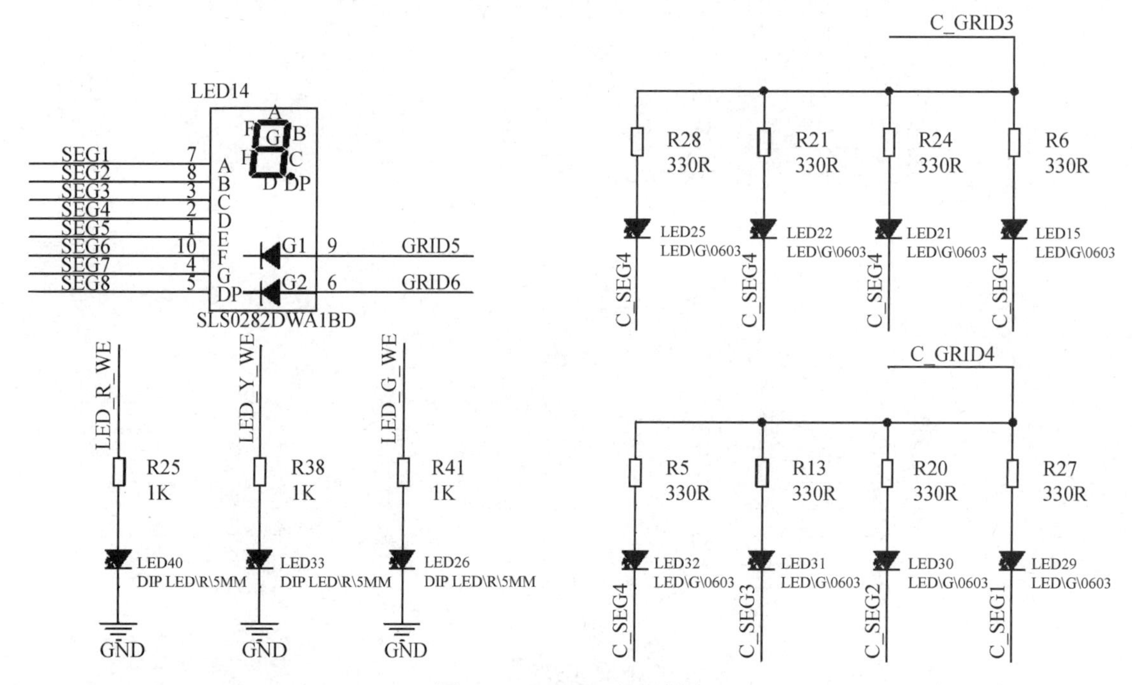

图 21-3　LED 驱动电路图

2. 软件设计

（1）在做交通灯实验时，在 RT-Thread 中创建两个线程，一个负责数码管倒计时的显示与交通灯的显示，一个负责人行道信号灯的显示；创建一个定时器，定时 250ms 时间，用于四个箭头信号灯进行流水灯显示；创建一个事件集，用于线程 1 与线程 2 之间的同步。

（2）数码管的倒计时将使用 RTC 中断处理，每 1 秒产生一次中断，Second 自加 1。

（3）交通灯实现可分为以下四个阶段进行。

第 1 阶段：系统运行时，NS 通行绿灯亮 30 秒，纵向箭头流水灯显示。

第 2 阶段：黄灯亮 5 秒，且四个箭头 LED 灯不点亮。

第 3 阶段：WE 通行绿灯亮 30 秒，横向箭头流水灯显示。

第 4 阶段：黄灯亮 5 秒，且四个箭头 LED 灯不点亮。

在此期间，数码管一直都实时显示倒计时。

（4）最后进入循环显示。

三、任务实施

第 1 步：硬件连接

先用 USB 转串口线连接计算机 USB 和龙芯 1+X 口袋机的串口（UART5），再接上 Type-C 线给龙芯 1+X 口袋机上电；使用准备好的排线通过口袋机 DB1 接口与交通灯模块相连。

第 2 步：新建工程

首先，打开“龙芯 1X 嵌入式集成开发环境”，依次选择“文件”→“新建”→“新建项目向导”→“选择 MCU 型号 LS1B200”→“工具链”→“RTOS 使用”RT-Thead…”方式，单击“新建”按钮新建工程。

第 3 步：编写程序

在自动生成代码的基础上，编写代码。这里我们分析几个重要函数，其他部分程序大家可以打开工程文件查看：“RTT_TrafficLight/RTT_TrafficLight.lxp”。

1. 74HC595 驱动程序

74HC595 是一个 8 位串行输入、并行输出的位移缓存器；在 SCK 的上升沿，串行数据由 SDL 输入到内部的 8 位位移缓存器中，并由 Q7 输出，而并行输出则是在 LCK 的上升沿时，将移缓存器中 8 位数据存入到 8 位并行输出缓存器中，如代码清单 21-2 所示。

代码清单 21-2　数据输入代码清单

```
-------------------------------------------------------------------------------
1.void HC_Display(unsigned char dat)
2.{   unsigned char i;
3.    for(i = 0; i < 8; i++)
4.    {   if( ( dat << i ) & 0x80)//先发送高位，后发送低位
5.        {   DATA_H;//发送高电平
6.        }
7.        else
8.        {   DATA_L;//发送低电平
9.        }
10.         SCLK_L;
11.         delay_us(1);
12.         SCLK_H;//产生一个上升沿，使数据寄存器的数据发送移位
13.    }
14.}
-------------------------------------------------------------------------------
```

使用上述函数时，只是将位数据逐位移入 74HC595 中，即数据串行输入；但若要并行输出，则需要 ST_CP 产生一个上升沿，如代码清单 21-3 所示。

代码清单 21-3　数据输出代码清单

```
-------------------------------------------------------------------------------
1.void HC_Disp_Out(void)
2.{   RCLK_L;//输出低电平
3.    delay_us(1);
4.    RCLK_H;//输出高电平
5.}
-------------------------------------------------------------------------------
```

2. 数码管动态扫描函数

在写函数之前我们先要定义几个全局数组，如代码清单 21-4 所示。

代码清单 21-4　全局变量代码清单

```
-------------------------------------------------------------------------------
1.//数码管共阳极编码
2.unsigned char du[10] = {0xc0,0xf9,0xa4,0xb0,0x99,0x92,0x82,0xf8,0x80,0x90};//
数字 0~9
3.unsigned char we[8] = {0x01,0x02,0x04,0x08,0x10,0x20,0x40,0x80};    //数码管 0~7
4.unsigned char DisplayData[8];                                        //存放数码管显示的数据
5.volatile unsigned int Time = 0,Second = 0;//计时
-------------------------------------------------------------------------------
```

由于模块上使用了 4 个双位的阳极数码管，若想要它动态地实时显示倒计时的数字，那需要如何设计呢？请查看代码清单 21-5。

代码清单 21-5　数码管动态扫描代码清单

```
-------------------------------------------------------------------------------
1.void DigDisplay(void)
2.{   unsigned char i;
3.    for(i=0; i<8; i++)
4.    {   HC_Display(DisplayData[i]); //发送段码
5.        switch(i)                 //位选，选择点亮的数码管，
6.        {   case(0):HC_Display(we[i]);break;//显示第 0 位
7.            case(1):HC_Display(we[i]);break;//显示第 1 位
8.            case(2):HC_Display(we[i]);break;//显示第 2 位
9.            case(3):HC_Display(we[i]);break;//显示第 3 位
10.           case(4):HC_Display(we[i]);break;//显示第 4 位
11.           case(5):HC_Display(we[i]);break;//显示第 5 位
12.           case(6):HC_Display(we[i]);break;//显示第 6 位
13.           case(7):HC_Display(we[i]);break;//显示第 7 位
14.        }
15.        HC_Disp_Out();
16.        delay_us(20);
17.        HC_Display(0x00);//消影
18.        HC_Disp_Out();
19.    }
20.}
-------------------------------------------------------------------------------
```

只有这样数码管才能不断地、循环地扫描，使数字实时显示在数码管上。

3. 人行道信号灯驱动函数

下面简单地介绍下人行道上 LED 灯是如何点亮的，从原理图可以得知，人行道上 LED 灯也是用 74HC595 驱动的，所以其方法跟驱动数码管时的方法相似，如代码清单 21-6 所示。

代码清单 21-6　NS 方向的人行道 LED 代码清单

```
-------------------------------------------------------------------------------
1./*****************************************************************************
*********
2. **函数功能：实现 NS 方向的人行道通行；NS 方向的箭头实现跑马灯。
3. **说明：
```

```
4.
**********************************************************************************
******/
5.#define NS_Go_WE_Stop {HC_SideWalk(0x90);HC_SideWalk(0x30);HC_SideWalk_Out();\
6.HC_SideWalk(0xa0);HC_SideWalk(0xc0);HC_SideWalk_Out();} //人行道 WE 禁止通行，NS
通行
7.//实现 NS 方向的箭头实现跑马灯
8.void Sidewalk_NS_Go(void)
9.{   NS_Go_WE_Stop;
10.    if(Time <= 1)
11.    {   HC_SideWalk(0x0e);
12.        HC_SideWalk(0x06);
13.        HC_SideWalk_Out();    //NS 方向箭头第一个 LED 灯点亮
14.    }
15.    else if(Time <= 2)
16.    {   HC_SideWalk(0x0c);
17.        HC_SideWalk(0x06);
18.        HC_SideWalk_Out();    //NS 方向箭头第二个 LED 灯点亮
19.    }
20.    else if(Time <= 3)
21.    {   HC_SideWalk(0x08);
22.        HC_SideWalk(0x06);
23.        HC_SideWalk_Out();    //NS 方向箭头第三个 LED 灯点亮
24.    }
25.    else if(Time <= 4)
26.    {   HC_SideWalk(0x00);
27.        HC_SideWalk(0x06);
28.        HC_SideWalk_Out();    //NS 方向箭头第四个 LED 灯点亮
29.    }
30.    else if(Time <= 5)
31.    {   HC_SideWalk(0x0f);
32.        HC_SideWalk(0x06);
33.        HC_SideWalk_Out();    //NS 方向箭头四个 LED 灯全部熄灭
34.    }
35.    else
36.    {   Time = 0;
37.    }
38.}
------------------------------------------------------------------------------
```

实现 WE 方向的人行道通行和 WE 方向的箭头跑马灯，可以参考此代码。

4. 实现交通灯主体程序

如代码清单 21-7 所示。

代码清单 21-7　实现交通灯代码清单

```
------------------------------------------------------------------------------
1.//RTC 中断处理函数
2.static void rtctimer_callback(int device, unsigned match, int *stop)
3.{    Second++;//用于数码管倒计时
4.}
5.#define TotalTime 70     //总时间
6.#define NSGoTime  30     //NS 通行的时间
7.#define YTime     3     //黄灯闪烁时间 3*2
```

```
8.#define WEGoTime  30    //WE 通行的时间
9.void TrafficDis(void)
10.{    //交通灯总时间
11.    if(Second >= TotalTime)
12.    {    Second = 1;
13.    }
14.    //--上下通行，30 秒--//
15.    if(Second <= NSGoTime)
16.    {   //发送事件，唤醒人行道信号显示线程 -- 南北通行
17.        rt_event_send(sidewalk_event, NS_GO_EVENT);
18.        DisplayData[0] = du[(NSGoTime - Second) % 100 / 10]; //取十位
19.        DisplayData[1] = du[(NSGoTime - Second) %10]; //取个位
20.        DisplayData[2] = DisplayData[0];
21.        DisplayData[3] = DisplayData[1];
22.        DisplayData[4] = du[((NSGoTime+YTime) - Second) % 100 / 10];
23.        DisplayData[5] = du[((NSGoTime+YTime) - Second) %10];
24.        DisplayData[6] = DisplayData[4];
25.        DisplayData[7] = DisplayData[5];
26.        //--上下通行--
27.        LED_ALL_OFF();       //将所有的灯熄灭
28.        LED_NS_G_ON;         //上下绿灯亮
29.        LED_WE_R_ON;         //左右红灯亮
30.    }
31.    //--黄灯等待切换状态，5 秒--//
32.    else if(Second <= (NSGoTime+YTime))
33.    {   //发送事件，唤醒人行道信号显示线程 -- 黄灯闪烁
34.        rt_event_send(sidewalk_event, Y_Twinkle_EVENT);
35.        DisplayData[0] = du[((NSGoTime+YTime) - Second) % 100 / 10];
36.        DisplayData[1] = du[((NSGoTime+YTime) - Second) %10];
37.        DisplayData[2] = DisplayData[0];
38.        DisplayData[3] = DisplayData[1];
39.        DisplayData[4] = du[((NSGoTime+YTime) - Second) % 100 / 10];
40.        DisplayData[5] = du[((NSGoTime+YTime) - Second) %10];
41.        DisplayData[6] = DisplayData[4];
42.        DisplayData[7] = DisplayData[5];
43.    }
44.    //--左右通行，30 秒--//
45.    else if(Second <= (NSGoTime+WEGoTime+YTime))
46.    {   //发送事件，唤醒人行道信号显示线程 -- 东西通行
47.        rt_event_send(sidewalk_event, WE_GO_EVENT);
48.        DisplayData[0] = du[(TotalTime - Second) % 100 / 10];
49.        DisplayData[1] = du[(TotalTime - Second) %10];
50.        DisplayData[2] = DisplayData[0];
51.        DisplayData[3] = DisplayData[1];
52.        DisplayData[4] = du[((TotalTime - YTime) - Second) % 100 / 10];
53.        DisplayData[5] = du[((TotalTime - YTime) - Second) %10];
54.        DisplayData[6] = DisplayData[4];
55.        DisplayData[7] = DisplayData[5];
56.        //--左右通行--//
57.        LED_ALL_OFF();       //将所有的灯熄灭
58.        LED_WE_G_ON;         //左右绿灯亮
59.        LED_NS_R_ON;         //上下红灯亮
60.    }
61.    //--黄灯等待切换状态，5 秒--//
62.    else
```

```
63.     {   //发送事件，唤醒人行道信号显示线程 -- 黄灯闪烁
64.         rt_event_send(sidewalk_event, Y_Twinkle_EVENT);
65.         DisplayData[0] = du[(TotalTime - Second) % 100 / 10];
66.         DisplayData[1] = du[(TotalTime - Second) %10];
67.         DisplayData[2] = DisplayData[0];
68.         DisplayData[3] = DisplayData[1];
69.         DisplayData[4] = du[(TotalTime - Second) % 100 / 10];
70.         DisplayData[5] = du[(TotalTime - Second) %10];
71.         DisplayData[6] = DisplayData[4];
72.         DisplayData[7] = DisplayData[5];
73.     }
74.     DigDisplay();//显示数字
75.}
-----------------------------------------------------------------------------
```

若要实时地动态显示倒计时效果，那么可以将该函数单独放到一个线程中。

第 4 步：程序编译及调试

（1）单击“编译”图标，编译无误后，单击“运行”图标，将程序加载到内存之中。

（2）测试程序，观察交通灯运行现象，如图 21-4 所示。

图 21-4　交通灯模块运行效果

程序开始运行后， NS 通行绿灯亮 30 秒，纵向箭头流水灯显示；然后黄灯亮 3 秒，且 4 个箭头 LED 灯不点亮；WE 通行绿灯亮 30 秒，横向箭头流水灯显示； 黄灯亮 3 秒，且 4 个箭头 LED 灯不点亮；数码管实时显示倒计时。

四、任务拓展

请查看本书配套资源，了解拓展任务要求，编写程序，实现相应功能。

拓展任务 21-1：实现时间可调节的交通灯系统。

任务 27　LED 点阵屏应用开发

一、任务描述

采用龙芯 1+X 开发板和 LED 点阵屏模块，实现 LED 点阵屏显示系统。需要实现的功能是：

在 LED 屏上点亮一个点、一条线，以及显示字符、汉字、图形等。

二、任务分析

1. 硬件电路分析

采用 5 片 74HC595 芯片控制 6 个 8×8 点阵模组，点阵模块电路如图 21-5 所示。

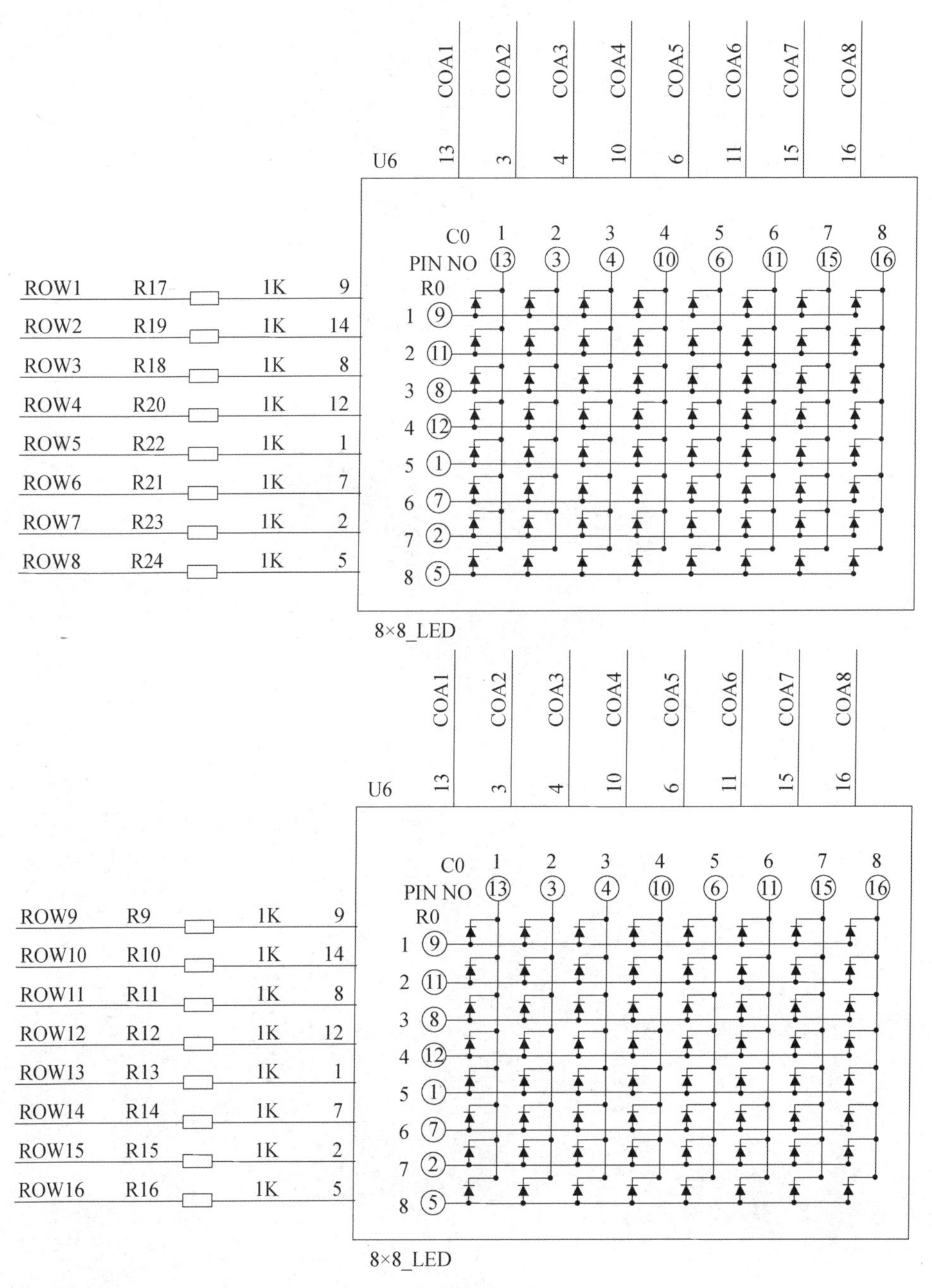

图 21-5　点阵屏模块原理图（部分）

该点阵屏模块使用了 5 片 74HC595，U0 和 U1 为控制点阵屏的行线；U2、U3 和 U4 为控制点阵屏的列线。控制 74HC595 引脚说明如下：

UART0_TX/P1_RXD0/LCD_R0-- SCLK-- GPIO43
UART0_RX/P1_RXCTL/LCD_B0-- RCLK -- GPIO42
UART0_DCD/P1_MDC/LCD_R1 -- DIO-- GPIO48
I2C_SCL1 --CE --GPIO39

2. 软件设计

（1）在做LED点阵屏实验时要在RT-Thread中创建三个线程，其中两个分别负责LED点阵屏显示的内容，另外一个为按键线程，负责切换LED屏显示的内容；再创建一个邮箱和一个消息队列，用于线程之间通信。

（2）静态显示：一个字符、汉字以及图案。

（3）动态显示：从下往上滚动或从右往左滚动显示字符串、多个汉字以及图案。

三、任务实施

第1步：硬件连接

先用USB转串口线连接计算机USB和龙芯1+X口袋机的串口（UART5），再接上Type-C线给龙芯1+X口袋机上电；使用准备好的排线通过口袋机DB1接口与LED点阵屏模块相连。

第2步：新建工程

首先，打开“龙芯1X嵌入式集成开发环境”，依次选择“文件”→“新建”→“新建项目向导”→“选择MCU型号LS1B200”→“工具链”→“RTOS使用”RT-Thead…”方式，单击“新建”按钮新建工程。

第3步：编写程序

在自动生成代码的基础上，编写代码。这里我们分析几个重要函数，其他部分程序大家可以打开工程文件查看：“RTT_Matrix/RTT_Matrix.lxp”；由于74HC595的驱动程序前面已经介绍了，这里就不再介绍。

1. 定义全局变量

在开始编写代码之前，先定义好需要的几个全局变量，如代码清单21-8所示。

代码清单21-8 全局变量代码清单

```
--------------------------------------------------------------------------------
1.//行扫描数据编码
2.unsigned short Data_H[32] = { 0x01, 0x02, 0x04, 0x08, 0x10, 0x20, 0x40, 0x80, 0x00,
3.                              0x00, 0x00, 0x00, 0x00, 0x00, 0x00, 0x00, //第一个行管
4.                              0x00, 0x00, 0x00, 0x00, 0x00, 0x00, 0x00, 0x00, 0x01,
5.                              0x02, 0x04, 0x08, 0x10, 0x20, 0x40, 0x80  //第二个行管
6.                            };
7.//列扫描数据编码
8.unsigned                      char                      Data_L[24][3]               =
{{0xff,0xff,0xfe},{0xff,0xff,0xfd},{0xff,0xff,0xfb},
9.                               {0xff,0xff,0xf7},{0xff,0xff,0xef},{0xff,0xff,0xdf},
10.                               {0xff,0xff,0xbf},{0xff,0xff,0x7f},//第一个列管
11.
{0xff,0xfe,0xff},{0xff,0xfd,0xff},{0xff,0xfb,0xff},
```

```
12.
{0xff,0xf7,0xff},{0xff,0xef,0xff},{0xff,0xdf,0xff},
13.                             {0xff,0xbf,0xff},{0xff,0x7f,0xff},//第二个列管
14.
{0xfe,0xff,0xff},{0xfd,0xff,0xff},{0xfb,0xff,0xff},
15.
{0xf7,0xff,0xff},{0xef,0xff,0xff},{0xdf,0xff,0xff},
16.                             {0xbf,0xff,0xff},{0x7f,0xff,0xff},//第三个列管
--------------------------------------------------------------------------------
```

2. 行扫描（行检测）

行扫描，顾名思义就是一行一行地显示，那么如何进行呢？请看代码清单 21-9。

代码清单 21-9　行扫描代码清单

```
--------------------------------------------------------------------------------
1.void Dis_H(void)
2.{   unsigned char i;
3.    for(i = 0; i < 16; i++)//总共16行
4.    {   HC595_Send_Data(0x00);
5.        HC595_Send_Data(0x00);
6.        HC595_Send_Data(0x00);//保持列管电平状态一直为低电平
7.        HC595_Send_Data(Data_H[i+16]);
8.        HC595_Send_Data(Data_H[i]);//循环点亮每行
9.        HC595_Out();//输出
10.        delay_ms(300);
11.    }
12.}
--------------------------------------------------------------------------------
```

3. 列扫描（列检测）

列扫描顾名思义就是一列一列地显示，那么如何进行呢？请看代码清单 21-10。

代码清单 21-10　列扫描代码清单

```
--------------------------------------------------------------------------------
1.void Dis_L(void)
2.{   unsigned char i;
3.    for(i = 0; i < 24; i++)//总共24列
4.    {   HC595_Send_Data(Data_L[i][0]);
5.        HC595_Send_Data(Data_L[i][1]);
6.        HC595_Send_Data(Data_L[i][2]);//循环显示每列
7.        HC595_Send_Data(0xff);
8.        HC595_Send_Data(0xff);//保持行管的电平状态一直为高电平
9.        HC595_Out();//输出
10.        delay_ms(300);
11.    }
12.}
--------------------------------------------------------------------------------
```

上面函数的功能只是循环显示每行或每列，那么如果我们需要显示一个汉字或字符，那需要如何来设计呢？

4. 静态显示

LED 点阵屏可以显示一个汉字和字符、图片等，那么就必须时刻地改变点阵屏的行列的电平状态，下面就以行扫描的方式来设计，如代码清单 21-11 所示。

代码清单 21-11　静态显示代码清单

```
------------------------------------------------------------------------
1.void Dis_Char(unsigned char *data)//传入显示的内容
2.{   unsigned char i,j = 0;
3.    for(i = 0; i < 16; i++)//扫描 16 行
4.    {   HC595_Send_Data(data[j+2]);
5.        HC595_Send_Data(data[j+1]);
6.        HC595_Send_Data(data[j]);
7.        HC595_Send_Data(Data_H[i+16]);
8.        HC595_Send_Data(Data_H[i]);
9.        HC595_Out();
10.    //由于采用的是行扫描的方式显示，每一行的列是由三个 HC595 控制的，所以扫描完一行需偏移 3 列
11.        j += 3;
12.    }
13.    j = 0;
14.}
------------------------------------------------------------------------
```

该函数的功能只能固定显示，即一次只能显示一个汉字或字符，如果我们想要动态显示的效果，那要如何在其基础上更改呢？

5. 动态显示

可连续显示汉字和字符、图片等，如代码清单 21-12 所示。

代码清单 21-12　动态显示代码清单

```
------------------------------------------------------------------------
1.void Dis_Dynamic(unsigned char *data, unsigned int len)
2.{   static unsigned int cnt = 0;
3.    unsigned char i,k;
4.    while(cnt < len)//判断显示字符长度
5.    {   unsigned char j = 0;
6.        for(k = 0; k < 200; k++)//控制变换字符的速度
7.        {   for(i = 0; i < 16; i++)//扫描 16 行
8.            {   HC595_Send_Data(data[j+2+cnt]);
9.                HC595_Send_Data(data[j+1+cnt]);
10.                HC595_Send_Data(data[j+cnt]);
11.                HC595_Send_Data(Data_H[i+16]);
12.                HC595_Send_Data(Data_H[i]);
13.                HC595_Out();
14.//由于采用的是行扫描的方式显示，每一行的列是由三个 HC595 控制的，所以扫描完一行需偏移 3 列
15.                j += 3;
16.            }
17.            j = 0;
18.        }
19.//由于 16*24 规格的点阵，通过取模软件每个汉字的大小占 48 字节，所以加 48，显示下一个字
20.        cnt += 48;
21.    }
22.    cnt=0;
23.}
------------------------------------------------------------------------
```

该函数的功能只能动态地显示，即切换显示一个汉字或字符，如果我们想要滚动显示的效

果，那要如何在其基础上更改呢？

6. 从下往上滚动显示

可以从下往上连续地显示汉字、字符或简单图案等，如代码清单 21-13 所示。

代码清单 21-13　动态显示代码清单

```
--------------------------------------------------------------------------------
1.void Dis_Roll(unsigned char *data, unsigned int len)
2.{   static unsigned int cnt = 0;
3.    unsigned char i,k;
4.    while(cnt < len - 48)
5.    {   unsigned char j = 0;
6.        for(k = 0; k < 50; k++)//控制变换字符的速度
7.        {   for(i = 0; i < 16; i++)//扫描16行
8.            {   HC595_Send_Data(data[j+2+cnt]);
9.                HC595_Send_Data(data[j+1+cnt]);
10.                HC595_Send_Data(data[j+cnt]);
11.                HC595_Send_Data(Data_H[i+16]);
12.                HC595_Send_Data(Data_H[i]);
13.                HC595_Out();
14.                delay_us(300);
24.//由于采用的是行扫描的方式显示，每一行的列是由三个HC595控制，所以扫描完一行需偏移3列
15.                j += 3;
16.            }
17.            j = 0;
18.        }
19.        cnt += 3;//每往上移动一行
20.    }
21.    cnt=0;
22.}
--------------------------------------------------------------------------------
```

7. 取模软件介绍

那么最后，汉字字符数据如何获取呢？这里介绍一个非常好用的工具——取字模软件（PCToLCD2002），如图 21-6 所示。

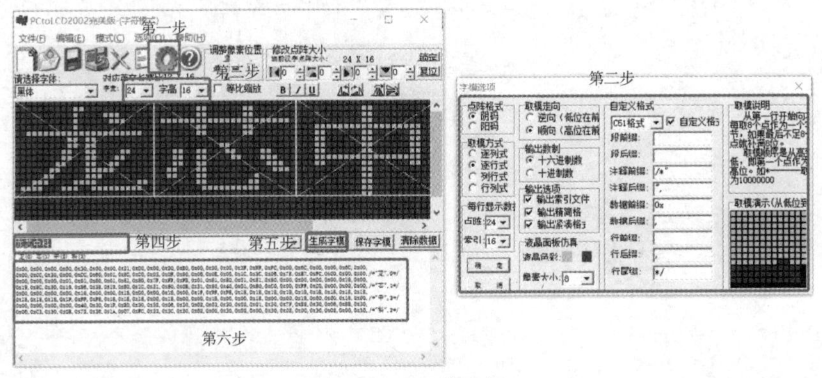

图 21-6　取模设置

取模方法如下：

（1）单击“取模设置”按钮。

（2）在打开的对话框中“点阵模式”选择“阴码”；“取模走向”选择“顺向”；“取模方式”选择“逐行式”；编码格式设为“C51 格式”；其他可选择默认，也可按图中设置。

（3）设置字宽和字高为 24×16。

（4）输入要显示的汉字或字符。

（5）单击“生成字模”按钮。

（6）在输出框中将生成的字模复制到自己的工程中。

第 4 步：程序编译及调试

（1）单击“编译”图标，编译无误后，单击“运行”图标，将程序加载到内存之中。

（2）测试程序，观察现象，按下按键 KEY-UP，可以看到 LED 点阵屏中的汉字从右到左显示“国产化嵌入式人才培养！”，如图 21-7 所示。

按下按键 KEY-2，可以看到 LED 点阵屏中的汉字从下向上显示“龙芯中科”，如图 21-8 所示。

图 21-7 从右到左显示现象

图 21-8 从下向上显示现象

四、任务拓展

请查看本书配套资源，了解拓展任务要求，编写程序，实现相应功能。

拓展任务 21-2：采用列扫描实现静态和动态两种方式显示。

拓展任务 21-3：显示心形图形。

任务 28 舵机控制系统应用开发

一、任务描述

采用龙芯 1+X 开发板和舵机转盘模块，控制舵机在 0～180 度范围内偏转，读出三轴陀螺仪器件数据，计算 PCB 的倾斜角度，进而根据 PCB 的倾斜角度，控制舵机自动偏转。

二、任务分析

1. 硬件电路分析

舵机模块由舵机驱动和三轴陀螺仪两种电路组成。

（1）舵机驱动电路分析

舵机驱动电路采用 1 片 GP7101 芯片输出 PWM 驱动 FS90 舵机，根据输出的 PWM 占空比，控制舵机的偏转角度。舵机驱动电路如图 21-9 所示。

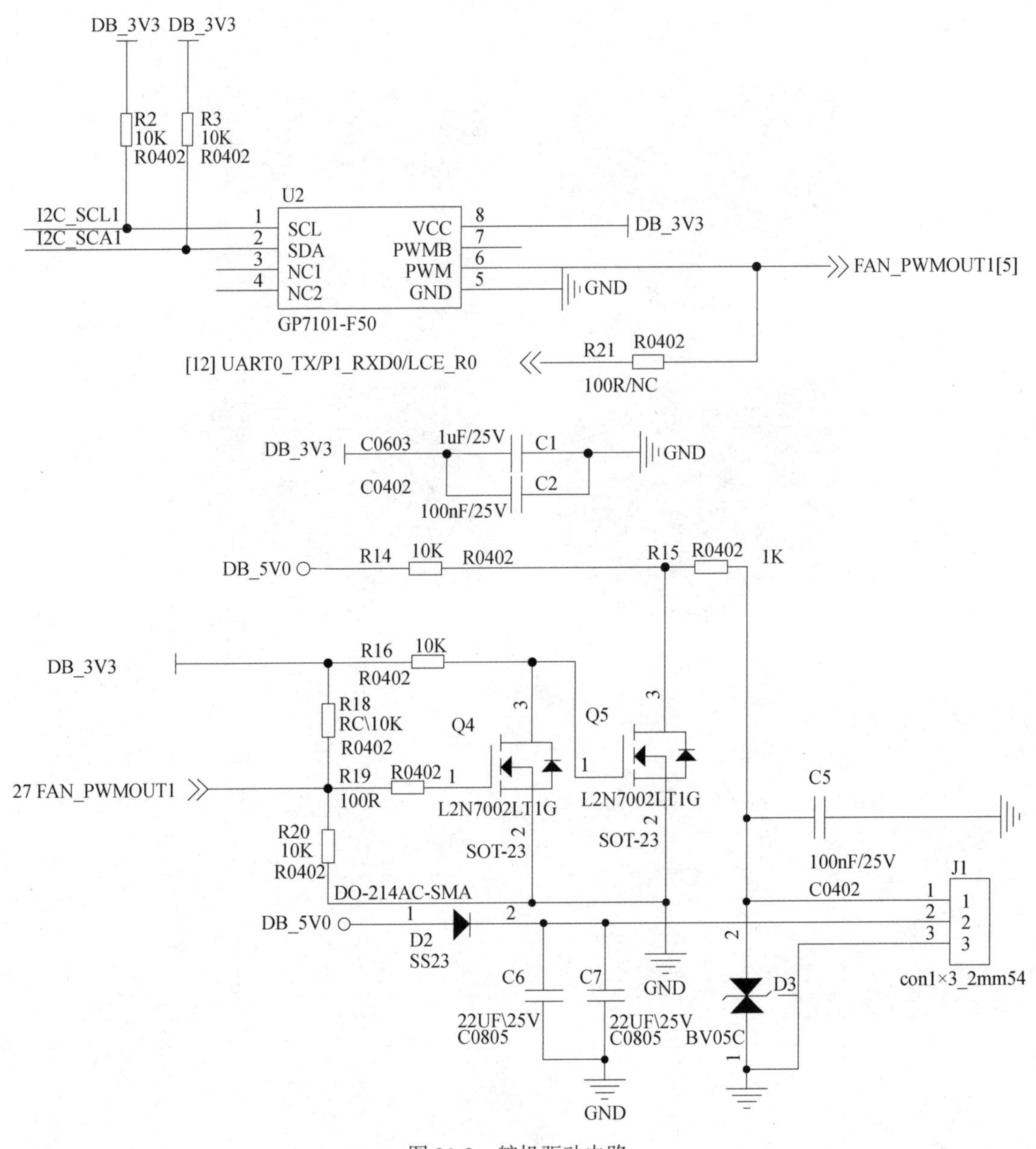

图 21-9　舵机驱动电路

GP7101 是一个 I2C 信号转 PWM 的信号转换器。该芯片可以将按 I2C 协议输入的数据线性转换成占空比为 0%到 100%的 PWM 信号，并且占空比的线性误差小于 0.5%。该芯片产生 PWM 有两种模式：当输入指令为 0X03 时，采用 8 位 PWM 模式；当输入指令为 0X02 时，采用 16 位 PWM 模式。器件地址（7 位）为 GP7101:0x58。

FS90 舵机是一种位置（角度）伺服的驱动器，适用于那些需要角度不断变化并可以保持的控制系统。舵机的控制一般需要一个 20ms 左右的时基脉冲，该脉冲的高电平部分一般为 0.5～2.5ms 范围内的角度控制脉冲部分。以 180 度角度伺服为例，那么对应的控制关系如表 21-1 所示。

表 21-1　周期为 20ms 的舵机角度控制关系

PWM 高电平宽度（时长）	舵机角度
0.5ms	0 度
1.0ms	45 度
1.5ms	90 度
2.0ms-	135 度
2.5ms	180 度

（2）ADXL345 三轴陀螺仪电路分析

ADXL345 三轴陀螺仪电路如图 21-10 所示，ADXL345 三轴陀螺仪支持标准的 I2C 或 SPI 数字接口，自带 32 级 FIFO 存储，并且内部有多种运动状态检测和灵活的中断方式等特性。器件地址（7 位）为 ADXL345:0x53。

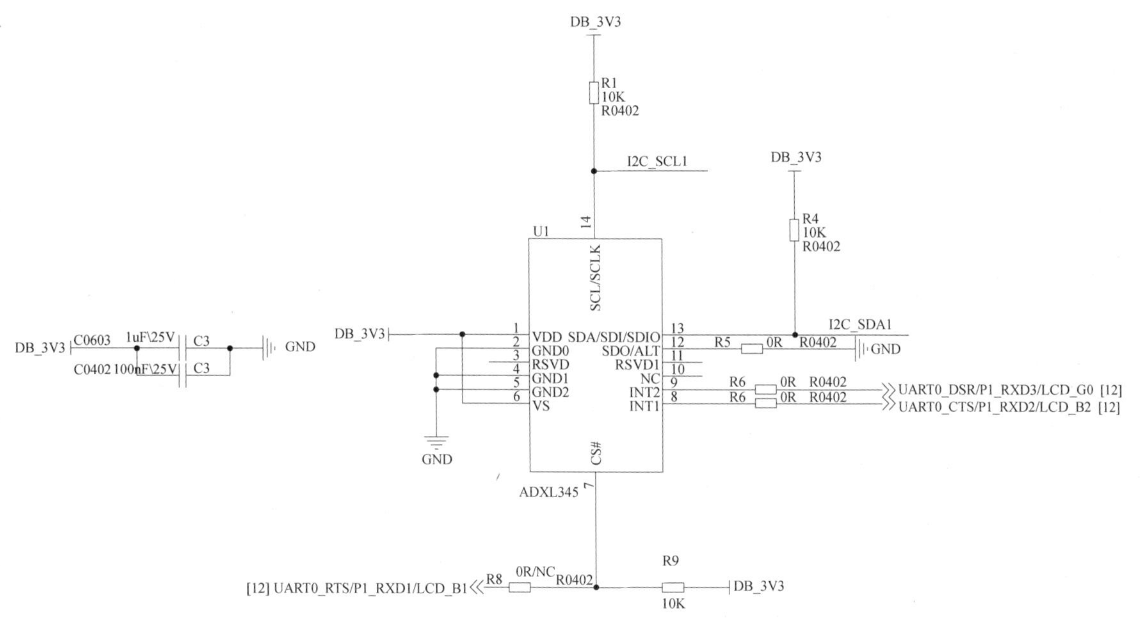

图 21-10　ADXL345 三轴陀螺仪电路

ADXL345 在上电之后，等待 1～2ms，就可以开始发送初始化序列了，初始化序列一结束，ADXL345 就开始正常工作了；初始化序列，最简单的只需要配置 3 个寄存器，这个器件就可正常工作，如表 21-2 所示。

表 21-2　ADXL345 寄存器配置

序号	寄存器地址	寄存器名称	寄存器值	功能描述
1	0x31	DATA_FORMAT	0x0B	±16g，13 位模式
2	0x2D	FOWER_CTL	0x08	测量模式
3	0x2E	IN_ENABLE	0x80	使能 DATA_READY 中断

（3）CAN 与 I2C 切换开关设置

由于本模块采用 I2C1 接口，需要将龙芯 1+X 开发板 CAN 实训处的拨码开关拨到 I2C 边，如图 21-11 所示。

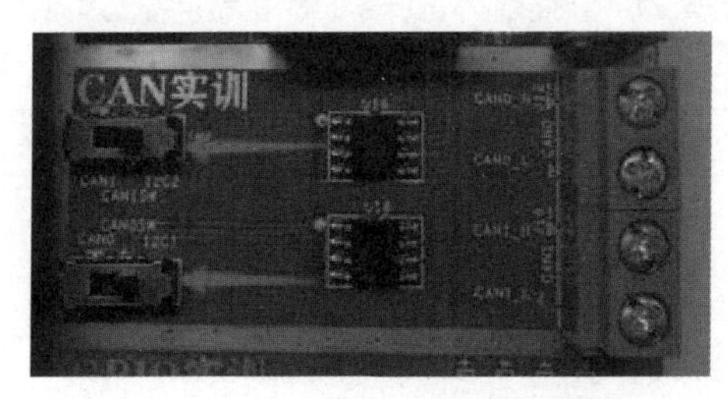

图 21-11　CAN 与 I2C 切换开关

2. 软件设计

（1）软件设计思路：基于 RT-Thread 开发，创建三个线程，再创建一个邮箱；第一个线程是按键线程，主要负责是否开始测试，舵机的指针默认保持在 90 度刻度周围；第二个线程是发送邮件线程，第三个线程是接收邮件线程，没接收到邮件时就一直等待；每封邮件对应不同的功能，例如，复位、向右转、向左转三个指令；接收线程接收到了一封邮件，然后根据邮件内容，做出相应动作。

（2）编写舵机驱动程序和三轴陀螺仪程序。

三、任务实施

第 1 步：硬件连接

先用 USB 转串口线连接计算机 USB 和龙芯 1+X 口袋机的串口（UART5），再接上 Type-C 线给龙芯 1+X 口袋机上电；使用准备好的排线通过口袋机 DB1 接口与舵机转盘相连。

第 2 步：新建工程

首先，打开“龙芯 1X 嵌入式集成开发环境”，依次选择“文件”→“新建”→“新建项目向导”→“选择 MCU 型号 LS1B200”→“工具链”→“RTOS 使用 RT-Thead…”方式，单击“新建”按钮新建工程。

第 3 步：编写程序

在自动生成代码的基础上，编写代码。这里我们分析几个重要函数，其他部分程序大家可以打开工程文件查看：“RTT_Servo/RTT_Servo.lxp”。

1. 舵机驱动程序

由于舵机驱动方式有两种工作模式，这里采用的是 16 位 PWM 模式，如代码清单 21-14 所示。

代码清单 21-14　舵机驱动程序代码清单

```
--------------------------------------------------------------------------------
1.#include "servo.h"
2. #include "ls1x_i2c_bus.h"
3. #define WR_8BIT_CMD              0x03    //8 位 PWM 模式
4. #define WR_16BIT_CMD             0X02    //16 位 PWM 模式
5. #define GP7101_ADDRESS           0x58    //器件地址 7 位
6. #define GP7101_BAUDRATE          1000000 //通信速率
7./*****************************************************************************
**
8. ** 函数功能：控制舵机的偏转角度
9. ** 参数：unsigned char brightpercent：填入的数值为：0 ~ 120
10. ** 说明：周期 20ms
11.         FS90 偏转角度 0~120 度
12.         脉冲宽度范围 900~1500~2100us --> 2949~4915~6881 -->16 位
13.*****************************************************************************
**/
14.void FS90_Set_PWM(unsigned short brightpercent)
15.{   unsigned char data[3] = {0};
16.     unsigned short brightness = brightpercent;
17.     if(brightpercent >= 140)
18.     {  brightness = 2880 - (brightpercent - 140) * 30; //每减 30，指针偏转一度
19.     }
20.     else
21.     {  brightness = 8350 - brightpercent * 40;         //每减 40，指针偏转一度
22.     }
23.     //16 位 PWM 模式
24.     data[0] = WR_16BIT_CMD;
25.     //数据
26.     data[1] = brightness;
27.     data[2] = brightness >> 8;
28.     //起始信号
29.     ls1x_i2c_send_start(busI2C1, GP7101_ADDRESS);
30.     //发送地址
31.     ls1x_i2c_send_addr(busI2C1, GP7101_ADDRESS, false);
32.     //写入数据
33.     ls1x_i2c_write_bytes(busI2C1, data, 3);
34.     //停止信号
35.     ls1x_i2c_send_stop(busI2C1, GP7101_ADDRESS);
36.}
--------------------------------------------------------------------------------
```

2. 三轴陀螺仪驱动程序

三轴陀螺仪若要正常工作，就要对其寄存器进行配置，完成初始化，如代码清单 21-15 所示。

代码清单 21-15　三轴陀螺仪驱动程序代码清单

```
--------------------------------------------------------------------------------
1. /**************************************************************************
2. ** 功能：安装 ADXL345 设备
3. ** 说明：
```

```
4. ***************************************************************************/
5. void ADXL345_install(void)
6. {   unsigned char ADSL_id = 0;
7.     unsigned char conf_16g_13bit = 0x0b;
8.     unsigned char start_mode = 0x08;
9.     I2C1_initialize();//IIC1 初始化
10.     //1.基于龙芯 1B 的 RTT_OS 注册 ADXL345 设备
11.     rt_ls1x_adsl345_install();
12.    //2.获取 ADXL345 设备信息
13.    devADXL = rt_device_find(ADXL345_DEVICE_NAME);
14.    //3.打开设备
15.    rt_device_open(devADXL, RT_DEVICE_FLAG_RDWR);  /* 以读写方式打开 */
16.    //输出高电平，使能 ADXL 器件
17.    rt_device_control(devGPIO, IOCTL_GPIO_SET_HIGH,ADXL_CS);
18.    rt_device_read(devADXL,ADSL_ID_Addr,&ADSL_id,1);
19.    if(ADSL_id == 0xe5)
20.    {   rt_device_write(devADXL,DATA_FORMAT,&conf_16g_13bit,1); //±16g，13 位模式
21.        rt_device_write(devADXL,POWER_CTL,&start_mode,1);       //测量模式
22.    }
23. }
24./***************************************************************************
25.** 功能：   读取 3 个轴的数据(x,y,z)
26.** 参数：   short *x,short *y,short *z
27.** 返回值：无
28.***************************************************************************/
29.static void ADXL345_RD_XYZ(unsigned short *x,unsigned short *y,unsigned short *z)
30.{   unsigned char buf[6] = {0};
31.    //读取数据
32.    rt_device_read(devADXL,Data_addr,buf,6);
33.    *x=(unsigned short)(((unsigned short)buf[1]<<8)+buf[0]);
34.    *y=(unsigned short)(((unsigned short)buf[3]<<8)+buf[2]);
35.    *z=(unsigned short)(((unsigned short)buf[5]<<8)+buf[4]);
36.}
37./***************************************************************************
38.** 功能：   得到角度(分别与三轴的夹角)
39.** 参数：
40.          @short x
41.          @short y
42.          @short z
43.          @unsigned char cnt -- 要获得的角度.0,与 Z 轴的角度;
44.                                 1,与 X 轴的角度;2,与 Y 轴的角度.
45.** 返回值：角度值.单位 0.1°
46.** 备注：angle 得到的是弧度值，需要将其转换为角度值也就是*180/3.14
47.***************************************************************************/
48.float ADXL345_Get_Angle(short x,short y,short z,unsigned char cnt)
49.{   float temp;
50.    float angle = 0;
51.    char buf[20] = {0};
52.    switch(cnt)
53.    {   //与自然 Z 轴的角度
54.        case 0: temp = sqrt( (x * x + y * y) ) / z;angle = atan(temp);break;
```

```
55.        //与自然 X 轴的角度
56.        case 1: temp = x / sqrt( ( y * y + z * z) );angle = atan(temp);break;
57.        //与自然 Y 轴的角度
58.        case 2: temp = y / sqrt( ( x * x + z * z) );angle = atan(temp);break;
59.    }
60.    angle = angle * 180 / 3.14;
61.    return angle;
62.}
```

3. I2C1 接口初始化

本模块上的舵机驱动芯片（GP7101）和三轴陀螺仪（ADXL345）都与龙芯 1B 处理器的 I2C1 接口连接，由于龙芯 1B 处理器的 I2C1 接口是通过 CAN0 复用实现的，因此需要开启 CAN0 的复用功能，如代码清单 21-16 所示。

代码清单 21-16 I2C1 接口初始化代码清单

```
1. /*************************************************************************
2. ** 功能:   初始化 I2C1 和安装 GPIO 设备
3. ** 说明：初始化 I2C1 时要先将 GPIO38/39 复用为 I2C1 功能
4. ************************************************************************/
5. void I2C1_initialize(void)
6. {  unsigned char io[2] = {38,39};
7.     //基于 RTT_OS 注册龙芯 GPIO 控制器
8.     rt_ls1x_gpio_install();
9.     //获取 GPIO 设备信息
10.    devGPIO = rt_device_find(LS1x_GPIO_DEVICE_NAME);
11.    if(devGPIO == NULL)
12.    {   rt_kprintf("can not find device\n");
13.        return -1;
14.    }
15.    //将 GPIO38/39 复用为普通功能
16.    rt_device_control(devGPIO, IOCTL_GPIO_DISENABLE, io[0]);
17.    rt_device_control(devGPIO, IOCTL_GPIO_DISENABLE, io[1]);
18.    //选择 I2C 通信
19.    rt_device_control(devGPIO, IOCTL_GPIO_OUTPUT, ADXL_CS);
20.    //将 GPIO38/39 复用为 I2C1 功能
21.    LS1B_MUX_CTRL0 |= 1 << 24;
22.    //初始化 I2C1 控制器
23.    ls1x_i2c_initialize(busI2C1);
24. }
```

第 4 步：程序编译及调试。

（1）单击“编译”图标，编译无误后，单击“运行”图标，将程序加载到内存之中。

（2）测试程序，观察现象，如图 21-12 所示。

程序运行时，可看到舵机指针停留在 90 度刻度周围，按下按键后，再左右摆动舵机模块 PCB 板，可以观察到舵机指针跟随 PCB 的摆动发生偏转；摇晃幅度越大，指针摆动就越大。

图 21-12　任务测试现象

四、任务拓展

请查看本书配套资源，了解拓展任务要求，编写程序，实现相应功能。

拓展任务 21-4：简易智能门锁设计。

任务 29　传感器数据采集系统应用开发

一、任务描述

采用龙芯 1+X 开发板和传感器模块，实现红外传感器、烟雾传感器、气压传感器（SPL06-007）、霍尔效应传感器、光照传感器（TSL2561）、温湿度传感器（HDC2080）等 6 种传感器数据读取与显示，设置传感器数据的上限和下限阈值，若超出阈值范围，系统点亮对应 LED 灯，产生告警信号。

二、任务分析

1. 硬件电路分析

前面已经介绍了龙芯 1+X 开发板的 DB1 接口（与模块之间的接口），这里就不再赘述。

（1）红外、烟雾传感器和 LED 电路分析

红外、烟雾传感器和 LED 电路如图 21-13 所示。

①红外传感器电路：红外模块具有一对红外线发射与接收管，发射管发射出一定频率的红外线，当检测方向上遇到障碍物（反射面）时，红外线反射回来被接收管接收，经过比较器电路处理之后，LED6 指示灯会亮起，同时信号输出接口输出数字信号（一个低电平信号），可通过电位器旋钮调节检测距离，有效距离范围为 2～30cm，工作电压为 3.3～5V。

②烟雾传感器电路：烟雾传感器 MQ-2 使用的气敏材料是在清洁空气中电导率较低的二氧化锡（SnO_2）。当传感器所处环境中存在可燃气体时，传感器的电导率随空气中可燃气体浓度的增加而增大，可通过电位器旋钮调节检测的敏感度；当检测到可燃气体时，经过比较器电路处理之后，LED5 指示灯会亮起，同时信号输出接口输出数字信号（一个低电平信号）。

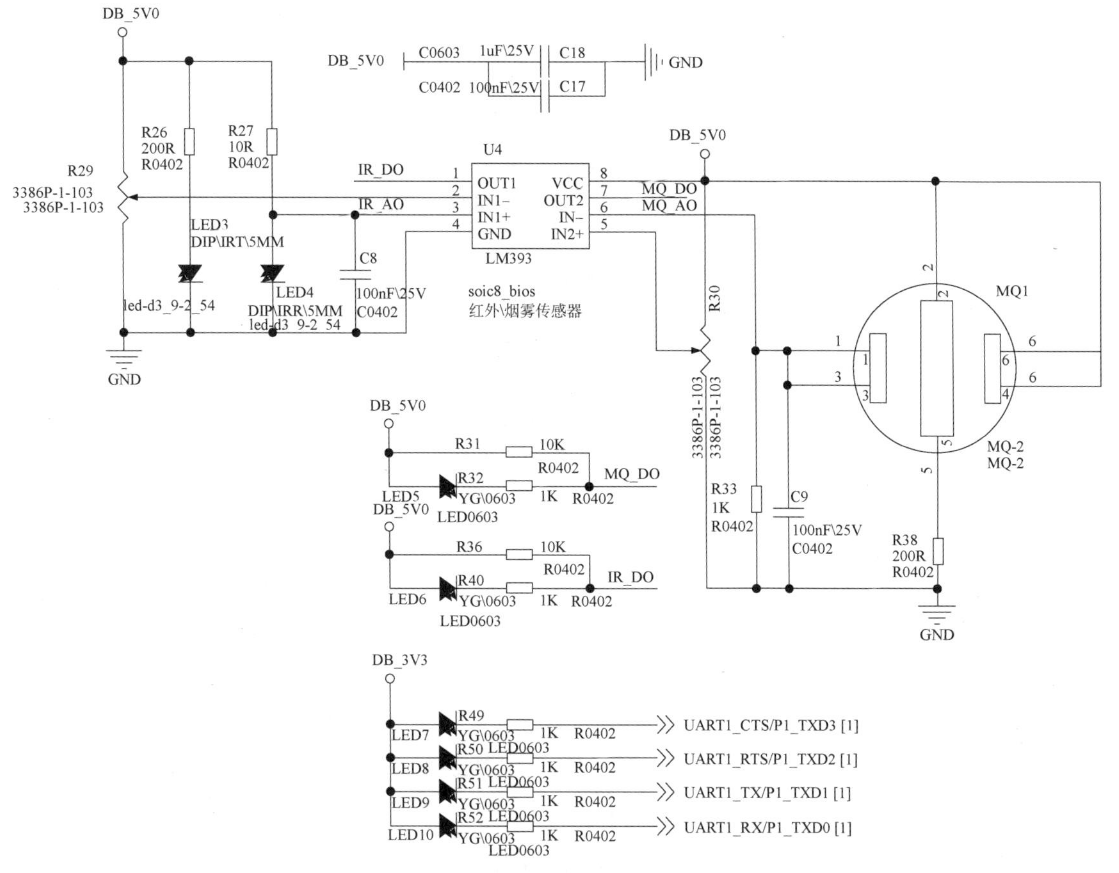

图 21-13 红外、烟雾传感器和 LED 电路

③与龙芯 1B 接口：

红外传感器：IR_DO-->LED6-->GPIO43；IR_AO-->GPIO42；

烟雾传感器：MQ_DO-->LED5-->GPIO48；MQ_AO-->GPIO49；

LED 灯：LED7-->GPIO53、LED8-->GPIO52；LED9--> GPID51；LED10-->GPIO50。

（2）霍尔效应传感器电路分析

霍尔效应传感器电路如图 21-14 所示。霍尔效应传感器（简称霍尔传感器）是一种磁传感器，可以用它们检测磁场及其变化，广泛应用在各种与磁场有关的场合中。当检测到有磁性物体靠近时，OUT 输出低电平，LED7 指示灯会亮起。霍尔传感器与龙芯 1B 处理器接口相连：HE_OUT-->GPIO44。

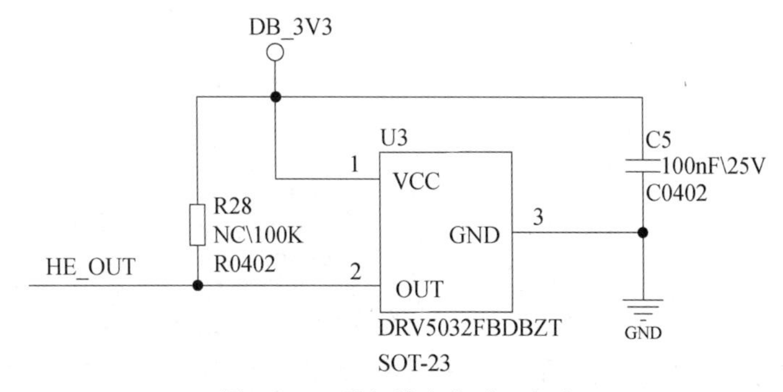

图 21-14 霍尔效应传感器电路

（3）湿度和温度数字传感器（简称温湿度传感器）电路分析

湿度和温度数字传感器电路如图 21-15 所示。温度和湿度传感器 HDC2080 是一款采用小型 DFN 封装的集成式湿度和温度传感器，能够以超低功耗提供高精度测量，通信接口为 I2C。设定一个温湿度初值，当测量的温湿度达到这个值时，LED8 指示灯会亮起。

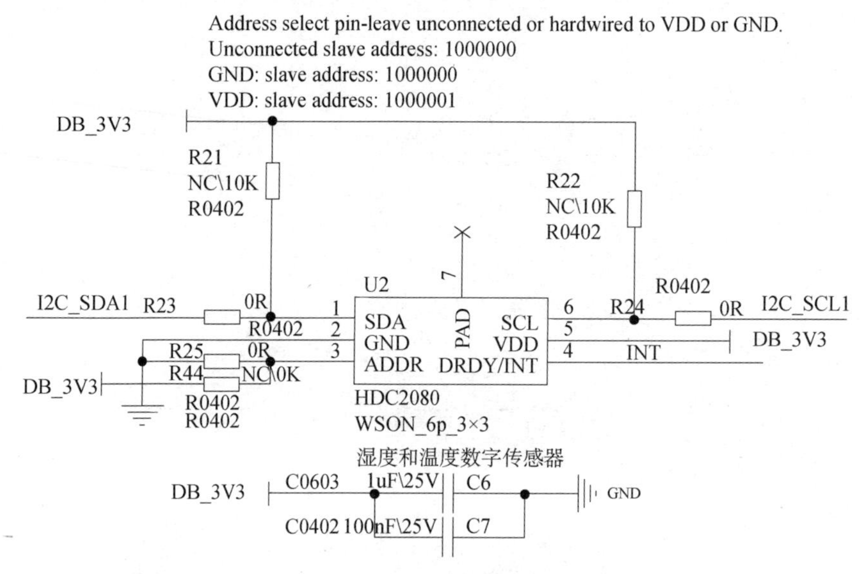

图 21-15　温度和湿度数字传感器电路

（4）气压传感器电路分析

气压传感器电路如图 21-16 所示。气压传感器 SPL06-007 是一种微型化数字气压传感器，具有高精度和低电流消耗。它也是一个压力和温度传感器，可以根据测量的气压值计算出当前海拔。通信接口为 I2C。设定一个气压初值，当测量到的气压值到达这个值时，LED10 指示灯会亮起。

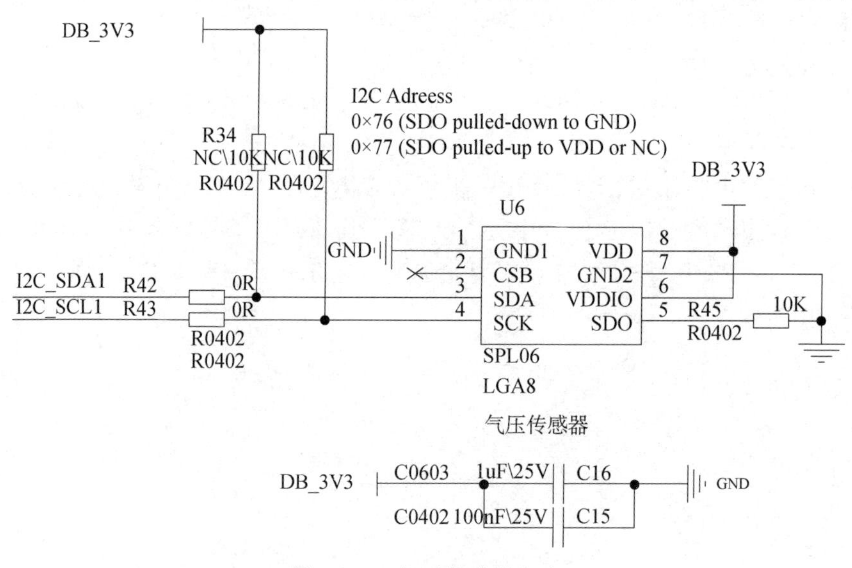

图 21-16　气压传感器电路

（5）光数字传感器（简称光照传感器）电路分析

光数字传感器电路如图 21-17 所示。光数字传感器 TSL2561 是一款低功耗环境光照度采集 IC，通信接口为 I2C；设定一个光照初值，当光照强度达到这个值时，LED9 指示灯会亮起。

（6）I2C1 接口电路分析

湿度和温度数字传感器、气压传感器和光数字传感器都采用 I2C 接口通信，均采用龙芯 1B 处理器的 I2C1 接口与这些器件相连，需要将拨码开关拨到 I2C 丝印边。

器件地址（7 位）：SPL06-007:0x76；OPT3002:0X44；HDC2080:0x40。

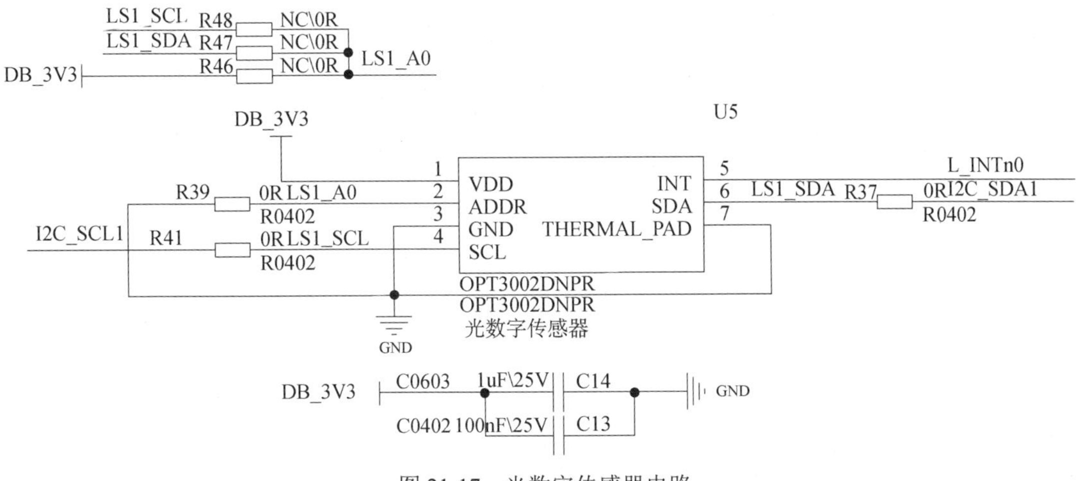

图 21-17 光数字传感器电路

2. 软件设计

基于 RT-Thread 开发，创建两个线程，一个事件集；一个线程为循环读取 6 个传感器的数据，另一个线程为处理 6 个传感器发生的事件。以上数据及 LED 的状态将通过 LCD 屏实时显示。

（1）红外传感器事件：遇到障碍物（反射面）时，LED6 指示灯会亮起；

（2）烟雾传感器事件：检测到可燃气时，LED5 指示灯会亮起；

（3）霍尔效应传感器事件：检测到磁性物体时，LED7 指示灯会亮起；

（4）光数字传感器事件：当光照强度大于 45xl 时，LED9 指示灯会亮起；

（5）温度和湿度数字传感器事件：当温度大于 32 摄氏度时，LED8 指示灯会亮起；

（6）气压传感器事件：当气压低于 1000hPa 时 LED10 指示灯被点亮，高于 1000hPa 时，LED10 指示灯会熄灭。

三、任务实施

第 1 步：硬件连接

先用 USB 转串口线连接计算机 USB 和龙芯 1+X 口袋机的串口（UART5），再接上 Type-C 线给龙芯 1+X 口袋机上电；使用准备好的排线通过口袋机 DB1 接口与传感器模块相连。

第 2 步：新建工程

首先，打开“龙芯 1X 嵌入式集成开发环境”，依次选择“文件”→“新建”→“新建项目向导”→“MCU 型号 LS1B200”→“工具链”→“RTOS 使用 RT-Thead…”方式，单击“新建”按钮新建工程。

第 3 步：编写程序

在自动生成代码的基础上，编写代码。这里我们分析几个重要函数，其他部分程序大家可以打开工程文件查看：“RTT_Sensor/RTT_Sensor.lxp”。

1. 红外和烟雾传感器

红外和烟雾传感器的代码很简单，就是读取 LM393 比较器 OUT1 和 OUT2 两端的电平状态，如代码清单 21-17 所示。

代码清单 21-17　红外和烟雾传感器代码清单

```
1.//红外传感器
2.#define IR_DO 43    //指示灯
3.//烟雾传感器
4.#define MQ_DO 48    //指示灯
5.//判断烟雾传感器的状态
6.unsigned char LED5_Status(void)
7. {   return gpio_read(MQ_DO);
8. }
9. //判断红外传感器的状态
10. unsigned char LED6_Status(void)
11. {   return gpio_read(IR_DO);
12. }
```

2. 霍尔效应传感器

霍尔效应传感器的电路也很简单，当磁性物体靠近时，OUT 引脚将输出低电平，通过判断其输出的电平，控制 LED7 的亮灭，如代码清单 21-18 所示。

代码清单 21-18　霍尔效应传感器代码清单

```
1.#define HE_OUT 44
2.unsigned char DRV_Read_Status(void)
3.{   return gpio_read(HE_OUT);
4.}
```

3. 温湿度传感器

若要正确获取温湿度，需要配置器件相关寄存器，如表 21-3 所示。

表 21-3　温湿度传感器寄存器配置

寄存器地址	寄存器名称	功能描述
0x00	TEMPERATURE LOW	温度寄存器低 8 位
0x01	TEMPERATURE HIGH	温度寄存器高 8 位
0x02	HUMIDITY LOW	湿度寄存器低 8 位
0x03	HUMIDITY HIGH	湿度寄存器高 8 位
0x0F	MEASUREMENT CONFIGURATION	测量配置寄存器

配置好寄存器后，只需从开始的 4 个寄存器中读取温湿度值，如代码清单 21-19 所示。

代码清单 21-19　温湿度传感器代码清单

```
1. unsigned short get_dhc2080_data(float *temp, float *hum)
```

```
2. {   unsigned char data_buf[4] = {0};//低两字节为温度，高两字节为湿度
3.     unsigned short temp_data,hum_data;
4.     unsigned char CFG_DEFAULT = HDC2080_CFG_DEFAULT;
5.     //配置寄存器：开始测量，同时测量温度和湿度，湿度 14 位分辨率、温度 14 位分辨率
6.    if(rt_device_control(devDHC,HDC2080_REG_MEASUREMENT_CONFIGURATION_ADDR,
7.                      (void *)((unsigned char)HDC2080_CFG_DEFAULT)) >= 0)
8.    {   //获取温湿度
9.        rt_device_read(devDHC,0,data_buf,4);
10.        temp_data = ((uint16_t)data_buf[1] << 8) | data_buf[0];
11.        hum_data = ((uint16_t)data_buf[3] << 8) | data_buf[2];
12.        *temp = temp_data / 65535.0 *165 - 40;
13.        *hum  = hum_data / 65535.0 * 100;
14.        return 1;
15.    }
16.    return -1;
17. }
```

4. 气压传感器

若要正确获取气压值和温度值，需要配置器件相关寄存器，如表 21-4 所示。

表 21-4　气压传感器寄存器配置

寄存器地址	寄存器名称	功能描述
0x00	PSR_B2	气压值寄存器高 8 位
0x01	PSR_B1	气压值寄存器中 8 位
0x02	PSR_B0	气压值寄存器低 8 位
0x03	TMP_B2	温度值寄存器高 8 位
0x04	TMP_B1	温度值寄存器中 8 位
0x05	TMP_B0	温度值寄存器低 8 位
0x06	PRS_CFG	压力配置寄存器
0x07	TMP_CFG	温度配置寄存器
0x08	MEAS_CFG	传感器工作模式和状态
0x10～0x21	COEF	校准参数寄存器

配置好相关寄存器，只需从开始的 6 个寄存器中读取气压值和温度值，如代码清单 21-20 所示。

代码清单 21-20　气压传感器代码清单

```
1./***********************************************************************
2.** 功能:    配置温度的测量速度和过采样率
3.** 参数:    @uint8_t rate    -- 测量速度值
4.           @uint8_t oversampling -- 过采样率值
5.***********************************************************************/
6.static void SPL06_Config_Temp(uint8_t rate, uint8_t oversampling)
7.{   uint8_t Config_Temp_Data = 0;
8.    uint8_t temp = 0;
9.    switch(oversampling)
```

```
10.    {   case TMP_PRC_1:_kT = 524288;break;
11.        case TMP_PRC_2:_kT = 1572864;break;
12.        case TMP_PRC_4:_kT = 3670016;break;
13.        case TMP_PRC_8:_kT = 7864320;break;
14.        case TMP_PRC_16:_kT = 253952;break;
15.        case TMP_PRC_32:_kT = 516096;break;
16.        case TMP_PRC_64:_kT = 1040384;break;
17.        case TMP_PRC_128:_kT = 2088960;break;
18.    }
19.    Config_Temp_Data = rate | oversampling | 0x80;
20.    SPL06_WR_Data(SP06_TMP_CFG, &Config_Temp_Data, 1);
21.    if(oversampling > TMP_PRC_8)
22.    {   SPL06_RD_Data(SP06_CFG_REG, &temp, 1);
23.        Config_Temp_Data = temp | SPL06_CFG_T_SHIFT;
24.        SPL06_WR_Data(SP06_CFG_REG, &Config_Temp_Data, 1);
25.    }
26.}
27./*************************************************************************
28.** 功能:   配置气压的测量速度和过采样率
29.** 参数:   @uint8_t rate  -- 测量速度值
30.          @uint8_t oversampling -- 过采样率值
31.*************************************************************************/
32.static void SPL06_Config_Prs(uint8_t rate,uint8_t oversampling)
33.{   uint8_t Config_Prs_Data = 0;
34.    uint8_t temp = 0;
35.    switch(oversampling)
36.    {   case PM_PRC_1:_kP = 524288;break;
37.        case PM_PRC_2:_kP = 1572864;break;
38.        case PM_PRC_4:_kP = 3670016;break;
39.        case PM_PRC_8:_kP = 7864320;break;
40.        case PM_PRC_16:_kP = 253952;break;
41.        case PM_PRC_32:_kP = 516096;break;
42.        case PM_PRC_64:_kP = 1040384;break;
43.        case PM_PRC_128:_kP = 2088960;break;
44.    }
45.    Config_Prs_Data = rate | oversampling;
46.    SPL06_WR_Data(SP06_PSR_CFG, &Config_Prs_Data, 1);
47.    if(oversampling > PM_PRC_8)
48.    {   SPL06_RD_Data(SP06_CFG_REG, &temp, 1);
49.        Config_Prs_Data = temp | SPL06_CFG_P_SHIFT;
50.        SPL06_WR_Data(SP06_CFG_REG, &Config_Prs_Data, 1);
51.    }
52.}
53./*************************************************************************
54.** 功能:   获取校准参数
55.** 参数:
56.*************************************************************************/
57.static void SPL06_Get_COFE(void)
58.{    uint8_t coef[18] = {0};
59.    //获取校准参数
60.    SPL06_RD_Data(SP06_COEF, coef, 18);
61.    _CX_buf[0] = ((int16_t)coef[0] << 4 ) | (coef[1] >> 4);
62.    _CX_buf[0] = (_CX_buf[0] & 0x0800) ? (0xF000 | _CX_buf[0]) : _CX_buf[0];
```

```
63.    _CX_buf[1] = ((int16_t)(coef[1] & 0x0F) << 8 ) | coef[2];
64.    _CX_buf[1] = (_CX_buf[1] & 0x0800) ? (0xF000 | _CX_buf[1]) : _CX_buf[1];
65.         _Cx_buf[2]=((int32_t)coef[3]<<12)|((int32_t)coef[4]   <<   4   )   |
((int32_t)coef[5] >> 4);
66.    _Cx_buf[2] = (_Cx_buf[2] & 0x080000) ? (0xFFF00000 | _Cx_buf[2]) : _Cx_buf[2];
67.     _Cx_buf[3]=((int32_t)(coef[5]&0x0F)<<16)  +  ((int32_t)coef[6]  << 8  )  +
(int16_t)coef[7];
68.    _Cx_buf[3] = (_Cx_buf[3] & 0x080000) ? (0xFFF00000 | _Cx_buf[3]) : _Cx_buf[3];
69.    _CX_buf[4] = ((int16_t)coef[8] << 8 ) | coef[9];
70.    _CX_buf[5] = ((int16_t)coef[10] << 8 ) | coef[11];
71.    _CX_buf[6] = ((int16_t)coef[12] << 8 ) | coef[13];
72.    _CX_buf[7] = ((int16_t)coef[14] << 8 ) | coef[15];
73.    _CX_buf[8] = ((int16_t)coef[16] << 8 ) | coef[17];
74.}
75./*************************************************************************
76.** 功能：获取 SPL06 的气压值
77.** 参数：无
78.** 返回值：int32_t adc 气压原始值
79.*************************************************************************/
80.static int32_t SPL06_Get_Prs_Adc(void)
81.{   uint8_t buf[3] = {0};
82.    int32_t PressureAdc;
83.    rt_device_read(devSPL,SP06_PSR_B2,buf,3);
84.        PressureAdc   =   (int32_t)(buf[0]<<16)    |    (int32_t)(buf[1]<<8)    |
(int32_t)buf[2];
85.     PressureAdc = (PressureAdc & 0x800000) ? (0xFF000000 | PressureAdc) :
PressureAdc;
86.    return PressureAdc;
87.}
88./*************************************************************************
89.** 功能：获取 SPL06 的气温值
90.** 参数：无
91.** 返回值：int32_t adc 气温原始值
92.*************************************************************************/
93.static int32_t SPL06_Get_Temp_Adc(void)
94.{   uint8_t buf[3] = {0};
95.    int32_t TemperatureAdc;
96.    rt_device_read(devSPL,SP06_TMP_B2,buf,3);
97.       TemperatureAdc   =   (int32_t)(buf[0]<<16)    |    (int32_t)(buf[1]<<8)    |
(int32_t)buf[2];
98.
TemperatureAdc=(TemperatureAdc&0x800000)?(0xFF000000|TemperatureAdc):Temperatur
eAdc;
99.    return TemperatureAdc;
100.}
101.
102./*************************************************************************
103.** 功能：计算并读取 SPL06 的气压值和气温值
104.** 参数：
105.    @float *Temp    --温度
106.    @float *Press   --压力
107.    @float *Eleva   --海拔
108.** 返回值：无
```

```
109.*************************************************************************/
110.void SPL06_Meas_Read_results(float *Temp, float *Press, float *Eleva)
111.{   float Traw_sc, Praw_sc;
112.    float temp1, temp2;
113.    unsigned char buf[20] = {0};
114.    Praw_sc = SPL06_Get_Prs_Adc() / (float)_kP;
115.    Traw_sc = SPL06_Get_Temp_Adc() / (float)_kT;
116.    //计算温度
117.    *Temp = 0.5 * _CX_buf[0] + Traw_sc * _CX_buf[1];
118.    //计算气压
119.    temp1 = _Cx_buf[3] + Praw_sc * (_CX_buf[6] + Praw_sc * _CX_buf[8]);
120.    temp2 = Traw_sc * Praw_sc * (_CX_buf[5] + Praw_sc * _CX_buf[7]);
121.    *Press = _Cx_buf[2] + Praw_sc * temp1 + Traw_sc * _CX_buf[4] + temp2;
122.    //计算海拔
123.    *Eleva = 44330 * (1 - pow(*Press / 100 / 1013.25, 1 / 5.255));
124.    *Press /= 100;
125.}
---------------------------------------------------------------------------
```

5. 光照传感器

若要正确获取光照强度值，需要配置器件相关寄存器，如表 21-5 所示。

表 21-5 光照传感器寄存器配置

寄存器地址	寄存器名称	功能描述
00	CONTROL	基本功能控制寄存器
01	TIMING	积分时间/增益控制寄存器
0C	DATA0LOW	通道 0 低字节
0D	DATA0HIGH	通道 0 高字节
0E	DATA1LOW	通道 1 低字节
0F	DATA1HIGH	通道 1 高字节

配置好相关寄存器，只需从最后的 4 个寄存器中读取通道 0 和通道 1 的数据，但在写寄存器的地址时，需要设置 0x80|addr 才可以，即开启寄存器，如代码清单 21-21 所示。

代码清单 21-21 光照传感器代码清单

```
---------------------------------------------------------------------------
1.rt_device_write(devTSL,CONTROL,&TSL_Start,1);       //设置 TSL2561 开启状态
2.rt_device_write(devTSL,TIMING,&TIMING_402ms,1);     //积分时间 402 毫秒,增益 16 倍
3. unsigned char  DataLow0,DataHigh0,DataLow1,DataHigh1;
4. float Channel0,Channel1;
5. float E=0; //光强
6./************************************************************************
7. ** 功能：通过 TSL2561 获取光照强度
8. ** 说明：读出光照值
9.*************************************************************************/
10. float Read_Light(void)
11. {  unsigned char buf[20] = {0};
12.    rt_device_read(devTSL,DATA0LOW,&DataLow0,1);
13.    rt_device_read(devTSL,DATA0HIGH,&DataHigh0,1);
```

```
14.    Channel0 = 256*DataHigh0 + DataLow0;//通道 0
15.    rt_device_read(devTSL,DATA1LOW,&DataLow1,1);
16.    rt_device_read(devTSL,DATA1HIGH,&DataHigh1,1);
17.    Channel1 = 256*DataHigh1 + DataLow1;//通道 1
18.    delay_ms(100);
19.    //计算光照强度
20.    if(0.0 < Channel1/Channel0 <=0.50)
21.       E=(0.0304*Channel0-0.062*Channel0*pow(Channel1/Channel0, 1.4));
22.    if(0.50 < Channel1/Channel0 <= 0.61)
23.       E=(0.0224*Channel0-0.031*Channel1);
24.    if(0.61 < Channel1/Channel0 <= 0.80)
25.       E=(0.0128*Channel0-0.0153*Channel1);
26.    if(0.80 < Channel1/Channel0 <= 1.30)
27.       E=(0.00146*Channel0-0.00112*Channel1);
28.    if(Channel1/Channel0 > 1.30)
29.       E=0;
30.    return E;
31. }
--------------------------------------------------------------------------------
```

第 4 步：程序编译及调试。

（1）单击“编译”图标，编译无误后，单击“运行”图标，将程序加载到内存之中。

（2）测试程序，观察现象，如图 21-18 所示。

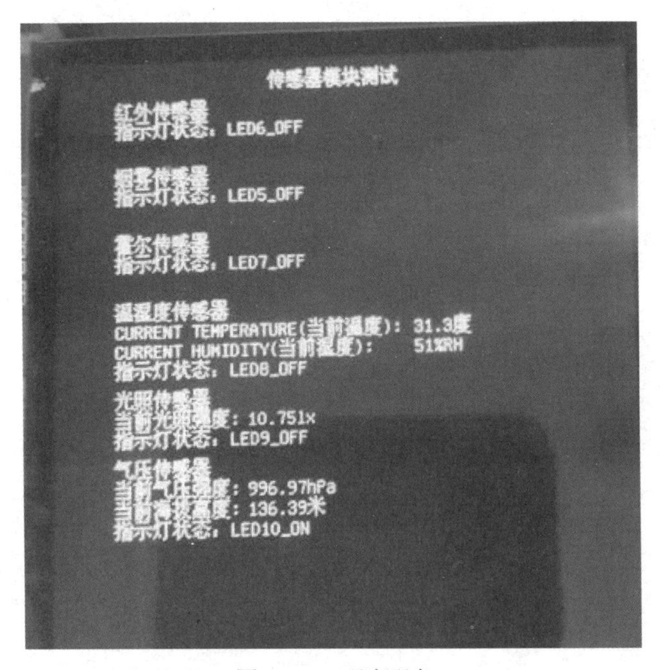

图 21-18　观察现象

四、任务拓展

请查看本书配套资源，了解拓展任务要求，编写程序，实现相应功能。

拓展任务 21-5：利用光照传感器设计智慧路灯系统；

拓展任务 21-6：利用温湿度传感器设计智能温度控制系统；

拓展任务 21-7：利用红外传感器设计流水线计数系统。

任务 30 超声波测控系统应用开发

一、任务描述

本任务所使用的超声波模块包括超声波发射器、接收器与控制电路（CS1000A 芯片）、步进电机模块以及蜂鸣器（无源蜂鸣器），我们就利用这些设备模拟一个动态测距系统。

二、任务分析

1. 硬件电路分析

前面已经介绍了龙芯 1+X 开发板的 DB1 接口（与模块之间的接口），这里就不再赘述。

（1）蜂鸣器电路分析

蜂鸣器电路如图 21-19 所示，控制引脚为 UART0_RI/P1_MDIO/LCD_R2 -- GPIO49。

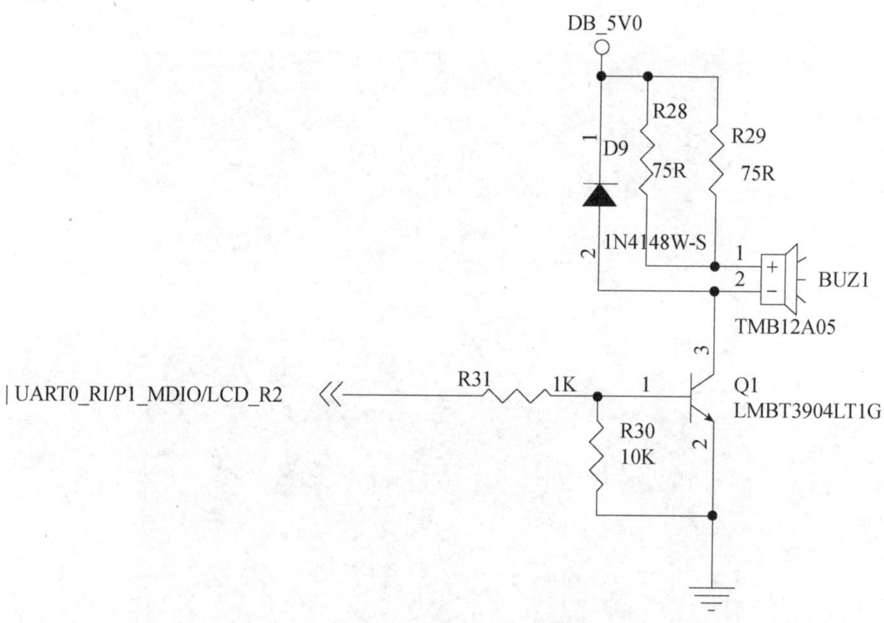

图 21-19 蜂鸣器电路

（2）超声波电路分析

超声波电路如图 21-20 所示，与龙芯 1B 处理器的接口如下：

UART1_CTS/P1_TXD3 -- TRIG -- GPIO53

UART1_RTS/P1_TXD2 -- ECHO -- GPIO52

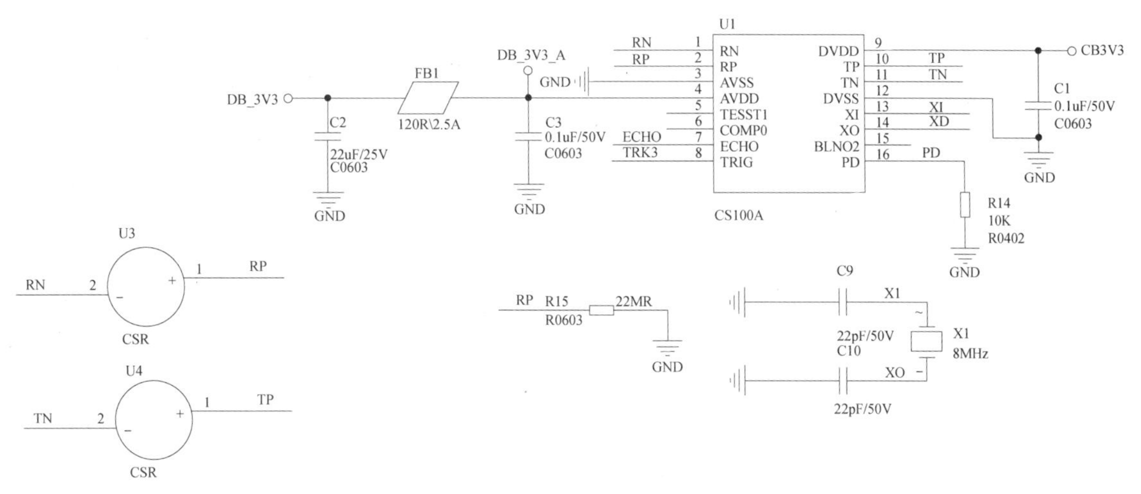

图 21-20 超声波电路

超声波测距模块测量范围为 2～400cm，测距精度可达到 3mm。其基本工作原理如下：

- 采用 I/O 口 TRIG 触发测距，触发脉冲最小为 10μs 的高电平信号。
- 模块自动发送 8 个 40kHz 的方波，自动检测是否有信号返回。
- 当测量距离超过测量范围时，仍会通过 ECHO 引脚输出高电平的信号，高电平的宽度约为 33ms。
- 有信号返回，通过 I/O 口 ECHO 输出一个高电平，高电平持续的时间就是超声波从发射到返回的时间。测试距离=高电平时间×声速(340m/s)/2。

超声波时序图如图 21-21 所示。

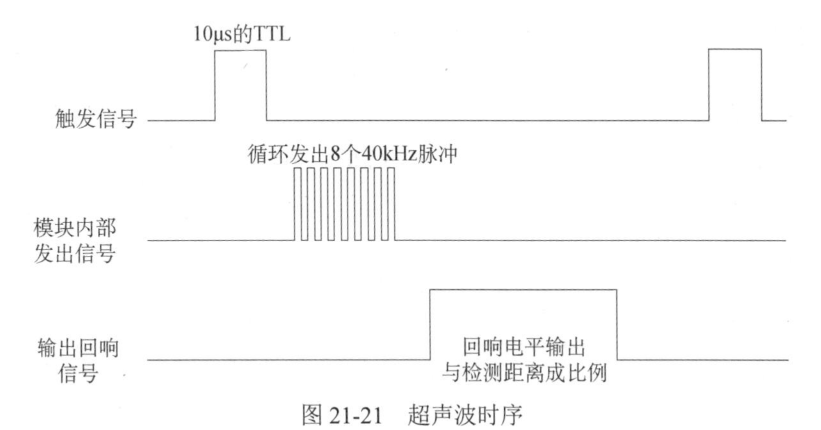

图 21-21 超声波时序

（3）步进电机电路分析

步进电机模块电路如图 21-22 所示。

采用的驱动芯片为 L298P 芯片，它是一个高电压大电流双全桥驱动器。与龙芯 1B 处理器的接口如下：

UART0_DSR/P1_RXD3/LCD_G0 -- IN_A+ -- GPIO46

UART0_DCD/P1_MDC/LCD_R1 -- ENA -- GPIO45

UART0_RX/P1_RXCTL/LCD_B0 -- IN_A- -- GPIO44

UART0_TX/P1_RXD0/LCD_R0 -- IN_B- -- GPIO43

UART0_RTS/P1_RXD1/LCD_B1-- ENB -- GPIO42

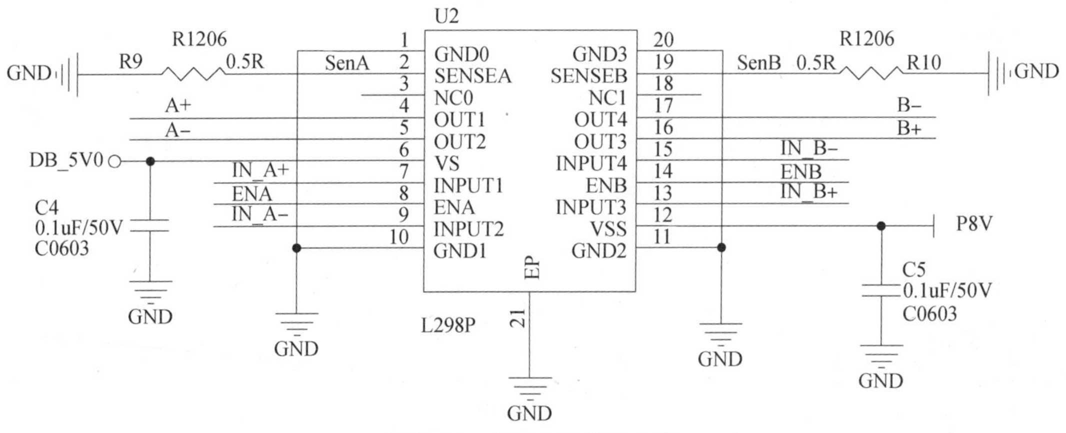

图 21-22　步进电机模块电路

UART0_CTS/P1_RXD2/LCD_B2 -- IN_B+ -- GPIO48

2. 软件设计

基于 RT-Thread 开发，创建两个线程，一个事件集，一个定时器；两个线程独立运行，一个为按键线程，负责控制步进电机转动，另一个为超声波线程，负责超声波测距，若没接收到事件，则挂起；定时器每隔 500ms 发送一个事件，唤醒超声波线程。

软件设计思路：检测超声波发送与接收的延时，计算出障碍物的距离。同时，通过 I/O 控制步进电机，使滑台带着障碍物或者 PCB 移动，这里使用开发板上的 SW5 和 SW7 这两个按键来调整步进电机的移动方向和距离；当距离过近时，使能蜂鸣器报警。

三、任务实施

第 1 步：硬件连接

先用 USB 转串口线连接计算机 USB 和龙芯 1+X 口袋机的串口（UART5），再接上 Type-C 线给龙芯 1+X 口袋机上电；使用准备好的排线通过口袋机 DB1 接口与超声波模块相连。

第 2 步：新建工程

首先，打开“龙芯 1X 嵌入式集成开发环境”，依次选择“文件”→“新建”→“新建项目向导”→“选择 MCU 型号 LS1B200”→“工具链”→“RTOS 使用 RT-Thead…”方式，单击“新建”按钮新建工程。

第 3 步：编写程序

在自动生成代码的基础上，编写代码。这里我们分析几个重要函数，其他部分程序大家可以打开工程文件查看：“RTT_Superaudible/RTT_Superaudible.lxp”。

1. 蜂鸣器驱动程序

蜂鸣器直接是一个 I/O 口控制，如代码清单 21-22 所示。

代码清单 21-22　蜂鸣器代码清单

```
---------------------------------------------------------------------------
1.void Buzzer_ON(void) //蜂鸣器响
2.{    rt_device_control(devGPIO, IOCTL_GPIO_SET_HIGH, 49);
```

```
3.}
4.void Buzzer_OFF(void) //蜂鸣器不响
5.{    rt_device_control(devGPIO, IOCTL_GPIO_SET_LOW, 49);
6.}
```

2. 超声波驱动程序

超声波驱动程序如代码清单 21-23 所示。

代码清单 21-23　超声波代码清单

```
1./***********************************************************************
2. **函数功能：ECHO 返回高脉冲产生中断
3. **形参：
4.    @IRQn  中断号
5.    @param 传递给中断处理函数的参数
6. **返回值：无
7. **说明：
8. ***********************************************************************/
9.void ECHO_irqhandler(int IRQn, void *param)
10.{   flag = 1;
11.    cnt++;
12.}
13.float CS100A_Get_Dist(void)
14.{   rt_device_control(devGPIO, IOCTL_GPIO_SET_HIGH, TRIG);
15.    delay_us(15);//触发测距
16.    rt_device_control(devGPIO, IOCTL_GPIO_SET_LOW, TRIG);
17.    ls1x_enable_gpio_interrupt(ECHO);//使能中断
18.    if(flag == 1)
19.    {   while(gpio_read(ECHO)); //等待 ECHO 变为低电平
20.        ls1x_disable_gpio_interrupt(ECHO);
21.        distance = cnt / 33.0 * 34 / 15 - 1;
22.        flag = 0;
23.        cnt = 0;
24.        return distance;
25.    }
26.    return 0;
27.}
```

3. 步进电机驱动程序

步进电机的驱动有两种方式，一种是 4 节拍，另一种是 8 节拍；以 8 节拍为例，8 节拍的时序逻辑关系如表 21-6 所示。步进电机控制，代码清单如 21-24 所示。

表 21-6　8 节拍时序逻辑关系

节拍	1	2	3	4	5	6	7	8
A+	1	1	0	0	0	0	0	1
A−	0	0	0	1	1	1	0	0
B+	0	1	1	1	0	0	0	0
B−	0	0	0	0	0	1	1	1

代码清单 21-24　步进电机驱动代码清单

```
-------------------------------------------------------------------------------
1.#define BEAT1 {AH; _AL; BL; _BL;}//节拍 1
2.#define BEAT2 {AH; _AL; BH; _BL;}//节拍 2
3.#define BEAT3 {AL; _AL; BH; _BL;}//节拍 3
4.#define BEAT4 {AL; _AH; BH; _BL;}//节拍 4
5.#define BEAT5 {AL; _AH; BL; _BL;}//节拍 5
6.#define BEAT6 {AL; _AH; BL; _BH;}//节拍 6
7.#define BEAT7 {AL; _AL; BL; _BH;}//节拍 7
8.#define BEAT8 {AH; _AL; BL; _BH;}//节拍 8
9./*****************************************************************
10.函数功能：使用 8 节拍向右移动
11.形参：int range
12.返回值：无
13.备注：
14.     此驱动方式为 8 拍方式：
15.     第一拍：1000      第二拍：1010
16.     第三拍：0010      第四拍：0110
17.     第五拍：0100      第六拍：0101
18.     第七拍：0001      第八拍：1001
19.*****************************************************************/
20.static void Right_8StepRun(int range)
21.{   while(range--)
22.    {   BEAT1;delay_ms(1);//第一个节拍
23.        BEAT2;delay_ms(1);//第二个节拍
24.        BEAT3;delay_ms(1);//第三个节拍
25.        BEAT4;delay_ms(1);//第四个节拍
26.        BEAT5;delay_ms(1);//第五个节拍
27.        BEAT6;delay_ms(1);//第六个节拍
28.        BEAT7;delay_ms(1);//第七个节拍
29.        BEAT8;delay_ms(1);//第八个节拍
30.    }
31.}
-------------------------------------------------------------------------------
```

注：在使用四拍驱动步进电机时，各节拍之间需要延时 1600μs 以上；采用 8 拍驱动电机时，各节拍之间需要延时 800μs 以上。

第 4 步：程序编译及调试。

（1）单击“编译”图标，编译无误后，单击“运行”图标，将程序加载到内存之中。

（2）测试程序，观察现象，如图 21-23 所示。

图 21-23　超声波测试现象

四、任务拓展

请查看本书配套资源，了解拓展任务要求，编写程序，实现相应功能。

拓展任务 21-8：利用步进电机模拟自动窗帘的打开和关闭，使用外部 RTC 器件定时开启和关闭窗帘。

拓展任务 21-9：利用超声波接收头，设计一个简易的超声波液面探测器。

任务 31　温度控制系统应用开发

一、任务描述

散热器广泛应用于电子计算机、通信设备、汽车领域、电源开关等众多领域；本任务所使用的是温控模块采用一片 CT75 温度传感器芯片，同时，通过 I/O 控制水泥电阻进行加热，当温度升高到某一度数时，这时电风扇（使用 GP7101 驱动芯片，可根据温度的高低控制电风扇的转速）开始转动对其进行降温操作，从而达到散热作用，模拟一个散热系统。

二、任务分析

1. 硬件电路分析

（1）加热电路分析

水泥电阻加热电路如图 21-24 所示。采用 2 个水泥电阻作为加热装置，输出高电平水泥电阻加热。控制引脚为 UART0_CTS/P1_RXD2/LCD_B2--Heat_ON--GPIO45。

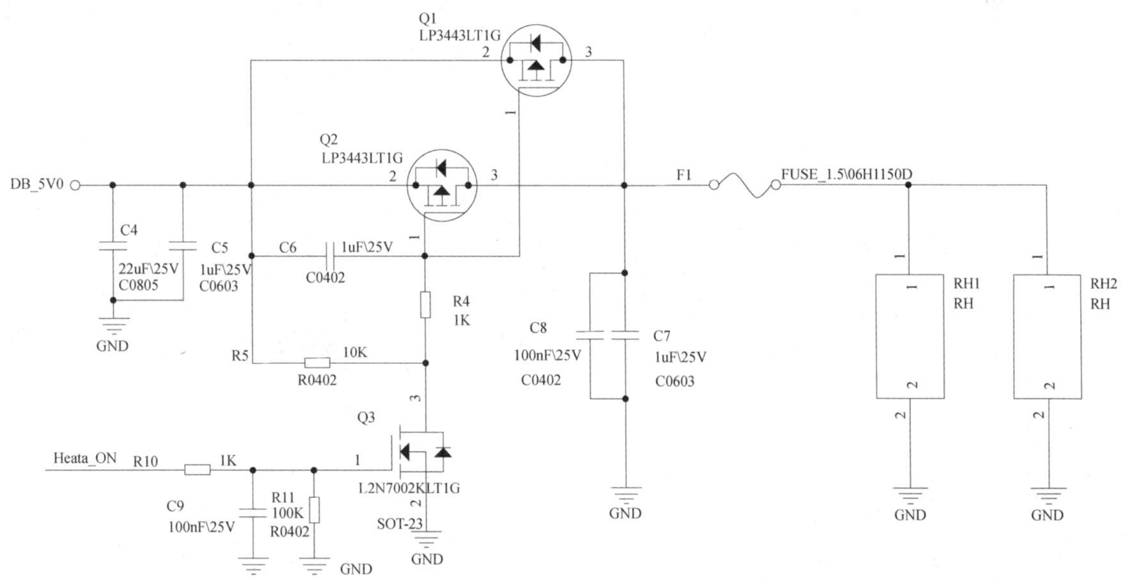

图 21-24　水泥电阻加热电路

（2）温度传感器电路分析

温度传感器电路如图 21-25 所示。CT75 是一种数字温度传感器，精度为±0.5°，兼容 SMBus、

I2C 和 2 线接口，具有 12 位 ADC 的 0.0625 分辨率，测量温度范围为–55～125℃，还具有可编程的有效低或高警报引脚，广泛应用于暖通空调、热管理设备等便携式设备中。注：本器件七位地址为 0x48。

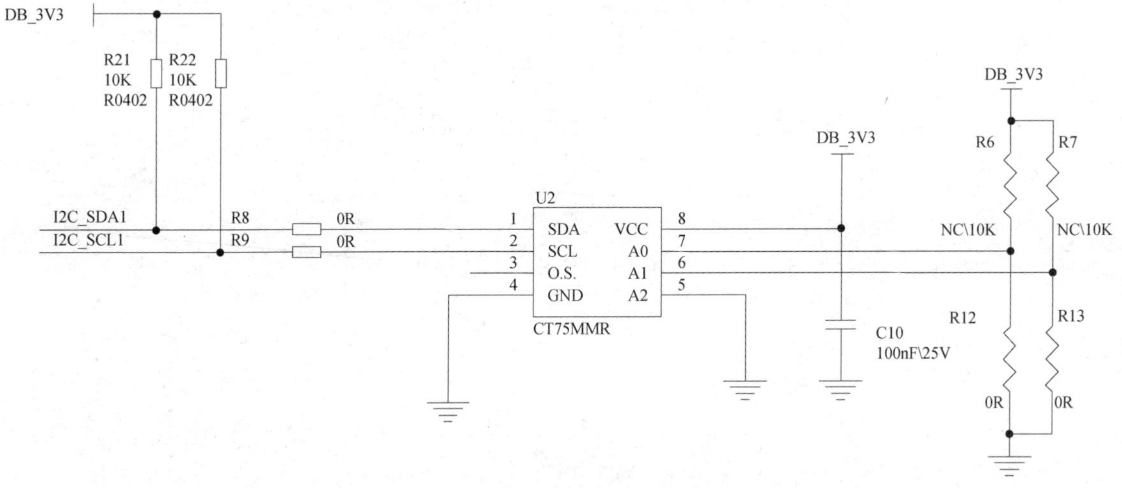

图 21-25　温度传感器电路

（3）风扇驱动电路分析

风扇驱动电路如图 21-26 所示。前面已经介绍了该芯片使用方法，因此这里就不再介绍了。

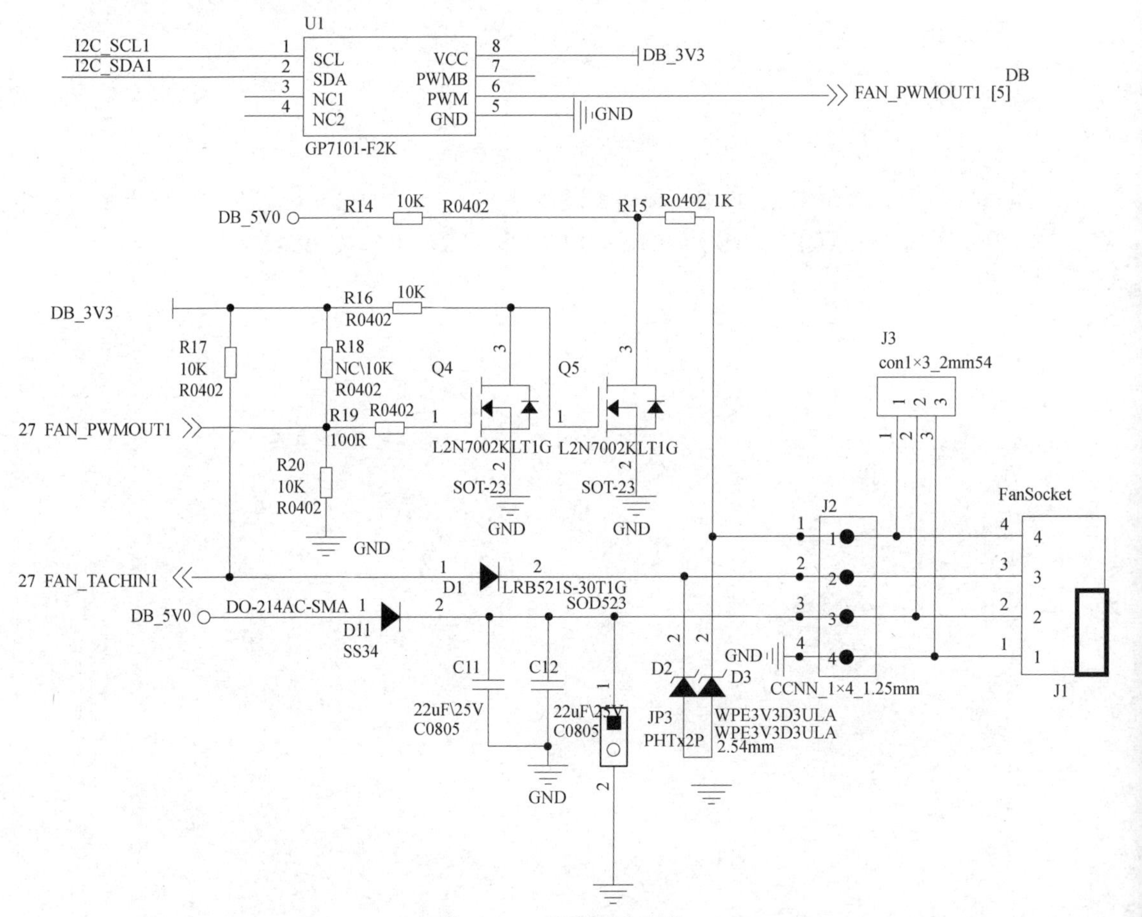

图 21-26　风扇驱动电路

2. 软件设计

基于 RT-Thread 开发，创建两个线程，再创建一个消息队列。两个线程独立运行，一个线程负责温度采集及相关处理，并且发送一条消息，另一个线程接收消息，并负责显示状态，根据发过来的消息进行相应处理。温度控制系统所要实现的功能如表 21-7 所示。

表 21-7 任务功能表

温度/℃	风扇状态	风扇转速	水泥电阻状态
低于 30	关闭	0%	加热
高于 33	关闭	0%	关闭
低于 35	关闭	0%	关闭
超过 35	打开	20%	关闭
超过 38	打开	50%	关闭
超过 40	打开	100%	关闭

三、任务实施

第 1 步：硬件连接

先用 USB 转串口线连接计算机 USB 和龙芯 1+X 口袋机的串口（UART5），再接上 Type-C 线给龙芯 1+X 口袋机上电；使用准备好的排线通过口袋机 DB1 接口与 5. PID 温控模块相接。

第 2 步：新建工程

首先，打开“龙芯 1X 嵌入式集成开发环境”，依次选择“文件”→“新建”→“新建项目向导”→“选择 MCU 型号 LS1B200”→“工具链”→“RTOS 使用 RT-Thead…”方式，单击“新建”按钮新建工程。

第 3 步：编写程序

在自动生成代码的基础上，编写代码。这里我们分析几个重要函数，其他部分程序大家可以打开工程文件查看：“RTT_TempControl/RTT_TempControl.lxp”。

1. 水泥电阻加热控制

控制水泥电路加热或不加热程序，如代码清单 21-25 所示。

代码清单 21-25 水泥电阻加热控制代码清单

```
-----------------------------------------------------------------------------
1. /*
2.  * 水泥电阻加热开关
3.  * arg: CEMENT_ON -加热  CEMENT_OFF -不加热
4.  */
5.void Cement_Heat(int arg)
6.{   if(arg == CEMENT_ON)
7.        rt_device_control(devGPIO, IOCTL_GPIO_SET_HIGH, CEMENT);//输出高电平
8.   if(arg == CEMENT_OFF)
```

```
9.        rt_device_control(devGPIO, IOCTL_GPIO_SET_LOW, CEMENT);//输出低电平
10.}
------------------------------------------------------------------------
```

2. 风扇驱动

风扇驱动程序如代码清单 21-26 所示。通过 GP7101 输出 PWM，根据占空比控制风扇的转速。

代码清单 21-26　风扇驱动代码清单

```
------------------------------------------------------------------------
1./*
2. * brightness: 0~100
3. */
4. int Fan_Speed_Control(int brightpercent)
5. {  unsigned char brightness = (unsigned char)(brightpercent * 255 / 100);
6.    return rt_device_write(devGP, 0, (void *)&brightness, 1);
7. }
------------------------------------------------------------------------
```

3. 温度传感器

温度传感器驱动程序，如代码清单 21-27 所示。

代码清单 21-27　温度传感器驱动代码清单

```
------------------------------------------------------------------------
1.//读取温度原始值
2.static int CT75_read(void *bus, void *buf, int size, void *arg)
3.{   int rt = 0;
4.    if (bus == NULL)
5.        return -1;
6.    /* polarity register */
7.        rt  =  CT75_read_two_byte((LS1x_I2C_bus_t  *)bus,  (uint16_t  *)buf,
CT75_REG_TEMP);
8.    return rt;
9.}
10./*
11. * 温控模块的 CT75 温度传感器获取温度
12. */
13.float Temp_Control_Get_Temp(void)
14.{   unsigned short tmp;
15.    float temp;
16.    int high, low;
17.    if(rt_device_read(devCT, 0,(void *)&tmp, 1) < 0)
18.   {    printk("CT75_REG_TEMPERATE read fail\n");
19.        return 0;
20.    }
21.    else
22.    {   tmp = (tmp >> 4) & 0xFFF;
23.        if(tmp > 0x7ff)
24.        {
25.            high = -(0xfff-tmp+1) / 16;
26.            low = ((0xfff-tmp+1)%16)*625;
27.        }
```

```
28.         else
29.         {
30.             high = tmp/16;
31.             low = (tmp%16)*625;
32.         }
33.         temp = (float)high + (float)low / 10000;
34.         return temp;
35.     }
36.}
```

第 4 步：程序编译及调试。

（1）单击“编译”图标，编译无误后，单击“运行”图标，将程序加载到内存之中。

（2）测试程序，观察现象，如图 21-27 所示。

图 21-27　温控测试现象

四、任务拓展

请查看本书配套资源，了解拓展任务要求，编写程序，实现相应功能。

拓展任务 21-10：采用 PID 算法设计恒温控制系统。

任务 32　仓储环境测控系统应用开发

一、任务描述

以龙芯 1B 处理器为核心，使用温湿度传感器；水浸传感器；烟雾传感器；四位继电器模块、蜂鸣器、红绿警示灯、LCD 显示屏等设备实现仓储环境测控系统，系统结构如图 21-28 所示。任务具体功能如下：

（1）采用传感器模块上的温湿度传感器检测货物内部的温湿度，采用烟雾传感器上的温湿度传感器检测仓储环境的温度，当检测到货物内部或仓储环境的温湿度达到预先设置的阈值时，控制器都会自动发出信号给四路继电器模块，启动风扇，进行通风处理，加快空气流动，从而降低仓库内的温度和湿度。

（2）采用水浸传感器检测当前水位，当达到预先设定的水位阈值时，控制器发送信号给四位继电器模块，控制红色警示灯被点亮（正常情况绿灯被点亮）和蜂鸣器发出警报，及时告知管理员，防止水进入粮仓中。

（3）采用烟雾传感器探测烟雾，当火灾产生烟雾时，烟雾传感器内部的蜂鸣器会立即报警，外部蜂鸣器也会报警，红色警示灯被点亮，并且自动打开水阀进行灭火。

（4）异常情况处理，即蜂鸣器响起或红色警示灯亮起，只有等管理员来处理完异常情况，按下相应的按键后，蜂鸣器和警示灯才能恢复正常。

（5）以上所有的数据和设备状态将通过 LCD 屏显示出来，便于管理员观察，从而减少仓储管理员的巡视时间，降低人力、物力和成本。

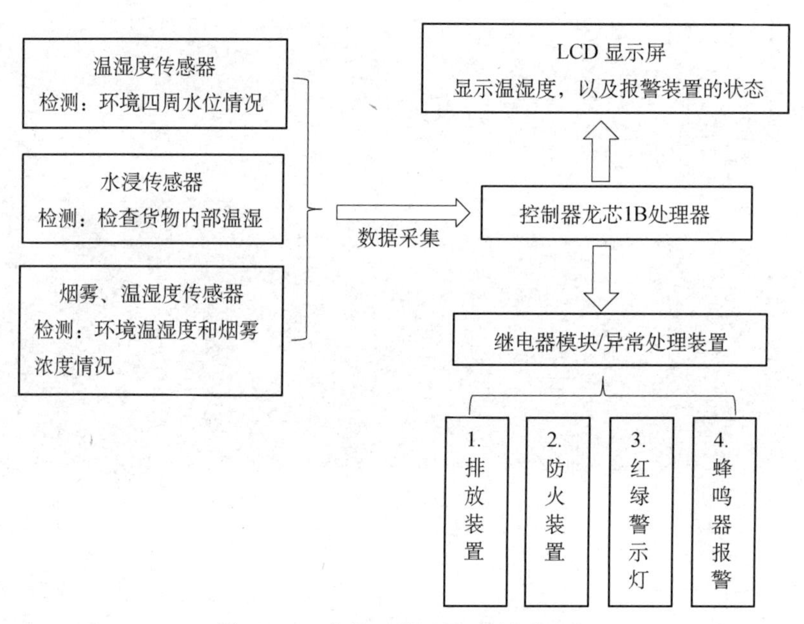

图 21-28　仓储环境测控系统框架图

二、任务分析

1. 硬件电路

使用传感器模块上的温湿度传感器；水浸传感器；烟雾传感器；四路继电器模块；蜂鸣器；红绿警示灯和 LCD 显示屏等硬件设备完成硬件电路连接。

2. 软件设计

采用 RT-Thread 实时操作系统，创建 5 个线程。其中线程 1 负责继电器模块处理，线程 2 负责温湿度处理，线程 3 负责水浸模块处理，线程 4 负责烟雾检测模块处理，线程 5 负责 RTC 处理，每个线程根据相应的信号做出响应。按键采用中断触发方式。系统设计流程实现如图 21-29 和图 21-30 所示。

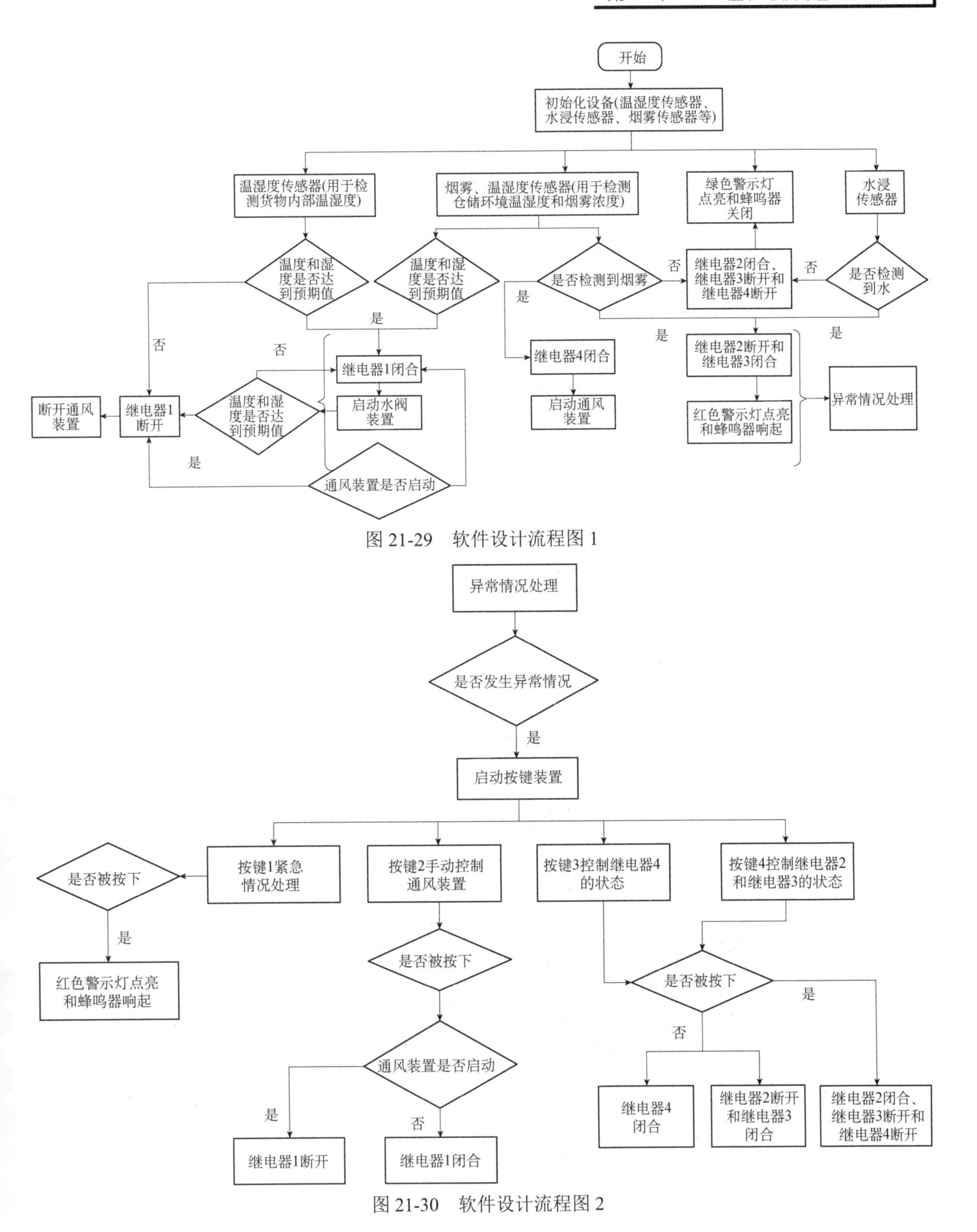

图 21-29　软件设计流程图 1

图 21-30　软件设计流程图 2

三、任务实施

第 1 步：硬件连接

1. 采用 USB 转串口线连接计算机 USB 和龙芯 1B 开发板的串口（UART5），再接上 Type-C 线给龙芯 1+X 开发板供电。

2. 排线一端连接开发板 DB1 接口，另一端连接传感器模块。

3. 将开板板的串口实训处的拨码开关拨到RS485丝印端，如图21-31所示。然后通过RS485线缆把烟雾传感器、水浸传感器模块和四路继电器模块接到RS485接口，构建RS485通信网络。

4. 将蜂鸣器、红绿警示灯接到四路继电器模块的输出端。

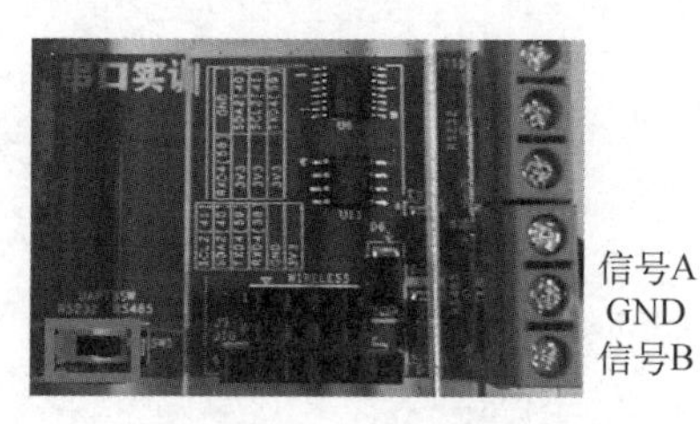

图 21-31　RS485 接口

第 2 步：建立项目工程

1. 打开“龙芯 1X 嵌入式集成开发环境”，依次选择“文件”→“新建”→“新建项目向导”→“MCU 型号 LS1B200”→“工具链”→“RTOS 使用 RT-Thead…”方式，单击“新建”按钮新建工程。

2. 参照任务 16 添加按键、LCD 等驱动和应用程序。

第 3 步：编写程序

在自动生成代码的基础上，编写代码。这里我们分析几个重要函数，其他部分程序大家可以打开工程文件查看：“RTT_CompositeSample/RTT_CompositeSample.lxp”。

1. 四路继电器模块

四路继电器模块如代码清单 21-28 所示。

代码清单 21-28　四路继电器代码清单

```
----------------------------------------------------------------------------
1.// 四路继电器默认设备地址为 0xFF
2.unsigned char relay_device = 0xFF;
3./*校验码计算*/
4.static unsigned short crcmodbus_cal(unsigned char*data, unsigned char len)
5.{   unsigned short tmp = 0xFFFF,ret;
6.    unsigned char i,j;
7.    for(i=0;i<len;i++){
8.        tmp = data[i] ^ tmp;
9.        for(j=0;j<8;j++){
10.            if(tmp & 0x01){
11.                tmp = tmp >> 1;
12.                tmp = tmp ^ 0xA001;
13.            }else
14.                tmp = tmp >> 1;
15.        }
16.    }
17.    ret = tmp >> 8;
18.    ret = ret | (tmp << 8);
19.    return ret;
```

```
20.}
21./*
22. * 打开/关闭一个继电器
23. * @num:继电器地址(1-4)
24. * @mode:开关,0-关 1-开
25. */
26.void relay_on_off(unsigned char num, unsigned char mode)
27.{    //设备地址(1byte)、功能码(1byte)、继电器地址(2byte)、开/关命令(2byte)、CRC16(2byte)
28.    unsigned char data[8] = {0,0x05,0x00,0,0,0x00};//存放指令
29.    unsigned short buf;
30.    if(num<1 || num>4)
31.        return;
32.    data[0] = relay_device;
33.    data[3] = num - 1;
34.    if(mode)
35.        data[4] = 0xFF;
36.    else
37.        data[4] = 0x00;
38.    buf = crcmodbus_cal(data, 6);
39.    data[6] = buf >> 8;
40.    data[7] = buf & 0xff;
41.    //发送指令
42.    rt_device_write(pUART3,0,data, sizeof(data));
43.    rt_thread_mdelay(50);
44.}
------------------------------------------------------------------------------
```

2. 水浸传感器

水浸传感器程序如代码清单 21-29 所示。

代码清单 21-29　水浸传感器代码清单

```
------------------------------------------------------------------------------
1.unsigned char Water_Send_Data[8]={0x11,0x03,0x00,0x02,0x00,0x01,0x27,0x5a};//地址问询码
2./**************************************************************************
3.** 功能:   检测水位是否正常
4.** 说明:
5.**************************************************************************/
6.unsigned char detection_water_level(void)
7.{   unsigned char len, i;
8.    unsigned char Water_Receive_Data[8];
9.    while(1)
10.    {   memset(Water_Receive_Data, 0, sizeof(Water_Receive_Data));//清零
11.          rt_device_write(pUART3,0,Water_Send_Data,sizeof(Water_Send_Data));//发送问询码
12.        rt_thread_mdelay(50);//延时 50ms，等待水浸传感器响应
13.        len = rt_device_read(pUART3, 0, Water_Receive_Data, 8);//接收从设备的应答码
14.        if(len > 0)
15.        {   if(flag > 0)
16.                flag--;
```

```
17.           if(Water_Receive_Data[0] != 0x11)
18.              continue;
19.           else
20.              return Water_Receive_Data[4];//返回状态值
21.        }
22.        else
23.        {   flag++;
24.           if(flag > 10)   //重复获取数据 10 次都没有接收到数据，则直接返回，避免死循环
25.              return 0xFF;
26.        }
27.    }
28.}
-----------------------------------------------------------------------------------
```

3. 烟雾传感器

烟雾传感器驱动如代码清单 21-30 所示。

代码清单 21-30　烟雾传感器代码清单

```
-----------------------------------------------------------------------------------
1./*
2. * 读取烟雾传感器烟雾值、温湿度值（均是正值）
3. * @smoke：烟雾值
4. * @temp：温度
5. * @humi：湿度
6. * @return：0-成功获取烟雾传感器相关数值  -1：数据获取失败
7. */
8.int  Smoker_Sensor_Get_Data(unsigned  short  *smoker,  float  *smoker_t,  float
*smoker_h)
9.{  unsigned char str[24], data[8] = {0x12, 0x03, 0x00, 0x00, 0x00, 0x03, 0x07,
0x68};
10.    int i,len,flag = 0;
11.    while(1)
12.    {   rt_device_read(pUART3, 0, str, 24);             //先将 RX 数据清一遍
13.        rt_device_write(pUART3, 0, data, sizeof(data)); //发送读取数据码
14.        rt_thread_mdelay(50);
15.        len = rt_device_read(pUART3, 0, str, 24);       //接收数据
16.        if(len > 0)
17.        {
18.          //若接收的数据不是来自烟雾传感器则重新发送接收（有可能获取到人体红外发送的数据）
19.           if(str[0] != 0x12)continue;
20.           else
21.           {   if(((str[3] << 8) + str[4]) > 2000)
22.               {  k++;
23.                  if(k >= 3)
24.                  {   *smoker = (str[3] << 8) + str[4];    //烟雾值
25.                      *smoker_t = (float)((str[5] << 8) + str[6]) / 100;  //温度
26.                      *smoker_h = (float)((str[7] << 8) + str[8]) / 100;  //湿度
27.                      return 0;
28.                  }
29.                  continue;
30.               }
31.               if(k > 0)k--;
```

```
32.                *smoker = (str[3] << 8) + str[4];     //烟雾值
33.                *smoker_t = (float)((str[5] << 8) + str[6]) / 100;     //温度
34.                *smoker_h = (float)((str[7] << 8) + str[8]) / 100;     //湿度
35.                return 0;
36.            }
37.        }
38.        else
39.        {   flag++;
40.            if(flag>5)        //重复获取数据 5 次都没有接收到数据，则直接返回，避免死循环
41.                return -1;
42.        }
43.    }
44.}
-------------------------------------------------------------------------------
```

第 4 步：程序编译及调试。

运行程序，等待加载完成。系统自动检测货物内部的温湿度、仓储环境的温湿度，以及仓储周围水位情况，并在 LCD 上显示相应信息，当温度传感器数据达到阈值时，开启通风装置（四路继电器模块中一路继电器输出端），当检测到烟雾时，蜂鸣器响起，指示灯红灯点亮，并且开启洒水装置进行灭火（四路继电器模块中的一路继电器输出端），当管理员按下 KEY_UP 或 KEY_Down 键，消除声光告警，如图 21-32 所示。

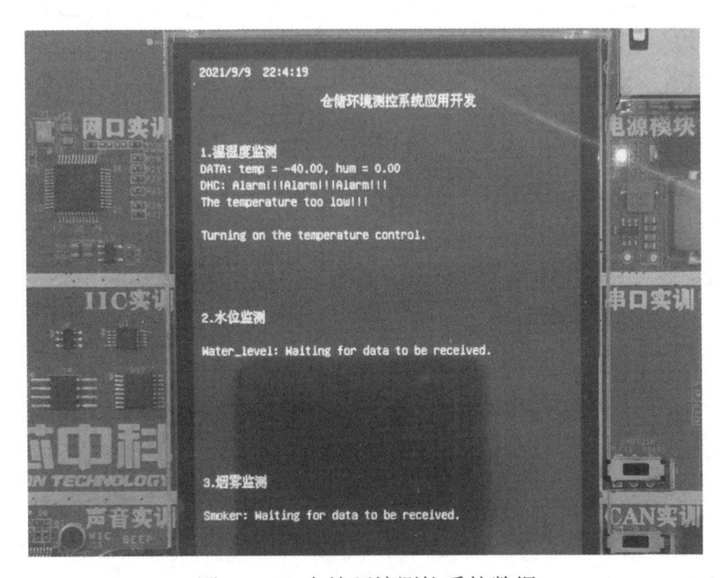

图 21-32 仓储环境测控系统数据

四、任务拓展

请查看本书配套资源，了解拓展任务要求，编写程序，实现相应功能。

拓展任务 21-11：基于 MQTT 的仓储环境测控系统应用开发。

附录 A　嵌入式边缘计算软硬件开发职业技能证书（中级）实操考核样题

【考试时间为 2 小时，总分为 100 分】

一、任务描述

采用嵌入式边缘计算软硬件开发考证设备设计一套停车场管理系统，实现车辆进出停车场响应、信息显示等功能，停车场示意图如图 A-1 所示。

××停车场	
NO1	NO2
NO3	NO4
NO5	NO6

图 A-1　停车场示意图

二、任务要求

任务 1：在液晶屏上绘制 6 个停车场（20 分）

1. 绘制 6 个停车场。
2. 显示停车场编号。
3. 显示“姓名 Private Parking”，可用拼音显示，也可用中文显示。

任务 2：模拟车辆进入停车场（50 分）

串口发送 6 次小车车牌，模拟小车进入停车场：

1. 第 1 次进场的新能源小车车牌为：赣 A 66AA8。要求在 NO1 停车场显示，字体为绿色。
2. 第 2 次进场的非新能源小车车牌为：川 B 99BB8。要求在 NO2 停车场显示，字体为蓝色。
3. 第 3 次进场的非新能源小车车牌为：粤 A 123TY。要求在 NO3 停车场显示，字体为蓝色。

4. 第 4 次进场的非新能源小车车牌为：京 A J3585（见图 A-2）。要求在 NO4 停车场显示，字体为蓝色。

图 A-2　车牌

5. 第 5 次进场的新能源小车车牌为：赣 A YY789。要求在 NO5 停车场显示，字体为蓝色。

6. 第 6 次进场的小车车牌如下。要求在 NO6 停车场显示，字体为黑色，背景为黄色。

任务 3：模拟车辆离开停车场（30 分）

1. 串口发送对应的停车场号，则对应车辆离开停车场。

2. 当车辆离开停车场时，舵机转盘模块指针从左边转到右边，模拟开闸门，转到右边后等待 0.5s，指针再从右边转到左边，模拟关闸门。每辆车离开时实现一次开关闸门。

3. 车辆离开停车场时，在串口调试窗口显示停车场收费信息，假设收费标准为：5 元/秒。